辽河油田50年勘探开发科技丛书

# 辽河油田非常规油气藏勘探评价

主编◎陈永成

副主编◎王高飞　王延山　苏　建　崔向东　郭　峰

石油工业出版社

**内容摘要**

本书针对辽河油田本部矿权非常规油气，重点阐述了辽河油田非常规油气勘探评价的关键技术，涉及非常规油气资源评价技术，实验方法与储层评价技术，地震储层“甜点”预测与建模技术，钻完井技术，压裂改造技术，以及近些年来针对这些关键技术所开展的勘探评价成效。为推动辽河油田非常规油气勘探评价起到了重要的支撑作用，是辽河油田“十四五”乃至今后增储上产的重要组成部分。

本书可供从事油田勘探、油田开发、非常规油气研究的科学技术人员以及高等院校相关石油专业师生参考。

**图书在版编目（CIP）数据**

辽河油田非常规油气藏勘探评价 / 陈永成主编 .—
北京：石油工业出版社，2022.12
（辽河油田 50 年勘探开发科技丛书）
ISBN 978-7-5183-5806-9

Ⅰ. ①辽… Ⅱ. ①陈… Ⅲ. ①油气勘探 - 研究 - 盘锦
Ⅳ. ① P618.130.8

中国版本图书馆 CIP 数据核字（2022）第 236678 号

出版发行：石油工业出版社
（北京安定门外安华里 2 区 1 号楼　100011）
网　址：www.petropub.com
编辑部：（010）64210387　　图书营销中心：（010）64523633
经　销：全国新华书店
印　刷：北京中石油彩色印刷有限责任公司

2022 年 12 月第 1 版　2022 年 12 月第 1 次印刷
787×1092 毫米　开本：1/16　印张：15.25
字数：390 千字

定价：88.00 元
（如出现印装质量问题，我社图书营销中心负责调换）
**版权所有，翻印必究**

# 《辽河油田50年勘探开发科技丛书》

## 编委会


主　　编：任文军

副 主 编：卢时林　于天忠

编写人员：李晓光　周大胜　胡英杰　武　毅　户袒昊
赵洪岩　孙大树　郭　平　孙洪军　刘兴周
张　斌　王国栋　谷　团　刘宝鸿　郭彦民
陈永成　李铁军　刘其成　温　静

# 《辽河油田非常规油气藏勘探评价》

## 编写组


主　　编：陈永成

副 主 编：王高飞　王延山　苏　建　崔向东　郭　峰

编写人员：李金鹏　雷文文　杜昌雷　杜新军　王俊英
王　斐　田　浩　苗哲玮　黄双泉　董　畅
董晓东　郭定雄　郭鹏超　郭　翔　郭军敏
刘明涛　唐　丽　高小婷　宋学义　张　卓
徐建斌

# 序

辽河油田从1967年开始大规模油气勘探，1970年开展开发建设，至今已经走过了五十多年的发展历程。五十多年来，辽河科研工作者面对极为复杂的勘探开发对象，始终坚守初心使命，坚持科技创新，在辽河这样一个陆相断陷攻克了一个又一个世界级难题，创造了一个又一个勘探开发奇迹，成功实现了国内稠油、高凝油和非均质基岩内幕油藏的高效勘探开发，保持了连续三十五年千万吨以上高产稳产。五十年已累计探明油气当量储量25.5亿吨，生产原油4.9亿多吨，天然气890多亿立方米，实现利税2800多亿元，为保障国家能源安全和推动社会经济发展作出了突出贡献。

辽河油田地质条件复杂多样，老一辈地质家曾经把辽河断陷的复杂性形象比喻成“将一个盘子掉到地上摔碎后再踢上一脚”，素有“地质大观园”之称。特殊的地质条件造就形成了多种油气藏类型、多种油品性质，对勘探开发技术提出了更为“苛刻”的要求。在油田开发早期，为了实现勘探快速突破、开发快速上产，辽河科技工作者大胆实践、不断创新，实现了西斜坡10亿吨储量超大油田勘探发现和开发建产、实现了大民屯高凝油300万吨效益上产。进入21世纪以来，随着工作程度的日益提高，勘探开发对象发生了根本的变化，油田增储上产对科技的依赖更加强烈，广大科研工作者面对困难挑战，不畏惧、不退让，坚持技术攻关不动摇，取得了“两宽两高”地震处理解释、数字成像测井、SAGD、蒸汽驱、火驱、聚/表复合驱等一系列技术突破，形成基岩内幕油气成藏理论，中深层稠油、超稠油开发技术处于世界领先水平，包括火山岩在内的地层岩性油气藏勘探、老油田大幅提高采收率、稠油污水深度处理、带压作业等技术相继达到国内领先、国际先进水平，这些科技成果和认识是辽河千万吨稳产的基石，作用不可替代。

值此油田开发建设50年之际，油田公司出版《辽河油田50年勘探开发科技丛书》，意义非凡。该丛书从不同侧面对勘探理论与应用、开发实践与认识进行了全面分析总结，是对50年来辽河油田勘探开发成果认识的最高凝练。进入新时代，保障国家能源安全，把能源的饭碗牢牢端在自己手里，科技的作用更加重要。我相信这套丛书的出版将会对勘探开发理论认识发展、技术进步、工作实践，实现高效勘探、效益开发上发挥重要作用。

# 前言

PREFACE

北美“页岩气革命”使得非常规油气资源成为全球陆上油气地质研究和勘探开发的热点。中国通过近十几年的勘探开发，已成为除北美外全球页岩油气的另一研究中心。辽河油田非常规油气勘探开发起步于20世纪八九十年代，在西斜坡发现大量稠油油藏，从此打开了非常规油气勘探的大门，至今已取得了很多成果。本书针对页岩油气，致密油气等非常规油气领域，对辽河油田近十年来取得的勘探评价技术成果进行梳理。本书在《辽河油田精细勘探技术50周年——页岩油篇》基础上，以技术为主线，总结了近十几年来针对辽河油田页岩油气、致密油气逐渐发展和完善的系列配套技术及取得的主要成果。

全书共分七章，分别介绍了辽河非常规油气藏的概况，非常规油气藏资源评价方法技术，非常规油气实验方法与储层评价技术，非常规油气“甜点”预测及地震—地质建模技术，非常规油气钻完井技术，非常规油气储层体积压裂改造技术，以及近些年来辽河油田非常规油气藏勘探实例与成效。评价方法与技术的介绍立足于理论与生产实际紧密结合，具有较强的实用性、可操作性。

本书第一章由王高飞编写；第二章由王延山、徐建斌、黄双泉编写；第三章由崔向东、郭鹏超、董晓东编写；第四章由雷文文、郭军敏、张卓、苗哲玮编写；第五章由刘明涛、郭定雄、宋学义、郭翔、王俊英、杜新军、杜昌雷、王斐、董畅编写；第六章由苏建、田浩、唐丽、高小婷编写；第七章由王高飞、郭峰、李金鹏编写。全书由陈永成统一审核、修改并定稿。

在本书的编写过程中，得到了辽河油田公司主管领导的大力支持，得到了辽河油田科部等机关处室以及辽河油田勘探事业部、辽河油田钻井工程项目部、辽河油田钻采工艺研究院等单位领导的多方帮助，辽河油田公司地质勘探综合研究企业首席技术专家祝永军对本书的编写十分关心，并多次给予了具体指导，辽河油田勘探开发研究院开发系统多位同仁对本书的结构、内容提出了许多宝贵的修改意见和建议，在此一并表示衷心的感谢。

编者深感自己知识水平和知识领域的不足，书中疏漏之处敬请专家学者和同行批评指正。

# 目录

CONTENTS


第一章　概述…………………………………………………………………　1

第一节　概念及发展现状……………………………………………………　1

第二节　非常规油气形成的地质背景………………………………………　3

第三节　非常规油气特征及分布……………………………………………　6

第四节　非常规油气勘探评价的主要技术系列……………………………　10

参考文献…………………………………………………………………　12

第二章　非常规油气资源评价方法……………………………………　14

第一节　烃源岩沉积环境及地球化学特征…………………………………　14

第二节　优质烃源岩分级评价标准…………………………………………　16

第三节　非常规油气资源及其评价方法……………………………………　20

第四节　非常规油气资源勘探有利区选择…………………………………　24

第五节　非常规油气资源预测………………………………………………　39

参考文献…………………………………………………………………　41

第三章　非常规油气实验方法与储层评价……………………………　43

第一节　非常规油气储层实验方法…………………………………………　43

第二节　非常规油气储层岩性特征…………………………………………　65

第三节　非常规油气储层储集空间类型及物性特征………………………　83

第四节　非常规储层含油性评价……………………………………………　98

参考文献…………………………………………………………………　107

第四章　非常规油气“甜点”预测及地震—地质建模技术………　108

第一节　非常规油气测井“七性”关系评价方法…………………………　108

第二节　页岩油（致密油）“甜点”地震预测技术………………………　126

第三节　地震—地质高分辨交互建模………………………………………　141

参考文献…………………………………………………………………　153

第五章　非常规油气钻完井技术………………………………………　154

第一节　非常规油气钻井技术………………………………………………　154

第二节　非常规油气钻井液技术……………………………………………　163

第三节　非常规油气固井完井技术…………………………………………　170

参考文献…………………………………………………………………　174

**第六章　非常规油气储层体积压裂改造技术……………………… 175**

第一节　体积压裂技术的概念及形成条件……………………………… 175

第二节　非常规储层体积压裂工艺设计………………………………… 181

第三节　非常规储层水平井压裂改造工艺……………………………… 196

参考文献…………………………………………………………………… 207

**第七章　勘探评价实例…………………………………………………… 208**

第一节　西部凹陷雷家地区沙四段页岩油……………………………… 208

第二节　大民屯凹陷页岩油勘探………………………………………… 218

第三节　西部凹陷齐家—曙光夹层型页岩油勘探……………………… 228

第四节　西部凹陷双台子地区致密砂岩气藏勘探……………………… 232

参考文献…………………………………………………………………… 233

# 第一章 概 述

非常规油气是指在成藏机理、赋存状态、分布规律和勘探开发技术等方面，有别于常规油气资源的烃类资源。通常非常规油气可分为非常规石油和非常规天然气。非常规石油资源包括：页岩油、致密油、油页岩、油砂、重油等。非常规天然气资源包括：煤层气、页岩气、致密砂岩气、天然气水合物等。

虽然一些非常规油气资源，如重油、油砂已经勘探开发较长时间，但是大规模生产如页岩气和页岩油这种非常规油气资源到近几年才实现。（这里提出的页岩油均为广义页岩油概念，而且本文讲述的非常规油气也主要以页岩油气为主）

## 第一节 概念及发展现状

北美“页岩气革命”使非常规油气资源成为全球陆上油气地质研究和勘探开发的热点。页岩油最早北美叫 Shale oil。最早北美页岩油勘探开发以碳酸泥岩裂缝油藏为主要目的，20 世纪 90 年代到 21 世纪 10 年代随着技术突破逐渐转向巴肯页岩中段细粉砂岩和白云岩。目前北美已经形成 7 大页岩区，年产量达 $814 \times 10^6$bbl/d，占美国原油产量的 69%。

### 一、概念

在北美广义页岩油定义等同于致密油定义。在国内致密油藏是指夹在或紧邻优质烃源岩层系的致密储层中，未经过大规模长距离运移而形成的油气聚集，一般无自然产能，需通过大规模压裂才能形成工业产能[1-2]。致密层的物性界限为地面空气渗透率小于 1mD、地下覆压渗透率小于 0.1mD。GB/T 38718—2020《地质评价方法》将页岩油定义为赋存于富有机质页岩层系中的石油。富有机质页岩层系烃源岩内的粉砂岩、细砂岩、碳酸盐岩单层厚度不大于 5m，累计厚度占页岩层系总厚度比例小于 30%，无自然产能或低于工业石油产量下限，需采用特殊工艺技术措施才能获得工业石油产量。两者既有相似性又有较大差别。

页岩气和致密气的概念有较大差别，页岩气是指富含基质、成熟的暗色泥页岩或高碳泥页岩中由于有机质吸附作用或岩石中存在着裂缝和基质孔隙，使之储集和保存了一定具有商业价值的生物成因、热解成因及二者混合成因的天然气。而致密气主要指致密砂岩气，它的定义和致密油类似，本文就不再进一步叙述。

早期许多学者对致密砂岩气藏进行过研究，并从不同角度赋予了它不同的称谓，最早称之为“隐蔽气藏”，如 1924 年在绿河盆地发现的腊巴奇气田，1927 年在圣胡安盆地发现的布兰科气田等。1979 年 Masters 在研究阿尔伯达盆地埃尔姆沃斯气田时，提出了“深盆气”概念[3]。1986 年 Rose 等在研究 Raton 盆地时，首次使用了“盆地中心气”这一术语[4]。1985 年 Spence 等提出“致密砂岩气”概念并开展了研究[5]。1996 年 Schmoker 提出了“连续油气聚集”概念[6]。2006 年美国联邦地质调查局提出深层气、页岩气、致密砂岩气、煤层气、浅层砂岩生物气、天然气水合物为 6 种非常规天然气，统称为连续型天然气聚集[7-8]。

2003 年金之钧等率先研究深盆气，指出其成藏机理是在膨胀力作用下，天然气对地层水以活塞方式整体排驱[9]。2003 年张金川等提出根缘气[10]，认为致密储层中以根状气存在为特点的天然气聚集，即致密储层与气源岩大面积接触，气水关系复杂，具有砂岩底部含气的特点。2006 年侯启军等借鉴深盆气的形成机理，剖析松辽盆地扶杨油层的成藏机制，提出坳陷中大面积分布的低渗透油藏为深盆油藏[11]。2007 年吴河勇等提出向斜油的概念[12]。2009 年邹才能等针对中国广泛分布的沁水煤层气、四川页岩气、川陕致密砂岩气、松辽和鄂尔多斯致密油、南海天然气水合物等非常规资源，提出了“连续型油气藏”的概念，并揭示其运移、渗流和聚集机理[13]。相对于页岩气，煤层气、页岩油等非常规油气资源，中国勘探开发致密气的步伐远远领先其他国家。

## 二、发展现状

随着美国页岩油气革命的出现，页岩油气已成为非常规油气勘探的重点领域，其快速发展得益于地质认识的进步和压裂技术的突破。目前，美国页岩气田有 900 多个，可采资源量 $13\times10^{12}m^3$，可采储量 $5\times10^{12}m^3$，生产井超过 10 万口。美国页岩油是继页岩气突破后的又一热点领域，由于水平井体积压裂技术的大规模应用，2000 年威利斯顿盆地巴肯致密油获得突破，日产油 7000t。2008 年巴肯致密油实现了规模开发，被评为全球十大发现之一。2012 年蒙特利致密油又获重大突破，产量快速上升，2012 年产量达到 $9690\times10^4t$ 左右，改变了美国能源供应格局[14]。

中国页岩油气藏勘探开发起步较晚，但勘探开发实践与研究证明，中国的页岩、致密油气具有良好的资源前景[15-18]，是非常规油气资源开发最有潜力的领域。我国已在鄂尔多斯、四川、吐哈等盆地发现了丰富的致密气资源，根据全国第四次油气资源评价，我国致密气资源量为 $21.9\times10^{12}m^3$，技术可采资源量为 $11.3\times10^{12}m^3$，致密气 2020 年产量高达 $470\times10^8m^3$，成为单个气藏类型产量最高的气藏。近年来加强了页岩油藏的勘探开发，在鄂尔多斯、准噶尔和松辽盆地形成了 3 个超亿吨级规模储量区。在渤海湾盆地辽河坳陷、冀中坳陷和黄骅坳陷等页岩油藏勘探有利区取得了重要进展。在四川盆地侏罗系、柴达木上干柴沟组、三塘湖盆地芦草沟组—条湖组等页岩油藏勘探领域获得了重要发现[14]。非常规油气 2020 年产出的油气当量高达 $6507\times10^4t$，占中国油气总产量的 20%。

辽河油田早在“十一五”期间就开始探索非常规油气，早期是针对致密气和致密油开展攻关，随着页岩油气理念的不断深入，以及落实集团公司确定的“辽河等油田要勇于探索、加大页岩油勘探力度”的要求，“十三五”期间辽河陆上开展了页岩油气藏勘探技术攻关研究，取得了显著的成效。

## 第二节 非常规油气形成的地质背景

非常规油气、页岩油的形成和富集受控于四大区域地质条件，即稳定宽缓的构造背景、大面积分布的优质烃源岩、大面积分布的非均质致密储层及源储相互紧密接触的配置关系[1-2]。辽河坳陷具备形成页岩油的基本地质条件，但由于坳陷结构及发育演化的特殊性，使得构造条件、储集条件、烃源岩发育与分布状况以及源储配置关系具有自身的特点。

### 一、具有页岩油形成的构造背景

辽河坳陷古近系构造变形的主要特征是断裂发育和构造破碎。受北东向主干断裂的控制，形成了“三凹三凸”的构造格局[19]。这种构造格局主要是由于经历了三期不同的演化而形成的。房身泡组时期为初始裂陷期，辽河地区地幔上拱，地壳拉张变薄，在北西向拉张力作用下，隆起带轴部开始张裂，产生了一组以北东方向为主的初始断裂。这些断裂使得基岩呈西翘东倾的形态，断层上升盘形成单面潜山，下降盘则形成槽谷，沿着断裂有大量的火山岩喷发，其分布受断裂及古地貌形态的控制。

沙四段沉积时期为持续裂陷期，在重力和热能的平衡调整作用下，断块沿着拉开的断面作垂直滑动，上盘向下滑动，不断地拉张陷落，形成初始湖盆，逐渐发育成辽河坳陷的三大凹陷及一系列次级小洼陷（图 1-2-1），这些洼陷及周边缓坡带断裂变形相对较弱，烃源岩和区域盖层发育，是形成页岩油藏的有利地区。沙四期湖盆的发育控制了该期烃源岩的分布，在边界断层控制下湖盆沉降并逐渐扩大，具有“盆小水浅”的特征，古湖盆以地堑式断陷为特征，洼陷面积较小，接受湖相沉积。湖盆中心为浅湖—半深湖相，沉积物主要是油页岩、钙质页岩等暗色泥页岩[20-21]。湖盆边部为滨浅湖相，在边缘浅水区域，则以砂岩碎屑沉积为主，一般伴有类型较差的含粉砂质块状泥岩。局部地区，受潜山古隆起地形阻隔，导致水体流通不畅，形成闭塞湖湾相，沉积物为纹层状泥页岩与非纹层状泥页岩交互叠置，其中纹层相以油页岩、钙质页岩为主，非纹层相以深灰色泥岩、泥灰岩、等为主，并含有粒屑碳酸盐岩、富泥质碳酸盐岩、含碳酸盐岩油页岩、粉砂质泥页岩等。

沙三段时期为强烈裂陷期，断裂沿着张裂面垂直滑动，活动幅度大，剧烈沉降形成典型的箕状凹陷。受控盆断层控制，湖盆急剧深陷，范围迅速扩大，具有“盆大水深”的特征。湖盆中心为半深湖—深湖相，广泛发育厚层富有机质的泥页岩。有机质类型以腐泥—腐殖型为主，生烃潜力大，是页岩油形成的重要物质基础，是最具潜力的区域。湖盆边部陡坡带属于深水相，物源供应较充分，受陡坡物源的影响，因此很少见到油页岩发育，岩性以砂质泥岩、泥岩为主，其中经常可以见到细砂岩、粉砂岩等夹层。缓坡带为滨浅湖相，由于大量碎屑物注入，沉积物以粉砂质泥岩为主。

总之，房身泡时期火山岩发育，沙三时期厚层泥页岩发育，相较而言，沙四段沉积时期碳酸盐岩、油页岩互层发育，此时断裂持续稳定，构造活动强度低，为湖盆发展提供了充足的时间，奠定了陆相页岩油发育的良好构造条件。

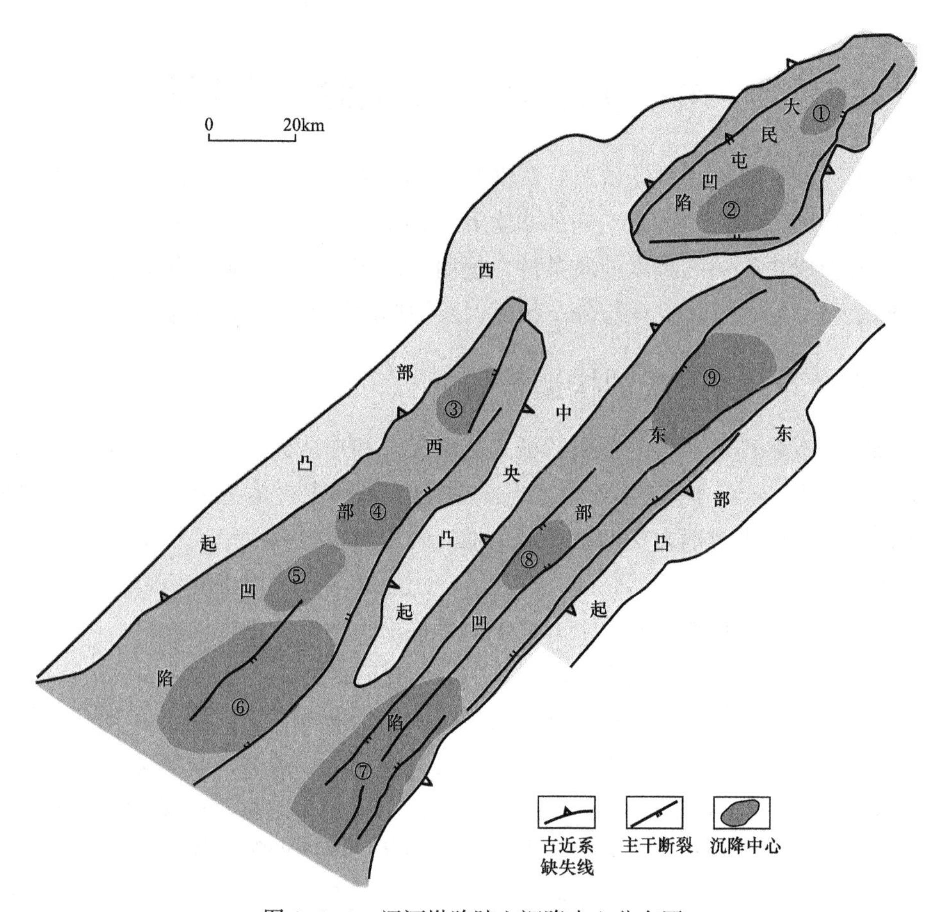


图 1-2-1 辽河坳陷陆上沉降中心分布图

① 三台子洼陷；② 荣胜堡洼陷；③ 牛心坨洼陷；④ 陈家洼陷；⑤ 盘山洼陷；⑥ 清水洼陷；⑦ 二界沟洼陷；⑧ 于家房子洼陷；⑨ 牛居—长滩洼陷

## 二、发育多套优质烃源岩

辽河坳陷古近系存在多套烃源岩，烃源岩有机质丰度高，品质好，热演化程度普遍较低，局部洼陷带深层热演化程度较高。优质烃源岩是指有机质丰度高、类型好，对油气成藏具有重要贡献的烃源岩，与页岩油成藏关系密切。目前勘探发现，页岩油主要来自辽河坳陷的沙四段和沙三段的优质烃源岩，有机碳含量高，岩性以钙质页岩、油页岩或黑色泥岩为主，分布面积超过 2000km$^2$，暗色泥岩的累计厚度超过 600m。总体上，沙四段以 Ⅰ—Ⅱ$_1$ 型有机质为主，有机碳含量一般在 1.0%～17.1% 之间，平均含量大于 2%，$R_o$ 值一般在 0.3%～1.3% 之间，以生油为主。沙三段有机质类型以 Ⅱ$_2$—Ⅲ 型干酪根为主，有机碳一般在 1.5%～2.4% 之间，$R_o$ 一般大于 0.5%，能够生成油气，具备形成规模油气藏的物质基础。

根据烃源岩有机质特征，把西部凹陷优质烃源岩划分为沙四段上亚段、沙三段下亚段、沙三段中亚段和沙三段上亚段共四套。其中沙四段上亚段以 Ⅰ—Ⅱ 型干酪根为主，有机质含量在 1.2%～8.3% 之间，平均值为 2.7%；氯仿沥青“A”在 0.18%～1.64% 之间，平均值为 0.25%；生烃潜力（$S_1+S_2$）平均值为 24.18mg/g，最大值为 51.36mg/g，成熟度指标 $R_o$ 相对集中，均值为 0.46%，大部分处于未熟—低熟热演化阶段。沙三段以Ⅱ$_2$—Ⅲ型干酪根为主，有机碳含量在 0.3%～2.4% 之间，成熟度指标 $R_o$ 变化较大，在 0.5%～2.4% 之间。沙三下段以Ⅱ$_1$ 型干酪根为主，有机碳含量均值 1.63%，氯仿沥青“A”均值 0.16%，生烃潜力（$S_1+S_2$）均值 5.09mg/g；沙三段中亚段以Ⅱ$_2$ 型干酪根为主，有机碳含量均值 1.84%，氯仿沥青“A”均值 0.13%，生烃潜力（$S_1+S_2$）平均值 4.18mg/g；沙三段上亚段以Ⅲ—Ⅱ$_2$ 型干酪根为主，有机碳含量均值 1.69%，氯仿沥青“A”均值 0.14%，生烃潜力（$S_1+S_2$）均值 4.75mg/g。

大民屯凹陷优质烃源岩划分为沙四段上亚段油页岩、沙四段上亚段泥岩和沙三段下亚段泥岩共三套，其中油页岩有机质的干酪根类型以Ⅰ型为主，Ⅱ$_1$ 型次之。有机质含量在 1.47%～15.03% 之间，均值为 6.39%；氯仿沥青“A”在 0.11%～1.7% 之间，均值 0.56%；生烃潜力（$S_1+S_2$）均值 38.43mg/g，最大值 81.61mg/g，成熟度指标 $R_o$ 一般为 0.5%～0.9% 之间，多数在 0.7%～0.8% 之间。沙四段上亚段泥岩干酪根类型以Ⅱ$_1$—Ⅱ$_2$ 型为主，有机质含量在 0.5%～2.5% 之间，均值为 1.77%；氯仿沥青“A”在 0.02%～0.26% 之间，均值 10.07%；生烃潜力（$S_1+S_2$）均值 2.16mg/g，最大值 12.51mg/g，成熟度指标 $R_o$ 在 0.5%～1.0% 之间。沙三段下亚段泥岩干酪根类型以Ⅱ$_2$—Ⅲ型为主，有机质含量在 0.2%～5.91% 之间，均值为 1.56%；氯仿沥青“A”在 0.003%～0.23% 之间，均值 0.05%；生烃潜力（$S_1+S_2$）均值 3.04mg/g，最大值 26.98mg/g，成熟度指标 $R_o$ 大于 0.5%。

## 三、发育多种类型的页岩油储层

辽河坳陷页岩油储层类型丰富，按储层岩性可划分为碳酸盐岩型、油页岩型和砂岩型三大类，每一个大类按矿物组合不同又可分为若干小类。矿物成分多样，富含黏土矿物、白云石、方沸石等，以过渡性岩类为主，岩性复杂。

如西部凹陷雷家地区沙四段碳酸盐岩储层，呈灰色、灰黑色，岩石粒度细，以黏土级颗粒为主，主要矿物为泥晶白云石，含黄铁矿、方沸石等矿物，含少量方解石。发育泥质、泥晶结构，块状、纹层状构造，水平层理发育，说明泥质白云岩沉积环境水动力较弱，形成于低能、静水环境，主要是湖湾相。根据岩心观察和分析测试资料，将沙四段碳酸盐岩进一步划分为白云岩类、方沸石岩类、泥页岩类及过渡岩类。针对白云岩类，又可细分为泥晶粒屑云岩、含泥泥晶粒屑云岩、含泥泥晶云岩、泥晶云岩、泥质泥晶云岩；针对方沸石岩类，又可细分为含泥方沸石岩、泥质方沸石岩；针对泥岩类，又可细分为含云方沸石质泥岩、云质泥岩。

大民屯凹陷沙四段储层为油页岩型和砂岩型，岩性分别为油页岩、粉砂质油页岩、含碳酸盐岩油页岩、泥质云岩、粉砂岩五大类，具有颗粒细小和频繁互层结构。在沙四早期封闭的湖湾环境中，随着蒸发作用增强，湖水盐度增加，还原性较强，形成了相当数量的油页岩沉积。随着蒸发作用减弱，水面上升，周边物源的注入，出现了粉砂岩、砂岩等碎屑岩沉积。

## 四、具有良好的源储配置关系

根据烃源岩与储层的配置关系，可以大致将辽河坳陷页岩油组合类型分为两种，分别是源储一体型和源储互层型。源储一体型是指储层与烃源岩为同一套地层，烃源岩生成油气后基本原地储存。一般认为该类页岩油属于滞留聚集，油气主要存在于泥页岩基质中的有机质孔、黏土矿物粒间孔、粒内孔等各种微孔隙及微裂缝中，开发动用难度大。源储互层型是指页岩油储层与烃源岩呈层状叠置，相互紧邻产出。由于陆相沉积快速变化的特点，储层厚度不均，当厚度较薄时，称为夹层。因此，在大套泥页岩层段中，砂岩、碳酸盐岩等储层虽然单层厚度较薄，但孔隙度和渗透率等物性条件相对较好，上下紧邻的成熟优质烃源岩生油能力强，所生成的原油经过短距离的运移即可进入储层聚集。

如西部凹陷雷家地区沙四段烃源岩达到成熟阶段，烃源岩厚度大、丰度高，且页岩储层、湖相碳酸盐岩储层和细粒砂岩储层之间互层状分布，主力产层是湖相碳酸盐岩，它与上部的杜家台烃源岩及下伏的高升烃源岩呈“三明治”式夹层状分布，既可以聚集下部高升烃源岩运移的油气，又可以聚集杜家台烃源岩生成的油气，源储配置条件优越。

辽河坳陷古近系优质烃源岩分布受洼陷控制，有机质类型多样，热演化程度相对较低，非均质性很强。总的来看，页岩油富集主要受断层发育情况、烃源岩品质、储层物性、裂缝发育程度、地层压力等多种因素控制，因此，辽河坳陷页岩油藏富集规模相对较小。

# 第三节　非常规油气特征及分布

1995 年 Schmoker 等提出了“连续型油气聚集”理论，是非常规油气理论的里程碑，为非常规油气资源有效开发利用提供了科学依据。通过先进实验测试技术发现了非常规致密储层纳米级孔喉系统，揭示了连续型油气聚集机理，指出不同孔喉半径储层油气聚集下限，并拓展出致密油气、页岩油气等勘探新领域。

## 一、非常规油气类型

非常规油气的源储关系多数为源储共生，主要包括源储一体型和源储接触型两种类型：源储一体型油气聚集是指烃源岩生成的油气没有排出，滞留于烃源岩内部形成油气聚集，包括页岩气和页岩油，是烃源岩油气。源储接触型油气聚集是指与烃源岩层系共生的各类致密储层中聚集的油气，包括致密油和致密气，是近源油气。除此之外还有重油，油砂需要热采炼化的重质油藏，以及特殊环境下形成的天然气水合物等特殊气藏。（本书此次编写并未涉及这两类非常规油气藏）

## 二、非常规油气储层

据统计，各类致密储层纳米级孔喉直径分布范围不同，页岩气储层为 5～200nm；页岩油储层为 30～400nm；致密碳酸盐储层为 30～450nm；致密砂岩油储层为 50～900nm；

致密砂岩气储层为40～700nm。页岩油气孔径下限5nm，以解析和扩散为主；致密油气喉径下限50nm，以扩散—滑脱流、低速非达西流为主；常规油气孔径下限1000nm，以达西渗流为主。

连续型油气藏致密储层大范围展布，孔隙度一般小于10%，渗透率为1mD。邹才能等首次在四川盆地寒武系—志留系页岩气储层里发现了纳米级孔喉，孔隙直径为5～750nm，平均为100～200nm，呈圆形、椭圆形、网状、线状等。连续型油气中纳米级孔喉的广泛存在，是油气连续型聚集和分布的基础。已开发的非常规油气储层主要发育大规模纳米级孔喉系统，如致密砂岩气储层孔喉直径主要为25～700nm；致密砂岩油储层以鄂尔多斯盆地湖盆中心长6油层组为代表，孔喉直径为60～800nm；致密灰岩油储层以川中侏罗系大安寨段为代表，孔喉直径主要为50～800nm。

以辽河西部凹陷雷37井沙四段泥质白云岩和曙古165井沙三段粉砂质泥岩为例，在氩离子剖光扫描电镜下，见大量纳米孔隙，孔隙直径为50～1500nm，呈圆形、椭圆形、网状、线状等，多为溶蚀孔、矿物晶间孔、成岩缝。通过气体吸附法测得的泥页岩纳米孔隙直径为1～1000nm，多数孔隙直径为5.6～17nm。

## 三、非常规油气运聚

非常规油气运聚过程中，区域水动力影响较小，水柱压力与浮力在油气运聚过程中的作用局限，以扩散或超压作用等非达西渗流为主，油气水分异差。源储一体型油气主要是滞留聚集，源储接触型油气主要是渗透扩散。运聚动力为烃源岩排烃压力，运聚阻力为毛细管压力，两者耦合控制油气边界或范围。非常规油气聚集运移距离一般较短，为初次运移或短距离二次运移，其中页岩油气“三位一体”，基本上生烃后原地储存；致密砂岩油气存在一定程度运移，渗滤扩散和超压等是油气运移主要方式，如美国Fort Worth盆地石炭系Barnett页岩既是烃源岩，又是储层，含气面积达10360km$^2$，表现为“连续”聚集特征。

超压的形成与多种因素有关，包括压实不均衡、孔隙流体热膨胀、黏土矿物脱水、烃类生成和构造挤压等。对于非挤压型盆地，压实不均衡和烃类生成是独立形成大规模超压的两种主要机制。生烃作用能否成为超压主要成因机制取决于烃源岩有机质类型、丰度、成熟度以及岩石封闭条件。模拟试验证实，不同参数条件下，生油增压曲线均和转化率曲线形态类似。随着深度的增加和烃源岩转化率的增大，生油增压强度逐渐增大，大约在4000m处达到最大，生油增压快速增加的深度范围为3200～3900m。烃源岩转化率主要由有机质类型和成熟度决定，因此Ⅰ型干酪根烃源岩成熟度是影响生油增压的一个重要参数。烃源岩有机碳含量、氢指数和石油残留系数对生油增压强度都有影响，其中氢指数的影响最小，烃源岩有机碳含量次之，石油残留系数的影响最大。

纳米孔喉中原油分子可以发生运移，通过激光共聚焦显微镜得到的长7致密砂岩内部微观孔隙结构的荧光图像显示，砂岩中孔隙结构普遍较复杂，孔隙连通性相对较好，大部分溶孔、残余粒间孔隙及微孔隙中均有荧光显示。原油中的主要烃类的分子直径为 0.38～4nm，$CH_4$、$C_2H_6$、$C_3H_8$、$iC_4H_{10}$、$nC_5H_{12}$ 的分子直径分别为 0.38nm、0.44nm、0.51nm、0.53nm、0.58nm，最大的沥青分子直径为 4nm。通过理论模型计算，骨架颗粒间的束缚水膜平均厚度为 43nm，因此要使分子直径为 4nm 的最大沥青质通过吼道的临界孔喉半径为 45nm，即临界孔喉直径为 90nm。

致密油气运聚具有滞流、非线性流、拟线性流 3 段式流动机理，主要影响因素是剩余压力梯度不同。当剩余压力梯度（$\Delta p/L$）小于启动压力梯度时，处于滞流状态；当剩余压力梯度（$\Delta p/L$）在启动压力梯度与临界压力梯度之间时，处于非线性流状态；当剩余压力梯度（$\Delta p/L$）大于临界压力梯度时，处于拟线性流状态。且临界压力梯度与启动压力梯度受平均孔隙半径影响较大。为此，油气要进入致密储层，需要较大异常压力。

西部凹陷是典型的单断式箕状凹陷，沙三段、沙四段存在大量优质烃源岩，有机质丰度高、类型好，在适度埋深下，可以形成超压。沙四段多发育Ⅰ型、$Ⅱ_1$ 型（HI 大于 700mg/g）烃源岩，TOC 为 2%～5%，其埋深为 2500～3000m，可以形成 10MPa 的超压；沙三段多发育Ⅱ型、Ⅰ型（HI=150～750mg/g）烃源岩，TOC 为 2%～3%，其埋深为 3500～5000m，可以形成 20～30MPa 的超压。优质烃源岩生烃超压有利于油气进入致密储层，形成超压储层。常规与非常规油气“有序聚集、空间共生”，是指富油气凹陷内常规与非常规油气在时间域持续充注、空间域有序分布，二者成因有先后、相互依存、紧密共生，形成统一的油气聚集体系。据此规律可透视富烃凹陷不同类型油气在空间上的分布位置。一般来说，发现了常规油气，预示着供烃方向可能有非常规油气分布；发现了非常规油气，预示着外围空间可能有常规油气伴生。以西部凹陷为例，西斜坡沙三段、沙一段、沙二段、东营组、馆陶组分布有常规构造油气藏和岩性地层油气藏，预示着西部洼陷陈家洼陷和清水洼陷发育大量优质烃源岩，其中致密砂岩和泥岩可以形成砂岩型致密油、致密砂岩气，油页岩和碳酸盐岩可以形成页岩油和页岩气。

## 四、辽河坳陷非常规油气类型及分布

辽河坳陷位于渤海湾盆地北部，经过 50 多年的勘探开发，已探明石油地质储量 $24.49\times10^8$t，探明天然气 $2134\times10^8m^3$。勘探难度日逐渐加大。对于辽河油区这样一个高勘探程度区，非常规油气勘探成为必然趋势。

以西部凹陷为例，断裂构造是辽河坳陷新生代构造变形的主要特征，断裂构造表现为 2 个层次（下部断裂系统主要切割止于沙四构造层，上部断裂系统切割盆地盖层）、2 个优势方向（NNE—NE 向和 NEE—近 EW 向）、3 种类型（正断层、走滑断层和逆断层）。断裂活动可以分为沙四段—沙三段沉积时期，沙一、沙二段和东营组沉积时期，新近纪等 4 个活动时期。其中控制烃源岩分布的断裂和活动主要为前两个时期，后两个活动期控制烃源岩的埋藏史、成熟史和生烃史。

沙四段沉积时期以 NNE—NE 向基底正断层为主，断层位移较小，分布均匀，以向西倾斜的多米诺式组合和共轭组合为特征；双台子断层和兴西断层是西部凹陷南部和中南部的边界断层。

沙四段沉积早期（牛心坨油层段沉积时期）：由于湖盆形成初期，同生断裂活动相对较弱，水体浅、气候干旱，季节性洪泛流量小。底部发育大段浅灰色砂岩、长石砂岩夹薄层深灰色泥岩；其上因湖盆扩展，物源供给不足，形成湖湾相沉积，发育灰黄、浅灰白色白云质灰岩、灰质白云岩、白云质泥岩及褐灰色泥岩等岩性特殊的生油建造。但厚度较薄、分布范围较小。

沙四段沉积中期（高升油层段沉积时期）：同生断裂活动增强，边界断裂向外扩展，水域进一步扩大；由于底层（与基底形态有关）古地貌形态的分割，凹陷的沉积环境南北差异明显，大致以中部的曙光古潜山和兴隆台古隆起一线为界，形成南北两种环境。北部地区为无明显水流注入的半封闭湖湾区，发育了浅湖相沉积物。烃源岩累计厚度 200～400m，分布广泛，是主力烃源岩层。封闭的环境造成了该期的水体具有高矿化度的特征，碳酸盐岩沉积物相对发育，主要为白云质灰岩、钙质页岩和粒屑（鲕粒）灰岩。此外还有泥岩、油页岩夹薄层粉砂岩。其中薄层状粒屑（鲕粒）灰岩在高升地区局部集中，成为储层（即高升油层）。南部地区为砂泥岩沉积区，由北向南分别发育了曙光、齐家—欢喜岭扇三角洲砂体。

沙四段沉积晚期（杜家台油层段沉积时期）：边界断裂继续向外扩展，沉积中心向南迁移，水域继续扩大，形成扇三角洲—湖泊沉积，沉积了大套深灰色泥岩夹砂岩、粉砂岩、砂砾岩层，底部夹薄层灰褐色油页岩。烃源岩分布广泛。

盆地进一步扩张，断裂活动强烈、频繁而造成大幅度沉积的沙三段沉积期，发育了莲花油层、大凌河油层和热河台油层。强烈的块断运动，盆地普遍呈深陷状态。沙三段沉积时期台安大洼断层是沙三期的主控边界断层。早—中期阶段：在凹陷东部边界大断裂强烈活动的带动下，湖盆急剧沉降，水进加剧，使凹陷成为面积广阔的深水环境为主的断陷湖，沙三期（尤其是中期）成为古近纪辽河盆地最大的一期水进过程。深水湖盆环境和与周边呈显著高差的地貌条件，是造成堆积在湖盆边缘的碎屑或已沉积在岸边的沉积物处于不稳定状态，为大量碎屑以突发事件形成的以自身重力为动力的沉积物重力流进湖盆，并进一步滑入湖底创造了环境条件，形成深水环境的浊积和深湖相泥岩沉积物。晚期阶段：受全盆地范围内的断裂活动衰弱的影响，本期的西部凹陷湖盆扩张作用势头大为减弱，与此对应的是凹陷北端呈隆升态势，致使深水湖盆水域面积收缩。沉积环境较早—中期阶段有较大的变化，这种变化不仅表现在湖岸线的变迁方面，同时也表现在水体深度上，湖水呈逐渐向变浅的方向发展、演化。

沙二至沙一期是盆地新的一次沉积凹陷、扩张期，产生了新的一次水进—水过程，构成了辽河盆地第二构造—沉积旋回。早期在南部地区仍然保持或较快地恢复到湖泊的沉积环境，晚期阶段：该阶段的西部凹陷进一步扩张和沉陷，湖盆水域范围明显超过沙二沉积时期。周边水系发育，碎屑供给丰富。局部地区发育良好的烃源岩。

凹陷结构原型和构造变形方式对沉积作用有重要影响。“拗断”和“断陷”的沉积中心区域均有利于发育烃源岩，凹陷边缘及伸展构造系统中的变换带均有利于发育储层。沙四段烃源岩主要分布在北部，沙三段烃源岩主要沿主边界断层上盘分布，沙一段和东营组可能的烃源岩应该沿凹陷轴线分布而且主要在南部。凹陷的构造演化对油气聚集区带有重要影响，西部斜坡带和中央构造带是主要油气聚集区带。构造演化对油气成熟过程有重要影响，北部的构造反转延缓深层烃源岩的成熟过程，南部的继承性沉降加速了浅层烃源岩的成熟过程，因此南北不同区段非常规油气类型有所不同。北段主要沉积洼陷为盘山、陈家和牛心坨凹陷，其沙四段局部区域油页岩发育，是页岩油气的主要发育区。南部清水鸳鸯沟凹陷由于沙四段南部处于出露水面或浅水环境，油页岩基本不发育，而沙三段快速沉降期，水体深并且受多期物源影响，油页岩发育较薄，但形成的优质暗色泥岩，以及多期物源的叠置，依然是致密油气最有利的发育区。

由于沉积条件、成岩作用和破裂作用的发育差异，使得在致密储层中因为优势岩性的存在，或建设性成岩作用改造了储层，或者局部天然裂缝的发育而使渗透率提高，改善了物性，形成油气“甜点”富集区。所谓“甜点”是指相对优质的有效储层，即在整体低孔隙度、低渗透率储层中存在相对高孔渗、裂缝发育的储层。致密储层“甜点”可划分为地质“甜点”与工程“甜点”两类。地质“甜点”指相对高孔渗、紧邻优质烃源岩、保存条件好以及埋藏深度适中等较好背景下的储集体；工程“甜点”是指储层发育区地应力非均质性弱、岩石脆性大、可压裂性强的储集体。“甜点”是油气勘探中的重点靶区。

根据辽河非常规油气藏地质条件、当前资料储备情况，钻井油气显示结果和开采工程工艺难易程度，优选出辽河坳陷勘探有利区，主要包括：西部凹陷雷家地区页岩油、大民屯凹陷中央凹陷带页岩油藏，曙光—高升地区沙四段致密油藏，清水凹陷双台子地区致密砂岩油气藏等重点勘探领域。

## 第四节　非常规油气勘探评价的主要技术系列

当前非常规油气藏勘探中面临的主要技术问题有二大方面：一是地质方面的找准“甜点”二是工程方面“优、快、省”钻完井以及“优、快、宜”的压裂改造。前者的难点在于需要准确的识别出优质“甜点层段”，以形成钻探所需“箱体”，并准确地对“箱体”内油气充满程度及资源基础进行预测。这里主要设计三方面技术，一是非常规油气的资源评价方法，主要是页岩油气资源评价方法目前还没有一个标准办法。二是非常规油气储层实验方法，由于非常规油气从常规的“四性”特征评价发展成为“七性”特征研究，从常规的毫米级孔隙结构向纳米、微米级孔隙结构特征发展，其实验评价方法也大幅改进。三是非常规油气需要水平井钻探以增加井眼与优质储层的接触面积，如何提高优质储层的钻遇率，需要对“甜点”平面纵向精准的刻画。因此需要形成非常规油气“甜点”预测方法及地震—地质建模技术。以指导水平井钻探。后者主要涉及工程方面，其中水平井钻探是非常规油气勘探的基础，要有安全、快速、准确、节约成本水平井钻完井技术保障，才能为高效、快速、低成本的压裂改造创造前提。而压裂改造是非常规油气具备价值的核心技术，只有掌握了优质配套低成本的压裂技术，才能使绝大多数非常规油气藏具备勘探开发价值。

## 一、非常规油气资源评价方法

利用岩心、岩屑样品的测试数据、测井、录井资料，进行烃源岩有机质丰度、类型、成熟度等地球化学评价，开展优质烃源岩评价方法研究，并建立优质烃源岩的分级评价标准，利用评价出的优质烃源岩利用体积含油率法，体积法，综合法等多种方法准确预测非常规油气主要是页岩油气资源规模与分布。

## 二、非常规油气实验评价技术方法

应用岩心物性、X射线衍射、镜下薄片鉴定等实验结果，明确储集空间特征，应用现场观察，荧光照相，荧光薄片，热释烃，二维核磁，激光共聚焦等手段识别含油性，应用三轴应力等判别杨氏模量，计算脆性。应用酸、碱、压等手段测试地层敏感性。最终形成非常规油气实验技术方法流程，为后续储量上报算准基础参数做好指导与标定。

## 三、非常规油气“甜点”预测及地震—地质建模技术

开展测井评价方法研究，结合岩心联测，优选测井项目，采用岩心刻度测井方法建立致密油测井评价方法和模型，开展烃源岩特性、岩性、物性、含油性、脆性、地应力各向异性等关系研究；结合试油投产井的产能情况，建立湖相碳酸盐岩致密油油层分类评价下限标准，测井刻画致密油“甜点”。

在“两宽一高”地震保幅保真处理的基础上，以岩石物理研究为桥梁，开展叠前研究，使用叠前资料、属性资料等预测优势岩性、白云石含量、脆性指数、孔隙度。利用分方位偏移地震数据，进行各向异性裂缝反演。最后，对多种方法得到的结果进行叠合，预测非常规油气“甜点”分布区。

地震—地质相结合准确建立二维—三维模型，指导水平井钻探，为后续压裂参数选择提供基础数据支持。

## 四、非常规油气钻完井技术

勘探开发非常规油气资源的结果是水平井钻井数量越来越多。例如，美国2013年超过70%的钻井是水平井，而2005年只有30%。因为水平井与目标地层有更多的接触，更长更多分支的水平井，通常能带来更多的产量。但更长的水平井意味着更长的钻井时间，更大的钻井风险与更大的钻井投入，因此目标地质区域的井位优化，井型选择，井眼稳定性，钻井液的选择，井漏和井喷的可能性都是要进行研究的。地表下的地层是不均匀的，页岩储层的质量可以在一个相对窄的垂直或水平的部分发生变化。钻水平井或定向井是非常具有挑战性的，因为地层并不总是水平的，而且往往难以追踪；许多地层发生扭曲、移位或起伏，使得钻井很难保持在目标区域内。另外，如果一个水平井在最大水平应力方向钻井，难度也较大，因为击穿会更加频繁地发生。并且页岩层系由于其独特的成因环境，往往伴随着高温、高压。因此需要较重的钻井液去平衡地层压力，过重，黏度过高的钻井

液又容易造成井漏，因此钻井液的优化方案显得尤为重要。此外，非常规油气多数井需要进行水力压裂，因此非常规油气完井设计直接影响后续压裂效果。

## 五、非常规油气储层改造技术

采用压裂改造技术，是非常规油气进行商业勘探开发的主要办法。水力压裂是在地层中使用流体和支持剂来产生或者恢复地层中的裂缝从而刺激油井或油气生产的过程。水力压裂设计很多过程和变量，包括压裂液选择，支撑剂类型 / 尺寸 / 顺序安排、水力压裂的监控、水力压裂方法的优化和储层改造体积和生产分析等。一个较完整的过程包括生成、维护和监测裂缝网络和优化射孔集群方位。这需要理解地质和地质力学特性，天然裂缝的形成，储层非均质性和优化的增产措施等技术。

## 参考文献

[1] 赵政璋，杜金虎，邹才能，等．致密油气［M］. 北京：石油工业出版社，2012.

[2] 邹才能，陶士振，侯连华，等．非常规油气地质［M］. 2 版．地质出版社，2013.

[3] Masters J A. Deep basin gas trap，Western Canada［J］. AAPG Bulletin，1979，63（2）：152−181.

[4] Rose P R，Everett J R，Merin I S. Possible basin centered gas accumulation，Roton Basin，Southern Clorado［J］. Oil & Gas Journal，1984，82（40）：190−197.

[5] Spence C W. Geologic aspects of tight gas reservoirs in the Rocky Mountain region［J］. Journal of Petroleum Geology，1985，37（7）：1308−1314.

[6] Schmoker J W，Quinn J C，Crovelli R A. Production characteristics and resource assessment of the Barnett shale continuous gas accumulation，Fort Worth Basin，Texas［J］. USGS Open File Report，1996，33（4）：96−254.

[7] Schmoker J W. Resource−assessment perspectives for unconventional gas systems［J］. AAPG Bulletin，2002，86（11）：1993−1999.

[8] Schmoker J W. US geological survey assessment concepts for continuous petroleum accumulations［J］.US Geological Survey Digital Data Series DDS−69−D，2006：1−9.

[9] 金之钧，张金川，王志欣．深盆气成藏关键地质问题［J］. 地质论评，2003，49（4）：400−4007.

[10] 张金川．深盆气（根缘气）研究进展［J］. 现代地质，2003，17（2）：210.

[11] 侯启军，魏兆胜，赵占银，等．松辽盆地的深盆油藏［J］. 石油勘探与开发，2006，33（4）：406−411.

[12] 吴河勇，梁晓东，向才富，等．松辽盆地向斜油藏特征及成藏机理探讨［J］. 中国科学 D 辑：地球科学，2007，37（2）：185−191.

[13] 邹才能，陶士振，袁选俊，等．连续型油气藏形成条件与分布特征［J］. 石油学报，2009，30（3）：324−331.

[14] 杜金虎，何海清，杨涛，等．中国致密油勘探进展及面临的挑战［J］. 中国石油勘探，2014，19（1）：1−9.

[15] 贾承造，邹才能，李建忠，等．中国致密油评价标准、主要类型、基本特征及资源前景［J］. 石油学报，2012，33（3）：343−350.

[16] 贾承造，郑民，张永峰．中国非常规油气资源与勘探开发前景［J］. 石油勘探与开发，2012，39（2）：129−136.

[17] 郭秋麟，陈宁生，吴晓智，等. 致密油资源评价方法研究 [J]. 中国石油勘探，2013，18（2）：67–76.

[18] 邹才能，张国生，杨智，等. 非常规油气概念、特征、潜力及技术—兼论非常规油气地质学 [J]. 石油勘探与开发，2013，40（4）：385–454.

[19] 陈义贤. 早第三系辽河裂谷形成机理和石油地质问题的初步研究 [J]. 石油勘探与开发，1980（2）：18–24.

[20] 于兴河，张道建，郜建军. 辽河油田东、西部凹陷深层沙河街组沉积相模式 [J]. 古地理学报，1999，1（3）：40–49.

[21] 刘庆，张林晔，沈忠民. 东营凹陷湖相盆地类型演化与烃源岩发育 [J]. 石油学报，2004，25（4）：42–45.

# 第二章　非常规油气资源评价方法

利用岩心、岩屑样品的测试数据、测井和录井资料，进行烃源岩有机质丰度、类型、成熟度等地球化学评价，利用体积含油率法、体积法和综合法等多种方法预测页岩油资源规模。

## 第一节　烃源岩沉积环境及地球化学特征

辽河坳陷位于渤海湾盆地东北部，为断陷湖盆沉积，发育多旋回湖泛期沉积，是细粒沉积的主要形成时期。受古环境、古气候以及古水文条件控制，西部凹陷、大民屯凹陷沙四段发育大面积富有机质油页岩，为页岩油发育提供有利条件。

### 一、烃源岩沉积环境

辽河坳陷古近系构造活动经历了初始裂陷、深陷、坳陷与回返等多个阶段，造成了沉积上的差异性。沙四段是湖盆裂陷初期的产物，主要发育有扇三角洲相、湖泊相沉积，在局部高地或湖湾环境中发育了泥云坪和灰坪，形成了泥质白云岩和白云质泥岩互层沉积。沙四段古地形起伏坡度较缓，并有互不连通次级小洼陷，容易形成闭塞湖盆。烃源岩的锶钡比（Sr/Ba）比值在1.1～4.5之间，最大达到14.0，反映水体较咸。硼（B）含量偏高，大多数大于$200\times10^{-6}$，表明为半干旱—干旱气候。

大民屯凹陷沙四段沉积早期为裂谷盆地沉降初期，该时期气候温暖潮湿，属中亚热带气候，主要为浅湖—半深湖环境。南北水体略有差异，大致以大民屯至东胜堡为界，其北水体比较闭塞、安静，为微咸水还原环境，细菌、藻类等水下生物和低等浮游生物非常丰富。烃源岩岩性主要为油页岩和钙质泥岩，面积220km$^2$，平均厚度在150m左右，最大厚度达300m，中间潜山和古隆起部位厚度较小，一般在50～150m之间。沙四段沉积晚期，凹陷迅速沉降，水进速度加快，水域范围达到最大，为半深湖—深湖环境。水质变淡，出现淡水盘星藻，化石种属、数量明显减少，生物以陆源被子类和裸子类植物为主，藻类仅占3.1%。烃源岩岩性为暗色泥岩，面积约600km$^2$，厚度一般在300～1000m之间，厚度中心主要在南部的荣胜堡洼陷，推测最大厚度可达1800m。

西部凹陷沙四段沉积早期，轮藻、腹足类及介形类等水生生物较为发育，属种多、数量丰富。高升粒屑灰岩中介形类占粒屑总含量的5%～40%。鲕灰岩、粒屑灰岩连片成浅滩。该时期水域较窄，为浅湖环境，烃源岩主要分布在北部，厚度相对较薄。沙四段沉积晚期，湖盆面积大、水体较深，为半深湖环境。半咸水、强还原环境下低等水生生物较繁盛，有利于优质烃源岩发育，是西部凹陷主力烃源岩之一。烃源岩岩性主要为暗色泥岩和钙质泥岩，部分地区发育油页岩。厚度呈北厚南薄分布，自北向南主要分布在牛心坨、高升、盘山和齐家地区，面积约1500km$^2$，厚度一般为100～300m，厚度中心在牛心坨洼陷，推测最大厚度达700m。

## 二、烃源岩地球化学特征

### （一）西部凹陷烃源岩

沙四段烃源岩有机质丰度普遍较高，有机碳含量（TOC）在0.5%～6.3%之间，平均为2.87%，高值区分布在西部凹陷西侧各洼陷。沙四段不同部位也有一定差异，如盘山洼陷曙古168井沙四段顶部页岩和底部页岩TOC最高可达8%，中部暗色泥岩TOC在2%左右。平面上，TOC高值区随着沉积中心的迁移而变化，沙四段下部高值区主要分布在高升—牛心坨地区，最高可达4.0%；沙四段上部高值区主要在盘山—陈家洼陷，最高可达5.0%。

沙四段烃源岩有机质类型以Ⅱ$_1$型为主，部分Ⅰ型。类脂体在3.9%～99.3%之间，平均为71.5%；壳质体在0～68.2%之间，平均为3.5%；镜质体在0.9%～90.6%之间，平均为21.8%；惰质体在0.6%～45.2%之间，平均为3.2%。

从整个西部凹陷来看，烃源岩在深度2800m左右达到生烃门限（$R_o$=0.5%），在4400m左右进入高成熟阶段（$R_o$=1.3%）。实测资料展示，西部凹陷烃源岩热演化序列完整，存在未—低熟和成熟两个“生烃高峰”，可生成不同成熟阶段的油气，如低熟油、成熟油、凝析油、裂解气等[1-4]。沙四段烃源岩主要分布在牛心坨和盘山洼陷，现今处于低成熟—成熟阶段（$R_o$=0.3%～0.9%）。

沙三段有机碳含量在0.1%～5.1%之间，平均为1.7%，大部分地区有机碳含量大于1.5%。干酪根类型以Ⅱ$_1$—Ⅱ$_2$型为主，腐泥组分含量平均为54%、壳质组分含量平均为4.9%、镜质组分含量平均为36.7%、惰质组分平均为6.6%。

据实测数据分析，沙四段烃源岩主体处于低成熟—成熟演化阶段，沙三段烃源岩主体进入生烃高峰期，$R_o$普遍大于0.5%，局部洼陷深层进入高成熟期，$R_o$达到2.0%。

### （二）大民屯凹陷烃源岩

大民屯凹陷纵向上有机质丰度呈现非均质性变化，整体来说由下向上，TOC逐渐变小。沙四段下部发育油页岩，TOC普遍大于2.0%，最高可达15%，平均7.52%，高值区位于安福屯洼陷和东胜堡洼陷，为优质烃源岩。沙四段上部TOC在0.5%～2.5%之间，平均2.10%，高值区位于安福屯洼陷和荣胜堡洼陷，为好烃源岩。整个沙四段烃源岩TOC在2%～13%之间，高值区在安福屯洼陷。

沙四段下部油页岩有机显微组分以类脂体为主，一般大于50%，均值为53.4%；壳质体和镜质体均值分别为17.4%和21.8%；惰质体含量极少。有机质类型以Ⅱ$_1$型为主，部分Ⅰ型。沙四段上部烃源岩有机质类型以Ⅱ$_2$型为主，部分为Ⅲ型。

沙三段有机碳含量在0.4%～4.3%之间，平均为1.6%，干酪根以Ⅱ$_2$—Ⅲ型为主，Ⅱ$_1$型占17.8%，Ⅱ$_2$型占52.6%，Ⅲ型占28.5%。

沙四段烃源岩$R_o$一般在0.6%～1.0%之间，处于成熟阶段，凹陷南部的荣胜堡洼陷$R_o$普遍大于1.3%，最高超过2.0%，处于高—过成熟阶段。沙三段的烃源岩成熟度在0.5%～1.2%之间，洼陷中心的成熟度最高可达1.7%。

## 第二节　优质烃源岩分级评价标准

辽河坳陷沙三段、沙四段烃源岩有机碳含量变化大、热演化程度跨度大、干酪根类型多样。本节以西部凹陷为例，建立了优质烃源岩分级评价标准。

### 一、有机碳（TOC）含量标准

根据排烃理论[5]，采用生烃潜力指数［($S_1$+$S_2$)/TOC］，来表征烃源岩的生烃潜力（图2-2-1）。当烃源岩的生烃潜力指数在演化过程中开始减小时，表明有烃类开始排出，开始减小时所处的埋深代表了烃源岩的排烃门限，此时的生烃潜力指数为烃源岩的最大生烃潜力指数（$HCI_0$）。烃源岩最大生烃潜力指数与残余生烃潜力指数（$HCI_p$）的差值为排烃量（$q_e$）。如果烃源岩的排烃量与其TOC关系曲线出现明显的拐点（图2-2-2），表示存在优质烃源岩，超过拐点之后，烃源岩的排烃量随TOC的增幅明显高于拐点之下烃源岩的排烃量，这就是优质烃源岩的实质所在，这一拐点对应的TOC值也正是优质烃源岩的TOC下限值。

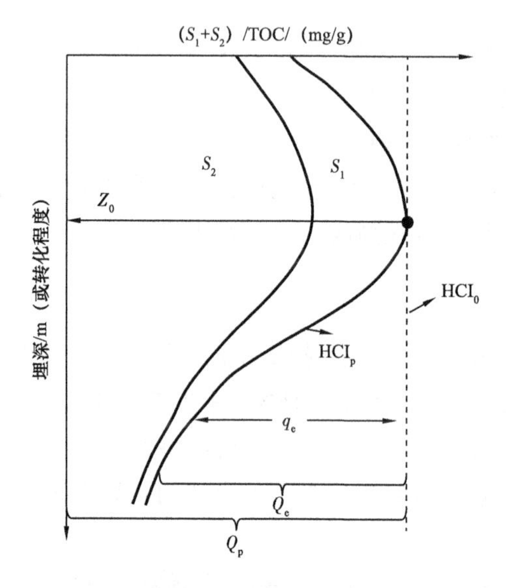

图2-2-1　生烃潜力指数法确定排烃门限原理图

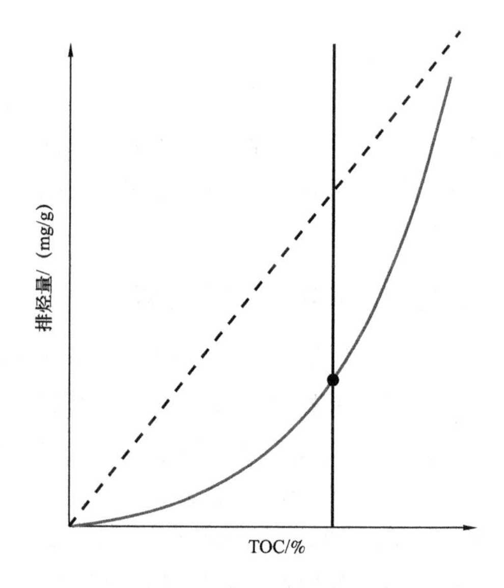

图2-2-2　优质烃源岩评价原理图

西部凹陷沙三段烃源岩生烃潜力指数最大值位于2500m处（图2-2-3），说明沙三段烃源岩排烃门限为2500m，埋深大于2500m的烃源岩开始排烃。通过计算排烃门限以下烃源岩的排烃量，然后编制排烃量与TOC关系散点图，看出其下包络线存在明显拐点，且拐点对应的TOC为2%，即沙三段优质烃源岩的TOC下限为2%。

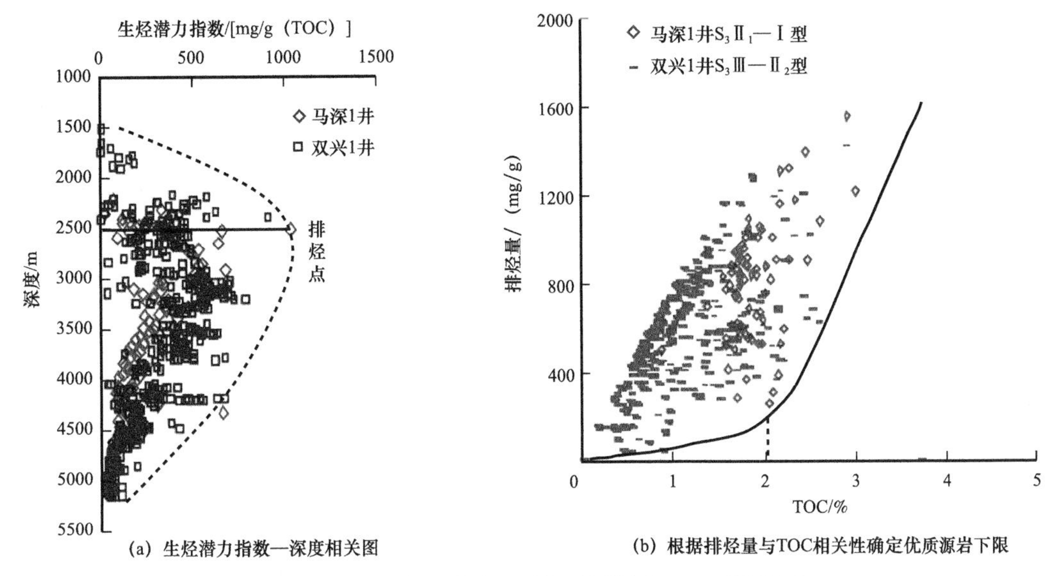


图2-2-3 西部凹陷沙三段优质烃源岩TOC下限标准

考虑到西部凹陷沙四段存在低成熟的致密油气，排烃理论方法不适合西部凹陷沙四段的低熟油。所以，采用残留烃法（氯仿沥青“A”—TOC）来确定优质烃源岩的有机碳分级标准。制作了氯仿沥青“A”—TOC的散点图（图2-2-4）。从图2-2-4（a）上可以看出包络线呈三段式：缓慢上升段，TOC值1%到2%，氯仿沥青“A”大于0.1%，为Ⅲ类优质烃源岩，对应的生烃潜力为2～8mg（烃）/g（岩石）；快速上升段，TOC为2%～4%，氯仿沥青“A”大于0.4%，为Ⅱ类优质烃源岩，对应的生烃潜力为8～20mg（烃）/g

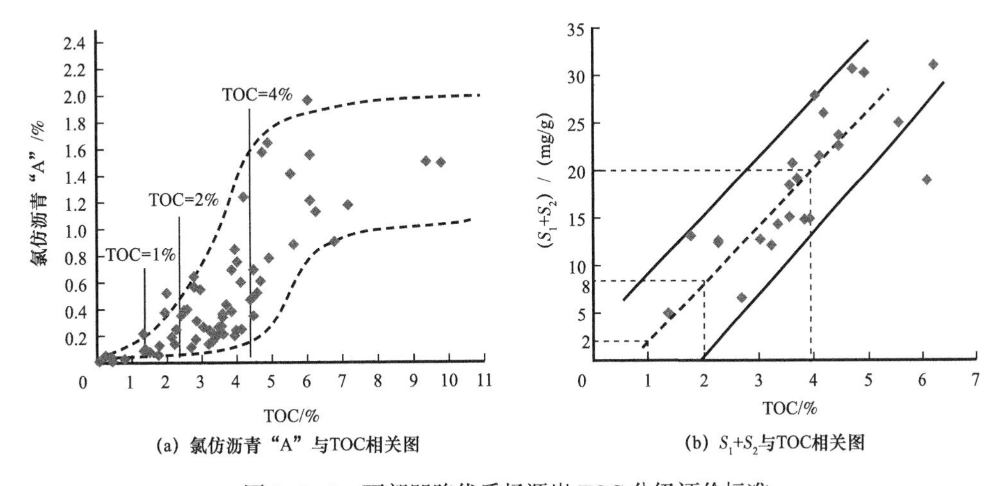


图2-2-4 西部凹陷优质烃源岩TOC分级评价标准

（岩石）；高部平稳段，TOC 大于 4%，氯仿沥青“A”大于 0.8%，为 I 类优质烃源岩，对应的生烃潜力大于 20mg（烃）/g（岩石）。

## 二、热演化程度（$R_o$）标准

与烃源岩生烃有关的另一个重要因素是成熟度。西部凹陷沙四段烃源岩转化率（氯仿沥青“A”/TOC）与深度关系具有两个高峰（图 2-2-5），一个为浅部的未熟—低熟油高峰，转化率达到 0.05%，对应的 $R_o$ 下限为 0.3%；另一个为成熟油高峰，转化率达到 0.1%，对应的 $R_o$ 下限为 0.5%；液态烃还存在一个 $R_o$ 上限，当 $R_o$ 大于 1.3% 时，开始大量生气。高 8 井沙四段泥岩生烃热模拟试验证明，在 $R_o$ 为 0.3% 时开始生未熟—低熟烃，在 $R_o$ 为 0.5% 时放量生烃，这是对上述成熟度标准的一个有力诠释。

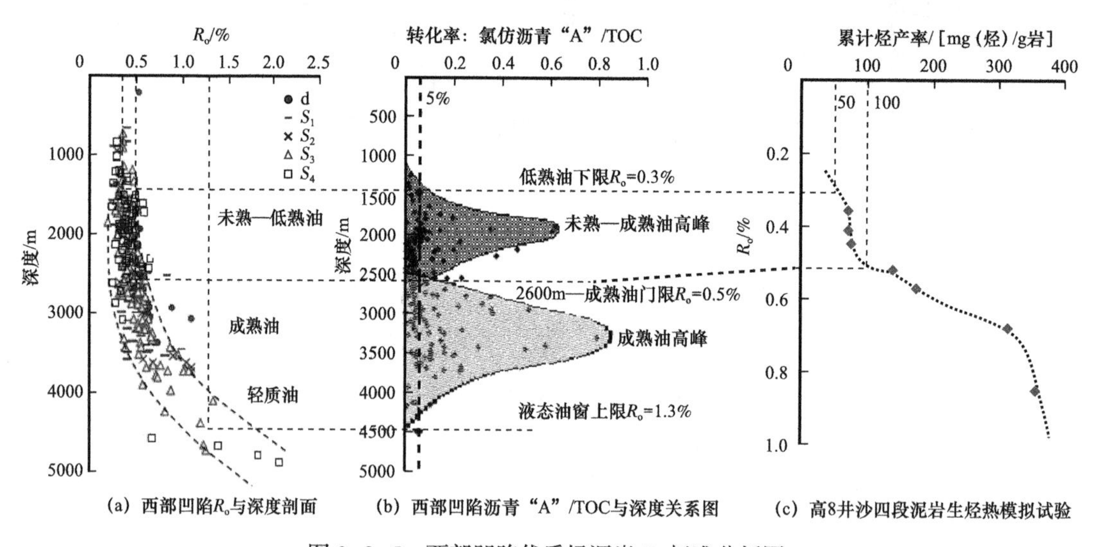


图 2-2-5　西部凹陷优质烃源岩 $R_o$ 标准分析图

## 三、优质烃源岩分级评价标准

通过对比国内外知名学者的分级评价标准[6]、陆相烃源岩地球化学评价方法，根据西部凹陷沙三段淡水沉积和沙四段咸水沉积有机质的地化特征，分别建立了西部凹陷沙三段和沙四段优质烃源岩分级评价标准（表 2-2-1）。

## 四、西部凹陷沙四段—沙三段优质烃源岩分布

运用上述分级评价标准，将沙四段分别以 $R_o$=0.3%、$R_o$=0.5%、$R_o$=1.3% 为下限，分为低熟优质烃源岩和成熟优质烃源岩两类（图 2-2-6）。低熟优质烃源岩主要分布在杜家台—雷家—高升一带及牛心坨地区，面积 285km²，平均厚度 90m，在此区及周边寻找低熟型致密油；成熟优质烃源岩主要分布在曙光—雷家—高升一带和牛心坨地区，总面积 245km²，平均厚度 90m，在此区及周边寻找成熟型致密油。

**表 2-2-1　西部凹陷优质烃源岩分级评价标准**

| 分级评价指标 | 沙三段 | | | 沙四段 | | |
|---|---|---|---|---|---|---|
| | 优质 | | 有效 | 优质 | | 有效 |
| | Ⅰ类 | Ⅱ类 | Ⅲ类 | Ⅰ类 | Ⅱ类 | Ⅲ类 |
| 有机碳含量 TOC/% | ＞3 | 2～3 | 0.5～2 | ≥4 | ≥2 | 1～2 |
| 有机质类型 | Ⅰ型、Ⅱ型 | Ⅰ型、Ⅱ型 | Ⅰ型—Ⅲ型 | Ⅰ型、$Ⅱ_1$型 | Ⅰ型、$Ⅱ_1$型 | Ⅰ—Ⅱ型 |
| $(S_1+S_2)$/(mg/g) | | | | ＞20 | 8～20 | 2～8 |
| $R_o$/% | 0.5～2.0 | | | 0.5～1.3 | 0.3～1.3 | |

将沙三段以 $R_o$=0.5%、$R_o$=1.3% 为下限，分为成熟优质烃源岩和高熟优质烃源岩两类（图 2-2-7）。成熟优质烃源岩主要分布在盘山洼陷和清水洼陷西，面积 370km²，该区及周缘是致密油勘探有利区；高熟优质烃源岩主要发育在清水洼陷中心及东部，面积 260km²，该区及周缘是致密气勘探有利区。

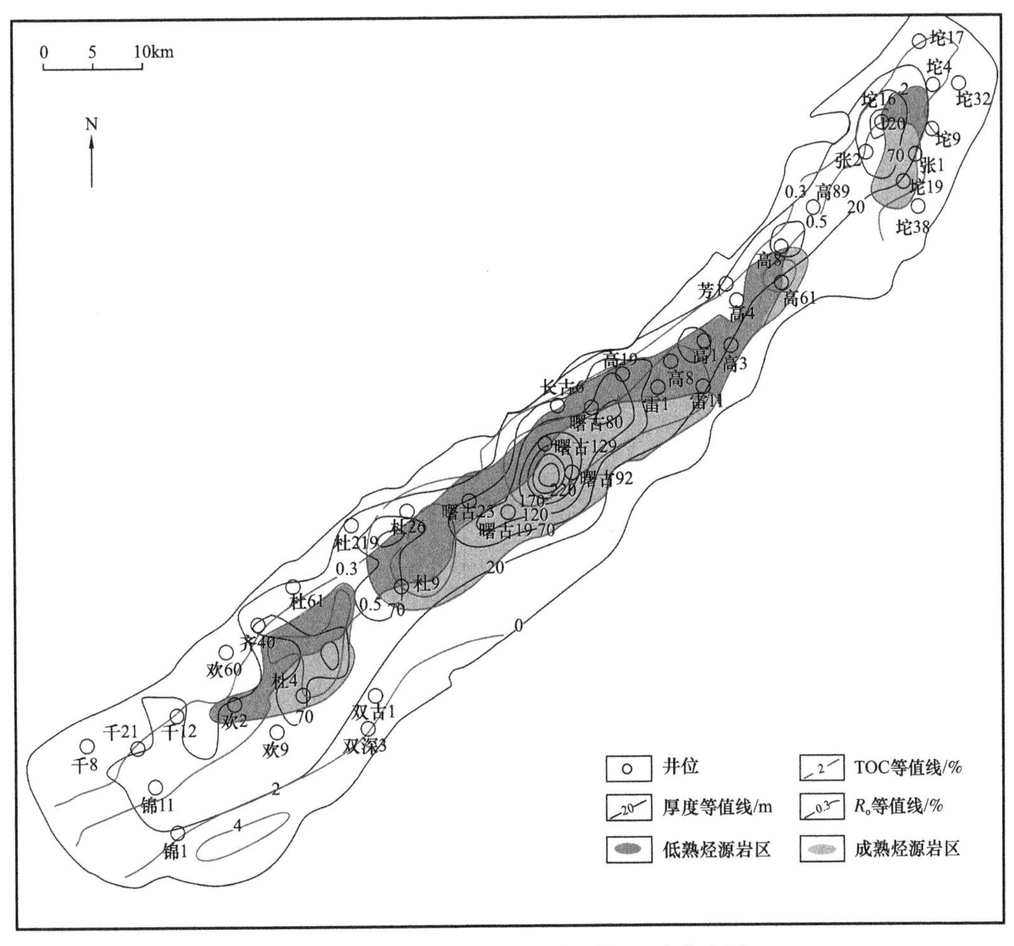


图 2-2-6　西部凹陷沙四段优质烃源岩分布图

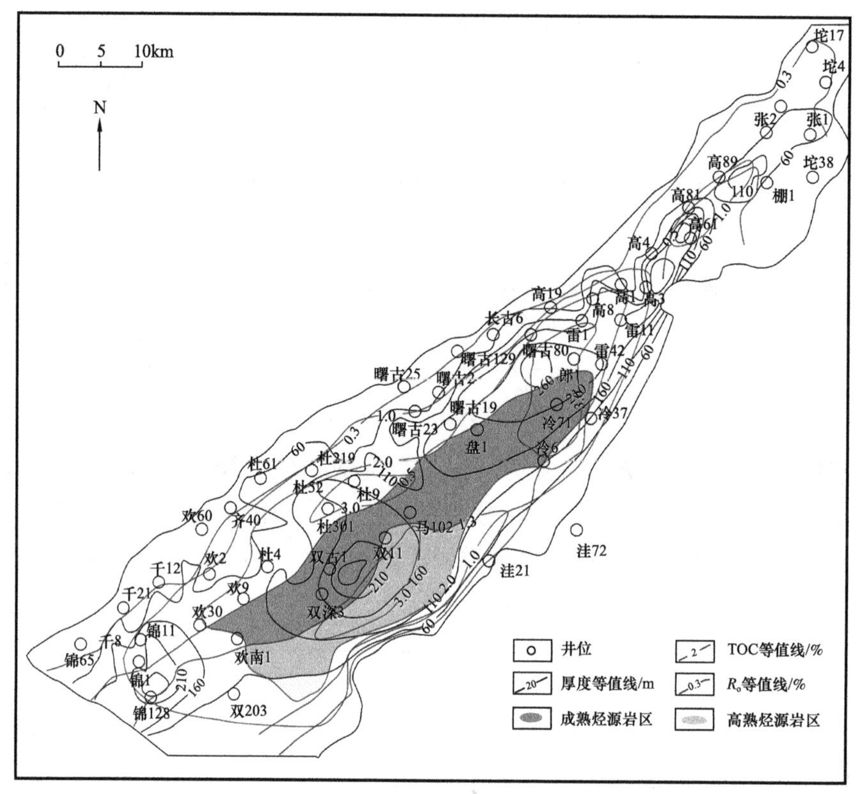


图 2-2-7 西部凹陷沙三段优质烃源岩分布图

# 第三节 非常规油气资源及其评价方法

通过广泛调研国内外非常规油气资源研究成果，总结出非常规油气资源的评价方法包括：类比法（资源丰度类比法、最终可采储量（EUR）类比法）、统计法（小面元容积法、随机模拟法）、成因法（数值模拟法）[7]。

## 一、评价资源类型及范围

非常规油气资源包括页岩油、致密砂岩气、煤层气、页岩气、油页岩、油砂及天然气水合物等资源[6]。结合辽河探区实际情况，本节仅评价页岩油、致密砂岩气和页岩气。

评价范围为辽河探区，包括辽河坳陷和辽河外围，矿权面积 68421km$^2$。

## 二、非常规油气资源评价方法

### （一）类比法

#### 1. 资源丰度类比法

资源丰度类比法是一种由已知区面积资源丰度推测评价区面积资源丰度，然后计算出评价区资源量的方法。该类比法的步骤为：

1）确定评价区边界

从资源评价角度看，非常规油气的边界与岩性地层区带的边界一致，主要边界类型包括：（1）盆地构造单元边界；（2）主要砂岩体沉积体系或富有机质页岩边界；（3）断层、地层尖灭边界；（4）储层岩性或物性边界。

2）选择刻度区

根据评价区的石油地质特征，选择具有相似特征的一个或多个刻度区。

3）计算公式

根据油气成藏条件地质风险评价结果，逐一类比评价区与所选的刻度区，求出对应相似系数。计算公式见式（2-3-1）：

$$a=R_f/R_c \tag{2-3-1}$$

式中 $a$——评价区与刻度区类比的相似系数；

$R_f$——评价区油气成藏条件地质评价结果，即把握系数；

$R_c$——刻度区油气成藏条件地质评价结果，即把握系数。

4）计算评价区地质资源量

根据相似系数和刻度区的面积资源丰度，求出评价区地质资源量。计算公式见式（2-3-2）：

$$Q_{ip}=\sum_{i=1}^{n}\left(AZ_i a_i\right)/n \tag{2-3-2}$$

式中 $Q_{ip}$——评价区非常规油气地质资源量，$10^8$t（石油），$10^8m^3$（天然气）；

$A$——评价区面积，$km^2$；

$Z_i$——第 $i$ 个刻度区非常规油气资源丰度，$10^4t/km^2$（石油），$10^8m^3/km^2$（天然气）；

$a_i$——评价区与第 $i$ 个刻度区类比的相似系数；

$n$——刻度区个数。

5）计算评价区可采资源量

可采资源量的计算公式见式（2-3-3）：

$$Q_r=Q_{ip}E_r \tag{2-3-3}$$

式中 $Q_r$——评价区非常规油气可采资源量，$10^8$t（石油），$10^8m^3$（天然气）；

$Q_{ip}$——评价区非常规油气地质资源量，$10^8$t（石油），$10^8m^3$（天然气）；

$E_r$——刻度区非常规油气平均可采系数。

### 2. EUR 类比法

EUR 类比法是一种由已开发井 EUR 推测评价区评价井 EUR，然后计算出评价区非常规油气资源量的方法。步骤如下：

1）评价区分类

将评价区分为潜力区（A 类）、扩展区（B 类）和其他区（C 类）三类，并估算各类的面积比例。

2）选择单井 EUR 刻度区

根据潜力区的石油地质特征，为 A 类选择具有相似特征的一个或多个刻度区；同样方法，为 B 类和 C 类选择具有相似特征的一个或多个刻度区。

3）关键参数确定

（1）分别统计 A 类、B 类和 C 类刻度区的 EUR，确定 EUR 均值、方差、最小值和最大值。

（2）分别统计 A 类、B 类和 C 类刻度区的平均井控面积和采收率（可采系数）。

4）计算评价区可采资源量

可采资源量的计算公式：

$$\begin{cases} Q_{\mathrm{r}} = Q_{\mathrm{r-A}} + Q_{\mathrm{r-B}} + Q_{\mathrm{r-C}} \\ Q_{\mathrm{r-A}} = \mathrm{EUR}_{\mathrm{A}} A k_{\mathrm{A}} / W_{\mathrm{A}} \\ Q_{\mathrm{r-B}} = \mathrm{EUR}_{\mathrm{B}} A k_{\mathrm{B}} / W_{\mathrm{B}} \\ Q_{\mathrm{r-C}} = \mathrm{EUR}_{\mathrm{C}} A k_{\mathrm{C}} / W_{\mathrm{C}} \end{cases} \tag{2-3-4}$$

式中 $Q_{\mathrm{r}}$——评价区非常规油气可采资源量，$10^8$t（石油），$10^8$m$^3$（天然气）；

$Q_{\mathrm{r-A}}$——潜力区非常规油气可采资源量，$10^8$t（石油），$10^8$m$^3$（天然气）；

$Q_{\mathrm{r-B}}$——扩展区非常规油气可采资源量，$10^8$t（石油），$10^8$m$^3$（天然气）；

$Q_{\mathrm{r-C}}$——其他区非常规油气可采资源量，$10^8$t（石油），$10^8$m$^3$（天然气）；

$\mathrm{EUR}_{\mathrm{A}}$，$\mathrm{EUR}_{\mathrm{B}}$，$\mathrm{EUR}_{\mathrm{C}}$——潜力区、扩展区和其他区对应刻度区 EUR 均值，$10^8$t（石油），$10^8$m$^3$（天然气）；

$A$——评价区面积，km$^2$；

$k_{\mathrm{A}}$，$k_{\mathrm{B}}$，$k_{\mathrm{C}}$——潜力区、扩展区和其他区对应刻度区占评价区分数；

$W_{\mathrm{A}}$，$W_{\mathrm{B}}$，$W_{\mathrm{C}}$——潜力区、扩展区和其他区对应刻度区平均井控面积，km$^2$。

5）计算评价区地质资源量

地质资源量的计算公式为：

$$Q_{\mathrm{ip}}=Q_{\mathrm{r-A}}/E_{\mathrm{r-A}}+Q_{\mathrm{r-B}}/E_{\mathrm{r-B}}+Q_{\mathrm{r-C}}/E_{\mathrm{r-C}} \tag{2-3-5}$$

式中 $Q_{\mathrm{ip}}$——评价区非常规油气地质资源量，石油 $10^8$t，天然气 $10^8$m$^3$；

$Q_{\mathrm{r-A}}$，$Q_{\mathrm{r-B}}$，$Q_{\mathrm{r-C}}$——潜力区、扩展区和其他区非常规油气可采资源量，单石油 $10^8$t，天然气 $10^8$m$^3$；

$E_{\mathrm{r-A}}$，$E_{\mathrm{r-B}}$，$E_{\mathrm{r-C}}$——潜力区、扩展区和其他区非常规油气平均可采系数。

### （二）统计法

#### 1. 小面元容积法

小面元容积法是将评价区划分为若干网格单元（或称面元），考虑每个网格单元非常规油气有效厚度、有效孔隙度等参数的变化，然后逐一计算出每个网格单元资源量。步骤如下：

1）评价区网格化分，小面元面积确定

一般采用矩阵网划分评价区网格，也可根据评价区储层物性参数的数据来源确定网格类型：

（1）地震资料解释成果：可采用矩形网；

（2）录井或测井成果：可采用 PEBI 网；

（3）综合解释成果（等值线数据）：采用三角网或其他变面积网格。

2）小面元有效孔隙度、有效厚度、含油 / 气饱和度的求取

根据以下两种情况采用不同的求取方法：

（1）小面元中有数据点：取数据点的各项参数的平均值；

（2）小面元中没有数据点，使用网格插值工具软件，求取关键参数。

3）计算小面元地质资源量

计算公式为：

$$Q=100AH\phi(1-S_w)\rho_o/B_o \tag{2-3-6}$$

$$Q=0.01AH\phi(1-S_w)/B_g \tag{2-3-7}$$

式中　$Q$——小面元油气地质资源量，$10^8$t（石油），$10^8$m$^3$（天然气）；

$A$——小面元含油气面积，km$^2$；

$H$——小面元油气层有效厚度，m；

$\phi$——小面元有效孔隙度；

$S_w$——小面元原始含水饱和度；

$\rho_o$——地面原油密度；

$B_o$——原始原油体积系数；

$B_g$——原始天然气体积系数。

4）计算评价区地质资源量和可采资源量

计算公式为：

$$\begin{cases} Q_{ip}=\sum_{i=1}^{n}Q_i \\ Q_{ur}=\sum_{i=1}^{n}\left(Q_i Er_i\right) \end{cases} \tag{2-3-8}$$

式中　$Q_{ip}$——评价区非常规油气地质资源量，$10^8$t（石油），$10^8$m$^3$（天然气）；

$Q_{ur}$——评价区非常规油气可采资源量，$10^8$t（石油），$10^8$m$^3$（天然气）；

$n$——评价区划分出的面元（网格）个数；

$Q_i$——第 $i$ 个面元非常规油气地质资源量，$10^8$t（石油），$10^8$m$^3$（天然气）；

$Er_i$——第 $i$ 个面元非常规油气可采系数。

## 2. 随机模拟法

随机模拟法是一种比较精细的非常规油气资源评价方法，通过已发现油气藏的分布情

况，确定资源丰度分布趋势，从而计算资源的评价方法。适合于在钻探井较多并以发现有多个油气藏的地区使用。

### （三）成因法

成因法是通过实验测试分析，获取关键参数，如原始有机碳等，再利用盆地模拟软件模拟页岩气饱和度，计算含气量。该方法的评价参数主要有：烃源岩厚度、面积、丰度、产烃率、排烃效率、运聚系数等。该方法能够系统地了解油气资源地质分布特征和聚集规律。

成因法中的盆地模拟也叫数值模拟，是以计算机为手段，通过数值计算和图像显示，研究油气生、排、运、聚等成藏过程，从而计算油气资源的评价方法。数值模拟是一种比较精细的非常规油气资源评价方法，依赖于地质模型、数学模型的建立和盆地模拟技术，适合于在资料较多、油气成藏历史认识较清楚的地区。

## 三、评价方法优选

此次非常规油气资源评价方法选取的原则为：

第一，实用性和可操作性。选择能够在辽河探区内快速、有效使用的方法，如资源丰度类比法、体积法等；第二，继承性。选择尽可能继承以前被证实为有效的方法，如小面元容积法和体积法等；第三，兼顾精细的评价方法。如资源空间分布预测法和数值模拟法。优选结果见表2-3-1。

**表2-3-1　非常规油气资源评价方法优选结果**

| 资源类型 | 评价方法 |
| --- | --- |
| 致密砂岩气 | 资源丰度类比法（分级）、小面元容积法 |
| 页岩油 | 资源丰度类比法（分级）、小面元容积法 |
| 页岩气 | 单位岩石吸附气法 |

# 第四节　非常规油气资源勘探有利区选择

## 一、建立针对辽河探区的页岩油有利区选取标准

页岩油评价应考虑以下7点起算条件：（1）评价层段选择，要有充分证据证明拟计算的层段为致密油层；（2）含油面积下限，页岩油连续分布面积不小于50km$^2$；（3）烃源岩有机碳含量下限，原则上保证TOC不小于1%；（4）烃源岩成熟度，烃源岩处于生油窗内，一般要求$R_o$为0.6%～1.3%；（5）埋藏深度，主体不大于4500m；（6）保存条件，无规模性“通天”断裂破碎带、非岩浆岩分布区、不受地层水淋滤影响等；（7）地面条件，不具有工业开发基础条件的地区，原则上不进行资源量评价[8]。

钻探资料揭示，有待进一步落实的页岩油发育段都与高丰度优质烃源岩相伴生。雷家地区已证实的页岩油烃源岩地球化学分析结果表明：有机碳含量大于2%的样品数达到80%以上（图2–4–1）；有机质类型为Ⅰ型和$Ⅱ_A$型；镜质组反射率为0.3%～0.8%。另外，生烃动力学分析及实测资料显示，雷家地区Ⅰ型和$Ⅱ_A$型烃源岩在$R_o$为0.3%时就开始生烃了（图2–4–2）。基于上述认识，我们将页岩油选区标准进行了局部调整，以便与辽河探区勘探实际相适应（表2–4–1）。

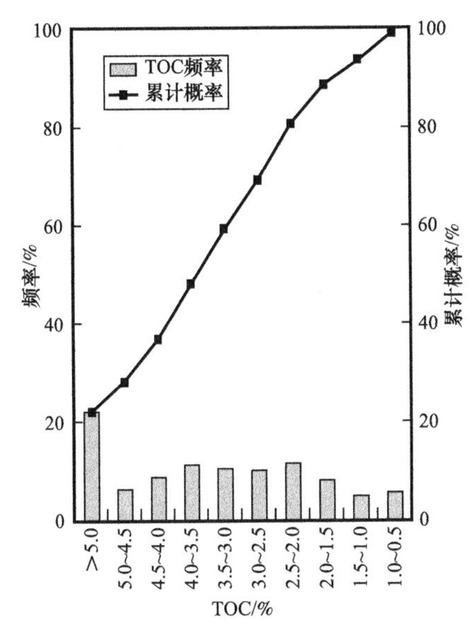


图2–4–1　雷家页岩油烃源岩有机碳含量分布图

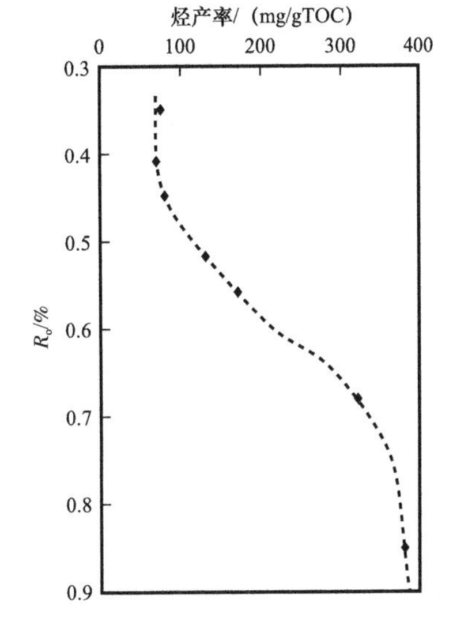


图2–4–2　高8井沙四段泥岩生烃模拟曲线

**表2–4–1　辽河探区页岩油选区标准**

| 参数 | | 砂岩 | 碳酸盐岩 |
|---|---|---|---|
| 储层 | 面积/km$^2$ | ≥50 | ≥100 |
| | 厚度/m | ≥10 | ≥2 |
| | 孔隙度/% | ≥4 | ≥1 |
| 烃源岩 | TOC/% | ≥2 | ≥2 |
| | $R_o$/% | 0.3～1.3 | 0.3～1.3 |
| 构造 | | 较稳定 | 较稳定 |
| 地表 | | 有利 | 有利 |
| 油气显示 | | 有发现 | 有发现 |
| 埋深/m | | ≤4500 | ≤4500 |

根据以上选区标准，划分出本次资源评价页岩油的评价范围：大民屯凹陷中央构造带沙四段，西部凹陷雷家、牛心坨地区沙四段碳酸盐岩及辽河外围陆东凹陷。

## 二、页岩油成藏有利条件及有利区优选

### （一）西部凹陷沙四段碳酸盐岩页岩油储层

#### 1. 大面积分布的富有机质烃源岩

在大量烃源岩丰度及类型指标分析基础上，结合测井解释 TOC 技术评价不同类型烃源岩的纵向非均质性和平面非均质性，明确优质烃源岩的分布规律。

沙四段沉积晚期，陈家洼陷是地层沉积沉降的中心，湖水范围逐渐扩大，曙光潜山和兴隆台潜山以北地区为半封闭湖湾区，为典型的还原性环境，湖相泥岩、薄层油页岩、泥质碳酸盐岩等烃源岩较为发育。有效泥岩呈现北厚南薄分布特点，沉降中心在曙光和雷家地区以及牛心坨洼陷，有效泥岩厚度一般在 30～150m 之间，最大可达 250m 以上。有效页岩段在西部凹陷埋深整体上成单斜状，从西斜坡向东逐渐增加，清水洼陷西侧、曙光地区埋深最大，超过 3500m。

该套烃源岩有机质丰度高、类型好，处于低成熟至成熟热演化阶段。有机碳一般大于 2%，高值区位于盘山洼陷、陈家洼陷和牛心坨洼陷，达 5% 以上；有机质类型为Ⅰ型或 $\text{Ⅱ}_1$ 型，属于油型有机质；镜质组反射率在 0.3%～0.8% 之间，处于低成熟至成熟热演化阶段。勘探实践表明，这套有机质能够为与其相邻的致密储层提供较为充足的油源。

#### 2. 发育碳酸盐岩致密储层

1）岩石学特征

根据岩心观察和薄片鉴定资料，本区沙四段主要储集岩类在杜家台油层主要为泥晶云岩，在高升油层主要为粒屑云岩和泥质云岩。杜家台油层段储层成层性较好，可形成横向连续的地层单元；高升油层段受沉积环境的影响，分布不连续。两套储层叠合面积达 450km$^2$，最大厚度位于陈家洼陷雷 59 井区，达 250m。杜家台油层主要岩性有三大类，分别为白云岩类、方沸石岩类、泥岩类；高升油层岩性与杜家台油层类似，主要以泥质云岩和白云质泥岩为主，在工区北侧，发育一套薄层粒屑云岩。

2）储层类型

页岩油储层通常为“细粒的碎屑沉积岩”，它在矿物组成（黏土质、石英和有机碳等）、结构和构造上多种多样，包括细粒的粉砂岩、细砂岩、粉砂质泥岩及石灰岩、白云岩等。根据岩性及储集特性，西部凹陷沙四段主要有白云岩、页岩和致密砂岩 3 类储集岩。白云岩主要分布于雷家地区，水介质属咸水环境特征，白云石沉积反映了气候炎热干旱且较稳定的环境。页岩主要分布于曙光地区，沉积环境相对闭塞，水体循环条件差，有机质丰度很高，呈现出电阻率较高的电性特征。

3）储层物性特征

据西部凹陷沙四段雷 36 井、雷 37 井、雷 39 井、雷 40 井、雷 42 井、雷 62 井岩心分析测试的数据统计，测得共 388 块岩心的平均孔隙度值为 8.75%，孔隙度小于 14% 的约占 80%，渗透率小于 1mD 的占 85.6%。

杜家台油层四大类岩性为含泥泥晶云岩、含泥方沸石质泥晶云岩、泥质含云方沸石

岩、含云方沸石质泥岩。含泥泥晶云岩的孔隙度为4%～12%的占67%，渗透率小于1mD的占81%；含泥方沸石质泥晶云岩的孔隙度为0～4%的占54%，4%～12%的占33%，渗透率小于1mD的占42%，为10～100mD的占33%；泥质含云方沸石岩、含云方沸石质泥岩孔隙度0～4%和4%～12%各占50%，渗透率小于1mD的占100%。

高升油层三大类岩性为泥晶粒屑云岩、含泥含砂粒屑泥晶云岩、泥质泥晶云岩。泥晶粒屑云岩的物性特征为中高孔、中低渗为主；含泥含砂粒屑泥晶云岩的物性特征为中高孔、低渗、特低渗为主；泥质泥晶云岩的物性特征为中孔、低渗、特低渗为主。

#### 3. 源储紧密接触

研究区在沙四段沉积时期为深湖半深湖—滨浅湖相沉积，四周物源供给不充足，古气候干燥，在该区形成了一套以碳酸盐岩为主的沉积地层。沙河街组四段的碳酸盐岩储层主要发育于高升和杜三油组，在杜二油组局部发育，其中杜一油组与杜二油组岩性以泥岩为主。

沙四时期辽河裂谷进入裂陷期，发育浅湖—深湖相暗色泥岩夹油页岩、泥灰岩、白云质灰岩、粒屑云岩和扇三角洲砂质岩。沙四段上亚段下部为高升油层段，其下主要为一套晶粒较细的化学沉积+陆源碎屑沉积；从油藏特点来看，源储一体，有效烃源岩与储层相互叠置发育，形成源内型油藏，呈现出“三明治”一样的结构。由于该套碳酸盐岩储层岩性复杂，物性差，自然产能低，属于典型致密油。含油气层主要集中在碳酸盐岩储层，受岩性类型及岩层厚度的控制作用明显。

#### 4. 有利区优选

西部凹陷碳酸盐岩致密油勘探有利区圈定，是将TOC大于2%、$R_o$为0.3%～1.3%的优质烃源岩和碳酸盐岩厚度分布叠合起来，预测西部凹陷沙四段碳酸盐岩致密油分布范围和厚度，结果显示，西部凹陷沙四段碳酸盐岩分布地区除了西部斜坡带部分地区埋深较浅，烃源岩没有达到低成熟度阶段（$R_o$大于0.3%）外，其他碳酸盐岩分布地区都是页岩油分布有利区（图2-4-3）。

### （二）大民屯凹陷沙四段页岩油储层

#### 1. 发育一定规模的高丰度优质烃源岩

大民屯凹陷沙四段烃源岩的存在早已为勘探和石油地质研究所证实。目前对沙四段烃源岩的研究主要集中在沙四段下亚段，其油页岩主要分布在大民屯凹陷中央构造带大民屯至东胜堡一线，发育规模受盆地内古隆起和水体介质双重控制，最大厚度达240m，中间潜山古隆起部位厚度较小，一般为50～150m，平均厚度在110m左右。

沙四段下亚段有机质类型好（Ⅰ—$\text{Ⅱ}_1$型），丰度高（TOC为2%～14%，平均7.85%）、热演化程度适中（$R_o$为0.4%～0.9%，平均0.72%），生烃潜力平均38.2mg/g，是大民屯凹陷的主力生油岩。

#### 2. 储层发育

大民屯凹陷沙四段发育碳酸盐岩夹层型、混积型和油页岩型三类页岩油。

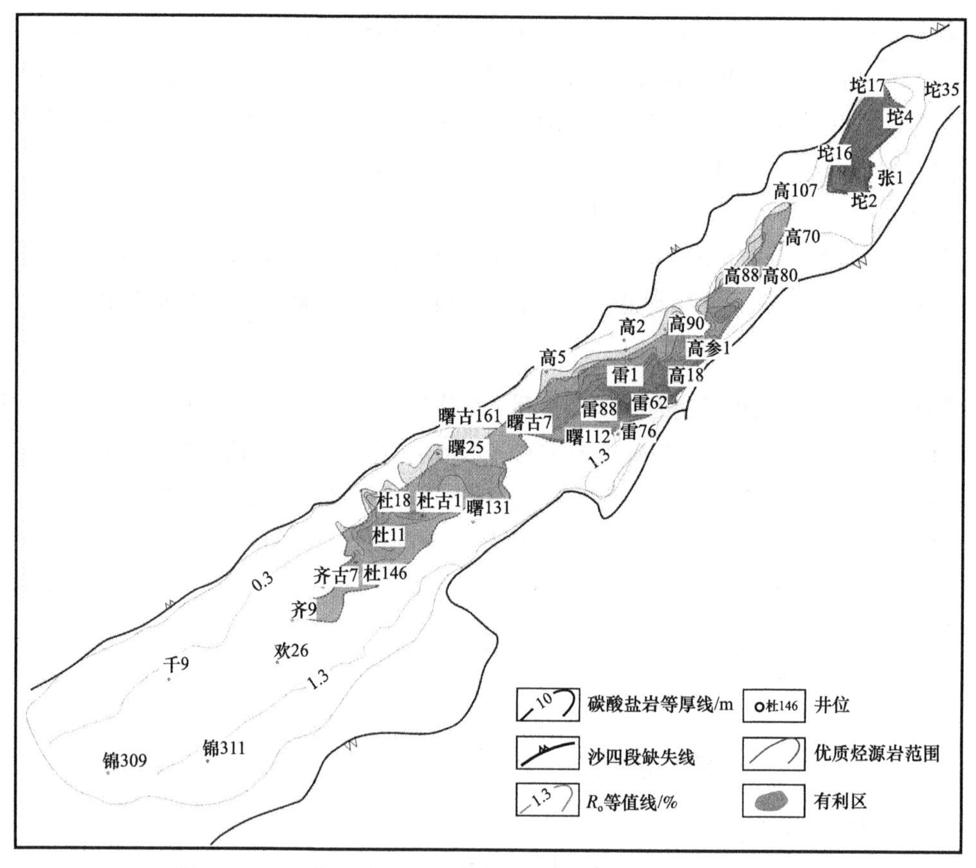


图 2-4-3　西部凹陷沙四段碳酸盐岩致密油有利区综合评价图

含碳酸盐岩的砂泥岩—油页岩组合储层分布在大民屯凹陷中央构造带。大民屯凹陷沙四段下亚段沉积时期，凹陷大部分为浅水覆盖，南北水体略有差异，大致以大民屯至东胜堡一线为界，其北水体比较闭塞、安静，集中发育一套含碳酸盐岩的油页岩和钙质砂岩组合。发育规模受凹陷构造格局控制，最大厚度达 300m，中间潜山古隆起部位厚度较小，一般为 50～150m，平均厚度在 110m 左右。

### 3. 源储一体或致密储层与烃源岩紧密接触

含碳酸盐岩的油页岩致密储层分布在大民屯凹陷中央构造带大民屯—东胜堡以北，按岩性可划分为三组。Ⅰ组和Ⅲ组岩性主要为含碳酸盐岩的油页岩和泥岩，为源储一体，为页岩油。Ⅱ组岩性以钙质砂岩为主夹薄层钙质页岩和泥岩，与其上下优质烃源岩构成典型的“三明治”结构，为较为典型的页岩油。

### 4. 有利区优选

大民屯凹陷砂砾岩体致密油勘探有利区采用烃源岩有机碳等值线图、镜质组反射率等值线图和砂体分布图进行圈定（图 2-4-4）；含碳酸盐岩细粒沉积岩页岩油属于源储一体，并且全部进入成熟阶段，其勘探有利区就是富有机质油页岩分布范围（图 2-4-5）。

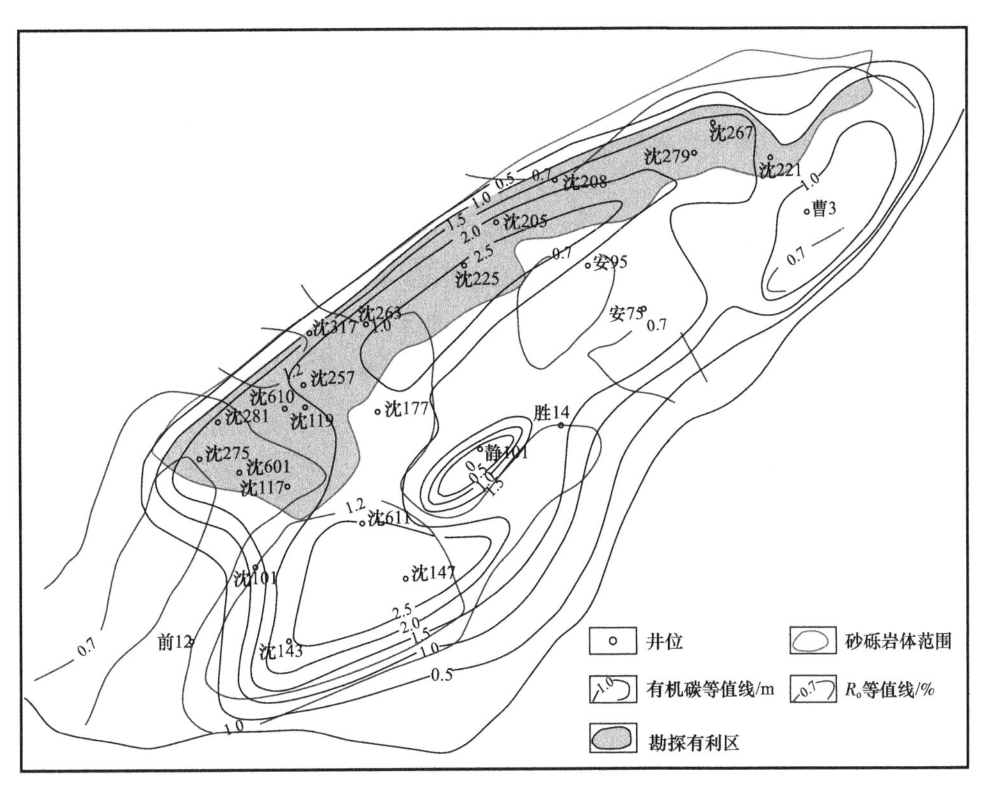


图 2-4-4 大民屯凹陷西陡坡砂砾岩体致密油勘探有利区综合评价图

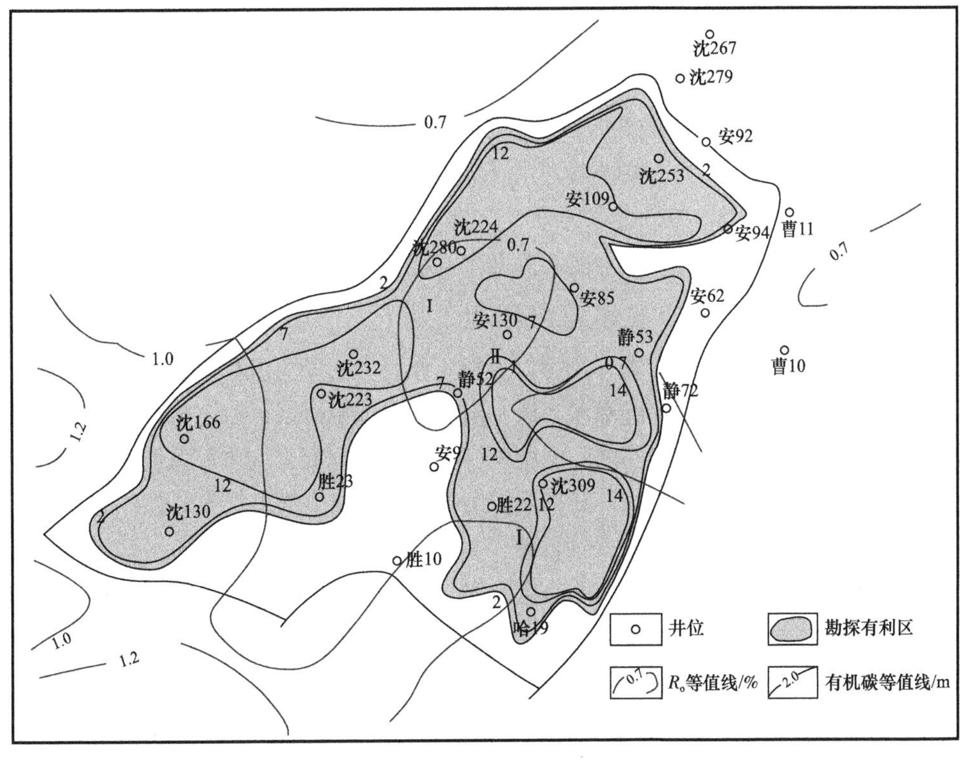


图 2-4-5 大民屯凹陷含碳酸盐岩细粒沉积岩致密油有利区综合评价图

## （三）陆东凹陷九佛堂组上段致密—页岩油

陆东凹陷位于内蒙古通辽市，是辽河外围的一个中生代凹陷，其走向为北东向，面积约 1820km$^2$。陆东凹陷具有典型的断坳双层结构，断陷期发育下白垩统义县组、九佛堂组、沙海组、阜新组火山碎屑岩，坳陷期发育上白垩统碎屑岩沉积。断陷期沉积主要受东南边界断层长期活动控制，沉降幅度大，沉积岩巨厚，构造面貌具有南断北超、南陡北缓的单断箕状特征。南部陡岸带发育近岸水下扇沉积体系，北部缓坡带发育辫状河三角洲沉积体系，湖盆中心部位发育重力流浊积扇。坳陷期发育上白垩统滨浅湖相和河流相沉积。凹陷可进一步划分为东南陡岸带、西北缓坡带和中央洼陷带。

### 1. 具有广泛分布的富有机质烃源岩

陆东凹陷断陷期发育的九佛堂组、沙海组和阜新组是主要生油层系。九佛堂组下段为大套灰色凝灰质砂岩、粉砂岩和深灰色凝灰质泥岩互层；上段为灰褐色油页岩与深灰色泥岩互层，夹薄层砂岩。沙海组下部为深灰色泥岩夹油页岩、钙质粉砂岩；上部为灰色泥岩、粉细砂岩不等厚互层。阜新组下部为深灰色泥岩与长石砂岩、岩屑砂岩互层；上部以深灰色泥岩为主，夹长石砂岩、砂砾岩。各组岩石组合特征反映了沉积环境由九佛堂组沉积时期的半深湖、深湖至沙海组沉积时的浅湖、半深湖，再到阜新组沉积时期的滨浅湖环境的演化。沉积环境的差异决定烃源岩丰度和品质的不同，深水环境形成的烃源岩要好于浅水环境形成的。烃源岩测试指标展示九佛堂组烃源岩有机质丰度、类型远优于沙海组和阜新组烃源岩，按照我国陆相生油岩质量定级标准，已达到最好烃源岩级别。

烃源岩镜质组反射率（$R_o$）等参数研究表明，阜新组和沙海组烃源岩基本处在未成熟—低成熟演化阶段，九佛堂组烃源岩主体处于成熟演化阶段。全岩定量分析表明，九佛堂组烃源岩钙质含量较高，在成熟阶段有利于烃类排出。

综合分析认为，九佛堂组烃源岩厚度为 100～300m，分布面积约 1000km$^2$，其有机质丰度高（TOC 大于 2%），类型好（主要为Ⅰ型、Ⅱ$_1$型），并且主体处于成熟演化阶段，是陆东凹陷优质烃源岩。这套优质烃源岩能够为九佛堂组致密砂岩储集体提供充足的油源。

### 2. 洼陷及缓坡部位发育规模致密储层

陆东凹陷致密储层主要发育在下白垩统九佛堂组。九佛堂组沉积时期，受构造演化和格局控制，凹陷东南侧陡坡带发育近岸水下扇—扇三角洲沉积体系，西北侧缓坡带发育辫状河三角洲沉积体系，湖盆中央为半深湖—深湖亚相沉积，发育重力流浊积扇和三角洲前缘亚相沉积。储层主要为碎屑岩，岩屑含量高，主要为中酸性喷出岩屑。石英、长石含量低，一般为 0～20%。表明砂岩具有很低的成分成熟度，显示以近物源的快速沉积为主要特征。

九佛堂组砂岩成分成熟度低，同时受成岩自生伊利石等黏土矿物和碳酸盐胶结物的影响，储层物性较差。岩心物性分析资料显示，仅凹陷南侧交南地区近岸水下扇扇中亚相和东南侧前河地区扇三角洲前缘亚相物性较好，孔隙度一般为 10%～25%，空气渗透率一般大于 1mD；而南侧近岸水下扇扇端亚相、东南侧前扇三角洲亚相和西北侧缓坡带扇三角洲之前缘、前扇三角洲亚相以及半深湖—深湖浊积扇亚相岩石较为致密，孔隙度一般为 8%～20%，空气渗透率小于 1mD，属于致密储层范畴。储集空间主要为粒间孔和粒内溶孔。

3. 源储紧密接触

九佛堂沉积时期，主要受南侧断层控制，凹陷西北侧缓坡带发育的扇三角洲前缘致密砂体沉积与半深湖—深湖区发育的致密浊积砂体纵、横向复合叠加形成数个平行于湖岸线展布的大型复合浊积砂岩堆积群。它们被夹持在九佛堂组优质烃源岩之中或与优质烃源岩紧邻，具有“近水楼台先得月”的优势，并且洼陷区烃源岩成熟度高，生烃强度大，生成的油气经过短距离运移便可聚集成藏。

4. 有利区优选

参照致密油评价要素及参考标准，考虑烃源岩有机碳丰度、成熟度和致密储层分布范围等因素，采用三图叠合法评价致密油有利区。有机碳下限值取 2%，成熟度（$R_o$）下限值取 0.6%，三图叠合结果是：九佛堂组上段致密油有利区面积约 393km$^2$（图 2-4-6），页岩油范围更广一些。

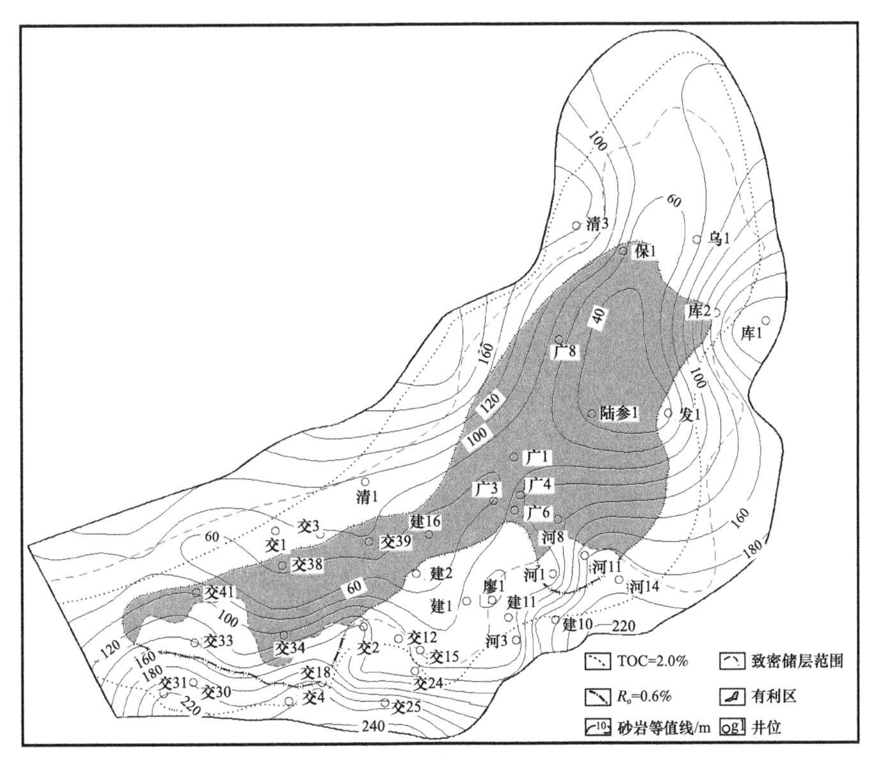


图 2-4-6　陆东凹陷九佛堂组上段致密油有利区

## 三、致密砂岩气成藏有利条件及有利区优选

致密砂岩气是指覆压基质渗透率不大于 0.1mD 的砂岩气层，单井一般无自然产能或自然产能低于工业气流下限，但在一定经济条件和技术措施下可获得工业天然气产量，通常情况下，这些措施包括压裂、水平井、多分支井等。致密砂岩气有利区的划分具有一定

的标准。致密砂岩气有利区标准包括：（1）储层标准：覆压基质渗透率不大于0.1mD的致密储层所占比例大于80%，分布面积较大；（2）烃源标准：以含煤地层Ⅱ型、Ⅲ型烃源岩为主，热演化成熟度 $R_o$ 一般大于1.0%；以Ⅰ、Ⅱ型烃源岩为主的TOC一般大于1.5%，热演化成熟度 $R_o$ 一般大于1.3%；分布面积较大。致密砂岩气"甜点"区标准包括：（1）烃源岩厚度大于一定值：含煤地层累计厚度较大，$R_o$ 大于1.1%；或Ⅰ、Ⅱ型烃源岩TOC大于3%的地层累计厚度较大，$R_o$ 大于1.3%；（2）储层厚度较大，相对物性较好，或裂缝、微裂缝发育：储层基质空气渗透率大于0.5mD，孔隙度大于8%，裂缝或微裂缝较发育的致密砂岩储层累计厚度较大，可局部发育低幅度构造；（3）含气饱和度及储量丰度相对较高：含气饱和度与该区致密砂岩气区平均含气饱和度之差大于5%，储量丰度高于该平均丰度2倍以上；（4）含气区应有较大分布面积：即单个区域或邻近的多个区域分布面积较大，能满足经济规模建产条件。

### （一）西部凹陷致密砂岩气

按照致密砂岩气选区标准，对西部凹陷烃源岩和储层资料进行初步分析，认为西部凹陷南部沙三段中亚段是致密砂岩气发育的有利层段。

首先，该层段具备致密砂岩气发育的烃源条件。沙三段沉积中期，气候转为温暖湿润。水量较丰富，蒸发减弱，因盆地急剧下沉，湖面上升，湖水加深加宽，沉积物分异明显，沉积具有快速沉降和快速充填的特点。凹陷南部的清水和鸳鸯沟洼陷处于沉积中心的位置，为烃源岩沉积的最佳场所，有效烃源岩最大厚度达300m。沙三段TOC含量统计数据为0.1%～18.1%，平均为1.7%，大部分地区TOC大于1.5%。沙三段中亚段高值区分布在陈家和清水洼陷，最高可达4.0%，TOC大于2.0%的分布面积693km$^2$。有机质类型以Ⅱ$_1$型—Ⅱ$_2$型为主。成熟度格局北部低南部高，南部清水及鸳鸯沟洼陷部位处于生气阶段。

其次，具备形成致密砂岩气藏的储层条件。西部凹陷沙三段中亚段沉积时期为湖盆深陷期，湖盆沉降速率大于沉积速率，沉积物源来自西部凸起和中央凸起，湖盆边缘发育扇三角洲沉积体系，而在湖盆深水区广泛发育了近、远岸浊积扇。深洼区发育的扇体垂向叠置，横向连片形成规模储集体，岩性为灰白色砂砾岩、含砾砂岩，储层致密，如双225井4119.86m样品为巨—粗粒长石岩屑砂岩，中—粗粒砂状结构，具颗粒裂缝、晶间孔及微孔，实测孔隙度为8.4%，渗透率为0.33mD。4121.9m样品为中粒岩屑长石砂岩，中粒砂状结构，具铸模孔、微孔，线接触，实测孔隙度为10.4%，渗透率为0.3mD。

特别是双225井在沙三段中亚段3696.9～4469.7m解释气层245m/27层，在4245.9～4206m井段试油，压后8mm油嘴，日产气6619m$^3$，证实了致密砂岩气的存在。按照Ⅰ—Ⅱ型有机质致密砂岩气选区标准，采用有机碳等值线图、成熟度等值线图和砂岩厚度等值线图三图叠合的方法，在凹陷南部鸳鸯沟——双台子地区沙三段中亚段评价出致密砂岩气勘探有利区（图2-4-7），面积约270km$^2$。

### （二）东部凹陷致密砂岩气

东部凹陷适合致密砂岩气领域为牛居——长滩洼陷、红星及二界沟洼陷沙三段深层。

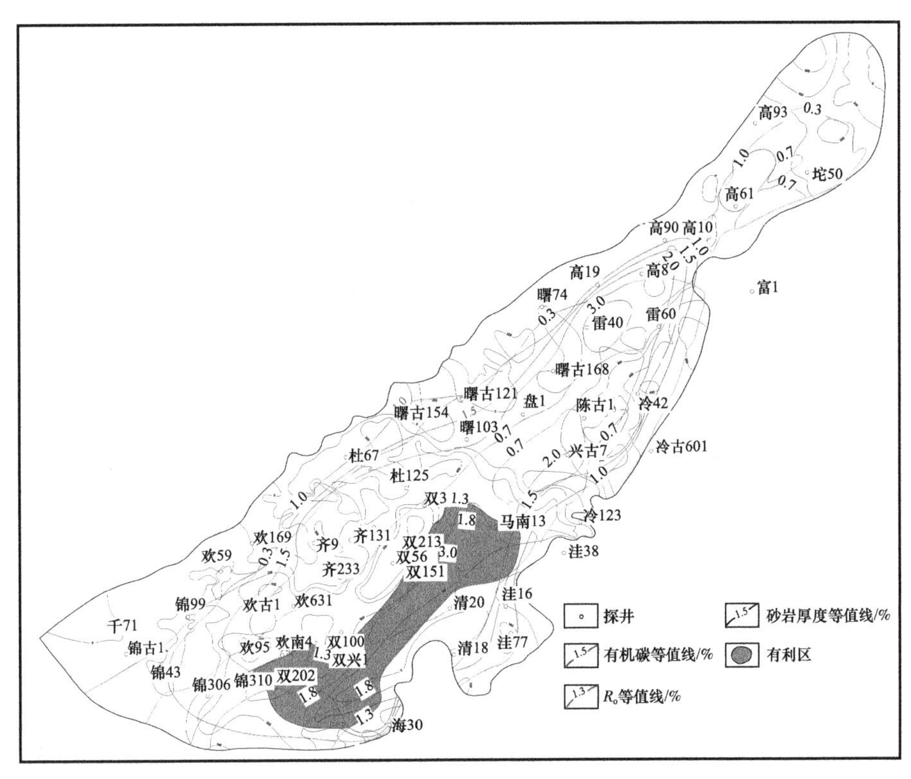


图 2-4-7　西部凹陷沙三段中亚段致密砂岩气有利区评价图

依据如下：

### 1. 东部凹陷沙三段深层具有致密砂岩气成藏的烃源岩条件

沙三段烃源岩厚度大、分布广；沙三段沉积早期，东部凹陷开始扩张，除茨榆坨、三界泡潜山以外，整个凹陷为湖水淹没，形成巨厚的暗色泥岩沉积。由北向南沉积中心分别为牛居—长滩洼陷、于家房子—大湾洼陷、欧利坨子和二界沟洼陷。烃源岩总体以北段牛居—长滩洼陷最为发育，有效烃源岩累计厚度达 1300m；其次为南段二界沟洼陷，有效烃源岩累计厚度达 1100m。沙三段沉积晚期，湖水变浅退出，整个东部凹陷广泛发育沼泽相或泛滥平原相沉积，岩性以泥岩与砂岩、粉砂岩互层为主，夹大量碳质泥岩或煤层。总体上，烃源岩在北段牛居—长滩洼陷和中段于家房子局部地区最为发育，累计厚度最高值达 650m，南段二界沟洼陷暗色泥岩累计厚度最大为 350m；煤层总体以中段欧利坨子地区最发育，累计厚度最高达到 120m 左右，其次在南段黄于热地区，煤层累计厚度达 90m，在青龙台—牛居地区、二界沟洼陷和驾掌寺洼陷煤层累计厚度最高达 70m。

有机质丰度高、类型为倾气型；东部凹陷沙三段下亚段烃源岩均达到好—最好生油岩级别。相比较而言，中段有机质丰度相对较高，其有机碳含量分布范围为 0.078%～9.14%，37 块样品的平均值为 2.703%；北段次之，有机碳含量分布范围为 0.317%～7.83%，16 块样品的平均值为 2.1348%；南段较低，有机碳含量分布范围为 0.52%～5.78%，16 块样品的平均值为 2.039%。沙三段上亚段烃源岩有机质丰度指标亦达到好—最好生油岩级别，但次于沙三段下亚段烃源岩。中段有机碳含量分布范围为0.12%～7.5%，48块样品的平均值为1.522%；南段次之，有机质丰度较高，有机碳含量分布范围为0.17%～3.71%，23块样品的平均值为1.5228%；北段有机质丰度稍低，有机碳含量分布范围为0.12%～4.72%，48块样品的平均值为1.283%。烃源岩有机质类型以倾气型为主。沙三段下亚段烃源岩中段有机质类型稍好一些，主要为$Ⅱ_A$和$Ⅱ_B$型，分析的14块样品中，$Ⅱ_A$型样品占72.4%，$Ⅱ_B$型占21.4%，Ⅰ型占7.2%；北段次之，分析的26块样品中，Ⅲ型占38.4%，$Ⅱ_B$型占30.8%，$Ⅱ_A$型占23.1%，Ⅰ型占7.7%；南段有机质类型主要为Ⅲ型，分析的21块样品中，Ⅲ型占90.4%，$Ⅱ_A$和$Ⅱ_B$型各占4.8%。沙三段上亚段烃源岩中段分析的23块样品中，$Ⅱ_B$和Ⅲ型样品各占39%，$Ⅱ_A$型占22%；北段次之，主要为Ⅲ型和$Ⅱ_B$型，分析的37块样品中，23块为Ⅲ型，占62%，1块$Ⅱ_B$型，占30%，3块为$Ⅱ_A$型，占8%；南段主要也是Ⅲ型和$Ⅱ_B$型的，分析的17块样品中，14块为Ⅲ型，占82%，$Ⅱ_B$型3块，占18%。

烃源岩达到了形成致密砂岩气所要求的热演化阶段。东部凹陷南段和北段深洼部位烃源岩具有完整的热演化序列。牛居——长滩洼陷、红星及二界沟洼陷沙三段深层都达到了高成熟阶段，符合形成致密砂岩气所要求的成熟度条件。

### 2. 具备形成致密砂岩气藏的储层条件

受构造演化控制，沙三早期处于水进环境，发育冲积扇、扇三角洲和水下扇沉积体系。北部牛居—长滩洼槽区发育水下扇砂体或浊积砂体，南部红星及二界沟深水区则发育前扇三角洲席状砂和浊积岩砂体；沙三段沉积晚期，发生水退，在凹陷西侧和北端发育冲积扇，其他地区广泛发育沼泽或泛滥平原相沉积。北部牛居—长滩地区发育辫状河水道砂体，南部红星及二界沟发育曲流河水道砂体或三角洲砂体。从牛居油田储层物性统计结果看，沙三段上亚段储层岩性为中粗砂岩、细砂岩，孔隙度为9.2%，渗透率小于1mD；沙三段下亚段储层岩性为细砂岩，孔隙度小于9.2%，渗透率小于1mD。符合致密砂岩气储层要求。

### 3. 见到致密砂岩气苗头

钻井及录井资料揭示，位于东部凹陷北段牛居—长滩洼陷的牛17s井在3927.6～4003.5m井段解释气层36.3m。钻头位置在3938.50m，井涌，涌势强，涌高2.0m，涌前钻井液密度为1.49～1.36；钻头位置在3917.55m，井涌，涌高2.0m，涌前钻井液密度为1.60～1.52；钻头位置在3954.71m，气侵，钻井液密度为1.60～1.48。展示了该领域致密砂岩气勘探潜力。

东部凹陷沙三段烃源岩有机质类型较差，按照Ⅱ—Ⅲ型有机质致密砂岩气选区标准，采用有机碳等值线图、成熟度等值线图和砂岩厚度等值线图三图叠合的方法，进行勘探有利区评价（图2-4-8和图2-4-9）。沙三段上亚段在凹陷北部牛居—长滩地区评价出致密砂岩气勘探有利区，面积约61km²，在凹陷南部二界沟地区评价出致密砂岩气勘探有利区，面积约116km²；沙三段下亚段在凹陷北部牛居—长滩地区评价出致密砂岩气勘探有利区，面积约102km²，在凹陷南部红星及二界沟地区评价出致密砂岩气勘探有利区，面积分别为95km²和286km²。

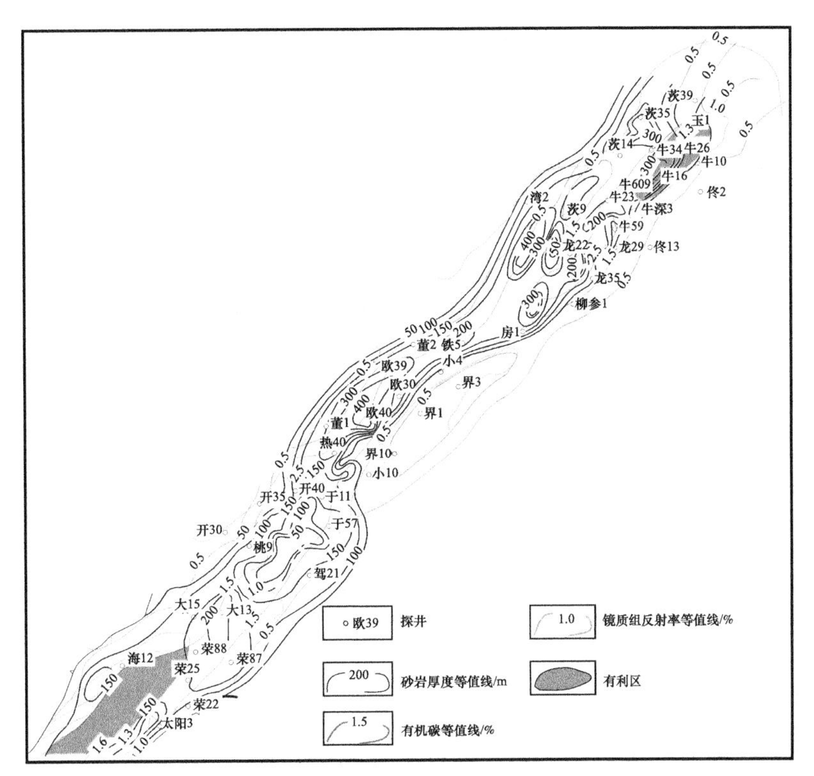


图 2-4-8　东部凹陷沙三段上亚段致密岩气有利区预测图

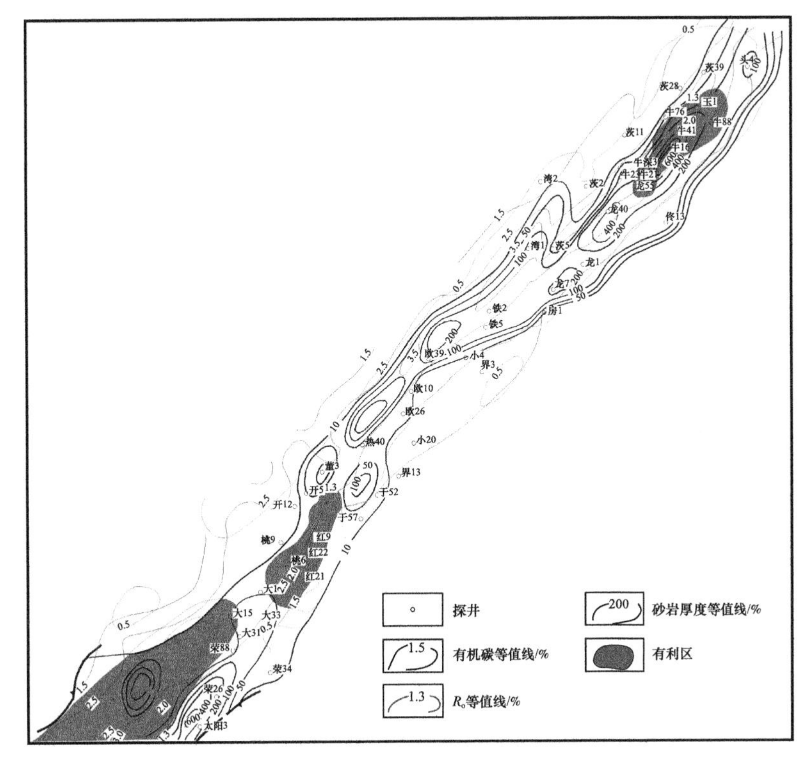


图 2-4-9　东部凹陷沙三段中亚段致密砂岩气有利区预测图

## 四、页岩气勘探有利区选择

### （一）页岩气勘探有利区选区标准

页岩气特指赋存于富有机质页岩地层系统中的天然气。选择页岩气勘探有利区时，应注意选择已进入生气阶段、TOC 不小于 2.0%、埋深在 500～4500m 之间、地表条件有利、保存条件好的富有机质页岩。其中生气阶段要按照有机质类型，采用不同的 $R_o$ 界限；TOC 含量由单井、剖面标定，区域预测；埋深利用露头、构造图或钻井资料确定；保存条件要考虑断裂、上覆盖层等条件。

根据以上的选区原则，选出本次页岩气资源评价的重点地区：西部凹陷鸳鸯沟—双台子地区沙三段及东部凸起古生界石炭系太原组。

### （二）页岩气成藏有利条件及有利区优选

1. 东部凸起太原组页岩气储层

1）有机地化特征

有机质丰度：页岩有机碳含量（TOC）是页岩气藏形成的重要地质条件之一。根据美国页岩气的勘探开发经验：页岩富含有机质，有机碳含量一般大于 2%，甚至可以高达 25%，有机质含量往往与页岩的生气率和吸附气量成正比。石炭—二叠系泥页岩有机碳基本大于 2%，山西组底部和太原组相对高，最高可达到 15%，是页岩气主要目的层系。在平面上，东部凸起太原组有机碳含量主要在 1%～6% 之间，大部分在 2% 以上，有机碳含量高值区位于乐古 2 井—佟 3 井—佟 2905 孔及王参 1 井南部。

有机质类型：上古生界煤系暗色泥岩有机质类型以Ⅲ型为主，少部分Ⅱa 型。

有机质成熟度：根据有机质热演化剖面，上古生界石炭系—二叠系泥页岩演化成熟度（$R_o$）处在高成熟湿气—过成熟干气阶段，可以大量生气。

2）岩矿特征

东部凸起太原组泥页岩样品石英含量高，达到 45% 以上，易产生裂缝，为页岩气提供了良好的储集条件。

东部凸起在太原组沉积时期主要发育海陆过渡相沉积，为有障壁海岸相。太原组地层厚度 50～150m，沉积较厚的部位主要位于东部凸起西北部靠近西侧断裂带的位置以及凸起中心位置，向四周地层逐渐减薄。泥页岩展布特征与地层发育特征基本一致，东部凸起中心偏东地区以及西北部乐古 2 井附近为沉降中心，厚度通常大于 30m，最厚处可达 90m。有机碳含量普遍大于 1.0%，东部凸起中部偏东的潟湖相和北西部泥坪相带处为泥页岩厚度较大的地区，其 TOC 值也最高，普遍大于 2.0%，最高可达 6.0%，可作为优质的气源岩。由于沉积时间较长，埋藏深度较大，普遍大于 2000m，靠近西侧断裂埋深最大处可达 4500m 以上，因此热演化程度高，$R_o$ 普遍大于 1.5%，最高值可达 3.0%，处于过成熟阶段，产气量大。采用多图叠合方法预测石炭系太原组有利区，主要分布在佟 3 井、佟 2 井和中 3 井等附近地区以及王参 1 井南部潟湖相发育的地区（图 2-4-10），页岩气有利区面积 802km$^2$。

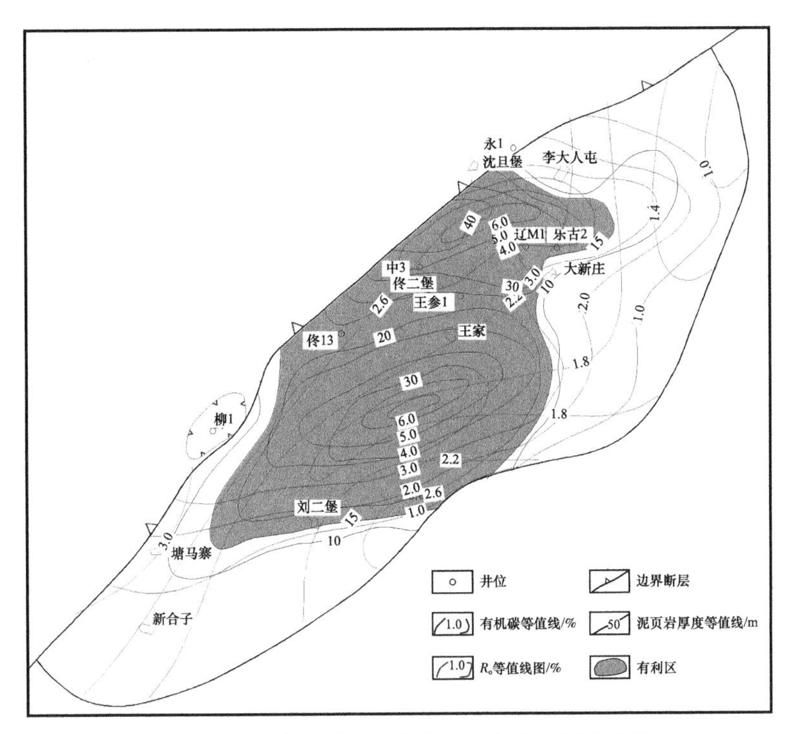


图 2-4-10　东部凸起太原组页岩气有利区分布图

## 2. 西部凹陷沙三段页岩气储层

### 1）有机地化特征

有机碳含量及其非均质性：平面上，西部凹陷沙三段 TOC 含量在 0.1%～18.1% 之间，平均为1.7%，大部分地区TOC大于1.5%。有机碳含量的分布随着沉积中心的迁移而变化，沙三段下亚段高值区分布在陈家—清水洼陷周边，最高可达 5.0%，TOC 大于 2.0% 的分布面积 724km$^2$；沙三段中亚段高值区分布在陈家—清水洼陷周边，最高可达 4.0%，TOC 大于 2.0% 的分布面积 693km$^2$；沙三段上亚段高值区分布在清水洼陷周边，最高可达 3.0%，TOC 大于 2.0% 的分布面积 319km$^2$。

有机质成熟度：西部凹陷有机质热演化的纵向分布特征明显，具有随埋深加大，地层时代变老，有机质热演化程度逐渐增大的规律。据目前双兴 1 实测数据，埋深 4300m 左右的样品实测 $R_o$ 值为 1.3%，埋深为 5000m，对应 $R_o$ 为 2.0% 左右。

### 2）岩石类型

西部凹陷沙河街组泥页岩黏土矿物中伊利石、伊蒙混层矿物等的相对含量与井深间有较明显的线性关系，伊利石随井深的增加明显增加，而伊蒙混层、蒙皂石相对含量随井深增加明显降低。

按照有机碳含量下限值 1%，有机质成熟度下限值 1.1%，含气泥岩厚度不小于 30m 的起算条件，采用有机碳含量、有机质成熟度、含气泥岩厚度及埋深等多图叠合方法，预测出沙三段中亚段、沙三段下亚段页岩气有利区位于鸳鸯沟—双台子地区，有利勘探面积分别为 123km$^2$ 和 311km$^2$（图 2-4-11 和图 2-4-12）。

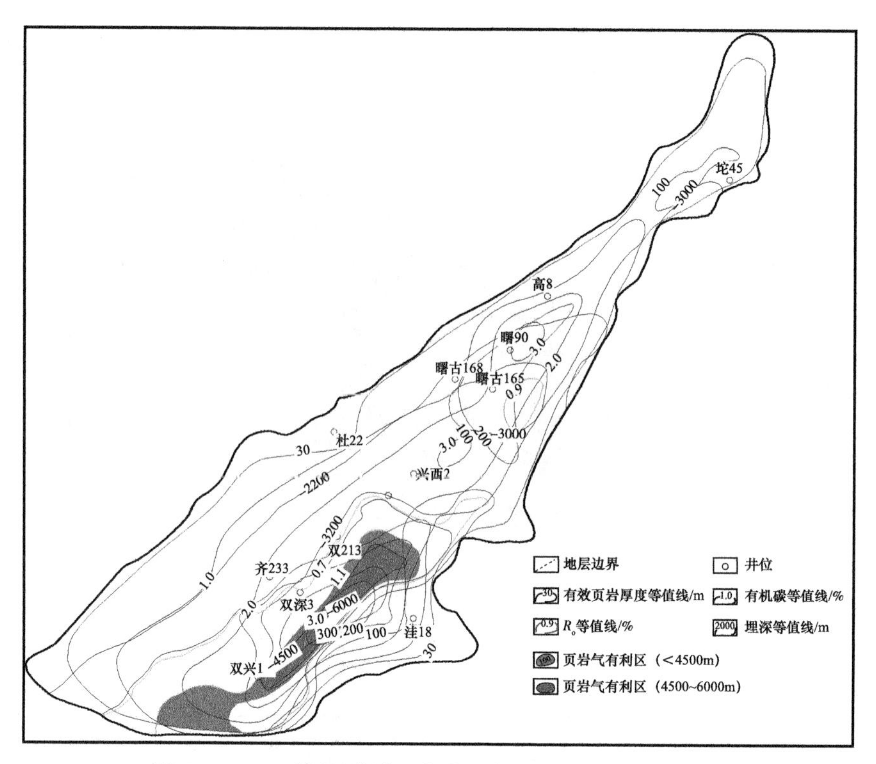


图 2-4-11　西部凹陷沙三段中亚段页岩气有利区分布图

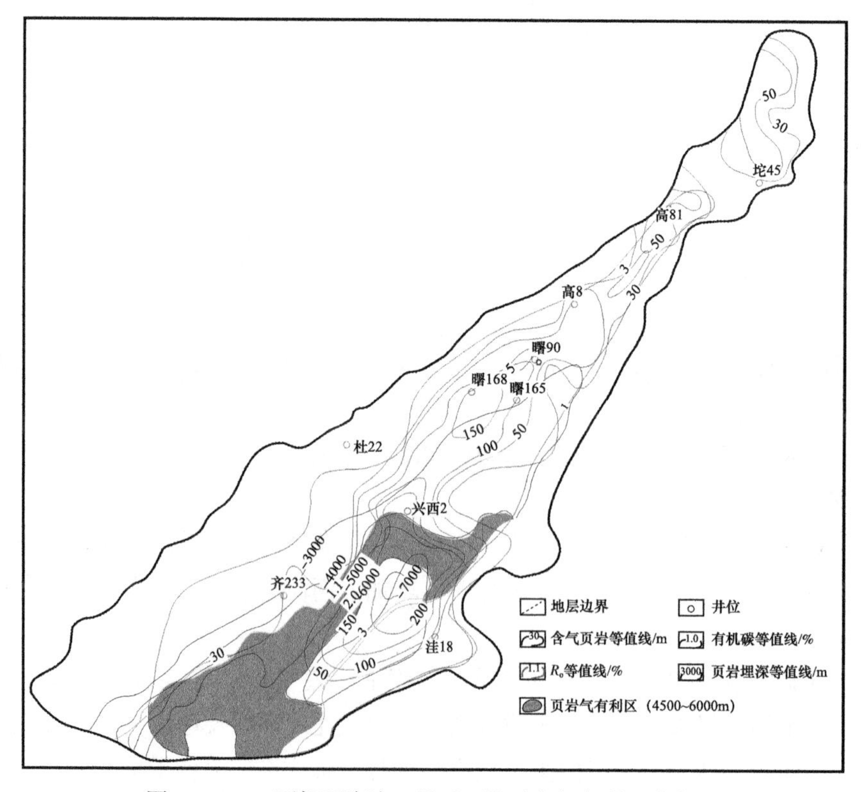


图 2-4-12　西部凹陷沙三段下亚段页岩气有利区分布图

# 第五节　非常规油气资源预测

辽河探区非常规油气资源极为丰富，包括页岩油、致密砂岩气、页岩气等（表 2–5–1）。页岩油资源包括雷家混积—夹层型页岩油、齐家曙光夹层型页岩油，大民屯凹陷三种类型页岩油、开鲁盆地页岩油等，其中地质资源量为 $123260\times10^4$t（表 2–5–1）；致密砂岩气包括清水洼陷、牛居洼陷、黄于热深陷带和二界沟洼陷的致密砂岩气，地质资源量为 $2472\times10^8$m³，；页岩气资源主要存在于清水洼陷和东部凸起，地质资源量为 $3173\times10^8$m³（表 2–5–2）。

**表 2–5–1　辽河探区页岩油地质资源评价结果汇总**

<table>
<tr><th colspan="2">地区</th><th>岩性</th><th>评价单元</th><th>层位</th><th>面积/km²</th><th>地质资源量/10⁴t</th><th>探明储量/10⁴t</th><th>待探资源量/10⁴t</th></tr>
<tr><td rowspan="9">辽河坳陷</td><td rowspan="4">西部</td><td rowspan="2">湖相碳酸盐岩</td><td>曙北—高升</td><td>$Es_4^{杜Ⅲ}$</td><td>86</td><td>10300</td><td>1345</td><td>8955</td></tr>
<tr><td>曙北—牛心坨</td><td>$Es_4^{高升}$</td><td>296</td><td>12700</td><td>511</td><td>12189</td></tr>
<tr><td>薄层砂</td><td>齐家—曙光</td><td>$Es_4^{杜家台}$</td><td>162</td><td>10513</td><td>0</td><td>10513</td></tr>
<tr><td colspan="4">小计</td><td>33513</td><td>1856</td><td>31657</td></tr>
<tr><td rowspan="4">大民屯</td><td>油页岩</td><td rowspan="3">静安堡—东胜堡</td><td>$Es_4^{Ⅰ}$</td><td>130</td><td>11280</td><td>0</td><td>11280</td></tr>
<tr><td>湖相碳酸盐岩</td><td>$Es_4^{Ⅱ}$</td><td>168</td><td>12600</td><td>0</td><td>12600</td></tr>
<tr><td>湖相碳酸盐岩</td><td>$Es_4^{Ⅲ}$</td><td>95</td><td>4356</td><td>0</td><td>4356</td></tr>
<tr><td colspan="4">小计</td><td>28236</td><td>0</td><td>28236</td></tr>
<tr><td colspan="5">合计</td><td>61749</td><td>1856</td><td>59893</td></tr>
<tr><td rowspan="6">辽河外围</td><td rowspan="3">陆家堡</td><td rowspan="2">油页岩</td><td>马北斜坡—五十家子庙</td><td>$K_1jf_1$、$K_1jf_2$</td><td>164</td><td>4630</td><td>0</td><td>4630</td></tr>
<tr><td>交力格—三十方地</td><td>$K_1jf_1$</td><td>582</td><td>41967</td><td>0</td><td>41967</td></tr>
<tr><td>湖相碳酸盐岩</td><td>马北斜坡</td><td>$K_1jf_2$</td><td>53</td><td>10745</td><td>0</td><td>10745</td></tr>
<tr><td>龙湾筒</td><td>油页岩</td><td>额尔吐断阶带</td><td>$K_1jf_2$</td><td>14</td><td>702</td><td>0</td><td>702</td></tr>
<tr><td>张强</td><td>特殊岩性体</td><td>七家子洼陷</td><td>$K_1sh_2^{Ⅰ}$</td><td>30</td><td>3467</td><td>0</td><td>3467</td></tr>
<tr><td colspan="5">合计</td><td>61511</td><td>0</td><td>61511</td></tr>
<tr><td colspan="6">总计</td><td>123260</td><td>1856</td><td>121404</td></tr>
</table>

表 2-5-2　辽河探区致密砂岩气和页岩气地质资源评价结果汇总

| 类型 | 凹陷 | 区带 | 层位 | 面积 /km² | 资源量 /10⁸m³ |
|---|---|---|---|---|---|
| 致密砂岩气 | 西部凹陷 | 清水洼陷 | $Es_3^{中}$ | 270 | 1778 |
| | 东部凹陷 | 牛居洼陷 | $Es_3$ | 102 | 213 |
| | | 黄于热深陷带 | $Es_3$ | 95 | 94 |
| | | 二界沟洼陷 | $Es_3^{中下}$ | 286 | 387 |
| | 总计 | | | 753 | 2472 |
| 页岩气 | 西部凹陷 | 清水洼陷 | $Es_3$ | 270 | 2434 |
| | 东部凸起 | | $C_3t$ | 802 | 739 |
| | 总计 | | | 1027 | 3173 |

## 一、页岩油气资源预测

以大民屯凹陷沙四段页岩油为例，阐述评价页岩油地质资源评价过程。

### （一）体积法

大民屯凹陷中央构造带沙四段Ⅱ页岩油组资源量采用体积法预测。

其面积为 200km²，20m 厚度以上面积 168km²，厚度 60m；单储系数 $=100\phi S_{oi}\rho/B_{oi}=1.25$，（孔隙度 6%，饱和度 40%，$B_{oi}=1+0.01176\rho_{oa}^{-16.22}+0.01589D^{3.27}$）

预测资源量 $=Ah\times$ 单储系数。

经过计算得出大民屯凹陷沙四段Ⅱ页岩油组资源量为 $1.26\times10^8$t。

### （二）氯仿沥青“A”法和热解 $S_1$ 法

大民屯凹陷中央构造带沙四段Ⅰ和Ⅲ页岩油组资源量采用氯仿沥青“A”法和热解 $S_1$ 法预测。

首先，利用实验法 $S_1$ 的重烃恢复系数 $K_{重烃}=(\Delta S_2/S_1)$ 以及组分生烃动力学法轻烃恢复系数 $K_{轻烃}$（$C_{6-13}/C_{13+}$），完成 $S_1$ 和氯仿沥青“A”原始数据的恢复。

利用校正后数据，计算氯仿沥青“A”和 $S_1$ 分别为 0.758%，6.31mg/g。然后根据公式：$Q_{S_1}=Sh\rho S_1/10$；$Q_A=Sh\rho$“A”，计算Ⅰ组、Ⅲ组纯页岩资源量（表 2-5-3）。

表 2-5-3　大民屯Ⅰ组、Ⅲ组纯页岩资源量结果

| 层组 | 类型 | 面积 / km² | 厚度 / m | $S_1$/ kg/t | 氯仿沥青“A” /% | 资源量 $S_1$ 法 / 10⁴t | 资源量 A 法 / 10⁴t | 评价资源量 / 10⁴t |
|---|---|---|---|---|---|---|---|---|
| Ⅰ | 页岩型 | 130 | 30.9 | 10.2 | 1.2 | 10366 | 12195 | 11280 |
| Ⅲ | 混积型 | 95 | 25（叠合） | 6.5 | 0.8 | 3905 | 4807 | 4356 |

## 二、页岩气资源预测关键参数

### （一）评价参数选取和确定

1. 面积赋值

面积指页岩气有利区面积。有利区评价依据以下因素：（1）连续厚度不小于 30m、夹层厚度不大于 3m（夹层累计厚度占比小于 30%）；（2）埋深为 500～4500m；（3）地表条件有利；（4）保存条件好；（5）有机碳含量平均大于 1%；（6）有机质成熟度，Ⅰ—$\text{Ⅱ}_1$ 类有机质 $R_o$ 不小于 1.1%，$\text{Ⅱ}_2$—Ⅲ类有机质 $R_o$ 不小于 0.9%。

2. 厚度

统计单井符合连续厚度不小于 30m、夹层厚度不大于 3m（夹层累计厚度占比小于 30%）的泥岩厚度。

勘探程度低的地区计算资料有限，无法编制有效页岩厚度等值线图，故通过钻井资料、地球物理方法、并结合平面沉积相分布特征等获得计算区内不同位置的厚度值。

3. 含气量

含气量参数的赋值，主要是通过现场解吸所获得的数据，进行离散数据体的条件概率估计，同时参考等温吸附的实验数据，最终得到总含气量的概率估计。

现场解吸法是测量页岩含气量的最直接方法，通常在取心现场完成。钻井取心过程中，待岩心提上井口后迅速将其装入样品罐，在模拟地层温度条件下测量页岩中天然气的释放总量，该值通常是吸附气量与游离气量两者之和。不具有工业开发基础条件（例如含气量低于 $0.5m^3/t$）的层段，原则上不参与资源量估算。

4. 页岩密度

根据辽河探区页岩的岩石物性实验资料，可以得到页岩密度的离散型分布，进而得到页岩的不同概率条件下的密度赋值。

### （二）评价单元基础数据

根据上述页岩气关键参数选区方法，对辽河坳陷东部凸起和西部凹陷页岩气资源潜力评价单元的面积、有效厚度、总含气量和密度进行赋值。

## 参考文献

[1] 郭秋麟，陈宁生，吴晓智，等．致密油资源评价方法研究［J］．中国石油勘探，2013，18（2）：67-76.

[2] 邹才能，张国生，杨智，等．非常规油气概念、特征、潜力及技术——兼论非常规油气地质学［J］．石油勘探与开发，2013，40（4）：385-454.

[3] 陈义贤．早第三系辽河裂谷形成机理和石油地质问题的初步研究［J］．石油勘探与开发，1980（2）：18-24.

［4］于兴河，张道建，郜建军．辽河油田东、西部凹陷深层沙河街组沉积相模式［J］．古地理学报，1999，1（3）：40-49.
［5］刘庆，张林晔，沈忠民．东营凹陷湖相盆地类型演化与烃源岩发育［J］．石油学报，2004，25（4）：42-45.
［6］庞雄奇，陈章明，陈发景，等．排油气门限的基本概念、研究意义与应用［J］．现代地质，1997，11（4）：510-521.
［7］卢双舫，马延伶，曹瑞成，等．优质烃源岩评价标准及其应用：以海拉尔盆地乌尔逊凹陷为例［J］．地球科学—中国地质大学学报，2012，37（8）：535-544.
［8］朱光有，金强，张林晔．用测井信息获取烃源岩的地球化学参数研究［J］．测井技术，2003，27（2）：104-146.
［9］郭泽清，孙平，刘卫红．利用 $\Delta\log R$ 技术计算柴达木盆地三湖地区第四系有机碳［J］．地球物理学进展，2012，27（2）：626-633.

# 第三章　非常规油气实验方法与储层评价

储层是石油天然气的赋存场所，是石油天然气勘探开发的直接目的层。开展储层研究，深入了解储层的性质、分布和演化，已成为油田勘探开发中一项十分重要的工作。辽河油田勘探开发试验中心目前建成储层评价实验平台，具备岩心录取与前处理、岩石矿物分析、岩石物性分析、孔隙结构分析、含油性分析、储层敏感性分析等实验技术系列，为储层评价实验研究奠定了基础。近二十年来，致密油、致密砂岩气、页岩油、页岩气、煤层气等非常规油气成为勘探开发重要目标，非常规油气有两个关键标志：一是油气大面积连续分布，圈闭界限不明显；二是无自然工业稳定产量，达西渗流不明显。两个关键参数为：一是孔隙度小于10%；二是孔喉直径小于1μm或空气渗透率小于1mD。非常规油气评价重点是烃源岩特性、岩性、物性、脆性、含油气性与应力各向异性“六特性”及匹配关系。近几十年来，分析测试科学技术迅猛发展，各种现代化的仪器设备相继问世，储层评价实验技术有了飞跃的发展。近十几年来辽河油田勘探开发试验中心引进一批仪器设备，为储层评价深入开展创造了条件。基本具备石油天然气行业标准SY/T 7311—2016《致密油气及页岩油气地质实验规程》所要求的实验分析项目，同时跟踪前沿实验技术方法，借助科研院所完成自己不具备的实验分析和研究，初步形成非常规油气储层评价实验平台和研究能力，并承担了辽河油田非常规油气储层评价实验研究。

## 第一节　非常规油气储层实验方法

以非常规油气中的页岩油为例，具有源储一体、自生自储自封闭的特征，富有机质页岩成为油气赋存的主体。与常规油气储层相比，页岩储层不仅粒度更细、孔喉系统尺寸更小，而且岩石组分更为复杂，除矿物组分外，还发育大量的有机质。页岩储层的形成是无机矿物成岩改造与有机质生烃演化综合作用的结果，其中，烃类的富集过程跨越了有机质的生烃、排烃以及滞留全过程，因此页岩储层内孔隙形成与保持机理、烃类赋存与流动机理、资源规模与可采性评价均不同于砂岩或碳酸盐岩储层[1]。同时，页岩样品制样难度很大，常规油气勘探提出的储层表征关键参数和实验评价方法很难满足页岩油工业评价的需要，特别是从实验室角度如何准确评价页岩油储层表征参数的难度极大。解决了页岩油实验评价也为其他非常规油气储层评价奠定基础，常规储层实验评价的技术手段不再介绍，本节重点叙述当前非常规油气的岩石矿物分析、物性分析、孔隙结构分析、含油性分析应用的实验技术手段。

## 一、岩石矿物分析

岩性岩相划分是非常规油气实验研究的基础，岩矿分析是地质研究的必备实验手段，实验方法相对成熟。从岩石矿物分析（表 3-1-1）中将岩心全直径 CT 扫描、X 荧光光谱分析和矿物自动识别系统等做详细介绍。

表 3-1-1　非常规油气矿物岩石分析系列实验方法统计表

| 序号 | 类型 | 检测参数 | 性质 | 样品类型 | 应用情况 |
|---|---|---|---|---|---|
| 1 | 岩心描述 | 岩性、矿物成分、结构组分、生物化石、沉积构造、产状、孔隙裂缝、各种次生变化、油气水外渗和含油气特征 | 外观 | 岩心 | 具备 |
| 2 | 岩心全直径 CT 扫描 | 岩石相划分、沉积构造、相标志及特殊沉积现象、微米至毫米级孔—洞—缝类型及充填物的空间分布特征 | 密度 | 完整岩心 | 具备 |
| 3 | 岩石薄片鉴定 | （1）碎屑岩：碎屑组分、填隙物成分、结构、显微构造、砂岩分类与命名；<br>（2）碳酸盐岩：矿物成分与含量、组构组分构造、命名；<br>（3）岩浆岩、变质岩：矿物成分与含量、结构、构造、命名 | 结构 + 成分 | 块样制片 | 具备 |
| 4 | 阴极发光薄片鉴定 | 碎屑岩、碳酸盐岩、岩浆岩、变质岩、火山碎屑岩的矿物成分，结构与构造，孔隙成因，胶结方式，期次等 | 矿物 + 成岩 | 块样制片 | 具备 |
| 5 | 扫描电镜 + 能谱分析 | 成岩矿物特征、孔隙特征 | 形貌 + 矿物 | 块样 | 具备 |
| 6 | X 衍射全岩分析 | 石英、钾长石、斜长石、方解石、白云石、菱铁矿和黄铁矿等矿物含量及黏土总量 | 矿物 | 块样 | 具备 |
| 7 | X 射线衍射黏土矿物分析 | 蒙皂石、伊利石、高岭石、绿泥石、伊 / 蒙间层、绿 / 蒙间层相对含量及间层比 | 矿物 | 块样 | 具备 |
| 8 | X 射线荧光光谱分析 | 二氧化硅、三氧化二铝、氧化钙、氧化镁、氧化钠、总铁（T 三氧化二铁）、氧化钾、氧化锰、二氧化钛、五氧化二磷含量 | 元素 | 块样 | 具备 |
| 9 | 电子探针 | 二氧化硅、三氧化二铝、氧化钙、氧化镁、氧化钠、总铁（T 三氧化二铁）、氧化钾、氧化锰、二氧化钛、五氧化二磷含量 | 元素 | 块样制片 | 不具备 |
| 10 | 自动矿物成分定量分析 | 矿物类型及含量 / 粒度分析 / 接触关系 | 矿物 | 岩心、岩屑 | 不具备 |

### （一）岩心全直径 CT 扫描

全直径岩心螺旋 CT 扫描是近年来新兴的一项岩心三维建模技术。在油田地质录井描述和钻井岩心描述中，通常只是肉眼观察并进行粗略描述，其岩心的密度、裂缝、结构、构造及非均质性特征等信息量的精确度已经逐渐满足不了科研和生产的需求，尤其是非常规油气泥页岩等岩心观察描述存在难题。全直径岩心螺旋 CT 扫描三维建模技术基于样品内部物质对X射线的吸收衰减，在X射线穿过岩心时，部分被矿物吸收，能量衰减，透过岩心的部分在探测器上形成投影图像。利用专业的重构软件，对投影图像进行三维重构处理，从而建立全直径岩心的三维数字模型。矿物对X射线吸收光子量$\mu$可表达为：

$$\mu=\rho\left(a+b\frac{Z^{3.8}}{E^{3.2}}\right) \tag{3-1-1}$$

式中 $E$——X射线能量，eV；

$\rho$——矿物密度，g/cm$^3$；

$Z$——原子序数；

$a$——射线能量相关性较小的参数；

$b$——常数。

当射线被穿透路径上的多种矿物吸收后，强度$I_1$可表达为：

$$I_1=I_0\exp\left[-\int\mu(x,E)\mathrm{d}l\right] \tag{3-1-2}$$

式中 $I_1$——探测器接收到的射线强度，mA；

$I_0$——射线源发出的射线强度，mA；

d$l$——射线穿过路径总长度$l$的微分；

$x$——所给定的空间位置。

扫描对象为全直径岩心（6～20cm），包括金属衬筒、常规存放或冷冻均可，最好为刚出筒岩心，更好判断岩心原始状态。扫描精度65～550μm。

通过螺旋CT扫描技术可以实现米级岩心快速连续三维扫描成像（图3-1-1和图3-1-2），其主要功能和作用有：

岩心三维数字建模，实现数字岩心库的建立；协助进行代表性子样选择，提高实验数据的精准度；进行高精度物性参数计算，结合子样分析进行储层物性评价；开展岩相划分，结合常规资料进行“甜点”识别。

对岩心全直径CT图像及成果图开展分析，能够实现（1）精确划分岩性段；（2）分辨岩心碎裂程度和裂缝发育特征；（3）直观显示沉积特征；（4）刻画有机质含量富集段；（5）明确样品点和样品设计方案；（6）指示密度测井是泥页岩测井的主要参数。

### （二）X荧光光谱分析

当能量高于原子芯电子结合能的高能X射线与原子发生碰撞时，驱逐一个内层电子而出现一个空穴，使整个原子体系处于不稳定的激发态，激发态原子寿命为$10^{-14}$～$10^{-12}$s，然后自发地由能量高的状态跃迁到能量低的状态。这个过程称为弛豫过程。弛豫过程既可以是非辐射跃迁，也可以是辐射跃迁。当较外层的电子跃迁到空穴时，所释放的能量随即在原子内部被吸收而逐出较外层的另一个次级光电子，此称为俄歇效应，亦称次级光电效应或无辐射效应，所逐出的次级光电子称为俄歇电子。它的能量是特征的，与入射辐射的

能量无关。当较外层的电子跃入内层空穴所释放的能量不在原子内被吸收，而是以辐射形式放出，便产生 X 射线荧光，其能量等于两能级之间的能量差。因此，X 射线荧光的能量或波长是特征性的，与元素有一一对应的关系。

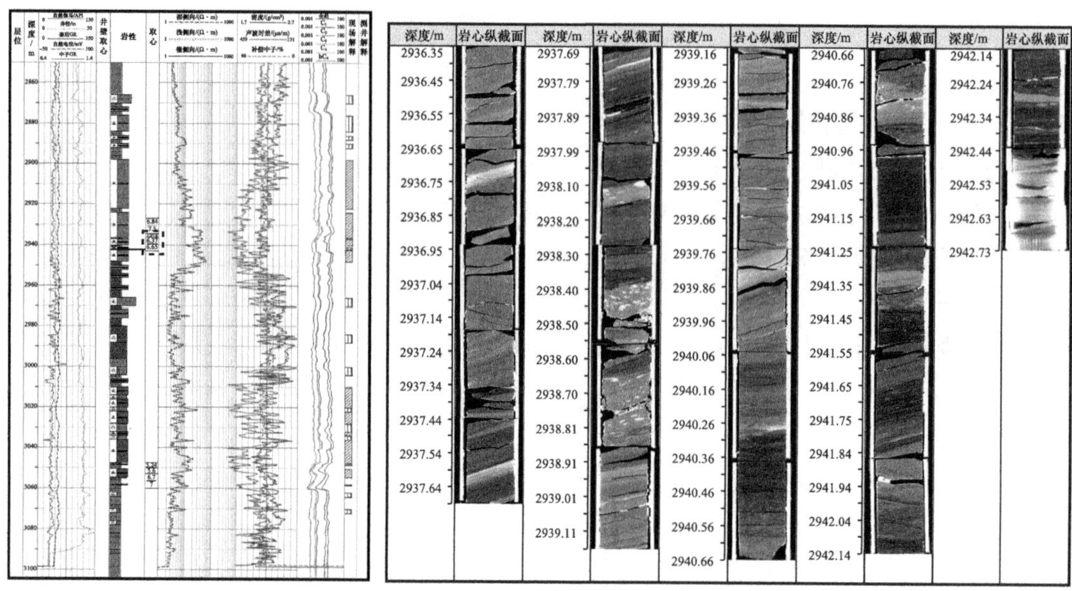


(a) 某井取心综合柱状图　　　　(b) 取心段CT岩心剖面图

图 3-1-1　某井第三筒全直径 CT 岩心剖面图

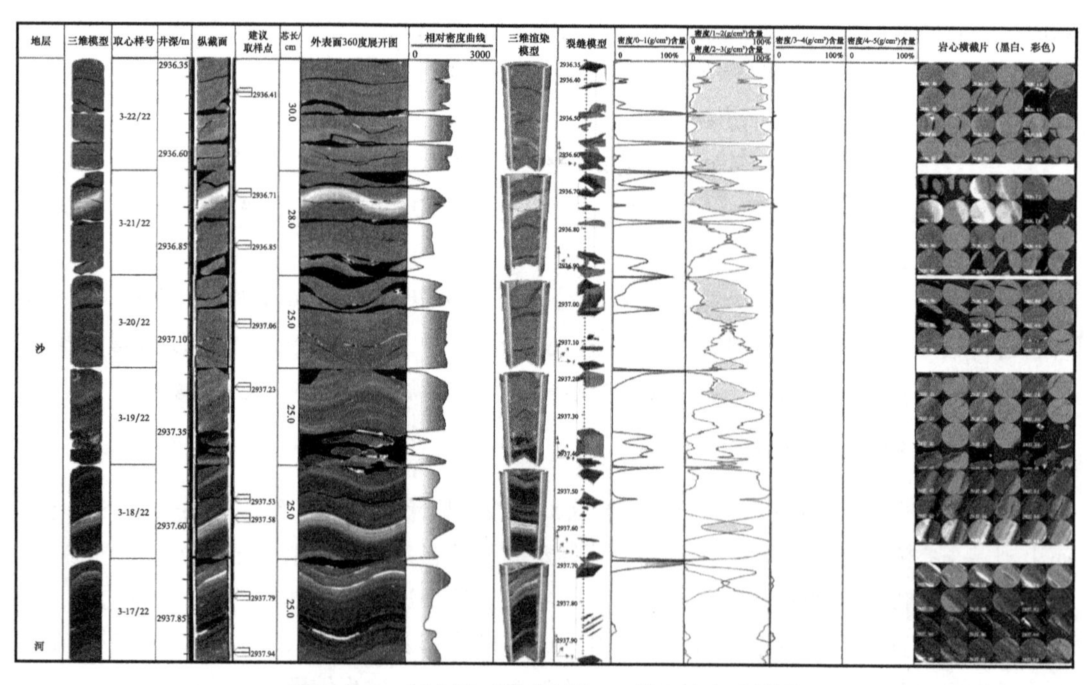


图 3-1-2　某井第三筒全直径 CT 岩心综合成果图

K层电子被逐出后，其空穴可以被外层中任一电子所填充，从而可产生一系列的谱线，称为K系谱线：由L层跃迁到K层辐射的X射线叫Kα射线，由M层跃迁到K层辐射的X射线叫Kβ射线，以此类推。同样，L层电子被逐出可以产生L系辐射。如果入射的X射线使某元素的K层电子激发成光电子后L层电子跃迁到K层，此时就有能量$\Delta E$释放出来，且$\Delta E=E_K-E_L$，这个能量是以X射线形式释放，产生的就是Kα射线，同样还可以产生Kβ射线，L系射线等。莫斯莱（H.G.Moseley）发现，荧光X射线的波长$\lambda$与元素的原子序数$Z$有关，其数学关系如下：

$$\lambda=K(Z-S)-2 \quad (3-1-3)$$

式中 $K$——常数；

$S$——常数。

这就是莫斯莱定律，因此，只要测出荧光X射线的波长，就可以知道元素的种类，这就是荧光X射线定性分析的基础。此外，荧光X射线的强度与相应元素的含量有一定的关系，据此，可以进行元素定量分析。

分析元素范围为Be—U；测量元素含量范围为0.000X%～100%；分析试样物理状态不作要求，固体、粉末、晶体、非晶体均可；不受元素化学状态的影响；物理过程的非破坏性分析，试样不发生化学变化的无损分析；可以进行均匀试样的表面分析。

样品至少20g，洗油烘干，破碎成200目，制成粉末压片，或制成熔融铸片。

分析各类岩性的主量元素及部分微量元素，根据元素种类含量特点，进行岩石成因分析，对岩浆岩、变质岩形成构造背景进行判别[2]；根据岩石化学模式图解开展岩石分类命名、岩石系列划分研究；与X射线衍射分析相结合，确定未知矿物。针对泥页岩沉积环境分析，主微量元素是重要参数，能量化沉积水体的深度、咸度、氧化还原条件和气候（表3-1-2至表3-1-4）。$Al_2O_3$、$K_2O$、$TiO_2$、$P_2O_5$、V随着水体逐渐加深而增大；Zr/Al能代表近距离搬运的陆源组分和水体深度的变化，Zr/Al小于15为深水环境，Zr/Al大于15为浅水环境。Sr/ Cu比值对古气候的变化也很敏感。通常，Sr/Cu比值在1～10之间指示温湿气候，而大于10指示干热气候。

### （三）自动矿物成分定量分析

自动矿物成分定量分析能够通过沿预先设定的光栅扫描模式加速的高能电子束对样品表面进行扫描，并得出矿物集合体嵌布特征的彩图。仪器能够发出X射线能谱并在每个测量点上提供出元素含量的信息。通过背散射电子（BSE，back-scattered electron）图像灰度与X射线的强度相结合能够得出元素的含量，并转化为矿物相。自动矿物成分定量分析数据包括全套矿物学参数以及计算所得的化学分析结果。通过对样品表面进行面扫描，几乎所有与矿物结构特征相关的参数都能够通过计算获得：矿物颗粒形态、矿物嵌布特征、矿物解离度、元素赋存状态、孔隙度和基质密度。在数据的处理方面包括：将若干矿物相整合成矿物集合体、分解混合光谱（边界相处理）、图像过滤和颗粒分级。定量分析结果能够对任意所选样品、独立颗粒、具有相近化学成分或是结构特征（粒级、岩石类型等）的颗粒生成。

**表 3-1-2　主微量元素参数与气候关系表**

| 气候 | 干燥 | 半干燥 | 半干燥—半潮湿 | 半潮湿 | 潮湿 |
|---|---|---|---|---|---|
| C 值 | <0.2 | 0.2～0.4 | 0.4～0.6 | 0.6～0.8 | >0.8 |
| C=∑（Fe+Mn+Cr+V+Ni+Co）/∑（Ca+Mg+K+Na+Sr+Ba） | | | | | |

**表 3-1-3　主微量元素参数与咸度关系表**

| 咸度环境 | Sr/Ba | V/Ni | Mg/ Ca |
|---|---|---|---|
| 淡水 | <0.16 | <1 | <0.25（微咸） |
| 半咸水 | 0.16～0.80 | >1 | 0.25～0.5 |
| 咸水 | >0.80 | | 0.5～1 |

**表 3-1-4　主微量元素参数与氧化还原条件关系表**

| 环境 | 缺氧 | 厌氧还原 | 贫氧环境 | 富氧环境 |
|---|---|---|---|---|
| V/（V+Ni） | ≥0.45 | 0.45～0.60 | >0.6 | <0.45 |

自动矿物成分定量分析采用场发射环境扫描电镜作作为最主要的硬件平台，场发射扫描电镜利用电子束激发样品产生的二次电子、背散射电子以及 X 射线等信号，以获得样品表面形貌，结合能谱仪等分析仪器可以对微区成分进行检测（图 3-1-3）。

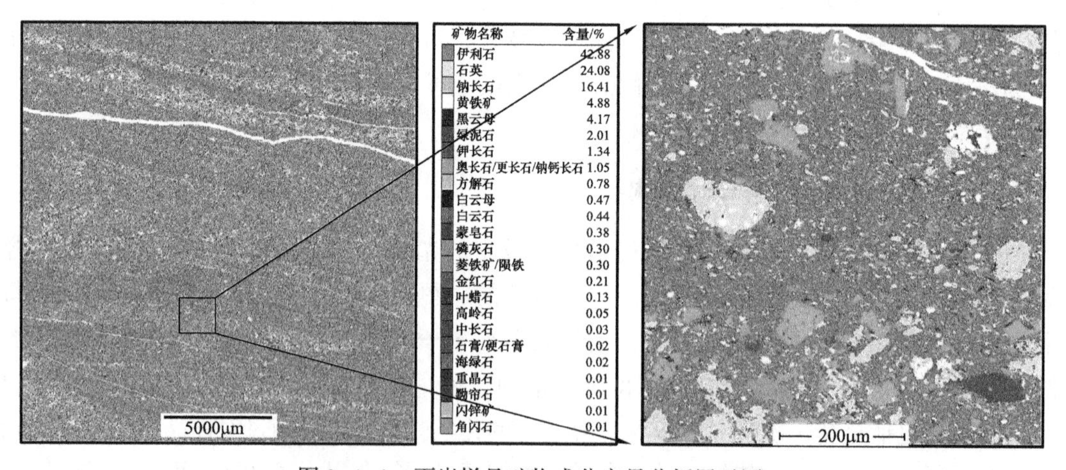


图 3-1-3　页岩样品矿物成分定量分析展示图

可实现的功能有：矿物颗粒的尺寸及面积、组成矿物颗粒的每一单体矿物颗粒的面积、单体矿物颗粒的颗 粒边界、单体矿物颗粒的 X 射线图谱；自动矿物分类，根据单体矿物颗粒的 X 射线图谱，确定单体矿物颗粒的矿物成分；经矿物分类的样品测量信息通过计算可得到各种样品测量结果，包括样品的矿物组成，矿物颗粒及矿物单体颗粒的矿物组成，样品的元素组成，矿物颗粒及矿物单体颗粒的元素组成，矿物元素的分布，矿物颗粒及矿物单体颗粒的分布，矿物颗粒及矿物单体颗粒尺寸、形态、密度信息，矿物及矿物元素回收率及品位估算，矿物生存关系，矿物矿相表面积比，矿物的连生关系，矿物的解离度等信息。

岩心等样品需洗油、切磨平面、机械抛光、氩离子抛光，样品表面干燥、导电涂层（如镀碳）。如样品为岩屑，需要制作多颗粒铸体，再按岩心样品处理步骤执行。一般样品为直径 2.5cm 岩心全表面，不大于 3.0cm，精度 0.5～50μm。

孔隙类型 / 面孔率，矿物类型及含量 / 粒度分析 / 接触关系 / 转化关系，特殊矿物分析，成岩作用 / 成岩阶段 / 演化规律分析。非常规油气用于岩屑矿物定量分析，工程“甜点”识别，矿物空间分布特征，岩石力学参数获取（图 3-1-4）。

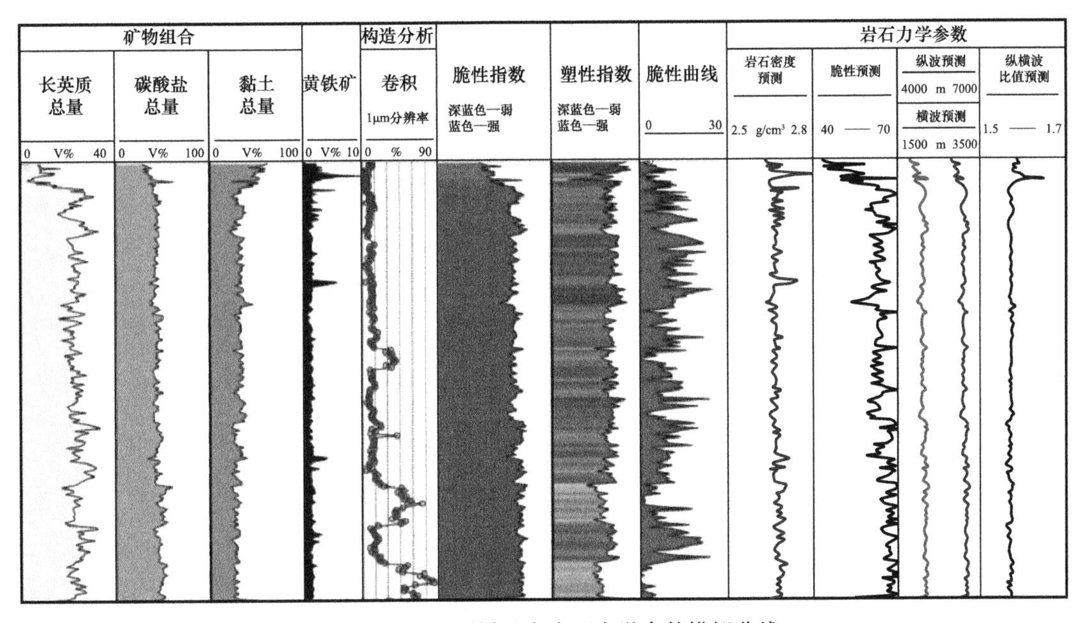


图 3-1-4　不同样品点岩石力学参数模拟曲线

## 二、岩石物性分析

岩石物性分析是储层评价的重要参数，孔隙度较低或双重孔隙介质的非常规油气储层需要严格区分有效孔隙度、总孔隙度，以及裂缝渗透率和基质渗透率。岩石物性分析方法较多（表 3-1-5 和表 3-1-6），各实验室需要建立和应用氦气法总孔隙度、GRI 孔隙度、TRA 孔隙度，以及基质渗透率分析[3]。

### （一）氦气法总孔隙度的测定

岩石孔隙度是衡量岩石中所含孔隙体积多少的一种参数。它反映岩石储存流体的能力，通常用$\phi$表示，根据所指孔隙类型的不同，又可分为总孔隙度和有效孔隙度，最常用的是有效孔隙度，通常把有效孔隙度习惯地称为孔隙度，主要采用氦气法、煤油法、酒精法和水法等测定。

孔隙度的变化范围一般在 1.5%～15% 之间。

**表 3-1-5 非常规油气岩石孔隙度分析实验方法统计表**

| 序号 | 类型 | 原理 | 样品类型 | 性质 | 应用情况 | 分析适应性 |
| --- | --- | --- | --- | --- | --- | --- |
| 1 | 氦气法孔隙度 | 波义耳定律 | 柱塞样 | 有效孔隙度 | 具备 | 适用 |
| 2 | 氦气法孔隙度 | 波义耳定律 | 粉末样 | 总孔隙度 | 不具备 | 适用 |
| 3 | 煤油法孔隙度 | 阿基米德原理 | 块样 | 有效孔隙度 | 具备 | 适用 |
| 4 | 核磁共振法孔隙度 | 含氢物质弛豫时间 | 块样 | 总孔隙度 | 具备 | 结合使用 |
| 5 | 酒精法孔隙度 | 阿基米德原理 | 块样 | 有效孔隙度 | 具备 | 选择使用 |
| 6 | 水法孔隙度 | 阿基米德原理 | 块样 | 有效孔隙度 | 不具备 | 不适用 |
| 7 | GRI 孔隙度 | 波义耳定律 + 计量 | 块样 + 碎样 | 总孔 + 有效 | 不具备 | 适用泥页岩 |
| 8 | TRA 孔隙度 | 波义耳定律 + 干馏计量 | 块样 + 碎样 | 总孔 + 有效 | 不具备 | 适用泥页岩较精确 |

**表 3-1-6 非常规油气岩石渗透率分析实验方法统计表**

| 序号 | 类型 | 原理 | 样品类型 | 性质 | 应用情况 | 分析适应性 |
| --- | --- | --- | --- | --- | --- | --- |
| 1 | 稳态法渗透率 | 达西定律 | 柱塞样 | 绝对渗透率 | 具备 | 适用 |
| 2 | 压力振荡法渗透率 | 相位振幅减小量 | 柱塞样 | 绝对渗透率 | 具备 | 适用 |
| 3 | 脉冲法渗透率 | 压力衰减 | 柱塞样 | 绝对渗透率 | 不具备 | 适用 |
| 4 | 核磁共振法渗透率 | 含氢物质弛豫时间 | 块样 | 绝对渗透率 | 具备 | 不适用 |
| 5 | 颗粒法渗透率 | 压力衰减 | 碎样 | 基质渗透率 | 不具备 | 适用 |

孔隙度的大小与颗粒的大小无关，而与颗粒的形状、排列方式、分选和胶结程度有直接的关系。在自然界中，岩石是由不规则的颗粒组成的，孔隙度的变化一般在 15%～30% 之间。在致密砂岩、油页岩等细粒级沉积岩及特殊致密岩类的，有效孔隙度为岩样中连通的孔隙体积与岩样外表总体积的百分比。总孔隙度，又称绝对孔隙度，以$\phi_t$表示，为岩石中所有连通与不连通的孔隙的总体积与岩样的外表总体积的百分比。总孔隙度可用岩样的总体积、干岩样质量和分散岩样的颗粒体积来确定，测定方法详见 GB/T 29172—2012《岩心分析方法》。

非常规油气储层评价指标之一是总孔隙度，尤其是对于页岩油和页岩气储层，分散岩样测总孔隙度方法需要建立起来。

### （二）GRI 孔隙度的测定

美国天然气研究所研制的 GRI 页岩岩心测定方法，该方法可以测定页岩基质孔隙度和含气孔隙度，该孔隙度为总孔隙度。

GRI 孔隙度测量方法：首先通过测量块状岩石（约 300g）质量（$W_0$）和岩石总体积（$V_0$），计算岩石原始状态下的体积密度（$\rho_b$）。随之将样品粉碎、筛选，采用 Dean Stark 装置抽提 1～2 周去除粉末（约 100g）中的有机质，在 110℃ 下干燥，直到质量不再变化（$W_w$），通过体密度计算总体积（$V_b$）。最后，通过氦气法测量粉末骨架体积（$V_g$）。因此，孔隙度计算公式为：

$$\rho_b=W_0/V_0 \tag{3-1-4}$$

$$V_b=W_w/\rho_b \tag{3-1-5}$$

$$\phi_{GRI}=(V_b-V_g)/V_b \tag{3-1-6}$$

### （三）TRA 孔隙度的测定

斯伦贝谢公司旗下的 TerraTek 公司开发的致密岩石分析（TRA），专门分析低渗透率、低孔隙度地层岩样，包括对岩心样品颗粒密度、孔隙度、流体饱和度、渗透率和页岩总有机质含量等参数分析和描述。

TRA 孔隙度测量方法：选取新鲜岩心，不洗油洗盐、不烘干处理，直接气测得到含流体的岩心孔隙体积；将岩心粉碎，在精密干馏仪器中分几个温阶开始高温干馏，分别得到不同温阶流体的体积（包括水和油）；测量不同组分流体的体积，结合气测岩心体积，经校正得到岩心孔隙度。

国内部分实验室正在尝试开展 TRA 孔隙度测量。

### （四）颗粒法渗透率的测定

具有孔隙的岩石欲成为储集岩，其孔隙必须具有连通性，在一定的压差下连通的孔隙系统应足以让油、气、水在其中流动。渗透率是衡量流体在压力差下通过多孔隙岩石有效孔隙能力的一种量值。

通常测定岩石气体渗透率使用渗透率仪。主要原理是气体在岩样中流动时，符合气体一维稳定渗滤达西定律。但非常规油气储层多表现为双重孔隙介质，即裂缝和孔隙，以泥页岩为例，用稳态法测定的岩石渗透率多为裂缝渗透率，基质中大量的微纳米级孔隙的贡献无法表达出来，需要除掉裂缝后测定孔隙的渗透率贡献，这就需要用到基质渗透率测定。

基质渗透率测定用颗粒法渗透率仪，其原理是压力脉冲衰减测量，与脉冲法渗透率仪原理相同。不同的是，样品被粉碎和筛选成粒径为 0.5～0.85mm 的颗粒，放入与孔隙度仪类似的样品杯中，采用氦气加压到 200psi 的压力，使气体膨胀到样品内部，在气体膨胀过程中，压力会逐步衰减下降，仪器测量 2000s 的压力衰减曲线，然后根据压力衰减曲线的

过程模拟程序计算渗透率。利用颗粒的巨大的表面积，从而减少压力平衡时间，缩短测量时间。脉冲法的气体是从岩心样品的一端流过岩心到另一端，测量岩心两端的压差变化。而颗粒法的气体是从样品颗粒的表面流入内部，测量压力的变化。当然，软件采用的数学模型和计算公式也有区别。渗透率测量范围：$10^{-12}$～$10^{-3}$mD。

岩石样品洗油，样品量约 30g，粒径范围为 0.5～0.85mm。

## 三、岩石孔隙结构特征分析

储集岩的孔隙结构是指储层岩石所具有的孔隙和喉道的几何形状、大小、分布及及其相互连通关系。一般将岩石颗粒包围着的较大空间称为孔隙，两个颗粒间联通的狭窄部分称为喉道。孔隙结构分析（表 3-1-7）的手段丰富，非常规油气实验研究中常用气体吸附法、激光共聚焦法、核磁共振法、场发射扫描电镜法和微纳米 CT 法。

表 3-1-7　非常规油气储层孔隙结构表征方法统计表

| 技术方法 | 测量范围 | 观测内容 | 样品性质 | 应用情况 |
|---|---|---|---|---|
| 气体吸附法 | 0.35～200nm | 孔喉大小、分布 | 粉末样 | 具备 |
| 压汞法 | 100nm～950μm | 孔喉大小、分布 | 柱塞样 | 具备 |
| 核磁共振法 | 8nm～80μm | 孔喉大小、分布 | 块样 | 具备 |
| 普通光学显微镜法 | 微米—毫米级 | 微米—毫米级孔喉大小、形态 | 块样铸体灌注 | 具备 |
| 普通钨灯丝扫描电镜法 | 微米—毫米级 | 纳米—微米级孔喉大小、形态 | 块样 | 具备 |
| 小角散射法 | 1nm～220nm | 泥页岩纳米级孔大小测量 | 块样 | 不具备 |
| 激光共聚焦显微镜法 | 2μm～0.1mm | 毫米—微米级孔喉大小、分布 | 块样 | 具备 |
| 高压压汞法 | 3nm～1100μm | 孔喉大小、分布 | 柱塞样 | 不具备 |
| 场发射扫描电镜法 | 微米—毫米级 | 纳米级孔喉大小、分布 | 块样抛光 | 具备 |
| 环境扫描电镜法 | 微米—毫米级 | 纳米级孔喉大小、分布，原油赋存状态 | 块样 | 具备 |
| 微纳米 CT 法 | ＞50nm | 纳米级孔喉形态、大小、连通性 | 柱塞样 | 不具备 |
| 聚焦离子束法 | 精度 10nm | 纳米级孔喉形态、大小、连通性 | 块样 | 不具备 |

### （一）氮气吸附微孔径分析

气体吸附法测定固态物质的孔径分布，是基于多孔物质孔壁对气体的多层吸附和毛细管凝聚原理。在液氮温度条件下，通过改变氮气的相对压力（$p_0/p_C$）使置于氮气环境中的岩石样品依次在不同半径的孔隙中发生多层吸附和毛细管凝聚，而且，当汽液平衡时，岩石的孔隙半径为凯尔文半径与吸附壁的和。这一过程表现为半径越小的孔隙越先被凝聚液充填（吸附过程）和半径大的孔隙的凝聚液先被蒸发（脱附过程）。由此测得岩石样品的吸附等温度线并根据该线计算出岩样的孔隙分布。微孔隙分析基于吸附原理，利用吸附法来测定天然气盖层的比表面积和微孔隙结构[4-6]。

吸附量的计算：

$$X=\frac{R_{N_2}}{R_t}\times\frac{p_a}{p_s} \tag{3-1-7}$$

式中 $X$——相对压力，Pa；

$R_{N_2}$——吸附平衡气中氮气的流速，mL/min；

$R_t$——吸附平衡气的流速，mL/min；

$p_a$——大气压，Pa；

$p_s$——液氮条件下氮气的饱和蒸气压。

吸附体积的计算：

$$V_d=K\left(A_d-\frac{R_{N_2}}{R_t}\gamma A_e\right)R_e \tag{3-1-8}$$

式中孔径分布的计算，计算出每克样品中各组半径（$r_i$，$i$=1，2，3，…）的孔隙所吸附的液态体积：

$$r_i=r_{ki}+t_i \tag{3-1-9}$$

$$r_{ki}=-0.414/\lg x_i \tag{3-1-10}$$

$$t_i=-0.557/\lg x_i^{1/3} \tag{3-1-11}$$

$$V_i=0.001555V_d/W \tag{3-1-12}$$

式中 $r_i$——孔隙半径，nm；

$r_{ki}$——凯尔文半径，nm；

$t_i$——吸附层厚度，nm；

$x_i$——从吸附等温线读到的相对压力，Pa；

$V_i$——每克样品中半径不大于 $r_i$ 所有孔隙吸附的相当 的液体体积，$mm^3/g$；

$V_d$——从吸附等温线上读到的各点（$r_i$）的吸附量，$mm^3/g$；

$W$——样品质量，g。

孔隙分布的计算：

$$\Delta V_i=R_i\left(\Delta V_i-2\Delta t_i\sum_{j-1}^{i-1}\frac{1}{r_j}\Delta V_i+2\overline{t}_i\Delta t_i\sum_{j-1}^{i-1}\frac{1}{r_j^2}\Delta V_j\right) \tag{3-1-13}$$

式中 $\Delta V_i$——$r_{i-1}$～$r_i$ 半径孔隙的体积，mL/g；

$\Delta V_i=V_{i-1}-V_i$ 半径孔隙的体积（$V_i$ 的计算在前式），mL/g；

$$R_i=\left[\left(\frac{\overline{r_i}}{r_i-t_i}\right)^2\right]^2;$$

$\overline{r_i}=r_{i-1}+r_i$;

$\overline{t_i}=t_{i-1}+t_i$;

$\Delta t_i=t_{i-1}-t_i$。

孔隙半径分布的计算：

$$\Delta S_i=\frac{\Delta V_i}{\sum\Delta V_i}\times 100\% \quad (i=1,2,3,\cdots) \tag{3-1-14}$$

式中 $\Delta S_i$——$r_{i-1}$～$r_i$ 半径孔隙的面积，$m^2/g$；

$\Delta V_i$——$r_{i-1}$～$r_i$ 半径孔隙的体积，mL/g；

$\sum V_i$——总孔隙体积，mL/g。

本方法主要分析 100nm 以下孔径分布，尤其适用于非常规油气泥页岩，要求样品 50g 散样，洗油处理。将样品粉碎、过筛，选择粒径为 2.5～4mm，务必烘干检测。

仪器设备为氮气吸附比表面积及微孔径分析仪，该检测项目提供的主要参数：比表面积、微孔隙占比、介孔隙占比、大孔隙占比、孔宽分布、吸附曲线、脱附曲线等（图 3-1-5 和图 3-1-6）。

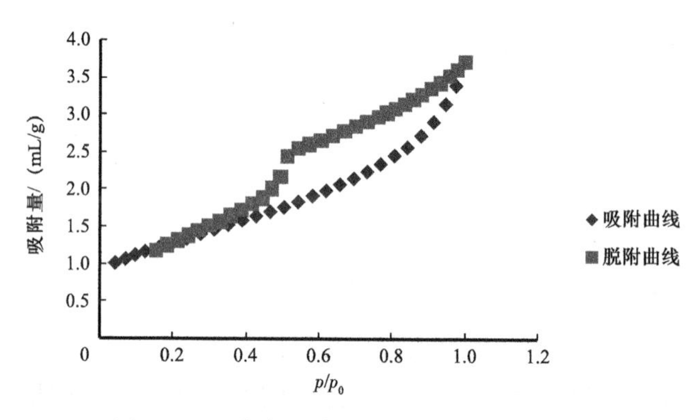


图 3-1-5 氮气吸附法等温吸附—脱附曲线

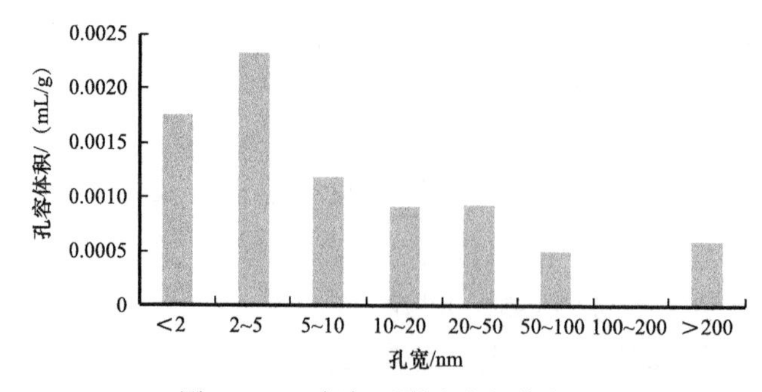


图 3-1-6 氮气吸附法孔径分布图

在非常规油气实验研究中，主要应用（1）测定岩石的比表面积；（2）测定岩石微孔的孔径分布范围；（3）根据等温曲线的曲线形态及回滞环的特征，判断孔隙类型；（4）比表面积的大小在微孔隙中的吸附、运移、溶解以及非润湿性流体在岩样微孔隙中的能量分布是非常重要的。岩样中的孔隙越小、越多，比表面积就愈大；（5）评价页岩油储层储集空间类型、微孔分布；（6）描述稠油、超稠油油藏隔夹层因碎屑粒径、黏土矿物和碳酸盐含量而导致的封隔能力。

## （二）核磁共振孔径分析

核磁共振分析仪逐渐成为非常规油气实验研究的核心设备，其原理为核磁（NMR）检测之前，多孔介质中的流体中的质子是随机取向排列的。当多孔介质放入仪器中时，仪器的磁场使这些质子磁化。首先，仪器的永磁场使质子有沿着磁场方向的磁化矢量，然后又发射交变电磁场使这些被极化的质子从新的平衡位置翻转。撤销交变磁场后，质子开始进动回到原来的平衡位置，这一过程叫作弛豫。$T_1$ 流体中进动的质子在纵向上（相对经磁场的轴）的弛豫时间；$T_2$ 流体中进动的质子在横向上的弛豫时间。实验主要求取的参数：孔隙度、渗透率、可动流体饱和度、束缚流体饱和度、$T_2$ 截止值。

核磁共振通常是通过对完全饱和盐水的岩心进行 CPMG 脉冲序列测试，得到自旋回波串的衰减信号，其信号是不同大小孔隙内盐水信号的叠加，经过傅里叶变换拟合得到核磁共振 $T_2$ 谱。因此 $T_2$ 谱的分布反映了孔隙大小，大孔隙内的组分对应长 $T_2$ 值，小孔隙组分对应短 $T_2$ 值。如果能够找到孔隙半径与 $T_2$ 值之间的关系，将核磁共振 $T_2$ 谱转换为孔隙半径分布曲线，就可通过核磁共振资料对岩心孔隙结构进行评价（图 3-1-7 和图 3-1-8）。由多孔介质中流体的核磁共振弛豫机制可知，在均匀磁场中测量岩石孔隙中流体的横向弛豫时间 $T_2$ 可表示为：

$$1/T_2=1/T_{2b}+\rho\ (S/V) \tag{3-1-15}$$

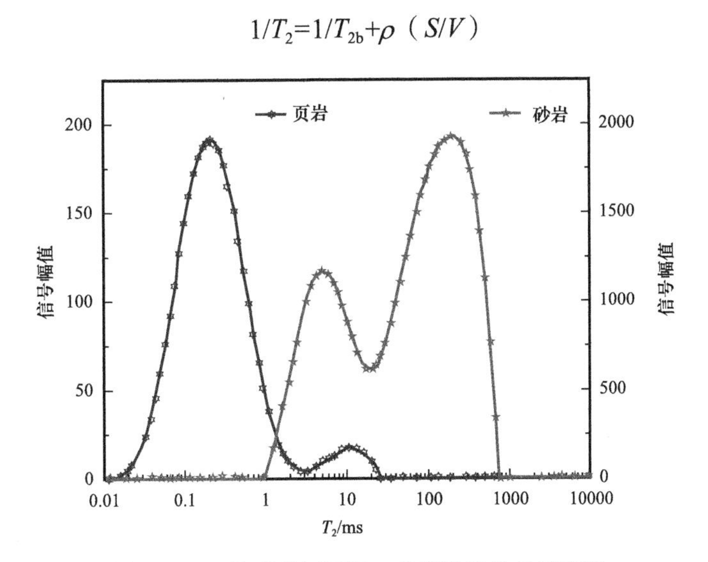


图 3-1-7　核磁共振页岩、砂岩孔隙分布示意图

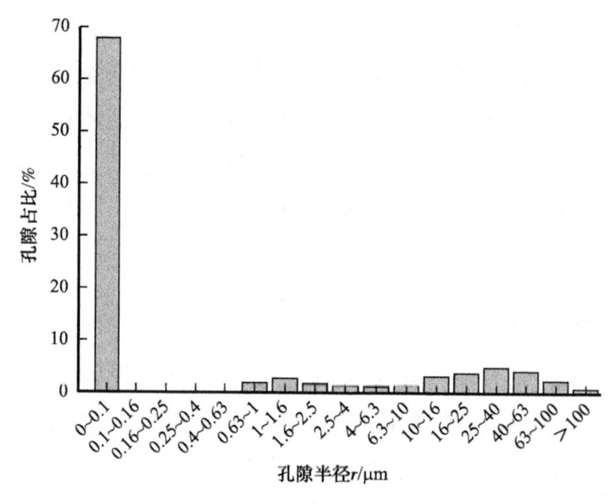


图 3-1-8　核磁共振孔径分布示意图

式中　$T_{2b}$——流体的体积弛豫时间，ms；

$S$——孔隙表面积，$\mu m^2$；

$V$——孔隙体积，$\mu m^3$；

$\rho$——岩石横向表面弛豫率。

因为 $T_{2b}$ 的值通常在 3s 以上，远远大于流体在多孔介质中的横向弛豫时间 $T_2$，因此式（3-1-15）中的 $1/T_{2b}$ 项可以忽略不计，式（3-1-15）可以简化为：

$$1/T_2=\rho\ (S/V) \tag{3-1-16}$$

从式（3-1-16）可看出，对于以粒间孔隙为主的岩石孔隙中流体的 $T_2$ 值主要由岩性和孔隙比表面决定，而比表面与孔隙的形状因子和孔隙半径有关，即

$$S/V=F_s/r \tag{3-1-17}$$

式中　$F_s$——孔隙形状因子；

$r$——孔隙半径，μm。

由式（3-1-16）和式（3-1-17）可得：

$$1/T_2\approx\rho\ (F_s/r) \tag{3-1-18}$$

式（3-1-18）可简写为：

$$r=CT_2 \tag{3-1-19}$$

从式（3-1-19）可以看出，孔隙半径 $r$ 与 $T_2$ 成正比，$C$ 为转换模型系数。

### （三）激光共聚焦分析

激光共聚焦的原理：首先，为了避免非照射区域的光散射干扰，激光光束通过一个针孔光阑入射到样品的每一个细微点上；其次，发射光信号通过在发射光检测光路上放置的针孔到达检测器，而物镜焦平面相对于检测针孔和入射光源针的位置是共轭的，因此来自

焦平面上、下的光被阻挡在针孔两边，而来自焦平面的光可以通过检测针孔被检测到。

扫描的基本原理：点光源成像的样品，必须沿样品逐点、逐线扫描才能得到完整的样品信息。对于激光共聚焦系统中的样品，是使入射光点在垂直于显微镜光轴的焦平面（*xy* 轴）上，沿样品逐点或逐线扫描并将扫描信息通过计算机分析和处理成二维图像。扫描所得的不同焦平面的二维图像即为在调焦厚度范围内的平面“切片”图像，利用计算机处理这些沿显微镜光轴（*z* 轴）方向以一定的间距扫描出的不同 *z* 轴位置的多幅 *xy* 平面图像，可以构建扫描区域内样品的三维立体图像。

激光共聚焦显微镜可以对样品的表面形貌、样品受激光激发的荧光特征进行扫描。在石油领域，主要利用样品的荧光特征进行孔隙结构和原油赋存状态分析。

#### 1. 孔隙结构分析

岩石样品经洗油处理后，进行荧光增强铸体灌注，制成薄片。在激光下，孔隙中填充的荧光增强铸体受激产生荧光。使用激光共聚焦显微镜对其荧光特点进行观察，选取代表性区域进行二维、三维扫描，扫描图片或数据体经地质专用图像处理软件处理，即可得到孔隙率、孔隙直径、喉道半径、孔喉比、孔隙分布频率、喉道分布频率和配位数等孔隙结构参数。

激光共聚焦方法对微孔、微缝十分敏感，因此，使用激光共聚焦显微镜进行孔隙结构分析，能够更准确地反映样品微孔、微缝的特征。对低渗、致密和页岩油等样品孔隙结构分析十分重要。

#### 2. 原油赋存状态分析

传统的实验观察结果认为，液态烃的荧光颜色可反映有机质演化程度，即随着有机质从低成熟向高成熟演化，其荧光颜色由火红色→黄色→橙色→蓝色→亮黄色（蓝移）；Goldstein 也认为随着油质由重变轻，油包裹体的荧光颜色由褐色→橘黄色→浅黄色→蓝色→亮黄色。随着小分子成分含量增加，成熟度增大，其荧光会发生明显“蓝移”，光谱主峰波长减小，反之，光谱主峰波长增大。

应用激光共聚焦显微镜，采用 488nm 固定波长的激光激发样品，原油中轻质组分产生 490～600nm 波长范围的荧光信号，重质组分产生 600～800nm 波长范围的荧光信号。分别接收轻质、重质组分的荧光信号，即可得到轻质、重质组分的分布图像。结合样品中矿物和有机质分布特点，进行原油赋存状态分析。

### （四）氩离子抛光场发射扫描电镜分析

氩离子抛光技术，通过离子束对样品表面进行削平抛光处理，可以对各种材料进行断面抛光加工，抛光面与机械研磨不同，呈微细镜面。不会有划伤、扭曲变形、凹凸不平、研磨颗粒嵌入样品内部、脱层、孔隙结构填堵等现象。加工的样品反映材料的真实组织结构。

一束细聚焦的电子束轰击试样表面时，入射电子与试样的原子核和核外电子将产生弹

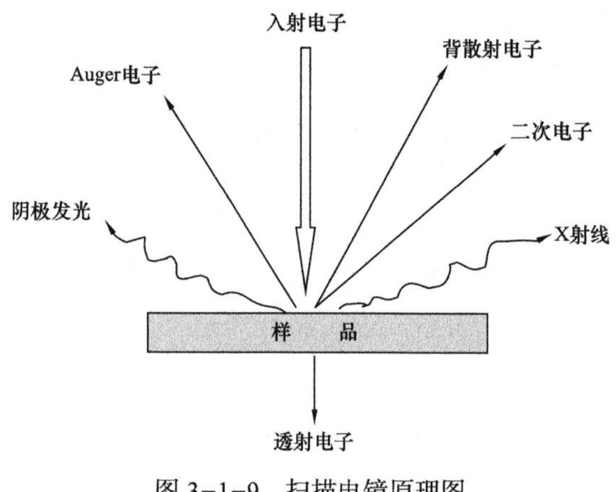


图 3-1-9　扫描电镜原理图

性或非弹性散射作用，并激发出反映试样形貌、结构和组成的各种信息，其中包括：二次电子、背散射电子、阴极发光、特征 X 射线、俄歇过程和俄歇电子、吸收电子、透射电子等（图 3-1-9）。场发射电镜是用细聚焦的电子束轰击样品表面，通过电子与样品相互作用产生的二次电子、背散射电子等对样品表面或断口形貌进行观察和分析。现在 SEM 都与能谱（EDS）组合，可以进行成分分析。场发射电镜（FESEM）发射电流密度大，电子束亮度高，尖端曲率半径小，约为 0.45μm，因此束斑直径小，分辨率比 SEM 高，观测纳米级微观特征。

场发射电镜样品要求块状尺寸为 2cm × 2cm × 2cm 左右、无油（或洗过油），样品切割平面、机械抛光、氩离子抛光、镀膜，样品室装样，镜下分析。

该检测项目提供的主要参数：高分辨率下碎屑岩、碳酸盐岩、火山碎屑岩、火成岩、泥岩、石英颗粒、粉末单矿物、化石样品及生油岩等的成岩矿物特征、微纳米孔隙特征。具体应用:（1）泥页岩、致密储层孔隙结构研究，提供储层的组成结构，微、纳米级别孔隙大小、类型，喉道及连通情况，孔隙分布（图 3-1-10）;（2）矿物学及岩石学研究，观察各类自生矿物如黏土矿物、碳酸盐矿物、沸石矿物、黄铁矿等的形态，确定这些自生矿物的成分并能鉴定未知矿物;（3）生油岩及干酪根的研究，揭示生油岩的微观结构和干酪根类型特征，为泥页岩石油生成研究提供信息。

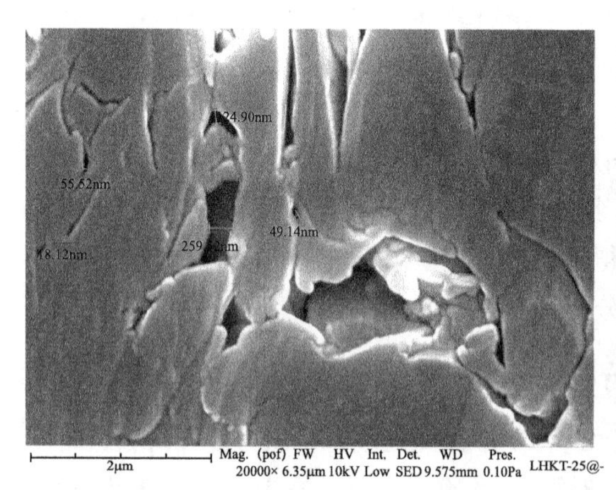


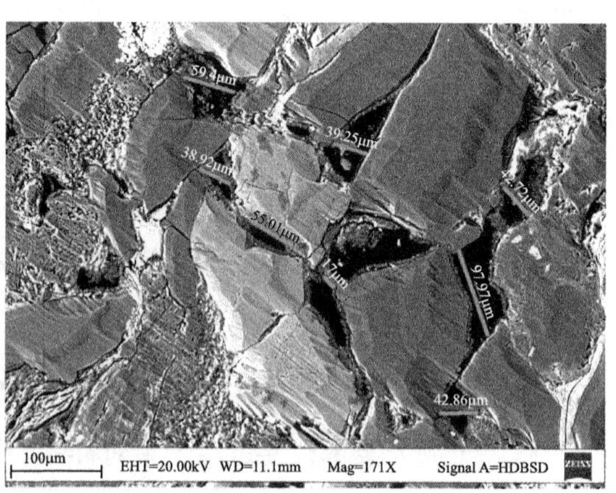


图 3-1-10　氩离子抛光场发射扫描电镜分析孔隙结构示例图

## （五）岩心微纳米 CT 扫描

微纳米 CT（也称为显微 CT、μCT、微焦点 CT 或者微型 CT，以下简称 CT）采用了与普通临床 CT 不同的微焦点 X 射线球管，分辨率高达几个微米，具有良好的“显微”作用。

CT 技术的物理原理是基于射线（X 射线）与物质的相互作用，射线束穿越物体时由于光子与物质的相互作用，相当部分的入射光子因物质散射从而入射方向上的射线强度将减弱。CT 图像反映的是 X 射线通过岩心后的衰减量。将样品不同位置的 X 射线衰减量对应显示到计算机屏幕上即构成了我们看到的 X—CT 投影图像。当射线穿越岩心时，密度高的物质，例如石英吸收 X 射线较多，监测器接收到的信号较弱；密度较低的物质，例如孔隙等吸收 X 射线较少，监测器获得的信号较强。所以，X—CT 图像反映的是的岩石样品内部的密度分布情况。根据不同角度的投影图像采用重构软件进行重构，从不同的轴向及剖面进行差值运算，将 X 射线投影重建为剖面断层图像。将重建后的图像进行 2D 切片分析及 3D 可视化处理为容积 3D 图像。

微纳米 CT 提供的几何信息、结构信息和综合性应用信息：几何信息包含样品尺寸，颗粒大小，孔喉大小、裂缝参数等；结构信息包含密度，矿物成分，颗粒分布，孔喉结构，孔喉分布，孔喉比等；综合性应用包含 CT 建模，2D、3D 图像处理，不同水驱倍数下样品内几何参数等（图 3-1-11）。

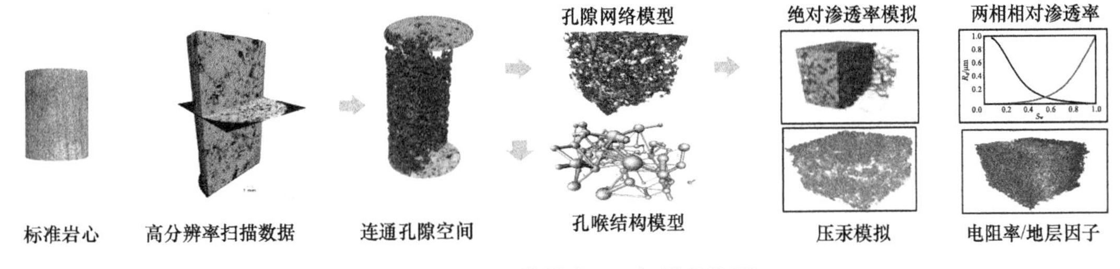


图 3-1-11 微纳米 CT 扫描参数图

样品以柱塞样为主，直径 16μm～2.5cm，高度 16μm～2.5cm，根据测试目的选择洗油与否。扫描分辨率一般为 1μm 和 13μm，目前最高分辨率为 65nm。

通过微纳米 CT 提供图像信息，从孔喉无损化、精细化、定量化表征的角度出发，通过数学形态学的微观孔喉特征提取方法、基于图像像素的孔喉尺寸及形态参数统计方法等实现微观孔喉结构及流体分布的特征提取与统计分析。借助微观孔喉结构建立孔喉网络模型，在微观孔喉尺度上研究其渗流机理及提高采收率。实现岩心 3D 模型、岩心断层切片、孔隙提取（孔隙率统计、孔隙特征描述）、孔喉网络结构模型、流体仿真、毛细管压力、相对渗透率、绝对渗透率、电阻率指数、残余油水成分提取。

## 四、储层含油性分析

研究储层含油性的方法较多，归纳起来可分为二大类：一类为直接观测法，包括岩心观测、荧光薄片法、激光共聚焦法等；另一类为间接测定法，即逐级热释烃、饱和度测定法等（表 3-1-8）。在此主要介绍泥页岩岩心含油性描述、现场一维核磁共振分析、逐级热释烃分析等，为页岩油含油性提供了准确参数。

**表 3-1-8　非常规油气储层含油性分析方法统计表**

| 分析方法 | 检测参数 | 原理 | 样品性质 | 应用情况 | 适应性 |
|---|---|---|---|---|---|
| 岩心描述 | 含油级别 | 通过岩心新鲜面颜色、滴水实验、点滴试验、荧光特征划分含油性质 | 岩心 | 具备 | 适用泥页岩 |
| 荧光薄片法 | 沥青组分类型、含量、沥青赋存状态 | 紫外光激发能够发光的物质产生荧光，石油中某些具有共轭双键的有机物质可被激发而发荧光。荧光颜色反映沥青组分特征，发光亮度反映沥青的含量。在光学显微镜下，通过荧光颜色、亮度和发光部位确定含油气性质 | 块样制片 | 具备 | 适用各种岩性 |
| 蒸馏抽提法 | 孔隙体积、岩石密度、孔隙度、含油饱和度、含水饱和度 | 该方法的实质是抽提岩心中的水，通过测定含水饱和度而确定原始含油饱和度，获取参数多，分析时间长 | 块样或柱塞样 | 具备 | 油浸以上级别含油性分析 |
| 常压干馏法 | 含油饱和度、含水饱和度 | 加热岩心，从岩心蒸发出束缚水，然后再升高温度（520～550℃）蒸发油。从岩心蒸发出来的油、水蒸气经冷凝管冷凝后变成液体，并汇集到收集量筒中，由量筒可以直接读出油、水体积；用气体孔隙度仪或液体饱和法测出岩样孔隙体积，就可以算出岩石中的油水饱和度，获取参数速度快 | 块样或柱塞样 | 不具备 | 较均匀岩性，不能测含高温裂解物质的岩心，不能测泥页岩 |
| 核磁共振法 | 孔隙度、渗透率、含油饱和度、含水饱和度、可动流体饱和度、孔径分布 | 核磁共振就是指在特定的条件下，氢原子核在外加磁场的作用下发生强烈的相互作用，即共振现象。单位样品中核磁共振信号的强弱对应于样品中孔隙流体的总量；岩石孔隙内流体弛豫时间的大小取决于固体表面对流体分子作用力强弱，因此可通过求取 $t_2$ 截止值来分别求取可动流体和非可动流体的孔隙度，获取参数多，分析时间短，为间接测定 | 块样 | 具备 | 各种岩性 |
| 热重分析法 | 含油饱和度 | 热失重分析是测定物质质量随温度升高而失去的相对量的一种方法，将物质的质量变化和温度变化的信息记录下来，就得到了物质的质量温度曲线，即热重曲线。测定准确，但需要借用平行样品的孔隙度、岩石密度数据 | 粉末样 | 具备 | 各种岩性 |
| 岩石热解法 | 提供 $S_0$、$S_1$、$S_2$、$T_{max}$、HI、IO、PI、TOC 等参数 | 热分解组分通过载气送到 FID 和 IR 检测器检测，从而测定样品中游离烃和热解烃的含量，以及样品中有机氧和总有机碳的含量，含油量测定 | 粉末样 | 具备 | 适用于页岩油 |
| 逐级热释烃 | 提供 $S_0$（天然气的烃含量）、$S_1$（可溶烃或残余烃） | 采用密封冷冻碎样，逐步升温，测定几个温阶样品中游离烃含量及组成，可动油含量测定 | 新鲜岩心块样 | 不具备 | 适用于页岩油 |

## （一）岩心描述含油性

描述含油性是岩心描述主要内容之一，是地质认识和综合研究的基础，地质成果的直接体现，储量计算的基础，衔接地震、测井的关键点。在非常规油气作为勘探目标之前，常规油气岩心描述已经建立了标准和规范，但不适用于非常规油气，需要修订使用。以泥页岩含油性为例，原砂岩 6 级含油性描述标准很难在泥页岩中实施，为此，结合砂岩含油性描述，建立了泥页岩含油性描述标准，以岩心新鲜面颜色、滴水试验、氯仿点滴试验、荧光特征为主要依据，建立了 4 级含油性描述标准（表 3-1-9），在多口页岩油取心井岩心描述中应用，为岩心划分岩性、含油性段奠定基础，很好地解决了后续样品选取等问题。

表 3-1-9　泥页岩储层岩心含油性划分表

| 含油级别 | 岩石类型及颜色 | 新鲜断面特征 | 分布特征 | 宏微观照片示例 |
|---|---|---|---|---|
| 含油性好 | 黄色泥晶云岩，黑灰色油页岩、深灰色油页岩 | 有油味、污手；滴水珠状，荧光极亮、面积大 | 含油的泥晶云岩一般上下紧邻深灰色泥岩或油页岩，油页岩往往页理面含油 | 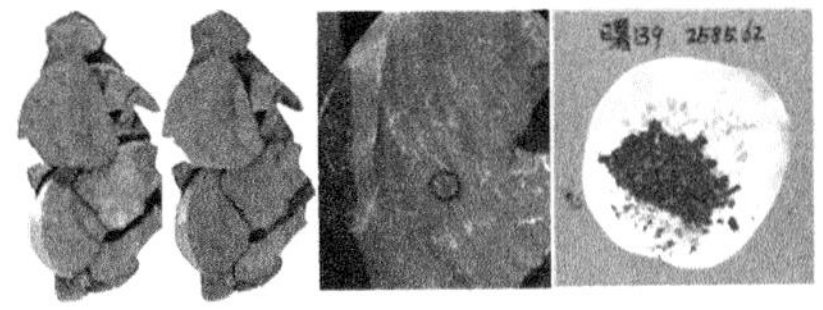 |
| 含油性中等 | 深灰色油页岩、深灰色泥岩，灰色泥岩 | 有油味、不污手；滴水珠状、半珠状，荧光中亮、面积中等 | 深灰色泥岩基质含油，油页岩基质及页理面有油显示 | 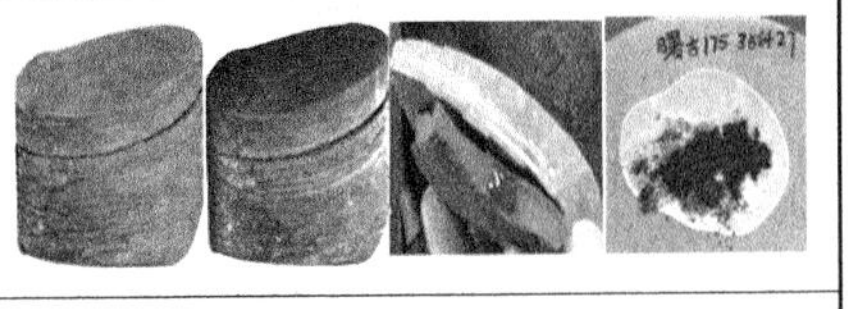 |
| 含油性差 | 深灰色泥岩，灰色泥岩，灰绿色泥岩 | 无油味；滴水缓渗，荧光显示弱、面积小 | 基质中含油，级别低 | 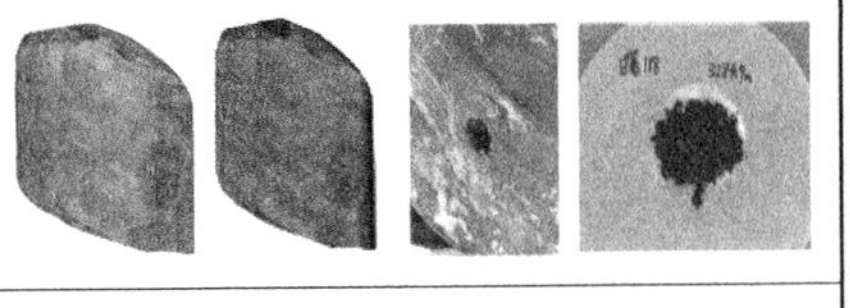 |
| 无油 | 浅绿色泥岩、紫灰色泥岩、黄灰色粉砂岩、浅灰色粉砂岩 | 无油味；滴水速渗，无荧光显示 | 绿色、紫灰色泥岩或其夹的粉砂岩 | 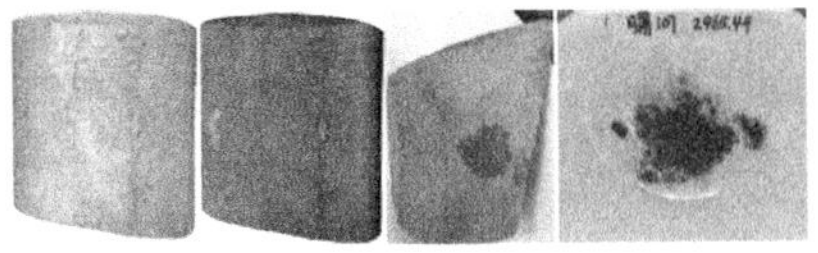 |

## （二）核磁共振含油饱和度分析

当含油或水样品处于均匀分布的静磁场中时，流体中的氢核（$^1$H）就会被磁场极化，产生一个磁化矢量。此时对样品施加一定频率的射频场，就会产生核磁共振现象，撤掉射频场后，我们就可以接收到一个幅度随着时间以指数函数衰减的信号。可以用横向弛豫时间 $T_2$ 来描述信号衰减的快慢。

在岩石多孔介质中存在着多种指数衰减信号，即存在多种 $T_2$ 弛豫成分。在实际岩石核磁共振测量中，我们获得的信号是这些 $T_2$ 弛豫成分的衰减信号的叠加。采用数学反演技术，可以计算出不同弛豫时间的流体所占的份额，即所谓的 $T_2$ 弛豫时间谱。可以从 $T_2$ 弛豫时间谱获得岩石多孔介质中不同弛豫成分在总孔隙中所占的百分数。

对于含油、水的岩石样品，由于油相弛豫时间与大孔隙内水相的弛豫时间很接近，所以从 $T_2$ 弛豫时间谱难以分辨油、水信号。根据核磁共振理论，样品中的顺磁离子（如 $Mn^{2+}$、$Fe^{3+}$ 等）与流体的核自旋发生很强的相互作用，使得核自旋弛豫得到极大增强，信号衰减加快。由此采用能溶解于水的顺磁离子添加剂使岩石孔隙中的水相弛豫加强，而油相弛豫时间保持不变，进而实现了油、水信号的分辨。在 $T_2$ 弛豫时间谱表现为两个明显分离的峰，左峰为水相，右峰为油相。$T_2$ 谱上油峰各点的幅度和除以 $T_2$ 谱上所有各点的幅度和即可求得样品的含油饱和度。

核磁共振技术是一项测定油藏原始含油饱和度的新技术，$T_2$ 谱与横轴包围的面积，就可以得到初始状态下的含水饱和度、含油饱和度等值，核磁共振两次测量方法能直接准确测定地面岩样的含油饱和度（图 3-1-12 和图 3-1-13）。

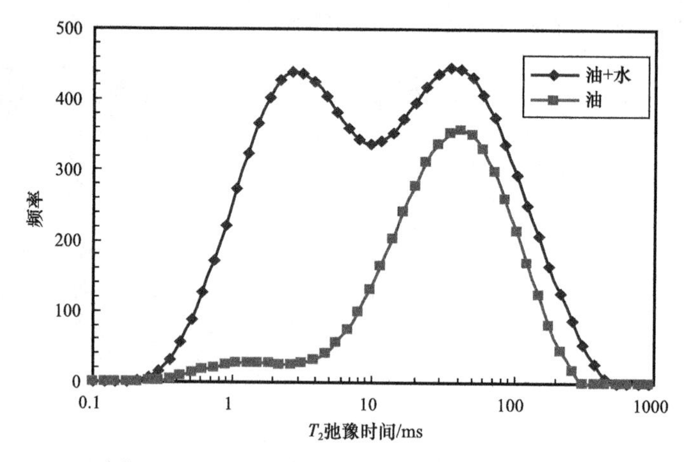


图 3-1-12　核磁共振含油含水饱和度分析谱图

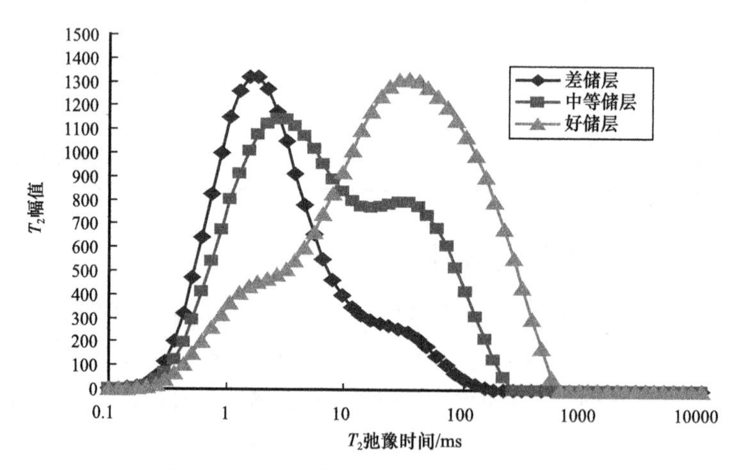


图 3-1-13　不同储层含油分布范围示意图

分析步骤：真空保水（干抽）（湿抽）——测试饱水样（可动水、束缚水，孔隙度、孔径分布、渗透率）——样品饱和锰（锰顺磁性样品，溶于水，不溶于油，可以抑制水中的氢，将水的信号量抑制掉，剩下油的信号量。可测出含油饱和度）。

对非常规油气现场岩石物性的快速分析的要求也越来越高。在这种情况下，核磁共振技术不断发展起来而且日趋完善，该技术的分析样品由测试岩心扩展到了岩屑以及井壁取心，且不受形状的限制，具获取参数多、分析速度快、精度高、可随钻分析、耗资低等特点，并使得在现场快速分析含油饱和度等储层物性方面得以实现，形成了一项特色的快速评价储层物性的核磁共振分析技术。

## （三）逐级热释烃分析

传统页岩含油量检测采用出筒岩心取样后采用液氮冷冻转移至实验室岩石热解分析，或是取样后井场冰柜冷冻保存进行岩石热解分析。井场密闭热释分析则采用了密闭容器保存样品，并在密闭环境中进行样品处理和分析，不但避免了样品保存时的烃类损失，而且节约了检测成本（无须液氮和额外设备保存样品）。

密闭热释分析系统主要由样品密封罐、低温粉碎仪和烃类含量检测仪等组成，井场工作流程如下图（图3-1-14）。新鲜出筒岩心样品取样置于密封罐中，样品密封罐转移至低温粉碎仪，先由低温装置将密封罐冷却至小于5℃，然后将罐内样品在密闭条件下进行物理粉碎。随后将密闭样品罐转移至烃类含量检测仪中，分别与载气和FID检测器相连。根据设定的升温程序对样品罐进行程序升温，检测不同温度段释放的烃类含量。

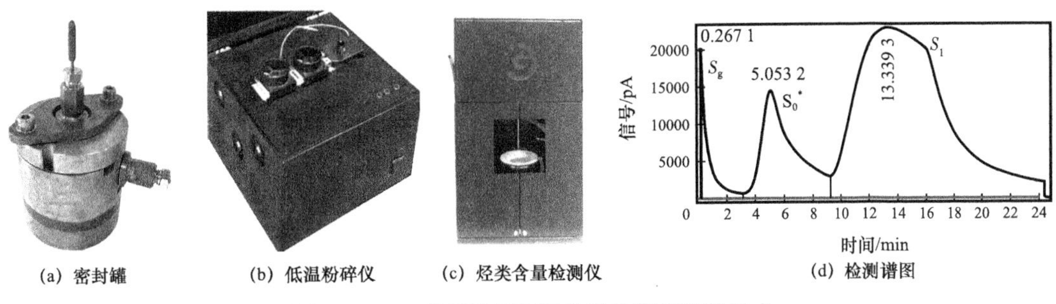


图3-1-14　井场岩石密闭热释分析系统的构成

低温密闭粉碎技术实现了密封罐和样品仓的一体化，避免了样品转移和处理过程中的烃类损失，保证了样品在地表的低烃类损失。同样地，密闭热释分析也采用了程序升温方法和氢火焰离子检测器。与常规岩石热解方法不同的是:（1）密闭热释方法不检测 $S_2$ 值，（2）密闭热释方法在升温之前增加了低温检测。本文所采用的升温程序为0～5℃恒定3min，以50℃/min升温速率将温度升至90℃，恒定5min，再以50℃/min升温速率升至300℃，恒定12min。测定不同含油量的一组已知样品在相同升温程序下的峰面积，建立峰面积与含油量的校正曲线，用于定量未知岩石样品中的烃含量，并归一化到样品质量。

根据升温程序，井场岩石密闭热释分析获得3个信号峰，按出峰顺序分别记为 $S_g$、$S_0^*$ 和 $S_1$ 峰。基于0～5℃、90℃和300℃三个温度段密闭热释烃色谱指纹（图3-1-15），$S_g$ 峰以 $C_1$—$C_5$ 气态烃为主，$S_0^*$ 峰以 $C_6$—$C_{10}$ 轻烃为主，$S_1$ 峰以 $C_{10+}$ 烃类为主，最高检测到 $C_{32}$。$S_g$ 与 $S_0^*$ 之和相当于岩石热解的 $S_0$，$S_1$ 与岩石热解的 $S_1$ 一致。更高碳数烃、有机质吸附/互溶烃和矿物吸附烃需要在更高的温度下才能挥发出来，因此岩石热解 $S_2$ 峰中

残留一部分已生成的原油。本文采用的密闭热释方法仅用于定量岩石中游离烃含量。反过来，满足游离烃定量的热释方法将单个样品分析时间缩短至25min，在保证新鲜岩芯含烃量低损失的前提下使得现场快速定量岩石游离烃量成为现实，促进了岩石含油量准确评价方法的发展。

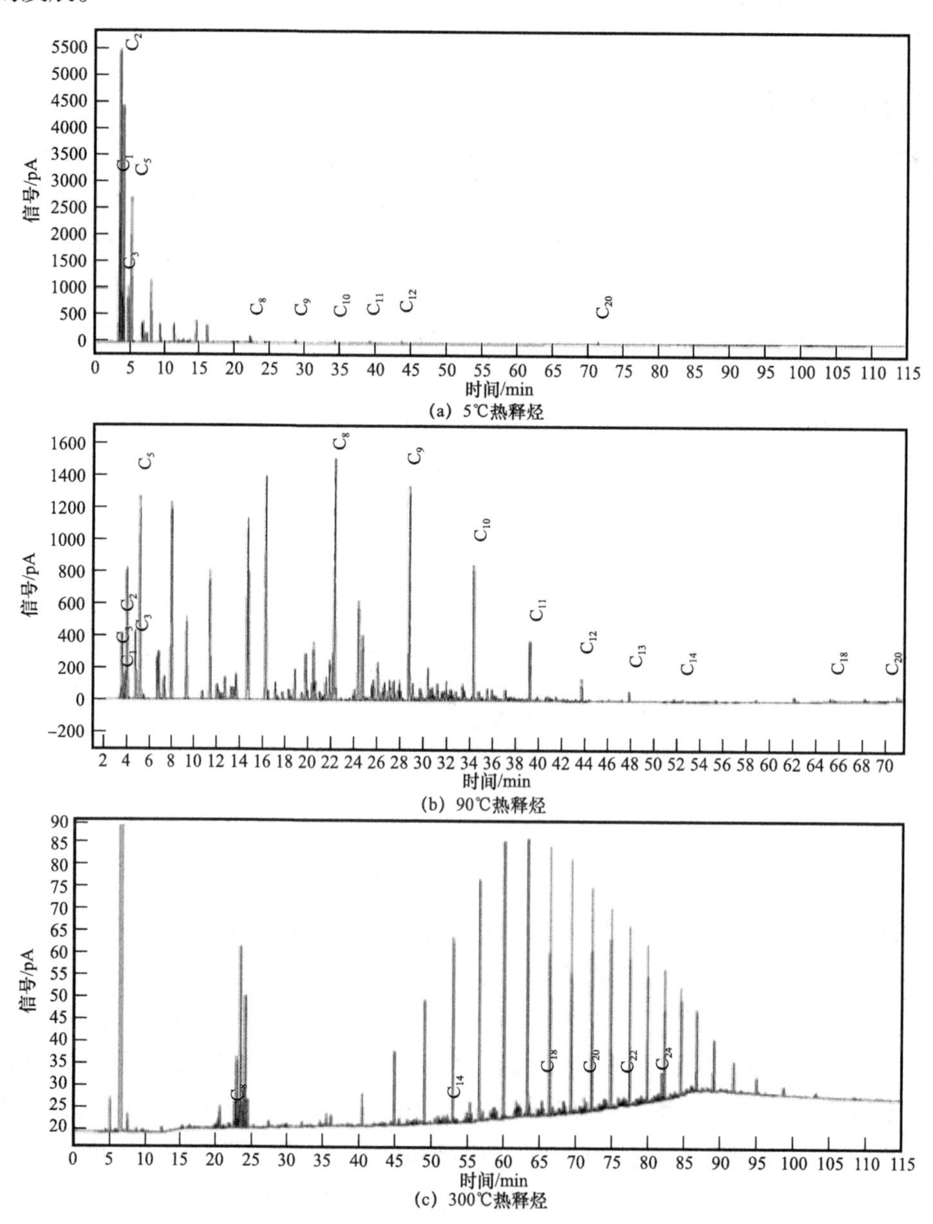


图3-1-15　不同温度段密闭热释烃气相色谱

上述实验方法只是非常规油气的岩石矿物分析、物性分析、孔隙结构分析、含油性分析应用的实验技术手段的一部分，需要结合常规实验技术，分析各项影响因素，综合运用各种实验方法，全面准确分析非常规油气储层参数，筛选出关键参数和技术界限，为非常规油气的“甜点”识别奠定基础，发挥好实验研究的作用。

# 第二节　非常规油气储层岩性特征

岩石学特征是储层研究的重要内容之一。岩石的组分和组构不仅影响储层原始孔隙的发育，而且在很大程度上也影响着成岩作用的变化，从而对储层的储集性能产生直接的影响[7]。因此，对储层岩石学特征的研究，是了解其成岩作用变化及孔隙结构演化的根本。

## 一、页岩油储层岩性特征

页岩油储层岩性可分为泥页岩、碳酸盐岩、砂岩，在岩性分析上，砂岩具有成熟的分类标准及原则，对于泥页岩、碳酸盐岩等细粒级沉积岩，成分复杂，往往还含有特殊矿物岩石，采用了加密取样，测试方法上采用了岩石薄片、X射线衍射、电子探针等多种测试技术结合，建立页岩油储层岩石分类方法。

碳酸盐岩分类方法：碳酸盐岩岩石分类在GB/T 17412.2—1998《岩石分类和命名方案　沉积岩岩石分类和命名方案》和SY/T 5368—2016《岩石薄片鉴定》基础上，进一步细化碳酸盐混合碎屑、泥质的岩石类型（表3-2-1和表3-2-2）。

**表3-2-1　石灰岩（白云岩）—泥岩系列的岩石类型**

| 岩石类型 | | 成分及含量/% | |
|---|---|---|---|
| | | 方解石（或白云石） | 泥质 |
| 石灰岩（或白云岩） | 纯石灰岩（纯白云岩） | ≥90 | <10 |
| | 含泥灰岩（含泥云岩） | ≥75，<90 | ≥10，<25 |
| | 泥质灰岩（泥质云岩） | ≥50，<75 | ≥25，<50 |
| 泥质岩 | 灰质泥岩（云质泥岩） | ≥25，<50 | ≥50，<75 |
| | 含灰泥岩（或含灰云岩） | ≥10，<25 | ≥75，<90 |
| | 泥质岩 | <10 | ≥90 |

注：泥质为黏土矿物和小于0.0156mm长英质细碎屑；石灰岩和白云岩总量为10%～25%，定名中包括含碳酸盐；石灰岩和白云岩总量为25%～50%，定名中包括碳酸盐质。

**表3-2-2　碳酸盐岩—砂岩（或粉砂岩）系列的岩石类型**

| 岩石类型 | 成分及含量/% | |
|---|---|---|
| | 方解石（或白云石） | 砂（或粉砂） |
| 纯石灰岩（白云岩） | ≥90 | <10 |
| 含砂（或粉砂）灰岩（云岩） | ≥75，<90 | ≥10，<25 |
| 砂质（或粉砂质）灰岩（云岩） | ≥50，<75 | ≥25，<50 |
| 灰质（或白云质）砂岩（或粉砂岩） | ≥25，<50 | ≥50，<75 |
| 含灰（或白云）砂岩（或粉砂岩） | ≥10，<25 | ≥75，<90 |
| 砂岩（或粉砂岩） | <10 | ≥90 |

泥岩分类方法：因页岩油储层岩石中泥质含量较多，其组成为黏土矿物和粒径小于0.0156mm长英质细碎屑，根据X射线衍射全岩定量分析（SY/T 5163—2018《沉积岩中黏土矿物和常见非黏土矿物X射线衍射分析方法》），进一步确定黏土和粒径小于0.0156mm细碎屑的含量，标记在薄片鉴定表格中。薄片鉴定能识别粒径大于0.0156mm碎屑成分，在SY/T 5368—2016《岩石薄片鉴定》中将粒径小于0.0156mm的细碎屑＋黏土矿物统一放入泥岩范围；而严格定义的黏土岩限于粒度小于0.0039mm（即小于4μm泥岩）主要由黏土矿物组成的岩石。通常粒径为0.0156～0.0039mm的成分占有较大比例，必须在泥岩定名中显示出来。粒径小于0.0039mm的成分以黏土矿物为主，粒径大于0.0039mm并且小于0.0156mm的成分以细碎屑（细粉砂）为主；薄片鉴定主要成分为粒径0.0156mm以下时，即粗粉砂以上含量小于50%（不考虑碳酸盐等），主名为泥岩；进一步结构定名时，为了不影响常规岩石定名，本结构定名加括号。将X射线衍射全岩定量分析结果减去粗粉砂以上碎屑含量后，当黏土矿物含量大于等于50%时，结构命名为（黏土）泥岩；当细碎屑含量大于等于50%时，结构命名为（细粉砂）泥岩；如果黏土矿物和细碎屑相对含量都不超过50%时，当黏土矿物大于细碎屑时，结构命名为（细粉砂—黏土）泥岩；当黏土小于细碎屑时，结构命名为（黏土—细粉砂）泥岩；粗粉砂以上依据10%、25%为界，确定为“含粗粉砂（含砂）”或“粗粉砂质（砂质）”，例如：含粗粉砂（黏土）泥岩、不等粒砂质（细粉砂）泥岩；

特殊矿物岩石分类方法：页岩油储层岩石是物理、化学混合沉积，伴有热液矿物，常见方沸石、石膏等，根据方沸石等相对含量划分岩石类型（表3-2-3和图3-2-1）。

**表3-2-3　含方沸石系列的岩石类型**

| 岩石类型 | | 成分及含量/% | | |
|---|---|---|---|---|
| | | 泥质（包括黏土，粒径小于0.0156mm石英和长石） | 方沸石 | 白云石 |
| 白云岩类 | 泥晶云岩 | ＜10 | ＜10 | ≥90 |
| | 含泥泥晶云岩 | ≥10，＜25 | ＜10 | ≥75，＜90 |
| | 泥质泥晶云岩 | ≥25，＜50 | ＜10 | ≥50，＜75 |
| | 含泥含方沸石泥晶云岩 | ≥10，＜25 | ≥10，＜25 | ≥50，＜75 |
| | 含泥方沸石质泥晶云岩 | ≥10，＜25 | 方沸石＜白云石，方沸石≥25 | |
| | 含方沸石泥质泥晶云岩 | ≥25，＜50 | ≥10，＜25 | ≥50，＜75 |
| 方沸石岩类 | 含泥含云方沸石岩 | ≥10，＜25 | ≥50，＜75 | ≥10，＜25 |
| | 含泥云质方沸石岩 | ≥10，＜25 | 方沸石＞白云石，白云石≥25 | |
| | 泥质含云方沸石岩 | ≥25，＜50 | ≥45，＜60 | ≥10，＜25 |
| | 泥质云质方沸石岩 | ≥25，＜35 | 方沸石＞白云石，白云石≥25 | |

续表

| 岩石类型 | | 成分及含量/% | | |
|---|---|---|---|---|
| | | 泥质（包括黏土，粒径小于0.0156mm 石英和长石） | 方沸石 | 白云石 |
| 泥岩类 | 云质泥岩或云质页岩 | ≥50，<75 | <10 | ≥25，<50 |
| | 含方沸石云质泥岩 | ≥50 | ≥10，<25 | ≥25，<50 |
| | 含云含方沸石泥岩 | ≥50 | ≥10，<25 | ≥10，<25 |
| | 含云方沸石质泥岩 | ≥50，<75 | ≥25，<50 | ≥10，<25 |

辽河探区包括辽河坳陷和辽河外围地区。根据源储配置关系将页岩油划分为夹层型、混积型、页岩型三种类型，辽河探区三种页岩油类型均发育。辽河坳陷曙光—雷家地区发育混积型、夹层型，主要储集岩石类型为碳酸盐岩、油页岩；齐家—曙光地区发育夹层型，主要储集岩石类型为薄层砂岩；大民屯凹陷静安堡—东胜堡地区发育页岩型、混积型，主要储集岩石类型为油页岩、碳酸盐岩；陆家堡坳陷陆东、交力格地区九佛堂组发育混积型、夹层型，主要储集岩石类型为油页岩、薄层砂岩和碳酸盐岩。

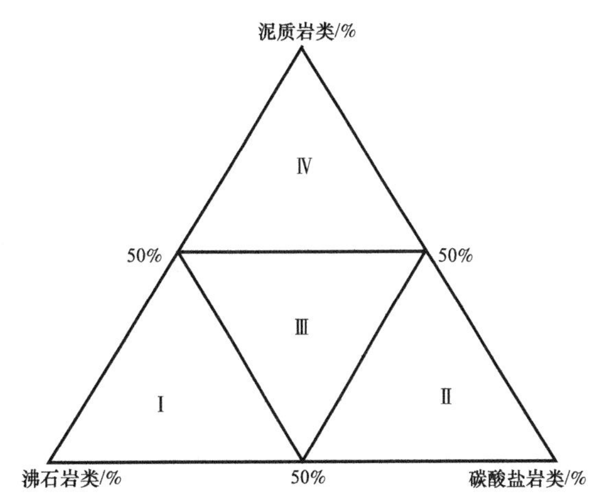


图 3-2-1　特殊岩性成分三角图

Ⅰ—沸石岩类；Ⅱ—碳酸盐岩类；Ⅲ—过渡岩类；Ⅳ—泥质岩类

## （一）大民屯凹陷沙四段页岩油储层岩性特征

通过对 10 口老井及 2 口新钻的沈 352、沈 224-H301 导井大量的岩石薄片、荧光薄片及 X 射线衍射全岩等综合分析，认为大民屯凹陷沙四段页岩油储层岩性可分为泥页岩、碳酸盐岩、煤、粉砂岩 4 大类（表 3-2-4），以泥页岩和碳酸盐岩为主，煤、粉砂岩等极少。泥页岩主要由黏土矿物及粒径小于 0.0156mm 长英质细碎屑组成。碳酸盐岩为一套湖相沉积的粒径较细的化学沉积岩，并伴有一定量的陆源泥质和细粉砂质碎屑的加入。

泥页岩可以分为两类：一是黑色富含有机质的泥页岩，黏土矿物平均含量 36.01%，泥级石英平均 37.88%，普遍含碳酸盐矿物（方解石、白云石和菱铁矿），平均 14.26%，以含碳酸盐油页岩为主；二是灰绿色白云质泥岩，该类岩石与泥质泥晶云岩共生，碳酸盐矿物为白云石，平均含量 38.58%，黏土矿物 30.16%，泥质石英 26.45%。碳酸盐岩主要有两类：一类是浅灰色含泥（+泥质）泥晶粒屑云岩，矿物成分以白云石为主，储集性能与粒间孔的发育程度有关，为本区最好的储层，但层薄；另一类是灰绿色泥质泥晶云岩，该类岩石的储集性能与微孔隙结构、裂缝发育程度等有关，这些因素受控于矿物组成和组构特征，该类岩石以白云石为主，平均含量在 60% 左右，黏土矿物和泥级石英含量较高（图 3-2-2）。

**表 3-2-4　大民屯凹陷沙四段页岩油储层主要岩石类型及特征**

<table>
<tr><th rowspan="2">岩类</th><th rowspan="2">岩石类型</th><th rowspan="2">组成特征</th><th colspan="5">成分含量 /%</th></tr>
<tr><th>黏土总量及泥级石英、长石</th><th>粉砂级石英、长石</th><th>方解石</th><th>白云石</th><th>菱铁矿</th></tr>
<tr><td rowspan="11">泥页岩类</td><td>泥岩或页岩</td><td>黏土矿物及小于 0.01mm 泥级石英为主，具页理构造为页岩</td><td>≥90</td><td><10</td><td colspan="3"><10</td></tr>
<tr><td>含菱铁矿泥岩</td><td>黏土矿物及小于 0.01mm 泥级石英为主，含一定量菱铁矿</td><td>75～90</td><td><10</td><td></td><td></td><td>10～25</td></tr>
<tr><td>含砂泥岩</td><td>黏土矿物及小于 0.01mm 泥级石英为主，含一定量粉砂</td><td>≥90</td><td>10～25</td><td colspan="3"><10</td></tr>
<tr><td>含碳酸盐粉砂质泥岩</td><td>黏土矿物及小于 0.01mm 泥级石英为主，次为粉砂级石英、长石，少量白云石、方解石和菱铁矿</td><td>40～60</td><td>25～40</td><td colspan="3">10～25</td></tr>
<tr><td>油页岩</td><td>黏土矿物及小于 0.01mm 泥级石英为主，少量白云石、方解石和菱铁矿，具页理，含油</td><td>≥90</td><td><10</td><td colspan="3"><10</td></tr>
<tr><td>含碳酸盐油页岩</td><td>黏土矿物及小于 0.01mm 泥级石英为主，同时含泥晶白云石、方解石等</td><td>50～75</td><td><10</td><td colspan="3">10～25</td></tr>
<tr><td>碳酸盐质油页岩</td><td>黏土矿物及小于 0.01mm 泥级石英为主，次为白云石、方解石等，可见生物碎屑，具页理</td><td>50～75</td><td><10</td><td colspan="3">25～50</td></tr>
<tr><td>含生屑含砂含碳酸盐油页岩</td><td>黏土矿物及小于 0.01mm 泥级石英，并含有较多的生物碎屑，同时含油泥晶白云石、方解石等，具页理</td><td>50～75</td><td>10～25</td><td colspan="3">25～50</td></tr>
<tr><td>生屑含碳酸盐油页岩</td><td>黏土矿物及小于 0.01mm 泥级石英为主，次为白云石、方解石和菱铁矿，具页理</td><td>50～75</td><td><10</td><td colspan="3">25～50</td></tr>
<tr><td>粒屑云质泥岩</td><td>黏土矿物及小于 0.01mm 泥级石英为主，次为泥晶白云石</td><td>50～75</td><td><10</td><td></td><td>25～50</td><td></td></tr>
<tr><td>云质泥岩</td><td>黏土矿物及小于 0.01mm 泥级石英为主，次为泥晶白云石</td><td>50～75</td><td><10</td><td></td><td>25～50</td><td></td></tr>
<tr><td>粉砂岩类</td><td>含碳酸盐泥质粉砂岩</td><td>粒径 0.01～0.06mm 石英、长石为主，次为黏土矿物及碳酸盐等</td><td>25～35</td><td>40～60</td><td colspan="3">10～25</td></tr>
</table>

续表

| 岩类 | 岩石类型 | 组成特征 | 成分含量 /% | | | | |
|---|---|---|---|---|---|---|---|
| | | | 黏土总量及泥级石英、长石 | 粉砂级石英、长石 | 方解石 | 白云石 | 菱铁矿 |
| 碳酸盐岩类 | 泥质泥晶云岩 | 泥晶白云石为主，次为黏土矿物及泥级石英、长石 | 25～50 | <10 | | 50～75 | |
| | 泥质泥晶粒屑云岩 | 粒屑结构，粒屑含量大于 75%，成分为白云石和黏土矿物及小于 0.01mm 泥级石英 | 20～40 | <10 | | 60～80 | |
| 煤 | 含黄铁矿腐泥化煤 | 有机质残体或炭屑含量大于 50%，局部黄铁矿大于 10% | 30～50 | <10 | <10 | | |
| | 腐泥化煤 | | | | | | |

通过沈 352、沈 224-H301 导井系统的岩石薄片鉴定、X 射线衍射全岩分析并结合测井曲线形态特征，认为岩性由上到下可分为三个油组。Ⅰ油组 3169～3235m，以黑色含碳酸盐油页岩为主，夹黑色含碳酸盐泥岩。Ⅱ油组 3235～3278m，岩石颜色以绿色、灰绿色为主；上部 3235～3245m，以深灰色含碳酸盐泥岩为主，夹灰绿色白云质泥岩；中部 3245～3263m，以绿色白云质泥岩为主，夹绿色泥质泥晶云岩；下部 3263～3278m 以浅灰色白云质泥岩、碳酸盐质泥岩为主，夹绿灰色泥质泥晶云岩。Ⅲ油组 3278～3352m，以黑色含碳酸盐泥岩、含碳酸盐油页岩为主，次为黑色碳酸盐质泥岩，夹薄层泥质晶粒屑云岩、泥质泥晶云岩。

大民屯凹陷沙四段的黏土矿物以伊蒙混层为主，含量一般在 70% 以上，伊利石、高岭石、绿泥石相对较少，一般在 10% 以下。随着井深的纵向变化伊蒙混层整体上随着深度的增加含量略微减少（图 3-2-3）。但在 3220m 左右，由于发育煤夹层，演化程度高，伊蒙混层含量低于 50%，伊利石含量大于 25%；在 3230～3270m 之间，由于成岩环境的改变，伊蒙混层有先减少后增加的趋势，到 3250m 处伊蒙混层含量最低，但一般大于 60%；伊利石随着深度的增加，含量先增加，到 3250m 含量最高，之后，含量逐渐减少（图 3-2-4）；高岭石和绿泥石在 3250m 处含量最低，之后逐渐增加。

### （二）西部凹陷雷家地区沙四段页岩油储层岩性特征

雷家—高升地区沙河街组四段主要为一套湖相沉积的粒径较细的化学沉积岩，并伴有一定量的陆源泥质和细粉砂质碎屑的加入。分为两个油层段，杜家台油层和高升油层。根据岩心观察和薄片鉴定资料，杜家台油层段和高升油层段岩性为白云岩、泥页岩及方沸石岩 3 大类。白云岩类主要包括含泥泥晶云岩、泥质泥晶云岩、含泥含方沸石泥晶云岩、含泥方沸石质泥晶云岩、泥晶粒屑云岩及含泥粒屑泥晶云岩等 7 种岩石类型。白云石含量 50%～100%，

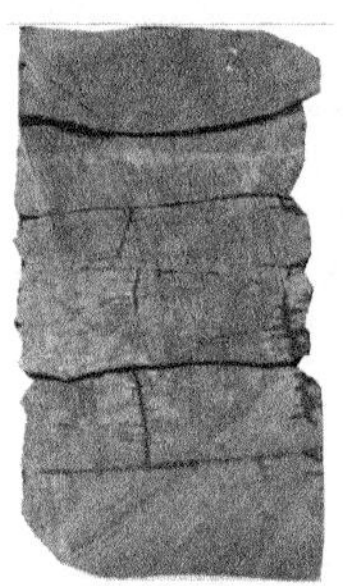

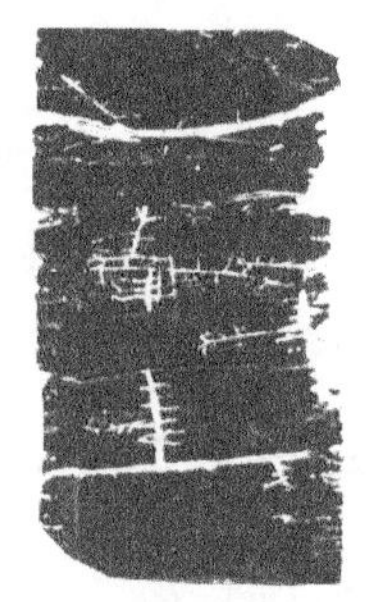
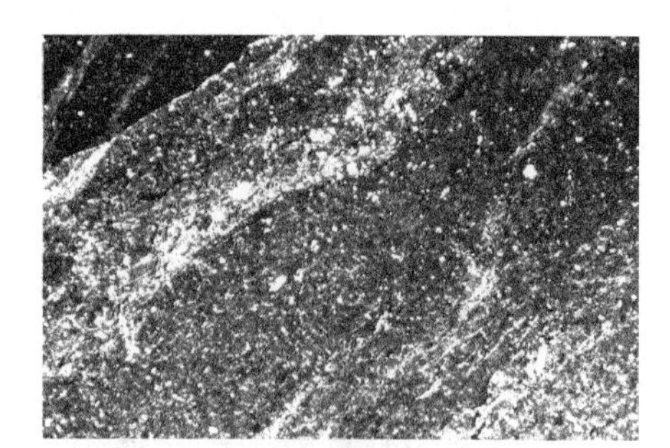

岩心常光照片　　岩心荧光照片　　正交偏光50×

(a) 含碳酸盐油页岩：泥质结构，页理构造。主要成分黏土及长英质细碎屑大于50%，碳酸盐为菱铁矿、方解石和白云石（沈352井，3280.65m）

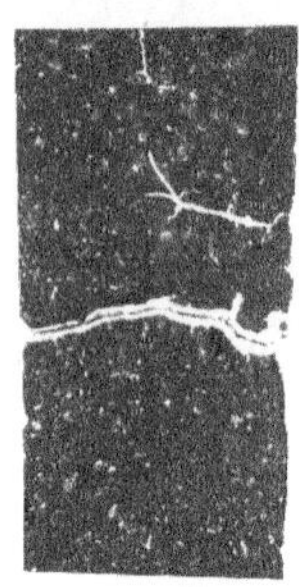
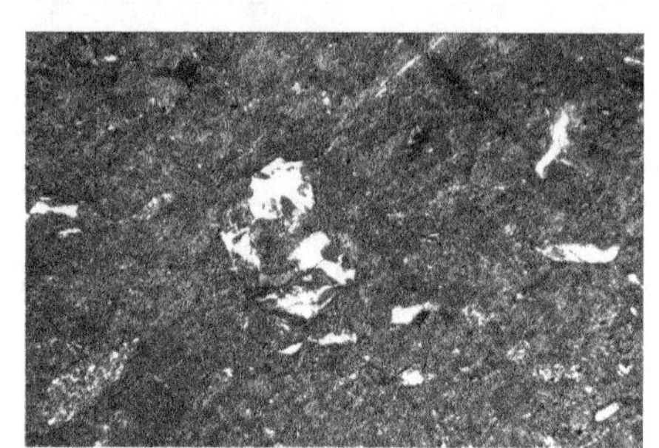

岩心常光照片　　岩心荧光照片　　正交偏光50×

(b) 云质泥岩：泥质结构，块状构造。黏土及长英质细碎屑大于50%，白云石大于25%，小于50%（沈352井，3252.94m）

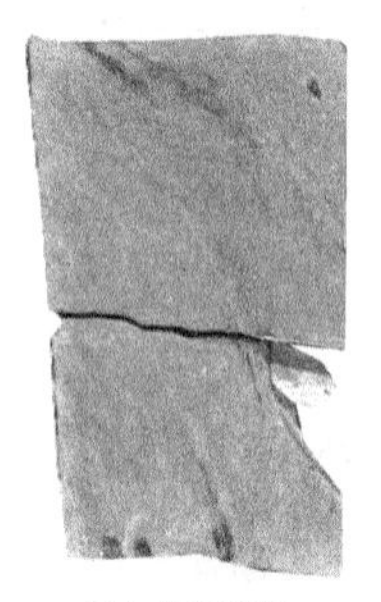

岩心常光照片　　岩心荧光照片　　正交偏光100×

(c) 泥质泥晶云岩：泥晶结构，块状构造。成分白云石大于50%，黏土及长英质细碎屑大于25%，小于50%（沈352井，3247.65m）

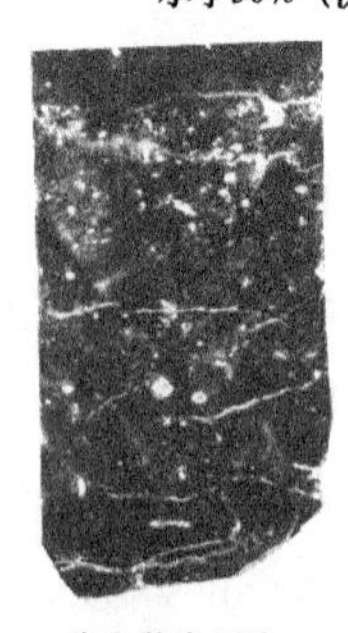
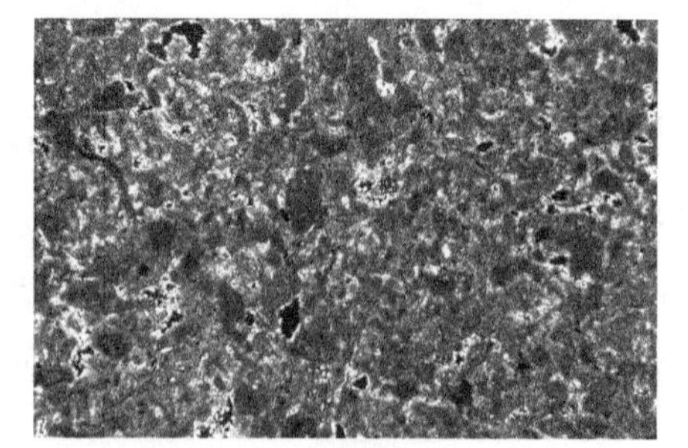

岩心常光照片　　岩心荧光照片　　正交偏光100×

(d) 泥质泥晶粒屑云岩：粒屑结构，块状构造。粒屑含量大于50%，由泥晶白云石构成，填隙物为泥晶白云石和泥质（沈352井，3283.6m）

图3-2-2　大民屯凹陷沙四段页岩油储层主要岩石类型图版

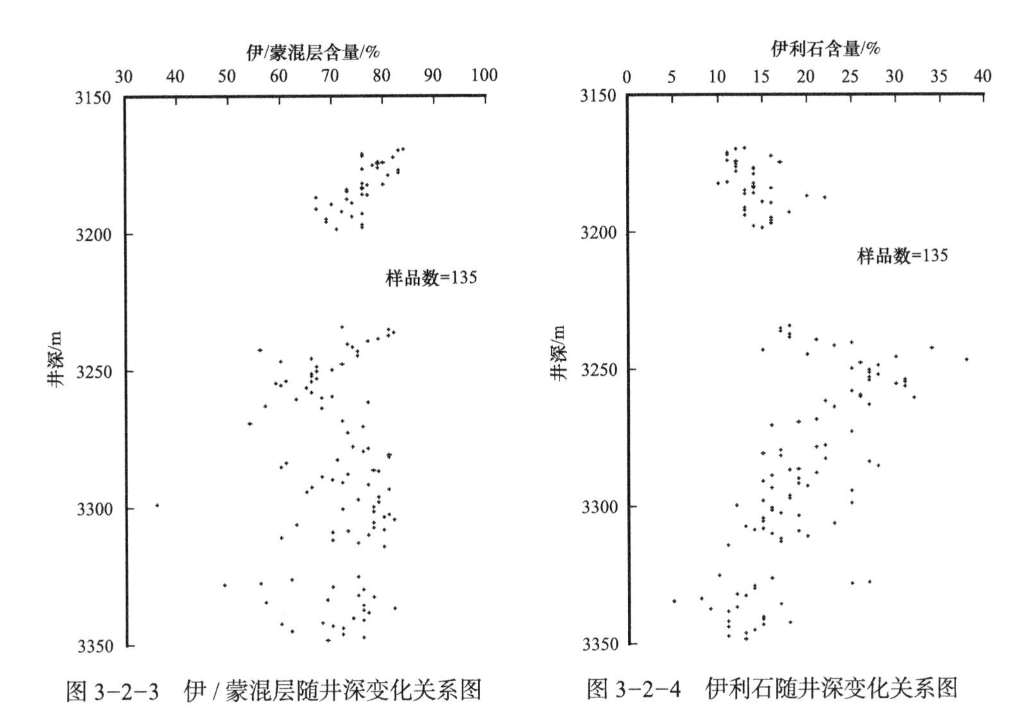


图 3-2-3　伊 / 蒙混层随井深变化关系图　　图 3-2-4　伊利石随井深变化关系图

泥质（黏土矿物及粒径小于 0.0156mm 陆源碎屑）含量为 0～50%，方沸石含量为 0～35%；方沸石岩类主要包括含泥含云方沸石岩、含泥云质方沸石岩、泥质含云方沸石岩及泥质云质方沸石岩等 4 种岩石类型。方沸石含量为 40%～80%，白云石含量为 10%～35%，泥质（黏土矿物及粒径小于 0.0156mm 陆源碎屑）含量为 10%～30%。泥页岩类主要包括泥岩或页岩、云质泥岩及含云方沸石质泥岩等 4 种岩石类型。泥质（黏土矿物及粒径小于 0.0156mm 陆源碎屑）含量为 50%～100%，方沸石含量为 0～35%，白云石含量为 10%～50%。

在岩性和矿物组合上两个油层有所不同。杜Ⅲ油层段以方沸石、白云石为主，次为黏土矿物、石英、长石、方解石及菱铁矿等；高升油层段以白云石、黏土矿物为主，次为方解石、石英和长石等。

### 1. 高升油层岩石类型及特征

高升油层靠近湖盆的边部的滨浅湖地区主要为一套泥晶粒屑云岩，混有一定的黏土和砂质，粒屑成分为鲕粒、砂屑、球粒和生屑，鲕粒核部多为玄武岩岩屑，生屑多为亮晶方解石，粒屑间多为泥晶白云石；在浅湖—半深湖地区为一套含泥粒屑泥晶云岩、泥质泥晶云岩和云质页岩等，粒屑含量降低，多为粉屑和球粒，主要为泥级白云石、黏土矿物等，岩石矿物组成上与杜家台油层明显区别是不含方沸石。根据结构组分粒屑、陆源碎屑、泥晶、亮晶以及矿物成分白云石、方解石和泥质的相对含量分为不同的岩石类型，分布最广出现最多的主要储层岩石类型为 4 种，总的来说岩性分为 5 大类，24 种岩石类型（表 3-2-5），其中，分布最广出现最多的主要为泥晶粒屑云岩、含泥（或砂）粒屑泥晶云岩、泥质泥晶云岩和云质页岩。泥晶粒屑云岩单层厚度为 0.4～3m，规模中等，含泥（或砂）粒屑泥晶云岩单层厚度为 0.5～1m，规模较小，泥质泥晶云岩单层厚度为 1～4m，规模中等，云质页岩单层厚度为 1～10m，规模中等（图 3-2-5）。

**表 3-2-5　高升油层岩石类型及组成特征**

| 岩类 | 主要类型 | 组成特征 |
|---|---|---|
| 粒屑云岩类 | 泥晶粒屑云岩 | 粒屑含量一般大于 80%，填隙物泥晶一般小于 20%，成分以白云石为主 |
| | 含砂泥晶粒屑云岩 | 砂含量为 10%～25%，粒屑含量一般大于 80%，填隙物泥晶一般小于 20%，成分以白云石为主 |
| | 砂质泥晶粒屑云岩 | 砂含量为 25%～50%，粒屑含量一般大于 80%，填隙物泥晶一般小于 20%，成分以白云石为主 |
| | 泥质含砂泥晶粒屑云岩 | 黏土含量为 25%～35%，砂含量为 10%～25%，粒屑含量一般大于 80%，填隙物泥晶一般小于 20%，成分以白云石为主 |
| | 亮晶粒屑含灰云岩 | 粒屑含量一般大于 80%，填隙物亮晶一般小于 20%，成分以白云石为主，方解石含量小于 25% |
| | 含砂亮晶粒屑含灰云岩 | 砂含量为 10%～25%，粒屑含量一般大于 80%，填隙物亮晶一般小于 20%，成分以白云石为主，方解石含量小于 25% |
| | 含砂亮晶粒屑灰质云岩 | 砂含量为 10%～25%，粒屑含量一般大于 80%，填隙物亮晶一般小于 20%，成分中方解石含量国 25%～50% |
| | 含泥砂质泥晶粒屑灰质云岩 | 泥质含量为 10%～25%，砂含量为 25%～35%，粒屑含量为 40%～60%，填隙物泥晶一般小于 25%。成分中方解石含量为 25%～35% |
| 含泥含砂粒屑泥晶云岩类 | 含泥泥晶云岩 | 泥晶结构，成分以泥晶白云石为主，含量大于 75%，泥质含量为 10%～25% |
| | 泥质泥晶云岩 | 泥晶结构，成分以泥晶白云石为主，含量大于 50%，泥质含量为 25%～50% |
| | 含砂粒屑泥晶含灰云岩 | 粒屑含量小于 50%，基质泥晶含量大于 50%，砂含量为 10%～25%，成分中白云石为主，方解石含量为 10%～25% |
| | 砂质粒屑泥晶云岩 | 基质泥晶含量大于 50%，粒屑含量为 25%～50%，砂含量为 25%～50%。矿物成分白云石为主 |
| | 含砂含粒屑泥晶含灰云岩 | 基质泥晶含量大于 50%，粒屑含量为 10%～25%，砂含量为 10%～25%。矿物成分白云石为主，方解石含量为 10%～25% |
| | 含泥含砂粒屑泥晶云岩 | 基质泥晶含量大于 50%，粒屑含量为 25%～50%，砂含量为 10%～25%，泥质含量为 10%～25% |
| | 砂质粒屑泥晶含灰云岩 | 砂含量为 25%～50%，基质泥晶含量大于 50%，基粒屑含量为 25%～50%，矿物成分中白云石为主 |
| | 含泥砂质粒屑泥晶云岩 | 泥质含量为 10%～25%，砂含量为 25%～35%，粒屑含量为 25%～35%，基质泥晶含量大于 50% |
| | 砂质粒屑泥晶灰质云岩 | 基质泥晶含量大于 50%，粒屑含量为 25%～50%，砂含量为 25%～50%。矿物成分白云石为主，矿物成分中方解石含量为 25%～50% |
| 含泥含砂灰岩类 | 泥质泥晶灰岩 | 泥晶结构，成分以方解石为主，泥质含量为 25%～50% |
| | 含砂粒屑泥晶云质灰岩 | 结构特征同含砂粒屑泥晶云岩，成分中方解石含量大于 50% |
| 页岩类 | 云质页岩 | 泥质结构，页理构造。白云石含量为 25%～50%，泥质含量大于 50% |
| | 灰质页岩 | 泥质结构，页理构造。方解石含量为 25%～50%，泥质含量大于 50% |
| | 碳酸盐质页岩 | 泥质结构，页理构造。（白云石 + 方解石）含量为 25%～50%，泥质含量大于 50% |
| 泥岩类 | 含砂泥岩 | 泥质为主，砂含量为 10%～25% |
| | 含云泥岩 | 泥质为主，白云石含量为 10%～25% |

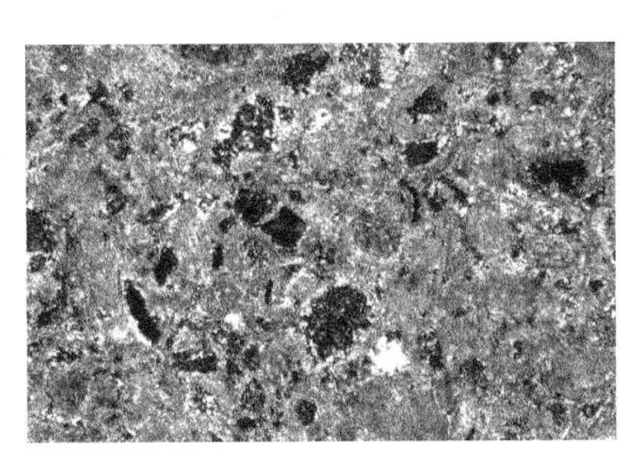

岩心常光照片　岩心荧光照片　正交偏光25×

(a) 泥晶粒屑云岩：灰黄色，灰褐色，粒屑结构，块状构造，粒屑含量大于70%，以砂屑和鲕粒为主。填隙物以泥晶白云石为主，次为泥质，局部为亮晶胶结（雷86井，1656.7m）

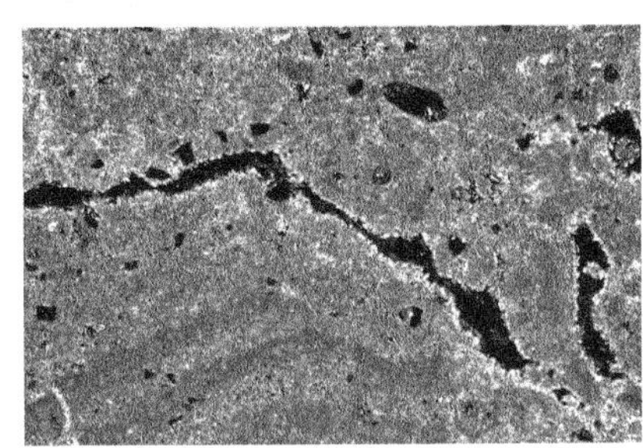

岩心常光照片　岩心荧光照片　正交偏光25×

(b) 含泥粒屑泥晶云岩：灰黄色，灰褐色，灰色，粒屑泥晶结构，块状构造。泥晶含量大于50%，粒屑含量25%～50%，以砂屑和鲕粒为主。成分以泥晶白云石为主，次为泥质和砂质（高25-21井，1882.65m）

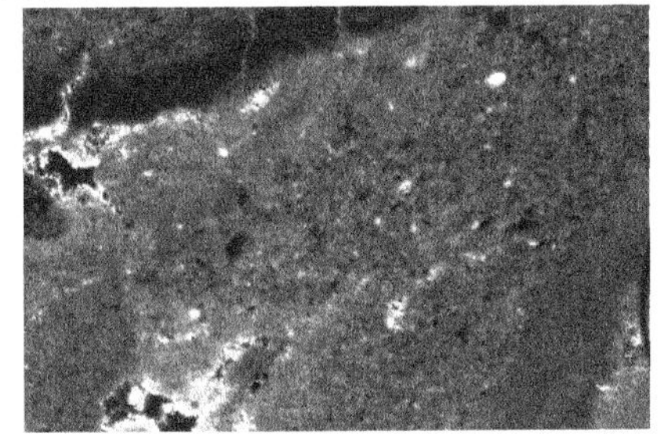

岩心常光照片　岩心荧光照片　正交偏光25×

(c) 泥质泥晶云岩：灰色，黄灰色，泥晶结构，层理构造。成分以泥晶白云石为主，次为泥质（雷36井，2683.97m）

岩心常光照片　岩心荧光照片　正交偏光25×

(d) 碳酸盐质页岩：灰色，深灰色，泥质结构，页理构造。黏土矿物含量一般大40%，次为碳酸盐及长英质细碎屑（雷36井，2688.91m）

图 3-2-5　雷家沙四段高层油层主要岩石类型图版

## 2. 杜家台油层岩石类型及特征

杜家台油层为一套由白云石、方沸石和泥质（包括细粉砂）不同程度混合形成的一套混合沉积岩，根据白云石、方沸石和泥质等混合比例的不同可以划分为不同的岩石类型，分布最广出现最多的主要储层岩石类型有4种，根据岩性可分为5大类，15种岩石类型（表3-2-6）。分布最广出现最多的主要为含泥泥晶云岩、含泥方沸石质泥晶云岩、泥质含云方沸石岩和含云方沸石质泥岩。含泥泥晶云岩薄层状，单层厚度一般5～20cm，最大2m；含泥方沸石质泥晶云岩厚层状，单层厚度2～7m，规模较大；泥质含云方沸石岩单层厚度1～3m，规模中等；含云方沸石质泥岩单层厚度1～2m，规模中等（图3-2-6）。

**表3-2-6　杜家台油层岩石类型及组成特征**

| 岩类 | 主要岩石类型 | 组成特征 |
|---|---|---|
| 泥晶云岩类 | 泥晶云岩 | 白云石为主，含量大于90%，少量黏土矿物 |
| | 含泥泥晶云岩 | 白云石含量为75%～90%；泥质含量为10%～25%，为黏土矿物和石英、长石细碎屑 |
| | 泥质泥晶云岩 | 白云石含量大于50%，小于75%；泥质含量大于25%，小于50%，为黏土矿物和石英、长石细碎屑 |
| 含泥含方沸石泥晶云岩类 | 含泥含方沸石泥晶云岩 | 白云石含量大于50%；方沸石含量为10%～25%；泥质含量为10%～25%，为黏土矿物及石英、长石细碎屑 |
| | 泥质含方沸石泥晶云岩 | 白云石含量为40%～60%；方沸石含量为10%～25%；泥质含量为25%～35%，为黏土矿物及石英、长石细碎屑 |
| | 含泥方沸石质泥晶云岩 | 白云石含量为40%～60%；方沸石含量为25%～35%；泥质含量为10%～25%，为黏土矿物及石英、长石细碎屑 |
| 含泥含云方沸石岩类 | 泥质含云方沸石岩 | 白云石含量为10%～25%；方沸石含量为40%～60%；泥质含量为25%～35%，为黏土矿物及石英、长石细碎屑 |
| | 含泥云质方沸石岩 | 白云石含量为25%～35%；方沸石含量为40%～60%；泥质含量为10%～25%，为黏土矿物及石英、长石细碎屑 |
| 含云含方沸石泥岩类 | 含方沸石云质泥岩 | 白云石含量为25%～35%；方沸石含量为10%～25%；泥质含量为40%～60%，为黏土矿物及石英、长石细碎屑 |
| | 含云方沸石质泥岩 | 白云石含量为10%～25%；方沸石含量为25%～40%；泥质含量为40%～60%，为黏土矿物及石英、长石细碎屑 |
| | 含云含方沸石泥岩 | 白云石含量为10%～25%；方沸石含量为10%～25%；泥质含量大于50%，为黏土矿物及石英、长石细碎屑 |
| 泥岩类 | 云质泥岩 | 白云石含量小于50%，大于25%；泥质大于50%，为黏土矿物和石英、长石细碎屑 |
| | 含砂泥岩 | 泥质含量大于75%，为黏土矿物及石英、长石细碎屑；大于0.01mm石英、长石含量小于25% |
| | 粉砂质泥岩 | 泥质含量大于50%，小于75%，为黏土矿物及石英、长石细碎屑；大于0.01～0.06mm石英、长石等含量为25%～50% |
| | 含云泥岩 | 白云石含量为10%～25%；泥质含量大于75%，为黏土矿物及石英、长石细粉砂 |

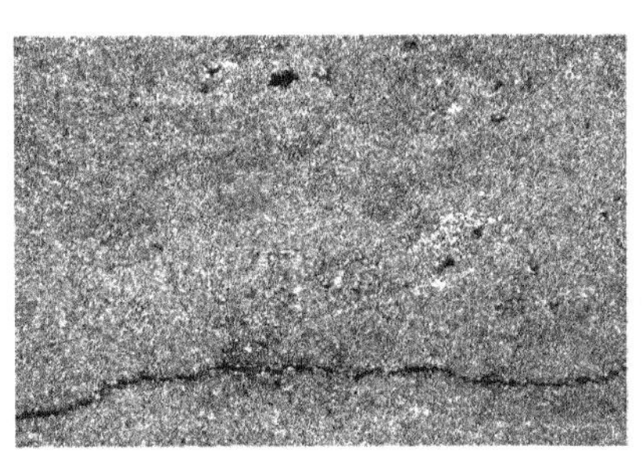

岩心常光照片　　岩心荧光照片　　正交偏光25×

(a) 含泥泥晶云岩：灰黄色，黄褐色，泥晶结构，层理构造。成分以白云石为主，含量大于70%，次为泥质。该类岩石单层厚度较薄，一般在7～20cm之间，层内收缩缝发育，裂缝与层理面近于垂直或高角度斜交（雷36井，2513.04m）

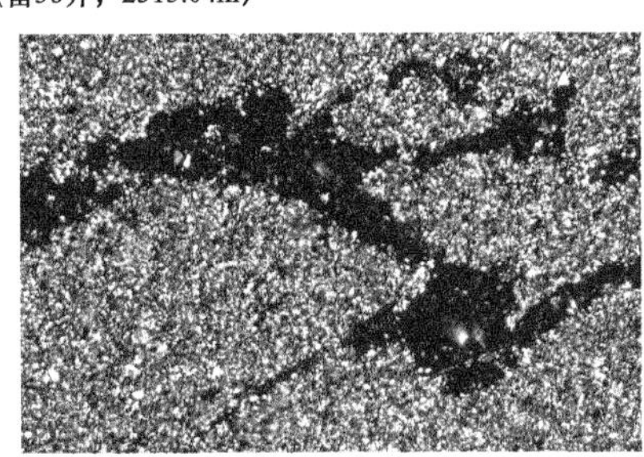

岩心常光照片　　岩心荧光照片　　正交偏光25×

(b) 含泥方沸石质泥晶云岩：黄灰色，泥晶结构，层理构造，晶粒粒径以小于0.03mm为主。矿物成分以白云石和方沸石为主，次为黏土矿物和石英、长石细碎屑（雷36井，2574.37m）

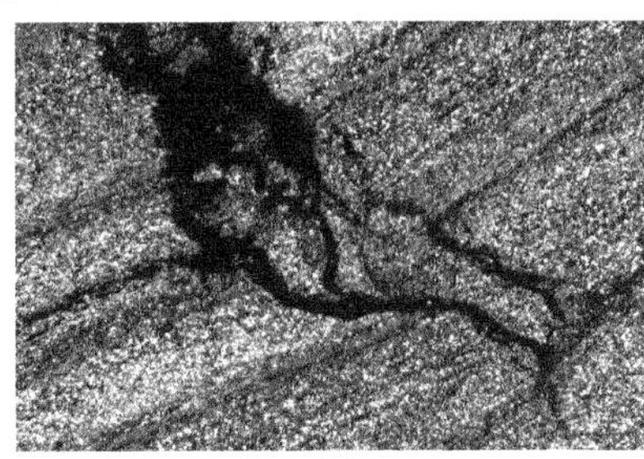

岩心常光照片　　岩心荧光照片　　正交偏光25×

(c) 泥质含云方沸石岩：灰色，泥晶结构，层理构造，晶粒粒径以小于0.03mm为主。矿物成分以方沸石为主，次为白云石、黏土矿物和石英、长石细碎屑。该类岩石硬度增大，较致密（雷57井，2382.0m）

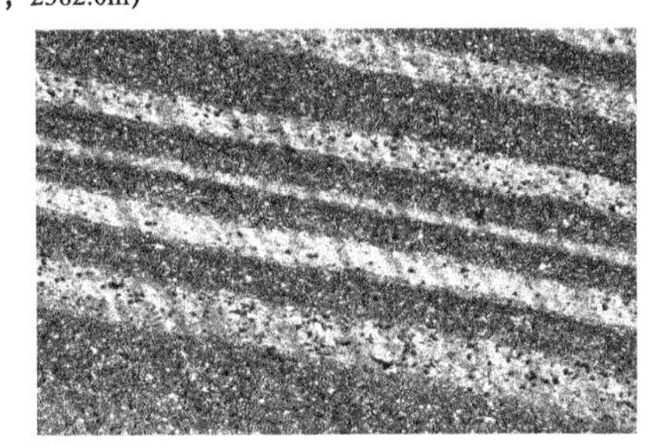

岩心常光照片　　岩心荧光照片　　正交偏光25×

(d) 含云方沸石质泥岩：深灰色，泥质结构，层理构造，晶粒粒径以小于0.03mm为主。矿物成分以泥质为主，次为方沸石和白云石。该类岩石比纯泥岩硬度大（雷57井，2347.6m）

图 3-2-6　雷家沙四段杜家台油层主要岩石类型图版

## （三）西部凹陷曙光地区沙四段页岩油储层岩性特征

通过对曙古175井、曙139井、曙112井、曙111井、曙107井、曙118井岩心观察及岩石薄片、荧光薄片及X射线衍射全岩等综合分析，认为曙光沙四段杜一、杜二页岩油储层岩性可分为泥页岩、碳酸盐岩、粉—细砂岩3大类（表3-2-7），以泥页岩和粉—细砂岩为主，少见碳酸盐岩。

**表3-2-7 曙光沙四段杜一、杜二页岩油储层主要岩石类型及特征**

<table>
<tr><th rowspan="2">岩类</th><th rowspan="2">主要岩石类型</th><th rowspan="2">组成特征</th><th colspan="5">成分含量/%</th></tr>
<tr><th>黏土总量及泥级石英、长石</th><th>粉砂级石英、长石</th><th>方解石</th><th>白云石</th><th>菱铁矿</th></tr>
<tr><td rowspan="10">泥页岩类</td><td>泥岩或页岩</td><td>黏土矿物及小于0.01mm泥级石英为主，具页理构造为页岩</td><td>≥90</td><td><10</td><td colspan="3"><10</td></tr>
<tr><td>含粉砂泥岩</td><td>黏土矿物及小于0.01mm泥级石英为主，含一定量粉砂</td><td>≥90</td><td>10～25</td><td colspan="3"><10</td></tr>
<tr><td>粉砂质泥岩</td><td>黏土矿物及小于0.01mm泥级石英为主，次为粉砂</td><td>50～75</td><td>25～50</td><td colspan="3"><10</td></tr>
<tr><td>含碳酸盐泥岩</td><td>黏土矿物及小于0.01mm泥级石英为主，次为粉砂级石英、长石，少量白云石、方解石</td><td>65～90</td><td><10</td><td colspan="3">10～25</td></tr>
<tr><td>油页岩</td><td>黏土矿物及小于0.01mm泥级石英为主，少量白云石、方解石和菱铁矿，具页理，含油</td><td>≥90</td><td><10</td><td colspan="3"><10</td></tr>
<tr><td>含碳酸盐油页岩</td><td>黏土矿物及小于0.01mm泥级石英为主，同时含泥晶白云石、方解石等</td><td>50～75</td><td><10</td><td>10～25</td><td></td><td></td></tr>
<tr><td>灰质油页岩</td><td>黏土矿物及小于0.01mm泥级石英为主，次为方解石，具页理</td><td>50～75</td><td><10</td><td>25～50</td><td></td><td></td></tr>
<tr><td>碳酸盐质油页岩</td><td>黏土矿物及小于0.01mm泥级石英为主，次为白云石、方解石等，具页理</td><td>50～75</td><td><10</td><td colspan="3">25～50</td></tr>
<tr><td>砂质油页岩</td><td>黏土矿物及小于0.01mm泥级石英为主，次为粉砂、细砂等，具页理</td><td>50～75</td><td>25～50</td><td colspan="3"><10</td></tr>
<tr><td>云质泥岩</td><td>黏土矿物及小于0.01mm泥级石英为主，次为泥晶白云石</td><td>50～75</td><td><10</td><td></td><td>25～50</td><td></td></tr>
<tr><td rowspan="3">砂岩类</td><td>极细—细粒长石砂岩</td><td>极细—细粒砂状结构，碎屑成分石英、长石为主，填隙物为少量泥质、碳酸盐</td><td><10</td><td>≥80</td><td colspan="3"><10</td></tr>
<tr><td>极细粒长石砂岩</td><td>极细粒砂状结构，碎屑成分石英、长石为主，填隙物为少量泥质、碳酸盐</td><td><10</td><td>≥80</td><td colspan="3"><10</td></tr>
<tr><td>粉砂质极细粒长石砂岩</td><td>粉砂质极细粒砂状结构，碎屑成分石英、长石为主，填隙物为少量泥质、碳酸盐</td><td><10</td><td>≥80</td><td colspan="3"><10</td></tr>
</table>

续表

<table>
<tr><th rowspan="2">岩类</th><th rowspan="2">主要岩石类型</th><th rowspan="2">组成特征</th><th colspan="5">成分含量 /%</th></tr>
<tr><th>黏土总量及泥级石英、长石</th><th>粉砂级石英、长石</th><th>方解石</th><th>白云石</th><th>菱铁矿</th></tr>
<tr><td rowspan="3">砂岩类</td><td>泥质粉砂质极细粒长石砂岩</td><td>粉砂质极细粒砂状结构，碎屑成分石英、长石为主，填隙物泥质为主</td><td>25～50</td><td>50～75</td><td colspan="3"><10</td></tr>
<tr><td>云质极细—粉砂岩</td><td>极细—粉砂状结构，碎屑成分石英、长石为主，填隙物白云石为主</td><td><10</td><td>50～75</td><td></td><td>25～50</td><td></td></tr>
<tr><td>含碳酸盐粉砂岩</td><td>粒径 0.01～0.06mm 石英、长石为主，次为黏土矿物及碳酸盐等</td><td><10</td><td>65～90</td><td colspan="3">10～25</td></tr>
<tr><td rowspan="2">碳酸盐岩类</td><td>泥质泥晶云岩</td><td>泥晶白云石为主，次为黏土矿物及泥级石英、长石</td><td>25～50</td><td><10</td><td></td><td>50～75</td><td></td></tr>
<tr><td>含泥粉晶云岩</td><td>粉晶白云石为主，次为黏土矿物及泥级石英、长石</td><td>10～25</td><td><10</td><td></td><td>65～90</td><td></td></tr>
</table>

泥页岩包括油页岩、含碳酸盐油页岩、碳酸盐质油页岩、灰质油页岩、含粉砂泥岩、含碳酸盐泥岩等，黏土矿物平均含量 25.8%，泥级长英质平均 44.8%，普遍含碳酸盐矿物（方解石、白云石和菱铁矿），平均 25.4%。粉—细砂岩分为粉砂岩、极细砂岩和细砂岩，碳酸盐含量不等，分布在2.9%～29.7%之间，平均 11.1%。碳酸盐岩主要为泥质泥晶云岩，以白云石为主，平均含量在 60% 左右，黏土矿物和泥级石英含量较高。整体上，该区主要岩石类型为含碳酸盐（或灰质）油页岩、含粉砂（或含碳酸盐）泥岩、极细砂岩、泥质泥晶云岩（图 3–2–7）。

曙光沙四段杜一、杜二页岩油储层的黏土矿物以伊蒙混层为主，含量一般在 60% 以上、平均 70.2%，伊利石次之、平均 23.2%，高岭石、绿泥石相对较少，均在 10% 以下。

### （四）陆东凹陷后河地区九佛堂组页岩油储层岩性特征

陆东凹陷后河地区发育页岩油储层，2021 年对河 21–H234 导九佛堂组油页岩发育段进行系统取心，共计 2 筒，心长 13.36m，开展页岩油储层含油性、储层品质、烃源岩品质等研究工作。通过全直径 CT 分析、岩心观察、岩石薄片、荧光薄片及 X 射线衍射全岩等综合分析，认为后河地区九佛堂组Ⅱ油组岩性可分为泥页岩、碳酸盐岩 2 大类（表 3–2–8），以泥页岩为主。

泥页岩富含有机质，包括油页岩、含碳酸盐油页岩、碳酸盐质油页岩、含碳酸盐泥岩等，黏土矿物含量高、平均含量 31.8%，泥级长英质细碎屑含量高、平均 51.8%，普遍含碳酸盐矿物（方解石、白云石和菱铁矿），平均 14.3%。碳酸盐岩主要为泥质泥晶含灰云岩，碳酸盐矿物以白云石为主、平均含量在 50.2%，次为方解石、平均含量 14.7%，菱铁矿含量较少；碳酸盐岩中黏土矿物和泥级石英含量也较高[10]。整体上，后河地区九佛堂组Ⅱ油组岩性以含碳酸盐油页岩为主，夹含碳酸盐泥岩、泥质泥晶含灰云岩（图 3–2–8）。

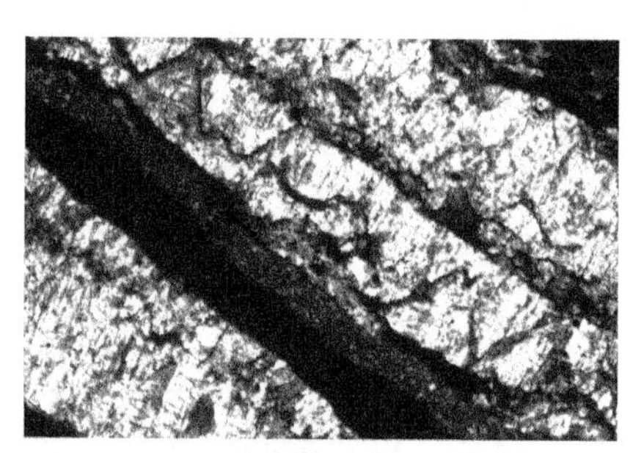

岩心常光照片　岩心荧光照片　正交偏光100×

(a) 含碳酸盐（或灰质）油页岩：黑灰色、深灰色，泥质结构，页理构造。主要成分黏土及长英质细碎屑大于50%，碳酸盐为菱铁矿、方解石和白云石。局部以方解石为主（曙112井，3095.5m）

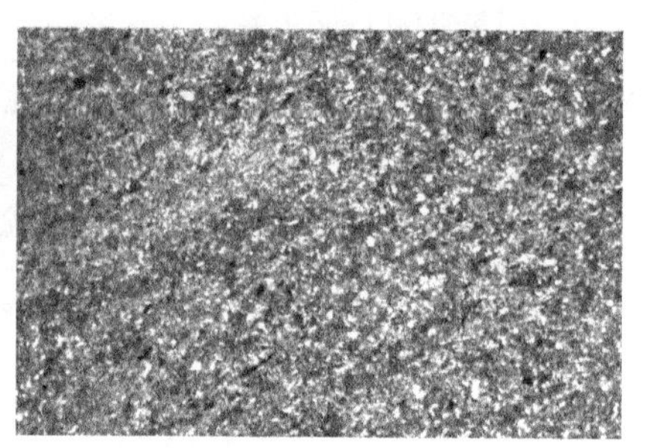

岩心常光照片　岩心荧光照片　正交偏光100×

(b) 含粉砂（或含碳酸盐）泥岩：深灰色、灰色、灰绿色、紫灰色，泥质结构，块状构造。黏土及长英质细碎屑大于50%，碳酸盐含量一般在4%～15%之间（曙118井，3287.1m）

岩心常光照片　岩心荧光照片　正交偏光100×

(c) 极细砂岩：浅灰色，黄灰色，极细砂状结构，块状构造，以石英、长石为主。填隙物以黏土矿物、碳酸盐为主（曙112井，3216.1m）

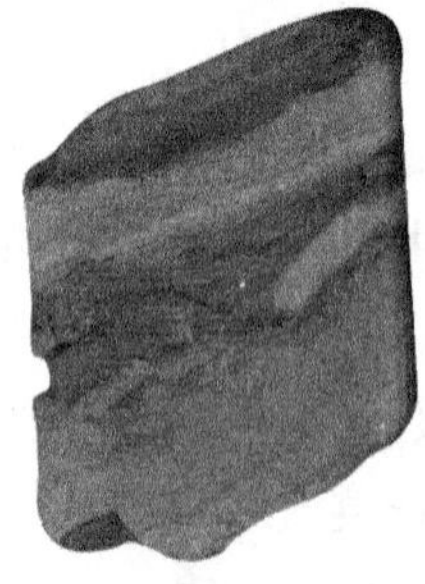
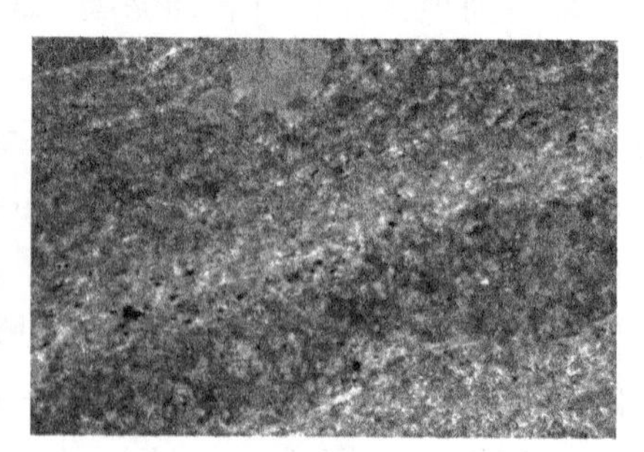

岩心常光照片　岩心荧光照片　正交偏光100×

(d) 泥质泥晶云岩：灰色，黄灰色，泥晶结构，层理构造。成分以泥晶白云石为主，次为泥质（曙139井，2588.42m）

图 3-2-7　曙光沙四段杜一、二油层主要岩石类型图版

**表 3-2-8 后河九佛堂组Ⅱ油组主要岩石类型及特征**

<table>
<tr><th rowspan="2">岩类</th><th rowspan="2">主要岩石类型</th><th rowspan="2">组成特征</th><th colspan="5">成分含量 /%</th></tr>
<tr><th>黏土总量及泥级石英、长石</th><th>粉砂级石英、长石</th><th>方解石</th><th>白云石</th><th>菱铁矿</th></tr>
<tr><td rowspan="8">泥页岩类</td><td>泥岩或页岩</td><td>黏土矿物及小于 0.01mm 泥级石英为主，具页理构造为页岩</td><td>≥90</td><td><10</td><td colspan="3"><10</td></tr>
<tr><td>含砂泥岩</td><td>黏土矿物及小于 0.01mm 泥级石英为主，含一定量粉砂</td><td>≥90</td><td>10～25</td><td colspan="3"><10</td></tr>
<tr><td>含碳酸盐粉砂质泥岩</td><td>黏土矿物及小于 0.01mm 泥级石英为主，次为粉砂级石英、长石，少量碳酸盐</td><td>40～60</td><td>25～50</td><td colspan="3">10～25</td></tr>
<tr><td>含碳酸盐含粉砂泥岩</td><td>黏土矿物及小于 0.01mm 泥级石英为主，次为粉砂级石英、长石，少量碳酸盐</td><td>50～80</td><td>10～25</td><td colspan="3">10～25</td></tr>
<tr><td>油页岩</td><td>黏土矿物及小于 0.01mm 泥级石英为主，少量碳酸盐，具页理，含油</td><td>≥90</td><td><10</td><td colspan="3"><10</td></tr>
<tr><td>含碳酸盐油页岩</td><td>黏土矿物及小于 0.01mm 泥级石英为主，同时含泥晶白云石、方解石等，具页理</td><td>65～85</td><td><10</td><td colspan="3">10～25</td></tr>
<tr><td>含碳酸盐含砂油页岩</td><td>黏土矿物及小于 0.01mm 泥级石英为主，次为石英、长石、中酸性岩屑，具页理</td><td>50～80</td><td>10～25</td><td colspan="3">10～25</td></tr>
<tr><td>碳酸盐质油页岩</td><td>黏土矿物及小于 0.01mm 泥级石英为主，次为白云石、方解石等，具页理</td><td>50～75</td><td><10</td><td colspan="3">25～50</td></tr>
<tr><td rowspan="3">碳酸盐岩类</td><td>泥质泥晶云岩</td><td>泥晶白云石为主，次为黏土矿物及泥级石英、长石</td><td>25～50</td><td><10</td><td></td><td>50～75</td><td></td></tr>
<tr><td>泥质泥晶含灰云岩</td><td>泥晶白云石为主、次为泥晶方解石、黏土矿物及泥级石英、长石</td><td>25～50</td><td><10</td><td>10～25</td><td>50～65</td><td></td></tr>
<tr><td>泥质粉—泥晶含灰云岩</td><td>泥晶白云石为主、次为粉晶白云石、黏土矿物及泥级石英、长石</td><td>25～50</td><td><10</td><td>10～25</td><td>50～65</td><td></td></tr>
</table>

后河地区九佛堂组Ⅱ油组黏土矿物以伊 / 蒙混层为主，含量一般在 60% 以上、平均 70.4%，伊利石次之、平均 27.4%，高岭石、绿泥石相对较少，一般在 3% 以下。

## 二、深层致密砂岩储层岩性特征

深层致密砂岩储层指的是埋深大于 3500m、渗透率低于 0.1mD 的砂岩储层。由于埋深较深，钻井岩心较少，目前深层致密砂岩储层主要位于西部凹陷的清水洼陷地区和东部凹陷的长滩洼陷沙三段。近几年钻探双兴 1、双 225、双 227 和牛深 2 等井也在深层获得良好油气显示，揭示了深层砂岩储层良好的勘探前景。

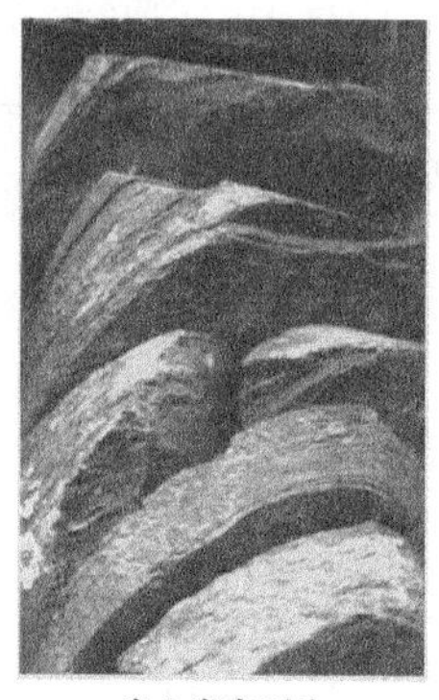
岩心常光照片

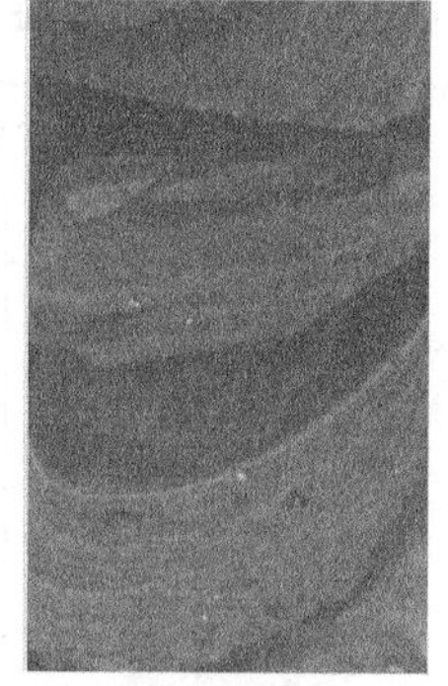
岩心荧光照片

正交偏光100×

(a) 含碳酸盐油页岩：深灰色，泥质结构，页理构造。主要成分黏土及长英质细碎屑大于50%，碳酸盐为菱铁矿、方解石和白云石（河21-H234导井，1861.23m）

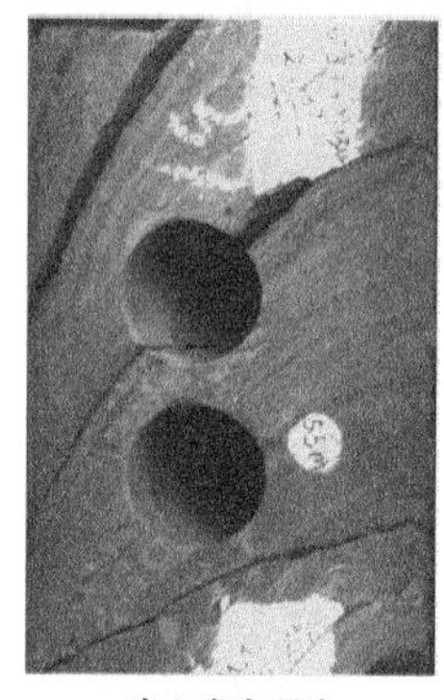
岩心常光照片

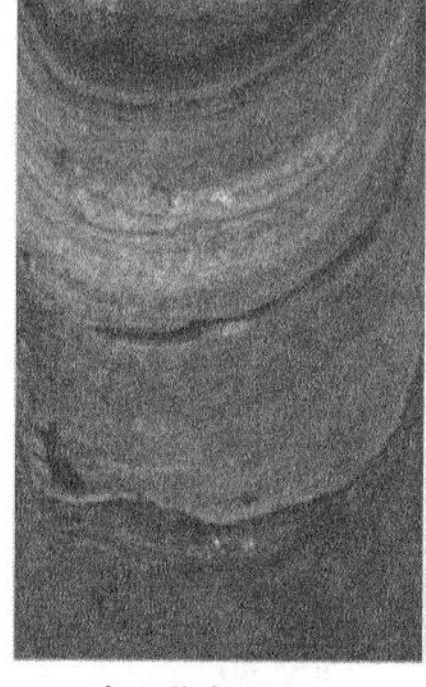
岩心荧光照片

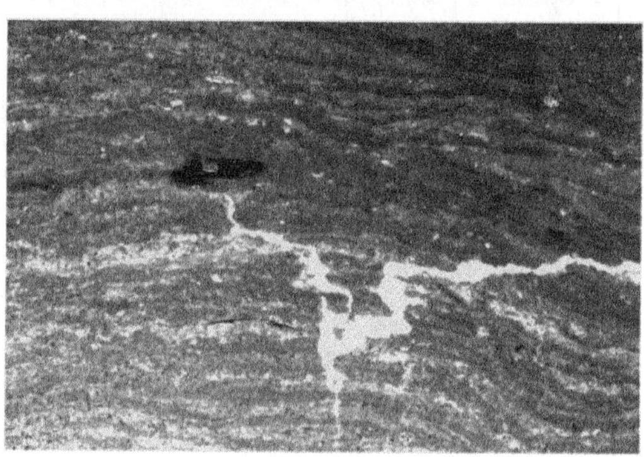
正交偏光25×

(b) 泥质泥晶云岩：黄灰色，泥晶结构，层理构造、块状构造。成分以泥晶白云石为主，次为泥质（河21-H234导井，1868.1m）

图 3-2-8　后河九佛堂组Ⅱ油组主要岩石类型图版

## （一）岩石类型

深层致密砂岩储层岩石类型相对简单：以厚层砂岩为主，夹中、薄层砂质泥岩、泥岩（图 3-2-9）。根据薄片资料统计绘制了研究区深层储层砂岩成分三角图（图 3-2-10）。从图 3-2-9 中可以看出，双台子地区深层砂岩储层以长石岩屑砂岩为主，次为岩屑长石砂岩，长石砂岩和岩屑砂岩较少，不发育石英砂岩。这也说明了本地区储层岩石成分成熟度很低，多为近源型沉积；牛居地区深层储层以岩屑长石砂岩为主，次为长石岩屑砂岩，岩石的成分成熟度也较低。

## （二）岩石结构

粒度：双台子地区深层储层岩石以粗碎屑岩为主，中砂粒级以上的储层所占比例为58.8%，由于不等粒砂岩往往以中砂以上粒级为主，综合来看，中砂粒级以上储层比例应该超过 70%；而研究区靠近盆地西部古陆物源区，沉积物搬运距离较近，是研究区深层储层粒径较大的主要原因。牛居地区深层储层岩石粒级以中砂粒级为主，其余各粒级分布相对较均匀，整体较双台子地区偏细。

岩心常光照片 岩心荧光照片 正交偏光50×

(a) 长石岩屑砂岩:灰白色，不等粒砂状结构，偶见砾石。岩屑成分以花岗质岩、中、酸性喷出岩、浅成岩为主。填隙物为泥质、方解石等。孔隙以原、次生粒间孔、粒内孔为主（双兴1井，3983.3m)

岩心常光照片 岩心荧光照片 正交偏光50×

(b) 岩屑长石砂岩：灰白色，细粒砂状结构，见部分中砂。碎屑长轴略显定向性。岩屑成分以花岗质岩、中、酸性喷出岩、浅成岩为主。填隙物为泥质、方解石等。孔隙以原生、次生粒间孔为主（双兴1井，3992.97m)

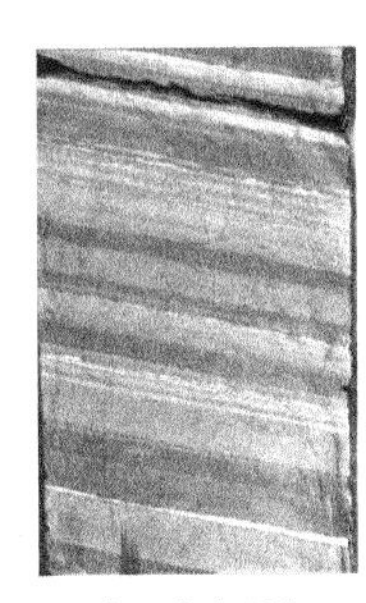
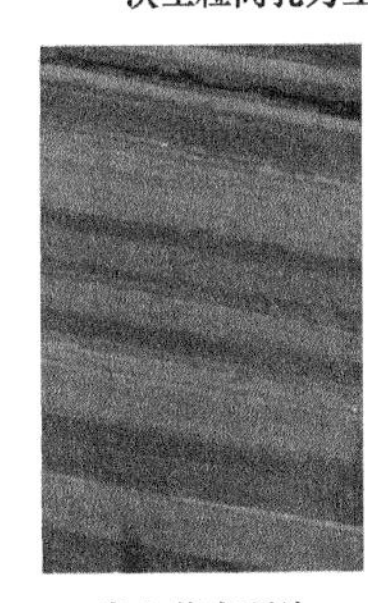
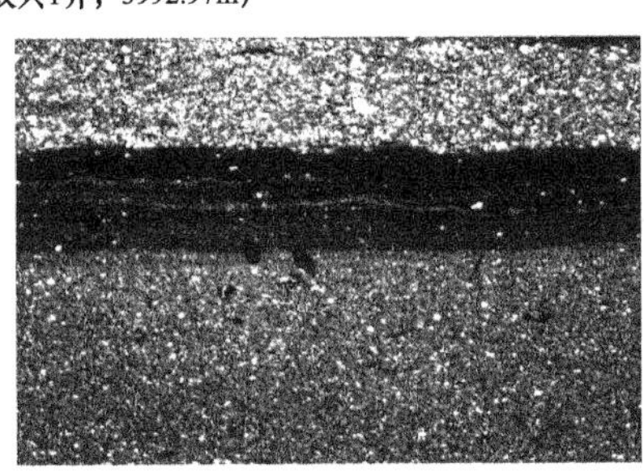

岩心常光照片 岩心荧光照片 正交偏光25×

(c) 砂质泥岩：深灰色、灰色，泥质结构，层理构造。泥质黏土矿物为主，次为粒径小于0.03mm的细碎屑。砂质局部层状富集。方解石、白云石分散分布。孔隙以成岩缝为主（双兴1井，4214.7m)

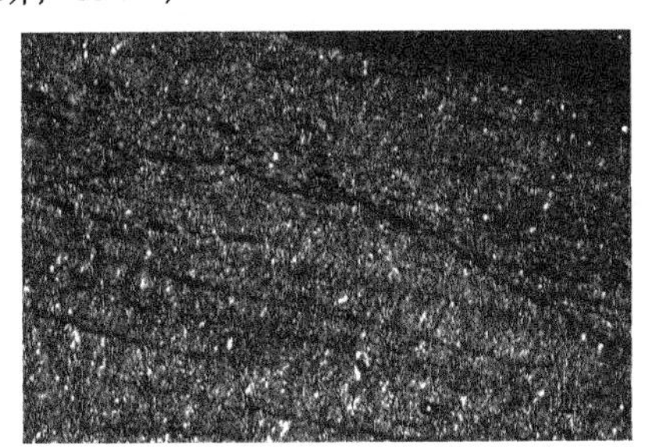

岩心常光照片 岩心荧光照片 正交偏光50×

(d) 泥岩：灰黑色，泥质结构，层理构造。泥质成分以黏土矿物为主，次为粒径小于0.03mm的细碎屑。砂质粉砂为主。方解石、白云石分散分布。见泥微晶碳酸盐。见点状铁质、条带状有机质残体（双兴1井，4860.6m)

图 3-2-9 深层致密砂岩主要岩石类型图版

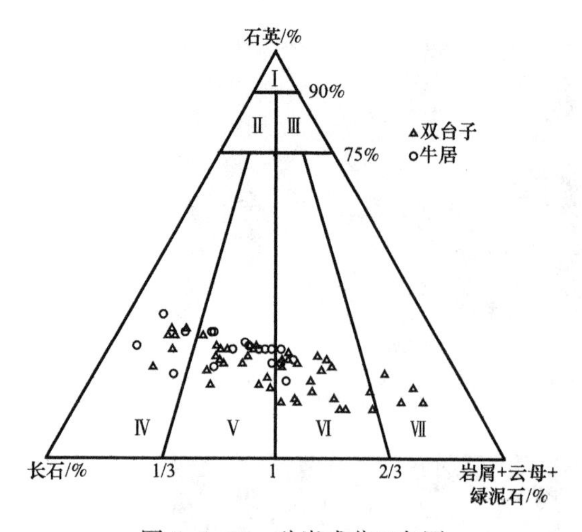


图 3-2-10　砂岩成分三角图

Ⅰ—石英砂岩；Ⅱ—长石石英砂岩；Ⅲ—岩屑石英砂岩；Ⅳ—长石砂岩；Ⅴ—岩屑长石砂岩；Ⅵ—长石岩屑砂岩；Ⅶ—岩屑砂岩

分选和磨圆：双台子地区深层储层绝大多数都具有中等—差的分选性。岩石的磨圆度以次圆、次棱—次圆为主，分别占样品总数的 46% 和 25%，构成了储层砂岩骨架颗粒的主体。牛居地区多数为中等—好的分选性。岩石的磨圆度以圆—次圆、次圆为主对比来看，牛居地区岩石结构成熟度相对较高，分选性和磨圆度都要好于双台子地区。

颗粒的接触关系：深层砂岩储层的颗粒接触关系主要为线接触和点—线接触。这主要是储层埋深较大，压实作用强的原因。

胶结类型及支撑性质：薄片下深层储层岩石可见的胶结类型有孔隙型、接触型、连晶型等，其中以孔隙型胶结最为普遍，在双台子地区占样品总数的 94%，牛居地区 92%。接触型、连晶型在双台子地区分别占 5% 和 1%，牛居地区均占 4%。连晶型胶结主要为铁方解石胶结。颗粒的支撑性质主要为颗粒支撑。

## （三）岩石骨架成分及特征

通过普通薄片、阴极发光薄片的鉴定及统计，结果表明双台子地区深层储层岩石骨架成分主要有：石英、长石、岩屑。其中，岩屑成分类型多（表 3-2-9），代表了不同物源类型，对成分成熟度和结构成熟度有着较大的影响。部分地区存在含量不高的火山碎屑和内碎屑，其中，内碎屑主要为砂屑和鲕粒。

**表 3-2-9　岩屑种类及其特征统计表**

| 岩屑种类 | 相对含量 | 主要成分 | 物源 | 形成条件 | 对成分、结构成熟度影响 |
|---|---|---|---|---|---|
| 花岗质岩岩屑 | 高 | 石英、斜长石、钾长石、黑云母 | 太古界变质岩，花岗岩 | 各种沉积条件 | 好 |
| 酸性喷出岩、浅成岩岩屑 | 高 | 石英、长石 | 中生界岩浆岩 | 各种沉积条件 | 中等—差 |
| 石英岩岩屑 | 中等 | 石英 | 太古界变质岩 | 各种沉积条件 | 好 |
| 动力变质岩岩屑 | 中等—少 | 石英、长石 | 太古界变质岩 | 各种沉积条件 | 好—中等 |
| 中性喷出岩、中性浅成岩 | 中等—少 | 长石、暗色矿物 | 中生界岩浆岩 | 近物源快速沉积 | 差 |
| 碳酸盐岩、硅质岩 | 少 | 白云石、方解石、硅质 | 中上元古界、古生界碳酸盐岩、硅质岩 | 近物源快速沉积 | 中等 |
| 砂岩、泥岩 | 少 | 石英、长石、岩屑、泥质 | 古生界、中生界碎屑岩 | 近物源快速沉积 | 差 |

续表

| 岩屑种类 | 相对含量 | 主要成分 | 物源 | 形成条件 | 对成分、结构成熟度影响 |
| --- | --- | --- | --- | --- | --- |
| 单晶碳酸盐 | 少 | 方解石 | 各地层中裂缝充填物，结晶好的碳酸盐 | 近物源快速沉积 | 中等 |
| 云母片 | 少 | 黑云母 | 太古界变质岩 | 近物源快速沉积 | 差 |
| 盆内碎屑 | 少 | 方解石、白云石 | 中上元古界、古生界碳酸盐岩、硅质岩 | 滨浅湖、二次沉积 | 好 |

### （四）填隙物成分及特征

深层砂岩储层填隙物成分有两大类，即杂基和胶结物。杂基成分主要为物源区风化而产生的泥质，单偏光下呈现“脏”的特征。

深层砂岩的胶结物主要为碳酸盐和自生黏土矿物，其次为硅质胶结物和长石胶结物，另外可见少量沸石类矿物、黄铁矿、天青石等；碳酸盐矿物主要为含铁方解石和含铁白云石，成因主要与晚期黏土矿物演化有关，对储层物性带来巨大的负面作用；自生黏土矿物主要包括伊蒙混层黏土、伊利石、高岭石和绿泥石，伊蒙混层含量高是其重要特征，高岭石主要存在于3600m以浅，3600m以下时高岭石的相对含量普遍低于10%，甚至消失。硅质胶结物包括石英自生加大和石英微晶，黏土矿物演化和长石溶解提供的硅是研究区致密砂岩硅质胶结物的主要来源[8]。

# 第三节　非常规油气储层储集空间类型及物性特征

储集空间按大小、形态一般分为孔隙、溶洞和裂缝三类。孔隙是指岩石颗粒内或粒间的孔隙，或者矿物晶间、有机质空腔内等的孔隙；溶洞是溶解作用扩大了的孔隙，直径一般大于2mm；裂缝是伸长状的储集空间，长宽比一般大于10∶1。一般来说，孔隙和溶洞是主要的储集空间，在一定程度上也起通道作用；裂缝是主要的渗流通道，也具有一定的储集能力。

非常规油气储层由于岩石类型复杂，不同的岩石类型因成因不同，造成储集空间类型也多样化[3]。

## 一、页岩油储集空间类型及物性特征

页岩油储层岩石可分为泥页岩、碳酸盐岩、砂岩。砂岩储层空间类型以孔隙为主。泥页岩、碳酸盐岩由于颗粒细小，矿物成分类型多，储集空间类型也较复杂。研究认为页岩并非铁板一块，实则“千疮百孔”，Roger Setal提出了页岩微储层（纳米级孔隙）的概念。页岩中看似孤立单一的孔隙，其实是由平直、狭小的喉道连接，孔隙具有复杂的内部结构和多孔隙复合的特征，页岩在保证具有丰富有机质的同时，其组分中脆性矿物含量需相对较高才有利于裂缝的形成。黏土矿物晶间孔和有机孔、碳酸盐的溶孔（溶蚀作用）的发育程度是形成孔隙型页岩储层的关键[9]。

碳酸盐岩储集空间通常分为孔隙、溶洞和裂缝三类。孔隙是指岩石结构组分粒内或粒间的孔隙，形状近于等轴状，与碎屑岩中的孔隙相似；溶洞是溶解作用扩大了的孔隙，直径一般大于2mm，孔隙和溶洞又合称为孔洞；裂缝是伸长状的储集空间，长宽比一般大于10：1。一般来说，孔隙和溶洞是主要的储集空间，在一定程度上也起通道作用；裂缝是主要的渗流通道，也具有一定的储集能力。碳酸盐岩储集空间的形成过程是一个复杂而长期的过程，它贯穿在整个沉积过程及其以后的各个地质历史时期。除了受沉积环境的控制外，地下热动力场、地下或地表水化学场、构造应力场等因素均对碳酸盐岩储集空间的形成和发展有巨大的影响。由于碳酸盐岩的特殊性（易溶性和不稳定性），使碳酸盐岩的储集空间的演化相当复杂，孔隙类型多样，变化快，往往在同一储层内存在着多种类型的孔隙，各种孔隙又往往经受几种因素的作用和改造。因此，对碳酸盐岩储集空间分类时，既要考虑它的成因，又要考虑它在整个地质历史过程中的改造和变化。

## （一）大民屯凹陷沙四段页岩油储集空间类型及物性特征

大民屯凹陷沙四段主要为泥页岩类、碳酸盐岩类。根据岩心观察、铸体薄片鉴定、扫描电镜分析以及毛细管压力曲线特征等数据，我们总结了不同岩石类型储集空间特征，泥页岩类主要储集空间类型为晶间孔、有机孔，成岩构造缝、收缩缝等。由于碳酸盐岩的特殊性（易溶性和不稳定性），其主要储集空间为晶间孔、溶孔，构造缝和溶蚀缝等（表3-3-1和图3-3-1）。

表3-3-1　大民屯凹陷沙四段储集空间类型

| 储集空间类型 | | | 主要发育岩类 | 成因 | 发育程度 |
|---|---|---|---|---|---|
| 孔隙型 | 微孔、纳米孔 | 晶间孔 | 泥页岩、含碳酸岩泥页岩等 | 机械成因 | 普遍 |
| | | 有机孔 | 泥页岩、含碳酸岩泥页岩等 | 有机成因 | 常见 |
| | 溶孔 | | 泥质泥晶云岩、粉砂岩等 | 化学成因 | 局部可见 |
| | 粒间孔 | | 含泥泥晶粒屑云岩 | 机械成因 | 发育 |
| 裂缝型 | 成岩构造缝 | | 泥页岩、含碳酸岩泥页岩等 | 机械、构造成因 | 发育 |
| | 收缩缝 | | 泥页岩、含碳酸岩泥页岩等 | 物理成因 | 发育 |
| | 构造缝 | | 泥质泥晶云岩、含碳酸盐泥页岩等 | 构造成因 | 少见 |
| | 溶蚀缝 | | 泥质泥晶云岩 | 化学成因 | 少见 |

通过压汞法和气体吸附法联测分析微纳米孔隙结构特征[8]，以中孔、微孔为主，少量大孔。泥质泥晶云岩孔隙分布较均匀，以孔隙直径小于500nm的孔为主、占98%以

上，其中孔隙直径小于100nm的占75%左右；孔隙直径略现“二个峰”，第一个主峰为2～30nm、占50.3%，次峰50～100nm、占13.3%。含碳酸盐油页岩中孔隙直径在小于2nm到大于5000nm均有分布，孔隙直径小于500nm的占86.7%，小于100nm的占70%左右；孔隙直径呈现“三个峰”，第一个主峰为5～30nm、占46.7%，次峰为30～200nm、占30.7%，第三个峰为1000～3000nm、占5.5%。白云质泥岩孔隙分布不均匀，孔隙直径小于100nm的占90%以上；孔隙直径以小于15nm为主[6]。说明中间这段岩性（岩性主要为白云质泥岩、泥质泥晶云岩）孔隙直径小，所以油气主要以自生自储的方式集中在上下两段（岩性主要为含碳酸盐油页岩）中（图3-3-2）。

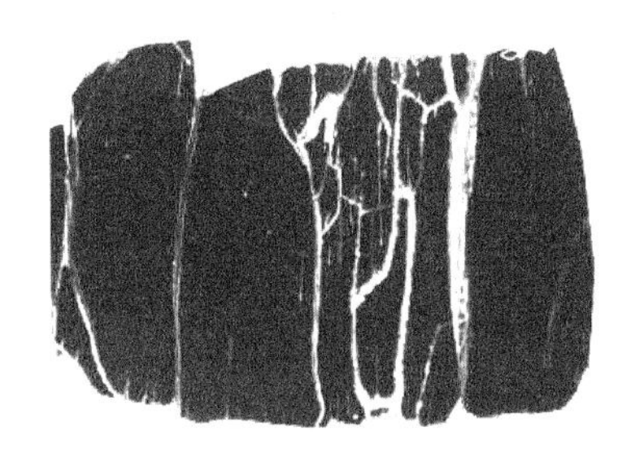

(a) 页理缝，含碳酸盐油页岩
（沈352井，3280.3m，岩心荧光照片）

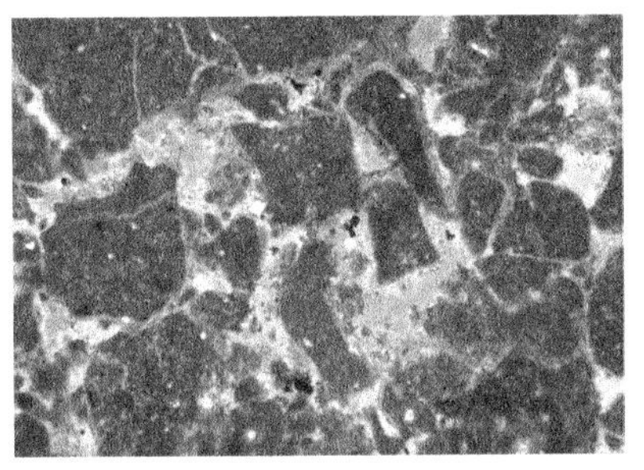

(b) 粒间孔及溶孔，泥质泥晶粒屑云岩
（沈352井，3328m，单偏光100×）

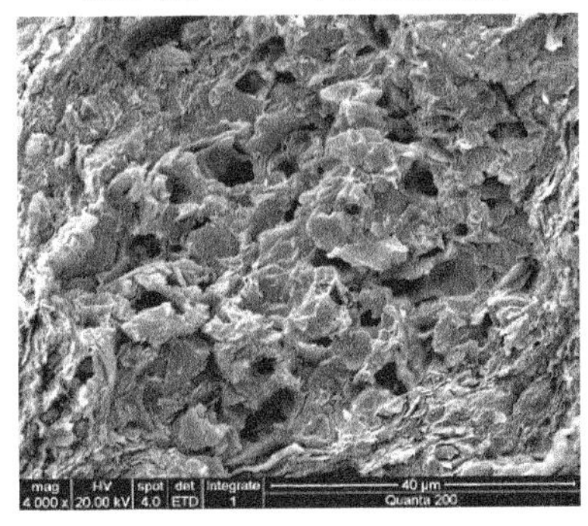


(c) 晶间孔及溶孔，含碳酸盐油页岩
（沈352井，3001.67m，4000×）

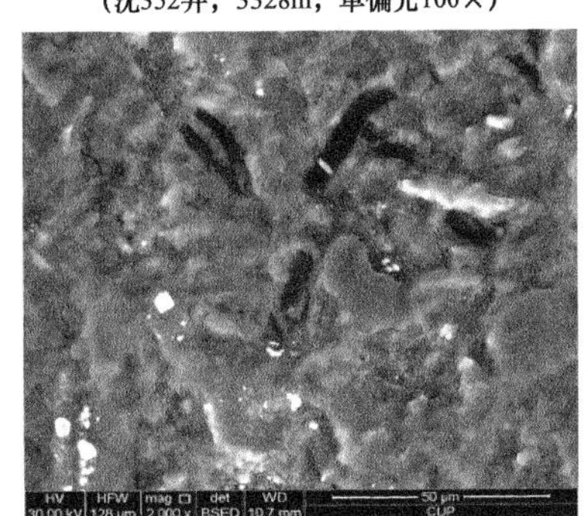


(d) 有机质孔，含生屑泥岩
（沈352井，3326.14m，2000×）

图3-3-1　大民屯沙四段页岩油储层孔隙类型

采用常规岩心分析、核磁分析和脉冲法渗透率测定等多种方法，对大民屯凹陷沈352井沙四段页岩油储层物性特征进行了分析。常规岩心分析422块，该区以低孔—特低孔、低渗透—特低渗透储层为主。物性由好变差的顺序为：含泥泥晶粒屑云岩、含碳酸盐油页岩、泥质泥晶云岩、云质泥岩。含泥泥晶粒屑云岩储集空间以粒间孔为主，孔隙度一般较大，孔隙度在4%～7%之间，占60%左右，大于12%的占40%左右；渗透率小于50mD为主，为低孔、中孔，中渗透、低渗透储层。含碳酸盐油页岩储集空间为裂缝和孔隙型组合，煤油法物性分析孔隙度在1%～7%之间，主要分布在2%～4%之间；渗透率在0.01～50mD之间；酒精法孔隙度分析和脉冲法渗透率分析，孔隙度主要分布在5%～8%之间，渗透率小于1mD为主；核磁法测得孔隙度主要分布在6%～15%之间；该类岩性

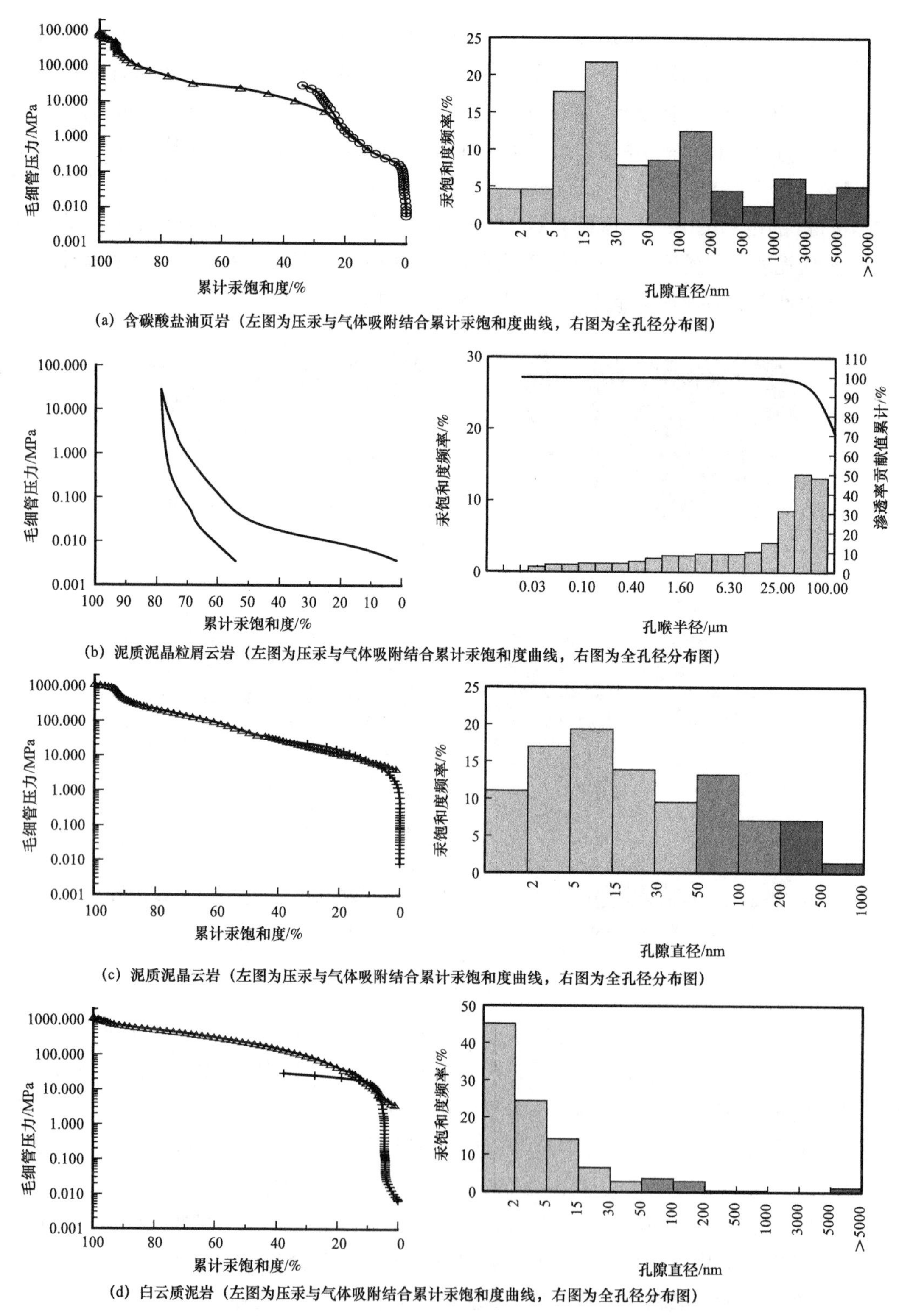


图 3-3-2 大民屯沙四段页岩油压汞法与气体吸附法结合全孔径分布特征（沈 352 井）

物性分析孔隙度相对较低，渗透率相对较高的原因是，由于油页岩是烃源岩，有些有机质在洗油过程中并不能完全洗掉，使孔隙度测试结果偏低，渗透率较高是因为油页岩页理缝发育。泥质泥晶云岩和云质泥岩（灰绿色）酒精法孔隙度分析和脉冲法渗透率分析，孔隙度主要分布在5%～9%之间，渗透率小于1mD占70%以上，而且有些样品渗透率小于0.001mD，为特低孔、低孔，特低渗储层；该类岩性常规岩心物性分析孔隙度较含碳酸盐油页岩略高，但核磁法测得孔隙度、渗透率明显低于含碳酸盐油页岩，原因是岩石本身不能生油，靠后期油气运移，但通过核磁和微孔隙分析还发现，该类岩性含油性差，主要原因是小于15nm的孔隙占70%以上，导致油气无法进入微孔隙，只能进入裂缝，由于不受样品洗油影响，故常规岩心分析孔隙度较油页岩略高，核磁法孔隙度较含碳酸盐油页岩低，由于孔隙小和裂缝不发育故渗透率较低。

常规岩心、核磁和酒精法孔隙度+脉冲法渗透率三种方法结果分析：由于酒精分子直径小，可以进入更小的孔隙，因此，分析结果较煤油法略高。核磁法测得孔隙度高的原因是核磁测得的是被烃类物质占据的孔隙空间，因此，孔隙度较高。

### （二）西部凹陷雷家地区沙四段页岩油储层储集空间类型及物性特征

雷家地区沙四段页岩油储集空间类型分为孔隙型和裂缝型两大类，根据孔隙的形成时间和成因，孔隙型分为原生孔隙和次生孔隙；裂缝包括构造缝、溶蚀缝、成岩缝，少量压溶缝。具体分类及特征（表3-3-2和图3-3-3）。

原生孔隙：主要为粒间孔和微纳米孔（晶间孔），少量粒内孔，主要为粒屑内孔隙，且大部分被溶蚀。粒间孔主要是指粒屑碳酸盐岩粒屑之间未被基质填隙物和胶结物充填的孔隙。粒间孔隙只有在粒屑含量很高（一般大于50%）形成颗粒支撑格架时才能出现。粒间孔的发育程度与粒屑的含量、大小、形成、分选程度以及粒屑的堆积方式、胶结物含量等因素密切相关，而它能否得以保存还取决于沉积后的地质历史时期亮晶方解石或其他可溶矿物的充填程度，粒间孔是粒屑碳酸盐岩常具有的孔隙，是碳酸盐岩储层的主要孔隙类型之一。晶间孔是指碳酸盐岩矿物晶体之间的孔隙，一般呈棱角状，其孔隙大小除与晶粒大小及其均匀性有关外，还受排列方式的影响；晶间孔隙一般以粉晶、细晶、排列又不均匀者孔隙较发育，主要发育在白云石、黏土矿物晶间的孔隙。粒内孔是指组成碳酸盐岩的各种颗粒内部的孔隙，如骨屑、团块、内碎屑、鲕粒等颗粒内部的孔隙，生物灰岩常具有这种孔隙，本区主要为粒屑内孔隙。

次生孔洞：是碳酸盐岩储层重要的储集空间，在研究区主要以溶蚀孔为主，溶蚀孔隙简称溶孔，是指碳酸盐矿物或伴生的其他易溶矿物被地下水、地表水溶解后形成的孔隙。溶解作用在沉积过程中就开始了，它可以一直延续到成岩以后，直到表生作用阶段。一般来说，在近岸浅水地带沉积物暴露在水面以上时或在不整合面下的岩石岩溶带溶蚀作用最为活跃，溶蚀孔隙发育。本区溶孔发育，主要有粒内溶孔、铸模孔、矿物溶孔、基质溶孔，见少量溶洞。

**表 3-3-2　雷家地区储集空间类型**

<table>
<tr><th colspan="4">储集空间类型</th><th>主要发育岩性</th><th>成因</th><th>特点</th><th>发育层段</th><th>发育程度</th></tr>
<tr><td rowspan="6">孔隙型</td><td rowspan="2">原生孔隙</td><td colspan="2">粒间孔</td><td>泥晶粒屑云岩，含泥含砂粒屑泥晶云岩</td><td>机械成因</td><td>颗粒点、线接触</td><td>高升</td><td>常见</td></tr>
<tr><td colspan="2">晶间孔（微孔）</td><td>含泥泥晶云岩，泥质白云岩，白云质泥岩</td><td>物理、化学成因</td><td>白云石晶体间孔隙或黏土矿物晶间微孔</td><td>杜家台、高升</td><td>常见</td></tr>
<tr><td rowspan="4">次生孔隙</td><td rowspan="2">颗粒溶孔</td><td>粒内溶孔</td><td>泥晶粒屑云岩</td><td>化学成因</td><td>砂屑、砾屑、鲕粒、长石碎屑等发生溶蚀，具有颗粒外形</td><td>高升</td><td>常见</td></tr>
<tr><td>铸模孔</td><td>泥晶粒屑云岩</td><td>化学成因</td><td>具有颗粒外形</td><td>高升</td><td>不发育</td></tr>
<tr><td colspan="2">矿物溶孔</td><td>含泥方沸石质泥晶云岩</td><td>化学成因</td><td>石膏、白云石等</td><td>杜家台</td><td>常见</td></tr>
<tr><td colspan="2">基质溶孔</td><td>含泥泥晶云岩</td><td>化学成因</td><td>颗粒间物质或白云石晶粒溶蚀</td><td>杜家台、高升</td><td>局部可见</td></tr>
<tr><td rowspan="3" colspan="2">裂缝型</td><td colspan="2">构造缝</td><td>含泥方沸石质泥晶云岩、泥质方沸石岩</td><td>构造成因</td><td>直，具一定角度</td><td>杜家台</td><td>不发育</td></tr>
<tr><td colspan="2">溶蚀缝</td><td>含泥泥晶云岩，含泥方沸石质泥晶云岩</td><td>化学成因</td><td>裂缝部分溶蚀扩大</td><td>杜家台</td><td>局部可见</td></tr>
<tr><td>成岩缝</td><td>收缩缝</td><td>泥质泥晶云岩，云质页岩、云质泥岩</td><td>物理、化学成因</td><td>平直或成锯齿状</td><td>杜家台、高升</td><td>常见</td></tr>
</table>

裂缝：碳酸盐岩性脆，易破碎，裂缝发育是一种常见的地质现象，碳酸盐岩中的裂缝既是储集空间又是渗流通道。构造缝是指在构造应力作用下，岩石发生破裂而形成的裂缝；本区构造裂缝主要发生在方沸石白云岩和方沸石岩中，纯白云岩由于层较薄在成岩中就开始收缩破碎，在随后的构造应力作用下更加破碎，已不再好划分成因。溶蚀缝它是指古风化壳由于地表水淋滤和地下水渗滤溶蚀所形成的或所改造的裂缝，此类裂缝大小不一，形状不规则，缝隙边缘具有明显的氧化晕圈，连通性不定；本区溶蚀裂缝相对较发育，多为地下水渗滤溶蚀。成岩缝是指沉积物在石化过程中被压实、失水收缩或重结晶等情况下形成的一些裂缝；成岩裂缝一般受层理限制，不穿层，多数平行于层面，也有垂直层面的，裂缝面有时弯曲，形状不规则，有时有分叉现象；本区成岩缝主要发育在泥质泥晶云岩、云质泥岩、云质页岩等岩性中。压溶缝是成分不太均一的碳酸盐岩，在上覆地层静压力作用下，富含二氧化碳的地下水沿裂缝或层理流动，发生选择性溶解而形成的裂缝，常见的是缝合线，缝合线中常残留有许多泥质和沥青，其作为油气储集空间意义不大，但对油气的渗滤有一定的作用[9]。

本区储层岩性以碳酸盐岩为主，为了进一步了解孔隙结构特征，采用铸体薄片图像分析和毛细管压力曲线测定的方法对其储层储集空间特征进行分析。碳酸盐岩岩石类型主要

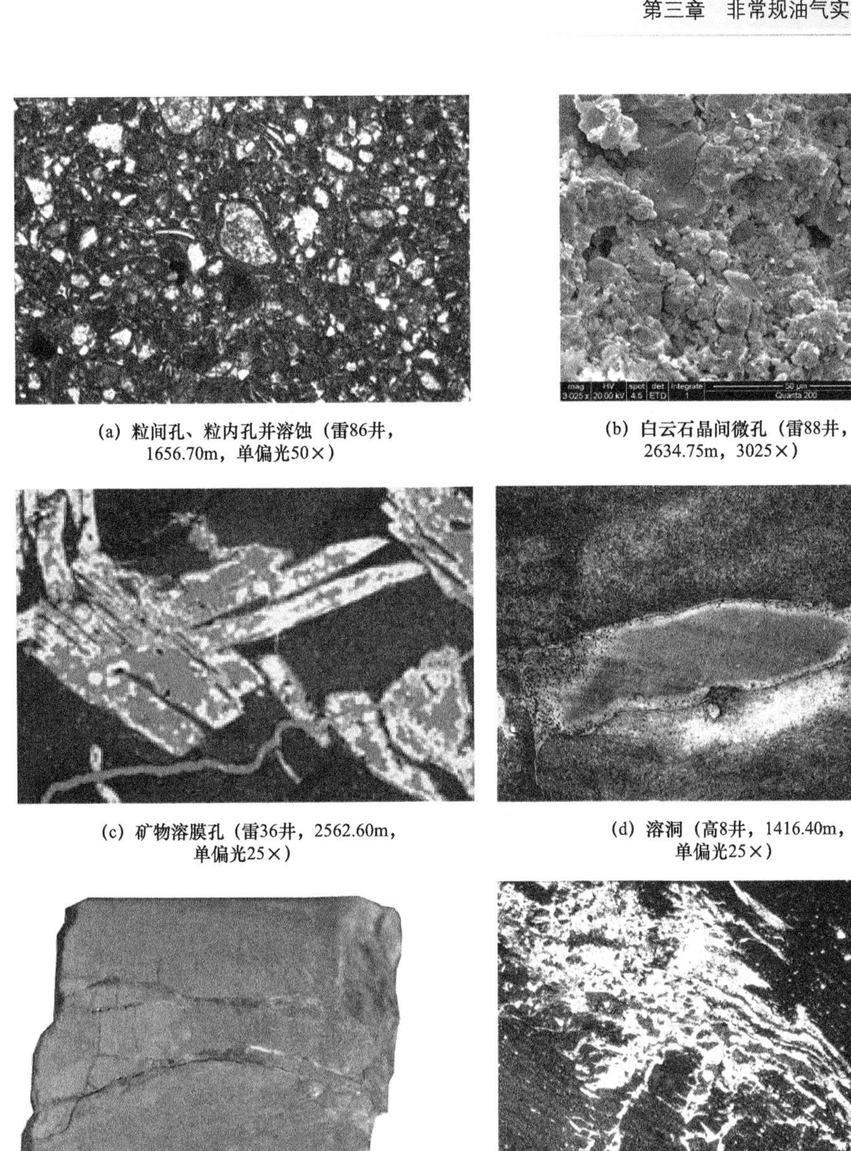

(a) 粒间孔、粒内孔并溶蚀（雷86井，1656.70m，单偏光50×）

(b) 白云石晶间微孔（雷88井，2634.75m，3025×）

(c) 矿物溶膜孔（雷36井，2562.60m，单偏光25×）

(d) 溶洞（高8井，1416.40m，单偏光25×）

(e) 构造裂缝（雷88井，2602.00m，岩心照片）

(f) 溶蚀孔及溶蚀缝（雷88-59-85井，3501.9m，单偏光25×）

(g) 成岩缝（雷36井，2671.90m，单偏光25×）

(h) 压溶缝有机质和泥质充填（雷84井，2652.20m，单偏光50×）

图 3-3-3　雷家沙四段页岩油储层孔隙类型

为粒屑结构的岩石和泥晶结构的岩石，对于粒屑结构的岩石主要储集空间类型为孔隙型，对于泥晶结构的岩石主要储集空间为裂缝和孔隙同时存在。主要岩类孔隙结构特征进行分析，泥晶粒屑云岩储集空间类型主要为孔隙型，面孔率为 0.82%～10.93%；含泥泥晶云岩储集空间类型孔隙和裂缝型，裂隙率为 0.84%～1.58%，面孔率为 1.14%～2.21%；含泥含方沸石泥晶云岩（包括泥质含方沸石泥晶云岩等）储集空间类型为孔隙和裂缝型，裂隙率为 0.33%～4.29%，面孔率为 0.3%～4.71%。

泥晶粒屑云岩没有进行毛细管压力曲线测定，泥晶碳酸盐岩（包括含泥泥晶云岩、含泥方沸石质泥晶云岩、泥质含方沸石泥晶云岩等）实测毛细管压力曲线大致可分为三种类型。Ⅰ类：实测毛细管压力曲线先倾斜再高起，孔喉半径分布 0.025～88.401μm 之间。排驱压力为 0.003～0.097MPa，最大压力下汞饱和度为 59.90%～96.06%，最大孔喉半径为 3.532～224.238μm，孔喉半径平均值为 0.514～26.354μm，退汞效率为 28.64%～32.98%。铸体薄片镜下观察微裂缝、溶孔同时存在，孔隙分选性较好。综合分析储集空间组合类型为微裂缝 + 破碎粒间孔 + 溶孔型。Ⅱ类：实测毛细管压力曲线呈对角线状或先倾斜后直起，孔喉半径为 0.0371～52.80μm。排驱压力为 0.014～0.090MPa，最大压力下汞饱和度为37.51%～58.23%，最大孔喉半径为8.140～52.80μm，孔喉半径平均值为1.11～18.65μm，退汞效率为 3.39%～7.93%。孔隙分选性差，储集空间类型为微裂缝或溶孔 + 微孔型。Ⅲ类：实测毛细管压力曲线远离横轴近于直立，孔喉半径主要为 0.0371～1.412μm。排驱压力范围为 0.521～11.887MPa，最大压力下汞饱和度为 35.20%～35.39%，最大孔喉半径为 0.062～1.412μm，孔喉半径平均值为 0.035～0.176μm，退汞效率为 13.28%～27.98%。储集空间组合类型为显微裂缝 + 微孔型（图 3–3–4）。

研究区域共进行了 96 块物性样品分析，泥晶粒屑云岩由于储集空间以粒间孔为主，因此，孔隙度一般较大，为 16.3%～29.1%，渗透率小于 10mD 为主。泥晶碳酸盐岩类储集空间为裂缝和孔隙型组合，孔隙度为 0.5%～13.2%，渗透率小于 1mD 为主，但裂缝发育处渗透率较大。为了进一步评价各类岩性的物性特征，优选优势岩性序列，分别对杜家台油层和高升油层不同岩性进行了物性分析，杜家台含泥泥晶云岩孔隙度以 4%～12% 为主、次为小于 4%，渗透率以小于 1mD 为主、少量大于 10mD，为低孔、特低孔、特低渗透、中渗透储层为主；含泥方沸石质泥晶云岩以低孔、特低孔、低渗透、特低渗透为主，部分为中孔、中渗透；含云方沸石质泥岩孔隙度以小于 4% 为主、次为 4%～12%，渗透率以小于 10mD 为主，为低孔、特低孔、特低渗透为主。泥质含云方沸石岩孔隙度以 4%～12%、小于 4% 为主，渗透率均小于 1mD，为低孔、特低孔、特低渗透储层。高升油层泥晶粒屑云岩孔隙度以大于 20% 为主、次为 12%～20%，渗透率以 1～10mD、小于 1mD 为主、次为 10～100mD，为中高孔、中低渗透储层为主；含泥含砂粒屑泥晶云岩孔隙度以 12%～20% 为主、次为 20%，渗透率以小于 1mD 为主、次为 1～10mD，为中高孔，低渗透、特低渗透储层为主；泥质泥晶云岩隙度以 4%～12% 为主、次为 12%～20%，渗透率以小于 1mD 为主、次为 1～10mD、10～100mD，为中孔，低渗透、特低渗透储层为主。

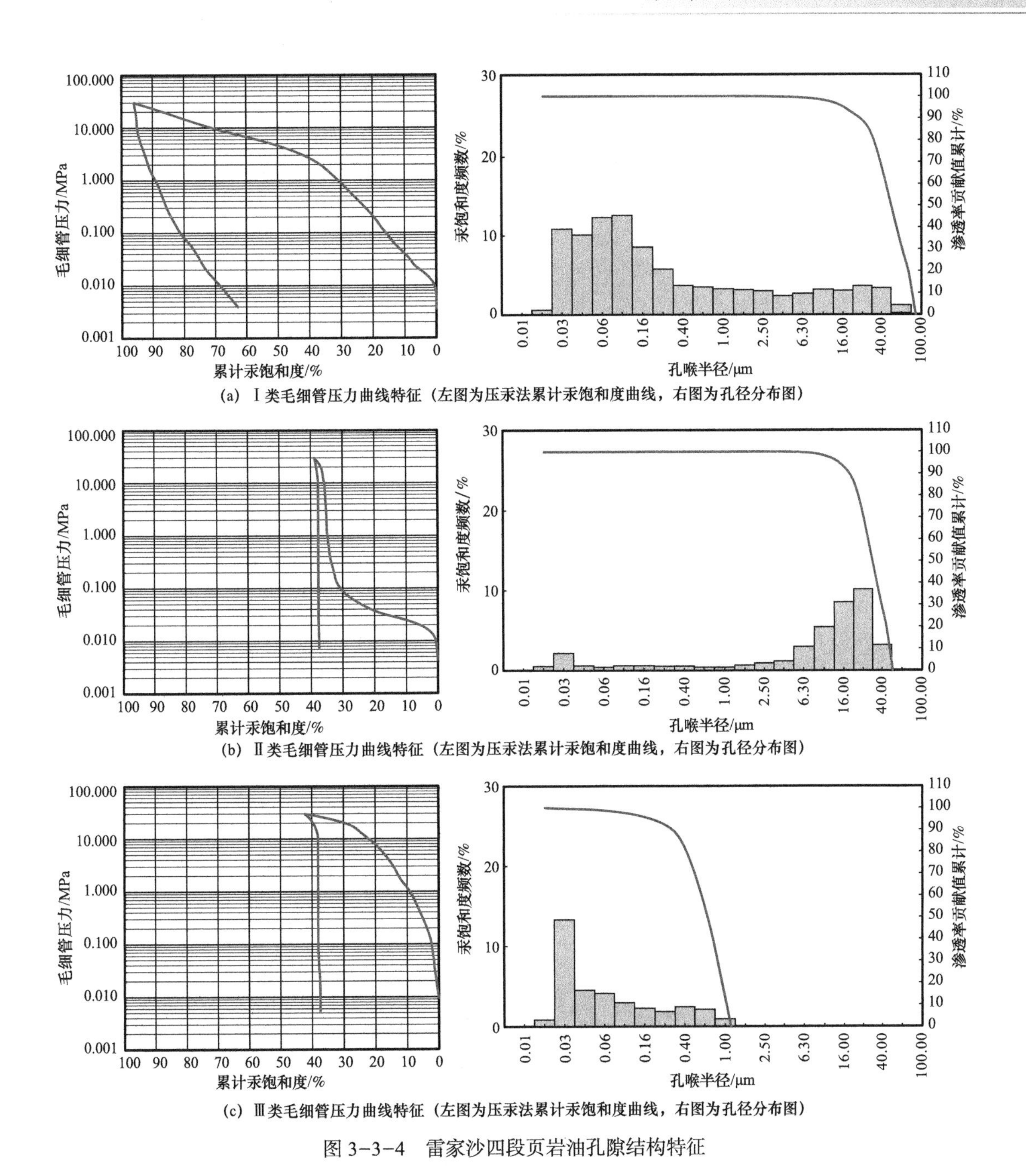


(a) Ⅰ类毛细管压力曲线特征（左图为压汞法累计汞饱和度曲线，右图为孔径分布图）

(b) Ⅱ类毛细管压力曲线特征（左图为压汞法累计汞饱和度曲线，右图为孔径分布图）

(c) Ⅲ类毛细管压力曲线特征（左图为压汞法累计汞饱和度曲线，右图为孔径分布图）

图 3-3-4 雷家沙四段页岩油孔隙结构特征

## （三）西部凹陷曙光地区沙四段页岩油储层储集空间类型及物性特征

曙光地区沙四段杜一、杜二油组页岩油储层岩性为泥页岩、碳酸盐岩、粉—细砂岩，以泥页岩和粉—细砂岩为主，个别井见碳酸盐岩。根据岩心观察、铸体薄片鉴定、扫描电镜分析以及毛细管压力曲线特征等数据分析，泥页岩包括的含碳酸盐（或灰质）油页岩、含粉砂（或含碳酸盐）泥岩主要储集空间类型为页理缝、晶间孔，成岩缝；极细砂岩主要储集空间为粒间孔、微孔、溶孔；泥质泥晶云岩主要储集空间类型构造缝、溶蚀缝、晶间孔（表 3-3-3 和图 3-3-5）。

**表 3-3-3　曙光沙四段杜一、杜二油组页岩油储集空间类型**

| 储集空间类型 | | | 主要发育岩类 | 成因 | 发育程度 |
|---|---|---|---|---|---|
| 孔隙型 | 微孔、纳米孔 | 晶间孔 | 含碳酸盐油页岩、油页岩、灰质油页岩、含粉砂泥岩、含碳酸岩泥岩 | 机械成因 | 普遍 |
| | 溶孔 | | 粉砂岩、极细砂岩、细砂岩、泥质泥晶云岩 | 化学成因 | 局部可见 |
| 裂缝型 | 成岩构造缝 | | 含碳酸盐油页岩、油页岩、灰质油页岩、含粉砂泥岩、含碳酸岩泥岩、泥质泥晶云岩 | 机械、构造成因 | 发育 |
| | 收缩缝 | | 含碳酸盐油页岩、油页岩、灰质油页岩、含粉砂泥岩、含碳酸岩泥岩 | 物理成因 | 发育 |
| | 构造缝 | | 泥质泥晶云岩、含粉砂泥岩、含碳酸岩泥岩 | 构造成因 | 少见 |
| | 溶蚀缝 | | 泥质泥晶云岩 | 化学成因 | 少见 |

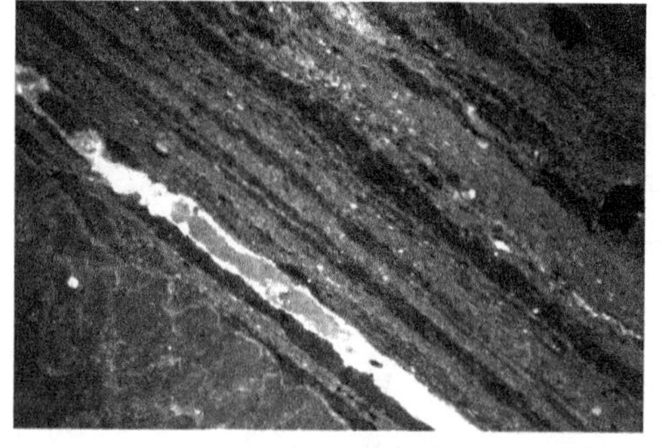

(a) 页理缝，灰质油页岩
(曙112井，3095.5m，荧光100×)

(b) 粒间孔及溶孔，含碳酸盐细极细粒长石砂岩
(曙107井，2965.14m，单偏光100×)

(c) 微孔及溶孔，粉砂质极细粒长石砂岩
(曙107井，2965.54m，单偏光100×)

(d) 构造成岩缝，灰质油页岩
(曙111井，3276.2m，荧光100×)

图 3-3-5　曙光沙四段杜一、杜二油组页岩油储层孔隙类型

采用常规岩心分析 22 块样品，该区以低孔、特低孔，特低渗储层为主，少量中孔、低渗储层。泥页岩孔隙度多集中在 5%～10% 之间，平均孔隙度 8%，泥页岩由于裂缝的

存在，测得的渗透率较大。粉细砂岩孔隙度多集中在8%～16%之间，平均孔隙度11.9%；渗透率以小于1mD为主，次在1～10mD之间。泥质泥晶云岩样品量少，仅2块样，平均孔隙度13.8%，平均渗透率4mD。

### （四）陆东凹陷后河地区九佛堂组页岩油储层储集空间类型及物性特征

后河地区九佛堂组Ⅱ油组岩性可分为泥页岩、碳酸盐岩两大类，以泥页岩为主。泥页岩富含有机质，包括油页岩、含碳酸盐油页岩、碳酸盐质油页岩、含碳酸盐泥岩等[10]，主要储集空间类型为页理缝、晶间孔，成岩缝；泥质泥晶灰云岩主要储集空间类型构造缝、溶蚀缝、晶间孔（表3-3-4和图3-3-6）。

**表3-3-4 后河九佛堂组Ⅱ油组页岩油储集空间类型**

| 储集空间类型 | | | 主要发育岩类 | 成因 | 发育程度 |
|---|---|---|---|---|---|
| 孔隙型 | 微孔、纳米孔 | 晶间孔 | 油页岩、含碳酸盐油页岩、碳酸盐质油页岩、含碳酸盐泥岩 | 机械成因 | 普遍 |
| | 溶孔 | | 泥质泥晶灰云岩 | 化学成因 | 局部可见 |
| 裂缝型 | 成岩构造缝 | | 泥质泥晶云岩、油页岩、含碳酸盐油页岩、碳酸盐质油页岩、含碳酸盐泥岩 | 机械、构造成因 | 少见 |
| | 收缩缝 | | 油页岩、含碳酸盐油页岩、碳酸盐质油页岩、含碳酸盐泥岩 | 物理成因 | 发育 |
| | 构造缝 | | 泥质泥晶云岩 | 构造成因 | 中等 |
| | 溶蚀缝 | | 泥质泥晶云岩 | 化学成因 | 少见 |

采用常规岩心分析、核磁分析方法，对大民屯九佛堂组Ⅱ油组页岩油储层物性特征进行了分析。常规岩心分析16块样，该区以低孔、低渗、特低渗储层为主，少量中孔、中渗储层。含碳酸盐油页岩孔隙度多集中在6%～15%之间，平均孔隙度10.1%，由于裂缝的存在，测得的渗透率普遍较大；核磁法测得孔隙度平均15.2%。含碳酸盐泥岩样品量少，常规岩心分析仅2块样，平均孔隙度13.1%，同样由于裂缝的存在，测得的渗透率也普遍较大；核磁法测得孔隙度平均15.5%。泥质泥晶云岩样品量也较少，常规岩心分析仅3块样，平均孔隙度7.4%，平均渗透率9.3mD；核磁法测得孔隙度平均10.5%。

核磁法测得孔隙度高的原因是核磁测得的是被烃类物质占据的孔隙空间，因此，孔隙度较高。

## 二、深层致密砂岩储集空间类型及物性特征

### （一）孔隙类型

根据碎屑岩储集空间划分标准，深层砂岩储集空间类型分为原生孔隙和次生孔隙。根据成因和产状将孔隙划分为粒间孔、组分溶孔、晶间微孔和裂缝四类（表3-3-5）。

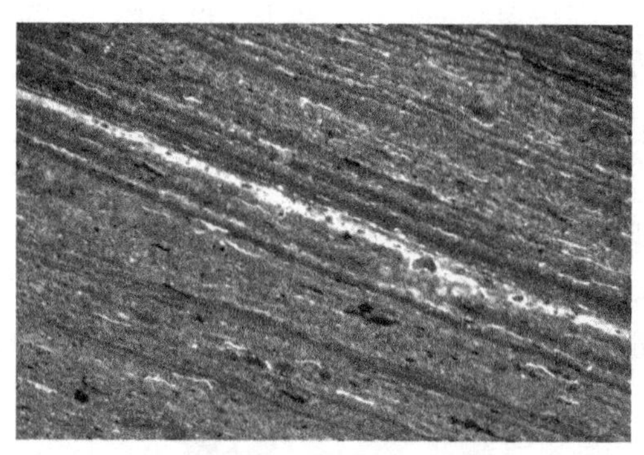

(a) 页理缝，纹层状长英质页岩
（河21-H234导井，1863.77m，荧光100×）

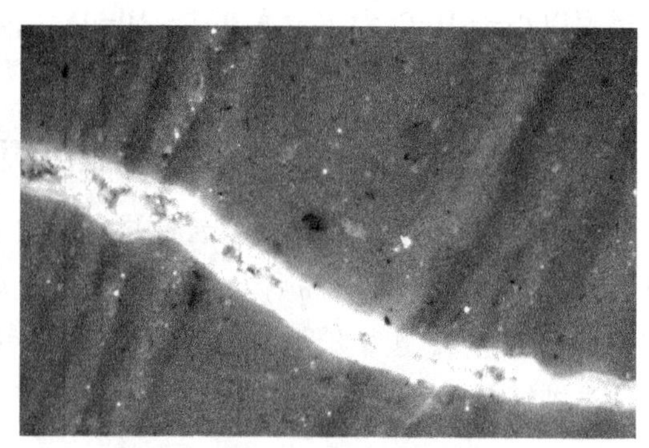

(b) 构造缝，块状泥质泥晶云岩
（河21-H234导井，1861.02m，荧光100×）

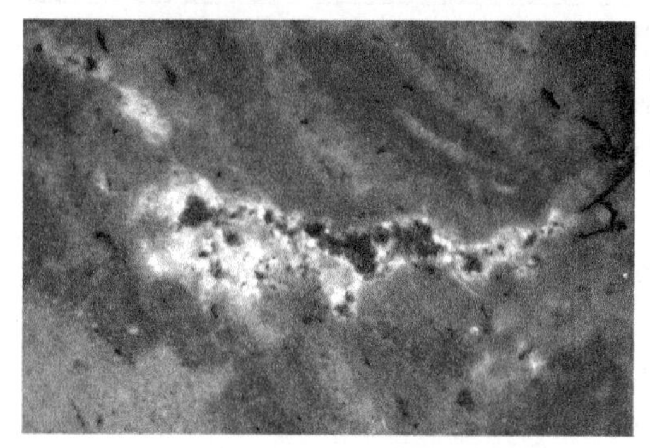

(c) 构造溶蚀缝，纹层状泥质泥晶云岩
（河21-H234导井，1860.95m，荧光100×）

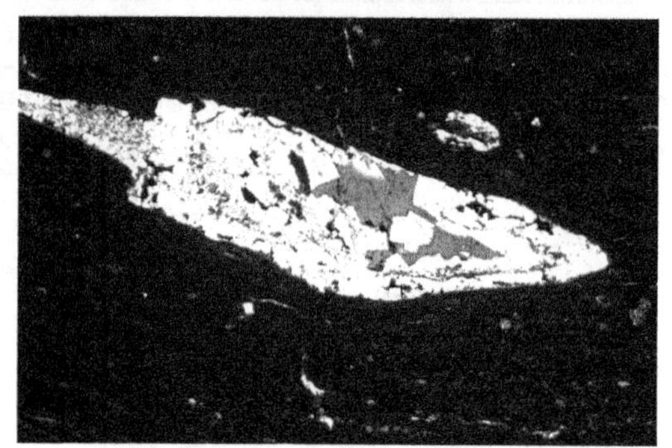

(d) 溶孔，纹层状泥质泥晶含灰云岩
（河21-H234导井，1868.09m，单偏光100×）

图 3-3-6　后河地区九佛堂组Ⅱ油组页岩油储层孔隙类型

**表 3-3-5　辽河坳陷深层储层孔隙类型统计表**

| 类型 | 亚类 | 成因机制 | 出现频率 |
| --- | --- | --- | --- |
| 粒间孔 | 原生粒间孔 | 机械压实残留、填隙物充填剩余 | 较常见 |
|  | 粒间溶孔 | 碎屑颗粒、填隙物被溶蚀 | 常见 |
|  | 超大孔 | 在原生孔隙的基础上，颗粒全部被溶 | 偶尔见到 |
| 组分溶孔 | 粒内溶孔 | 碎屑颗粒中不稳定组分被溶蚀 | 最常见 |
|  | 铸模孔 | 碎屑颗粒全部被溶蚀遗留的铸模 | 常见 |
|  | 胶结物溶孔 | 胶结物发生溶蚀 | 较常见 |
| 微孔 | 微孔 | 黏土填隙物、自生矿物晶间 | 最常见 |
| 裂缝 | 成岩缝 | 成岩作用 | 较常见 |
|  | 构造缝 | 构造作用 | 较常见 |

粒间孔包括残余粒间孔隙、粒间溶蚀孔隙、超大孔。残余粒间孔隙指砂质沉积物在埋藏成岩过程中，原生粒间孔隙被填隙物部分充填改造后形成的一类孔隙。在本研究区，由于深层储层埋藏深度大，成岩作用强烈，所以此类孔隙相对含量较少。粒间溶蚀孔隙指砂岩中的残余粒间孔隙在成岩过程中，因部分碎屑和填隙物发生溶解而被改造形成的次生孔隙。超大孔指孔径超过相邻颗粒直径的溶孔。在超大孔范围内，颗粒、胶结物和交代物均被溶解，一般是在原生粒间孔的基础上形成的，其次生部分多于原生部分。

组分溶孔包括粒内溶蚀孔隙、铸模孔、胶结物溶孔。粒内溶蚀孔隙指砂岩中的部分碎屑内部，在埋藏成岩中发生部分溶解而产生的一类孔隙；通过对铸体薄片和扫描电镜观察分析，在本研究区，溶蚀粒内孔隙多见于长石中；并且溶蚀粒内孔隙与溶蚀粒间孔隙并存，且与溶蚀粒间孔隙相连通。铸模孔指岩石中碎屑颗粒发生溶蚀，当溶蚀作用扩展到整个颗粒，形成与原颗粒形状、大小完全一致的铸模时，可称为颗粒铸模孔隙。胶结物溶孔指岩石胶结物发生溶蚀。在本研究区沙三段地层较少见，主要为碳酸盐胶结物的溶蚀。

微孔只是笼统的一个划分概念，根据成因可分为两种，黏土杂基内微孔隙、自生矿物晶间微孔隙。黏土杂基内微孔隙：指砂岩中与砂岩碎屑同时沉积的泥质杂基内的微孔隙；此类孔隙经过压实作用改造后大部分消失，仅有一部分分布于泥质杂基含量较高的粉细砂岩中；此类孔隙体积小，分布不均匀且连通性较差。自生矿物晶间微孔隙指岩石在成岩过程中形成的分布于碎屑颗粒间自生矿物晶体间的微孔隙，多为黏土矿物晶间微孔隙；此类孔隙是研究区储层的主要孔隙类型之一[4]。

根据铸体薄片、扫描电镜观察，裂缝在储层中分布具有很强的不均一性。裂缝所带来的孔隙空间的增加是很有限的，但它的存在却可以大大提高储层的渗流能力。裂缝包括构造缝、成岩缝。构造缝指构造作用形成的裂缝，一般延伸较远，切穿颗粒及填隙物，对孔隙的连通性起到了极其重要的作用。成岩缝主要分两种，一种是由于压实作用形成的，此种成岩缝规模仅限于单个颗粒，由于上覆地层的压力使颗粒破碎，又称颗粒破裂缝，此种裂缝对连通孔隙，提高储层渗透能力起到了良好的作用；另一种是泥质在成岩过程中黏土矿物转化和其他矿物相变引起的体积缩小而形成的裂缝，又称成岩收缩缝，一般见于砂岩中的泥质条带中，或泥质含量较高的岩石中。

### （二）孔隙结构特征

孔隙：通过双台子地区深层储层 42 块、牛居地区 15 块铸体样品的孔隙图像分析，总结出了深层储区的孔隙结构参数。双台子样品中 14 块样品为无缝无孔，20 块样品为孔隙型储层，8 块样品为裂缝型储层；牛居样品 11 块为孔隙型，4 块为裂缝型。双台子深层孔隙型储层孔隙直径平均值最大 385.67μm，最小 42.93μm，平均为 119.95μm，孔隙直径主要为 50～150μm（图 3-3-7），属于中孔、大孔，并以中孔为主。而裂缝型储层的平均面孔率为 0.86%，裂缝平均宽度为 18.43μm，属于微缝范畴。牛居地区深层孔隙型储层孔隙直径平均值最大 119.65μm，最小 69.52μm，平均 92.29μm，孔隙直径主要为 50～100μm

（图 3–3–8），孔隙大小属于中孔级别。裂缝型储层平均面孔率为 1.15%，裂缝平均宽度为 27.63μm，属于微缝级别。

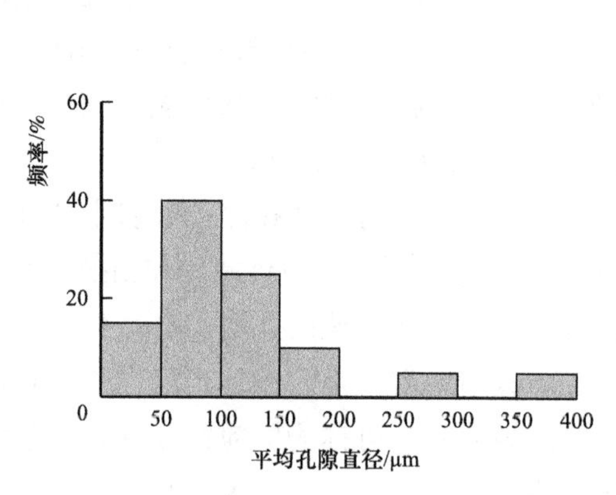

图 3–3–7　双台子平均孔隙直径分布频率图

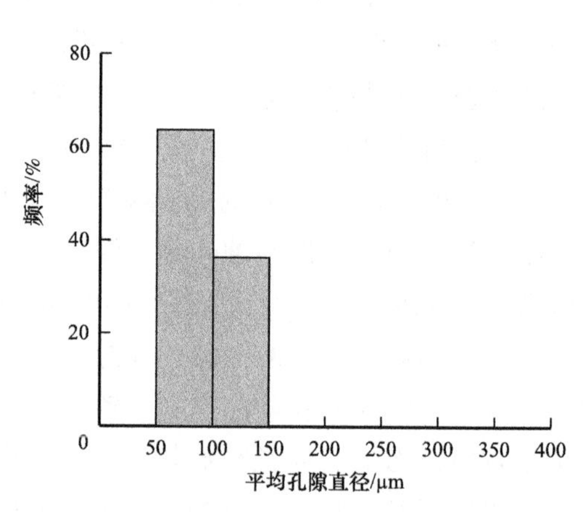

图 3–3–8　牛居平均孔隙直径分布频率图

对比两个地区的铸体鉴定数据可以看出，牛居地区的平均面孔率、平均孔喉比和平均配位数大于双台子地区，孔隙直径小于双台子，但孔隙大小分布十分集中，这些特点使得牛居地区深层储层储渗条件好于双台子地区深层储层。

喉道：根据深层储层压汞参数的统计来看，双台子地区深层储层的孔喉具有如下特征：孔喉大小：最大孔喉半径平均值为 2.232μm，属于细喉级别；96% 的孔喉半径小于 1μm，孔喉半径平均值为 0.567μm，属微喉级别。因此，本地区深层储层孔喉大小特点是以微喉为主，局部见细喉。孔喉分选：孔喉大小的分选差，孔喉在岩石中的分布相对均匀。孔喉的连通性、渗流能力：岩石的排驱压力大、最大汞饱和度低、退汞效率低，这几点说明本地区深层储层孔喉的连通性差，孔隙与喉道大小悬殊，流体渗流能力差。

牛居地区深层储层的孔喉具有以下特征：孔喉大小：最大孔喉半径平均值为 5.061μm，属于细喉级别；80% 的孔喉半径小于 1μm，孔喉半径平均值为 0.578μm，属微喉级别。因此，本地区深层储层孔喉大小特点是以微喉为主，局部见细喉。孔喉分选：孔喉大小的分选较好，孔喉在岩石中的分布相对均匀。孔喉的连通性、渗流能力：岩石的排驱压力大、最大汞饱和度低、退汞效率低，这几点说明本地区深层储层孔喉的连通性差，孔隙与喉道大小悬殊，流体渗流能力差。

综上所述，研究区深层储层孔隙结构特征为中孔、大孔，细喉、微喉，孔喉分选差，分布不均匀。

### （三）深层砂岩储层物性特征

据双台子地区 15 口井、牛居地区 2 口井的常规物性资料统计数据显示（图 3–3–9 和图 3–3–10），双台子地区深层储层孔隙度、渗透率随深度增大而降低，局部存在物性偏高的区域，对应于次生孔隙发育带；牛居地区在 4000m 左右物性最差，4000m 后出现次生孔隙发育，物性变好。

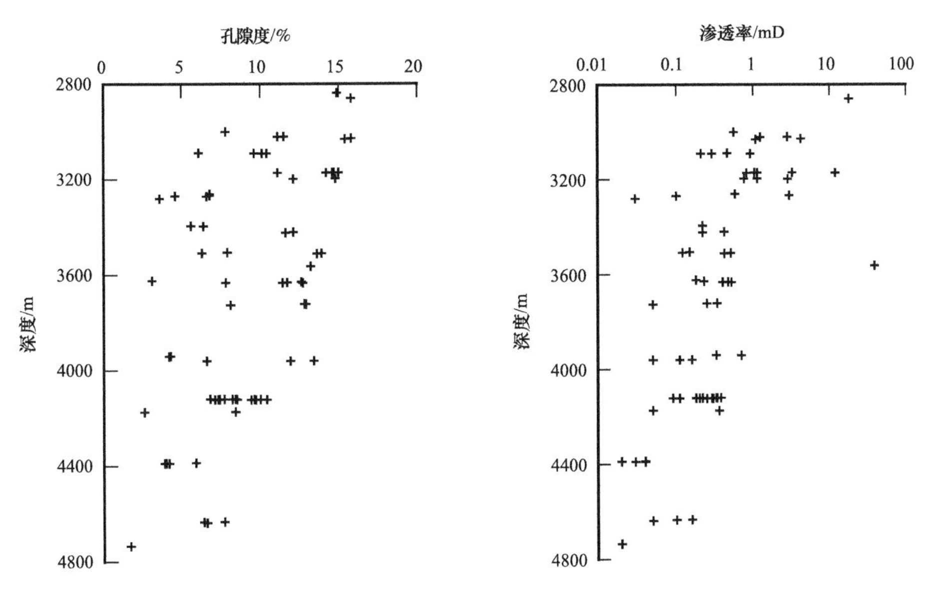


图 3-3-9　双台子地区孔隙度、渗透率与深度关系图

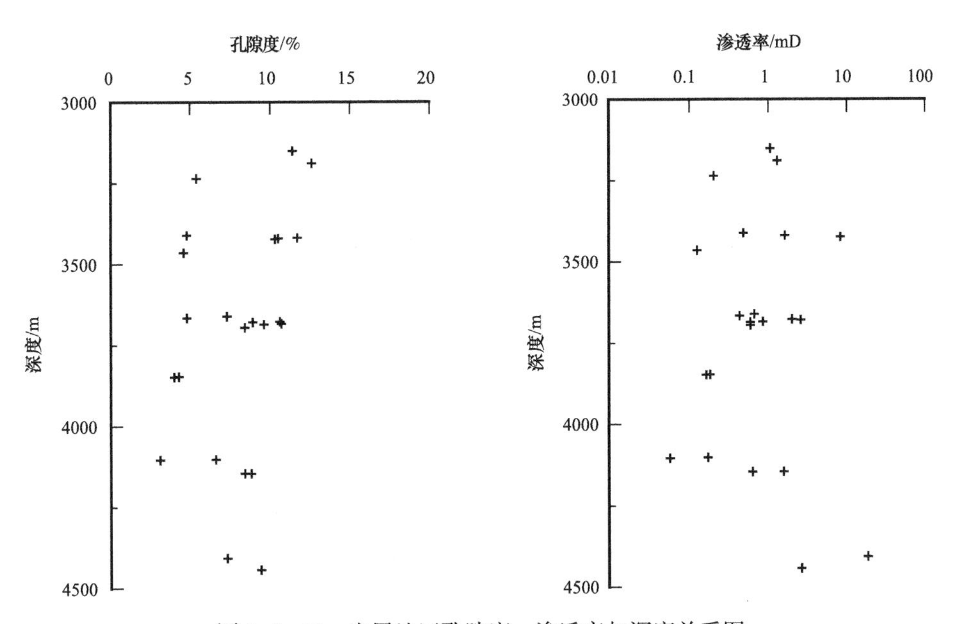


图 3-3-10　牛居地区孔隙度、渗透率与深度关系图

双台子地区深度大于3500m共52块样品，从孔隙度、渗透率分布频率图（图3-3-11和图3-3-12）中可以看出，双台子地区深层储层孔隙度小于15%的占98.1%，孔隙度低于10%的样品比例为70%；渗透率仅有12%的样品超过1mD，其余全低于1mD，并且多为0.1～0.5mD。因此，双台子地区深层砂岩属低孔—致密型储层，但也存在局部的低渗透—中渗透的“甜点”区。牛居地区深层储层孔隙度全小于15%，而低于10%的样品比例为70%；渗透率低于1mD的样品有60%，但1～10mD的样品比例很高。因此牛居地区深层储层也属于低孔—致密型储层，并且普遍存在低渗透—中渗透的储层。

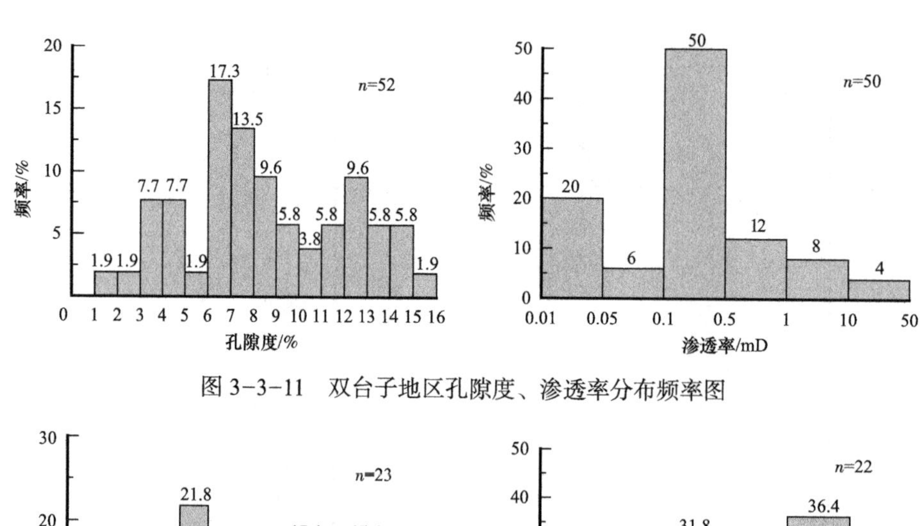


图 3-3-11　双台子地区孔隙度、渗透率分布频率图

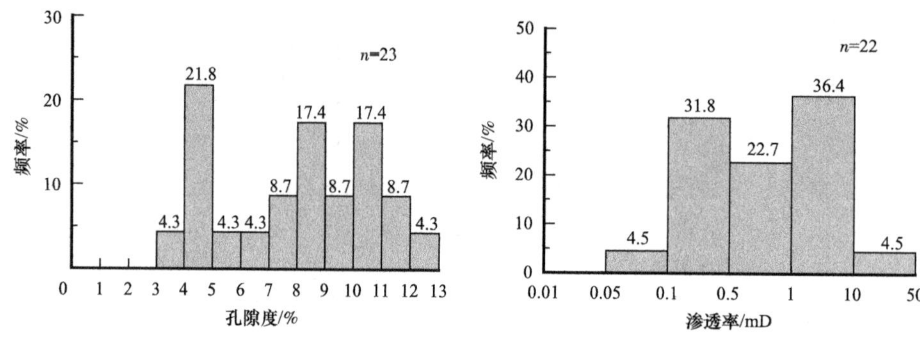


图 3-3-12　牛居地区孔隙度、渗透率分布频率图

# 第四节　非常规储层含油性评价

非常规储层具有岩石类型多样、孔喉细小、非均质性强、含油气丰度低等特点，油气赋存形式较为复杂，其含油性及其赋存状态缺乏系统研究，在一定程度上制约着非常规储层的勘探与开发。本节以页岩油、致密砂岩储层为例，开展含油性的定性定量评价，探讨其可动性，旨在为辽河坳陷非常规储层勘探开发评价提供依据与奠定基础。

## 一、页岩油储层含油性评价

富有机质页岩含油性及其赋存状态特征是制约页岩层系是否具有页岩油勘探前景的关键因素，为此，本节通过岩心含油级别、含油产状、滴水情况等观察，氯仿滴定、荧光薄片鉴定等实验判断是否含油，油的分布状态、种类等；通过蒸馏抽提、常压干馏、核磁共振、有机地化等确定含油量参数，包括含油饱和度，游离烃、吸附烃及热解烃含量等；通过激光共聚焦分析，进一步明确油赋存状态。

### （一）大民屯凹陷沙四段页岩油储层含油气性评价

利用岩石宏观荧光观测、荧光薄片鉴定、蒸馏法含油饱和度测定和核磁含油饱和度测定等方法，对本区主要岩性含油性情况进行分析。

含碳酸盐油页岩在基质及裂缝中以显黄色、褐黄色荧光为主，含油级别以油斑为主。云质泥岩、泥质泥晶云岩基质中无荧光显示，部分岩石仅在裂缝中显黄色、淡黄色荧光，含有级别为油迹、荧光或无油。含泥泥晶粒屑云岩粒间孔中显黄色、黄白色荧光，含油级别为油浸、油斑（图 3-4-1）。

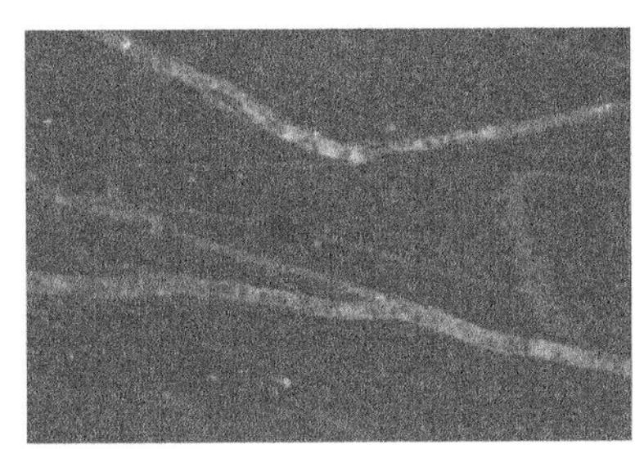

(a) 基质极页理缝中有荧光显示，含碳酸盐油页岩（沈352井，3280.65m，荧光100×）

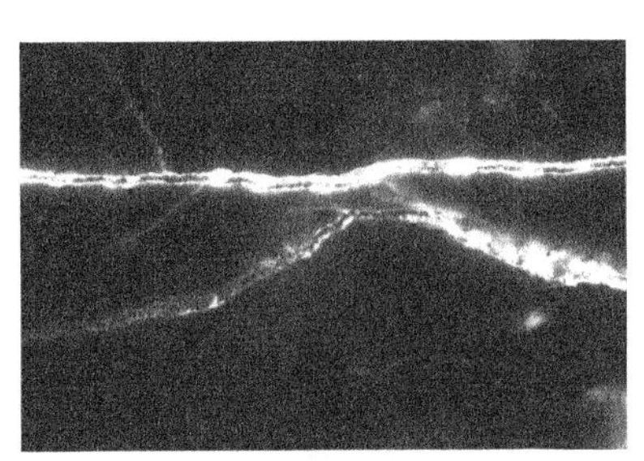

(b) 裂缝中有荧光显示，云质泥岩（沈352井，3253.2m，荧光100×）

(c) 基质中荧光显示弱，裂缝中无荧光，泥质泥晶云岩（沈352井，3247.65m，荧光100×）

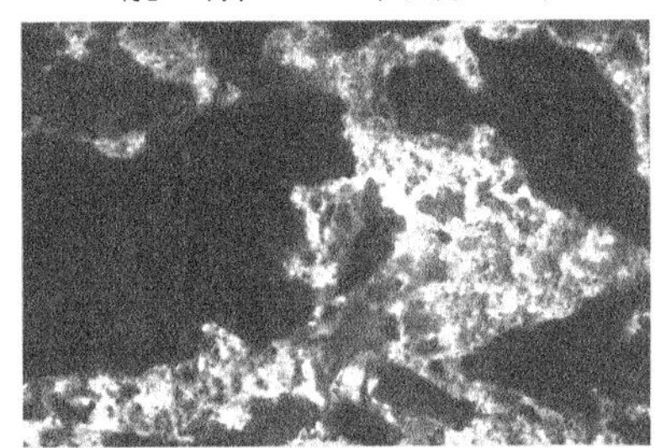

(d) 粒间孔及溶孔中有荧光显示，泥质泥晶粒屑云岩（沈352井，3283.6m，荧光100×）

图 3-4-1　大民屯沙四段页岩油含油性特征

对沈 352 井 442 块样品进行了含油饱和度（索氏抽提法）、23 块样品进行了含油饱和度（核磁法）分析，结果显示：含油饱和度（索氏抽提法）分析，含碳酸盐油页岩平均含油饱和度 37.62%，含泥（+泥质）泥晶粒屑云岩平均含油饱和度 32.60%，泥质泥晶云岩平均含油饱和度 12.26%，云质泥岩平均含油饱和度 19.70%。含油饱和度（核磁法）分析，含碳酸盐油页岩平均含油饱和度 64.87%，含泥（+泥质）泥晶粒屑云岩平均含油饱和度 51.68%，云质泥岩平均含油饱和度 18.05%。

通过对沈 224-H301 导井逐级热释烃分析，含碳酸盐油页岩游离烃含量多大于 3mg/g，一般在 3～7mg/g 之间；泥岩游离烃含量一般小于 4mg/g。

综合研究认为，大民屯沙四段页岩油储层含油性由好到差：含泥（+泥质）泥晶粒屑云岩、含碳酸盐油页岩、泥质泥晶云岩、云质泥岩。其中含泥（+泥质）泥晶粒屑云岩虽然测得的含油饱和度低于含碳酸盐油页岩，但油主要赋存于粒间，有利于后期开采，只是在本地区含泥（+泥质）泥晶粒屑云岩层较薄。

## （二）西部凹陷雷家地区沙四段页岩油储层含油性评价

雷家—高升地区碳酸盐岩类致密油储层评价，主要根据岩心宏观裂缝、含油气观察、微观铸体薄片图像分析、物性分析、岩石力学参数测定等方法，对本区有利储层岩性进行优先，提供优势岩性系列。并与测井曲线结合提供有利的试油层位，为水平井开发提供依据。由于该套岩性为致密油储层，常规开采技术效果较差，因此，需要体积压裂等特殊工艺方法，随着工艺技术的不断进步，势必获得较好效果。

综合分析本区的岩性特征后，将该区杜家台油层（杜Ⅰ、杜Ⅱ、杜Ⅲ油层组）主要储集岩归为4类，高升油层也归为4类，对每类岩性物性、含油性特征等分别进行了分析，建立了岩性与含油性等关系。综合评价本区优势岩性系列由好变差依次为：泥晶粒屑云岩→含泥粒屑泥晶云岩→含泥泥晶云岩→含泥方沸石质泥晶云岩→ 碳酸盐质页岩→泥质含云方沸石岩→含云方沸石质泥岩（图3-4-2）。

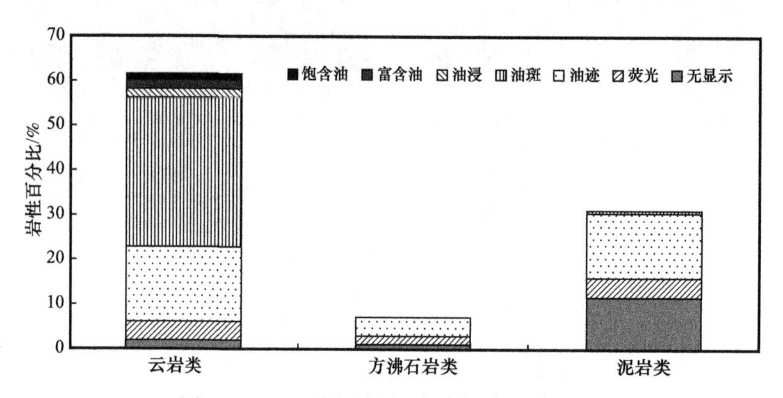


图3-4-2　不同岩性与含油性关系直方图

杜家台油层主要岩性含泥泥晶云岩、含泥方沸石质泥晶云岩、泥质含云方沸石岩、含云方沸石质泥岩，其中含泥泥晶云岩薄层状，单层厚度一般为5～20cm，最大2m；低孔、特低孔；特低渗透、中渗透为主；储集空间类型以收缩裂缝、破碎孔、溶孔为主，含油级别为油浸、油斑为主。含泥方沸石质泥晶云岩厚层状，单层厚度为2～7m，规模较大；低孔、特低孔；低渗透、特低渗透为主，部分为中孔、中渗透；储集空间类型以溶孔、收缩裂缝、溶解缝、构造缝为主，含油级别为油斑、油迹为主。泥质含云方沸石岩单层厚度为1～3m，规模中等；低孔、特低孔，特低渗透为主；储集空间类型以构造裂缝、溶孔为主，含油级别以油迹、荧光级别为主。含云方沸石质泥岩单层厚度为1～2m，规模中等；低孔，特低孔；特低渗透为主；储集空间类型以微裂缝为主，含油级别以油迹、荧光级别为主。

高升油层主要岩性为泥晶粒屑云岩、含泥含砂粒屑泥晶云岩、泥质泥晶云岩、碳酸岩质页岩。其中泥晶粒屑云岩单层厚度为0.4～3m，规模中等；中高孔，中低渗透为主；储集空间类型以粒间孔、粒内孔为主，含油级别以含油、油浸、油斑级别为主。含泥含砂粒屑泥晶云岩单层厚度为0.5～1m，规模较小；中高孔，低渗透、特低渗透为主；储集空间类型以粒间孔、粒内孔为主、分布不均匀，含油级别以油斑、油迹级别为主。泥质泥晶云岩单层厚度为1～4m，规模中等；中孔，低渗透、特低渗透为主；储集空间类型以成岩缝、收缩缝、压溶缝为主、分布不均匀，含油级别以油斑、油迹、荧光级别为主。碳酸岩质页岩单层厚度为1～10m，规模中等；低渗透、特低渗透为主；储集空间类型以成岩缝、收缩缝为主，含油级别以油迹、荧光级别为主。

### （三）西部凹陷曙光地区沙四段页岩油储层含油性评价

利用岩石宏观荧光观测、荧光薄片鉴定、有机地化等方法，对本区主要岩性含油性情况进行分析。由于选取的老井岩心，总体测得的游离烃含量偏低。分析结果如下：

浅灰色极细（细）砂岩、黄色泥晶云岩、黑灰色油页岩含油性好：新鲜断面特征为有油味、污手，滴水珠状，荧光极亮、面积大；总有机碳含量一般大于5%，平均7.11%；游离烃含量一般大于3mg/g，平均4.07 mg/g；含油的极细（细）砂岩、泥晶云岩一般上下紧邻深灰色泥岩或油页岩，油页岩往往页理面含油；荧光薄片下极细（细）砂岩粒间显环状中亮—中暗黄色、淡黄色荧光；油页岩基质显弥漫状中暗淡黄色荧光，丝缕状、条带状中亮淡黄色荧光，缝中显中亮淡黄色荧光；泥质泥晶云岩基质显弥漫状中暗淡黄色荧光，丝缕状、层状中亮—中暗淡黄色、黄白色荧光，缝中显中亮—中暗淡黄色荧光。

深灰色油页岩，部分深灰色泥岩、灰色泥岩含油性中等：新鲜断面特征为有油味、不污手，滴水珠状、半珠状，荧光中亮、面积中等；总有机碳含量一般大于2.5%，平均3.59%；游离烃含量一般大于1.5mg/g，平均2.04 mg/g；深灰色泥岩基质含油，油页岩基质及页理面有油显示；荧光薄片下深灰色泥岩基质显弥漫状暗淡黄色、黄色荧光；深灰色油页岩基质显弥漫状暗淡黄色荧光，丝缕状暗淡黄色荧光，缝中显中暗淡黄色荧光。

部分深灰色泥岩、灰色泥岩，灰绿色泥岩含油性差：新鲜断面特征为无油味，滴水缓渗，荧光显示弱、面积小；总有机碳含量一般不大于3%，平均1.87%；游离烃含量一般不大于2mg/g，平均0.98 mg/g；基质中含油，级别低；荧光薄片下基质显弥漫状无—极暗褐黄色、淡黄色荧光。

浅绿色泥岩、紫灰色泥岩、黄灰色极细（细）砂岩、浅灰色极细（细）砂岩无油：新鲜断面特征为无油味；滴水速渗，无荧光显示；总有机碳含量一般小于2%，平均0.86%；游离烃含量一般小于1mg/g，平均0.31 mg/g；荧光薄片下无荧光显示（图3-4-3）。

综合研究认为，曙光沙四段杜一、杜二页岩油储层含油性由好到差：极细（细）砂岩（为优质烃源岩所夹薄层砂）、含碳酸盐（或灰质）油页岩、泥质泥晶云岩、含粉砂（或含碳酸盐）泥岩、极细（细）砂岩（位于浅绿色、紫灰色泥岩之间）。总之，本区极细（细）砂岩含油性好坏取决于上下层的烃源岩。

### （四）陆东凹陷后河地区九佛堂组页岩油储层含油性评价

利用岩石宏观荧光观测、荧光薄片鉴定、核磁含油饱和度测定、逐级热释烃分析等方法，对本区主要岩性含油性情况进行分析。

后河地区九佛堂组Ⅱ油组岩性以含碳酸盐油页岩为主，夹含碳酸盐泥岩、泥质泥晶灰云岩。含碳酸盐油页岩、含碳酸盐泥岩在基质及裂缝中有荧光显示，基质中显弥漫状中暗淡黄色、黄色、褐黄色荧光，丝缕状中亮淡黄色荧光；缝中显中亮淡黄色荧光。泥质泥晶灰云岩基质显弥漫状中暗—暗淡黄色、黄色、褐黄色荧光，点状中亮淡黄色荧光；缝中显中亮淡黄色荧光（图3-4-4）。

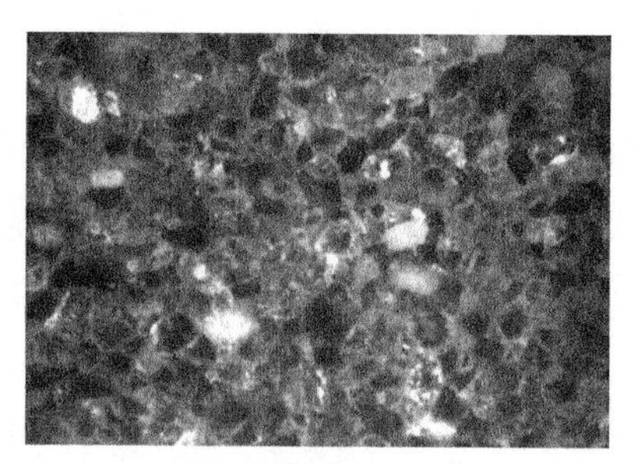

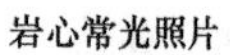
岩心常光照片　岩心荧光照片　荧光100×

(a) 宏观岩心观察无荧光，宏观紫外下有荧光显示，荧光薄片下粒间孔发淡黄色荧光，极细砂岩（曙112井，3216.1m）

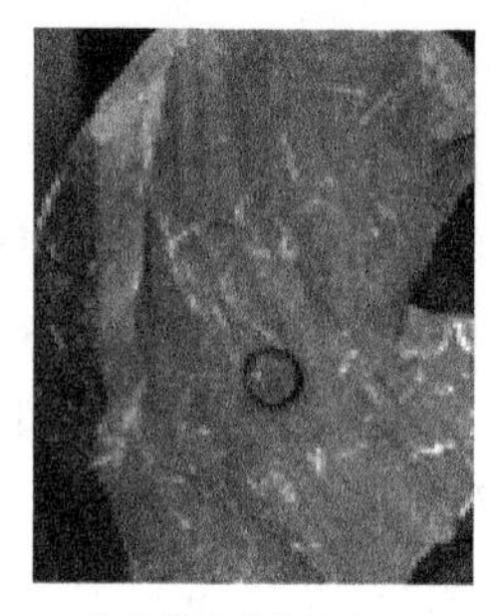
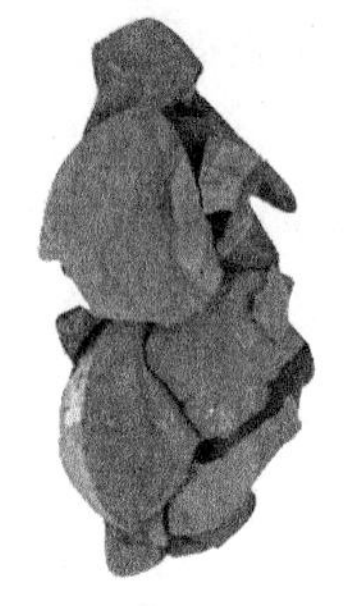

岩心常光滴水照片　岩心荧光照片　氯仿滴定荧光照片

(b) 滴水柱状，宏观荧光下有荧光显示，氯仿滴定显亮黄白色荧光，含碳酸盐油页岩（曙139井，2585.62m）

岩心常光照片　岩心荧光照片　荧光100×

(c) 宏观岩心观察及紫外光下无荧光，荧光薄片下显微弱荧光，泥岩（曙118井，3284.9m）

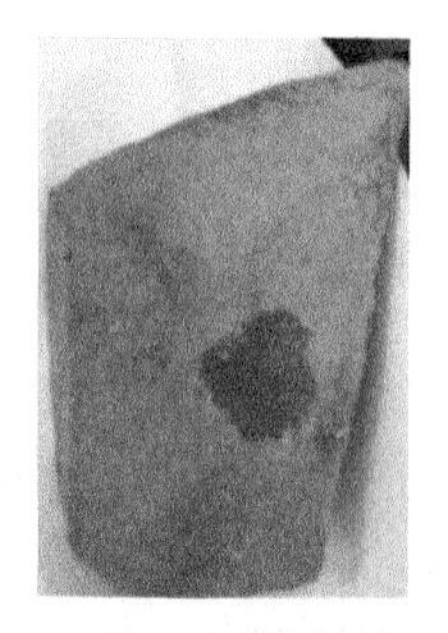

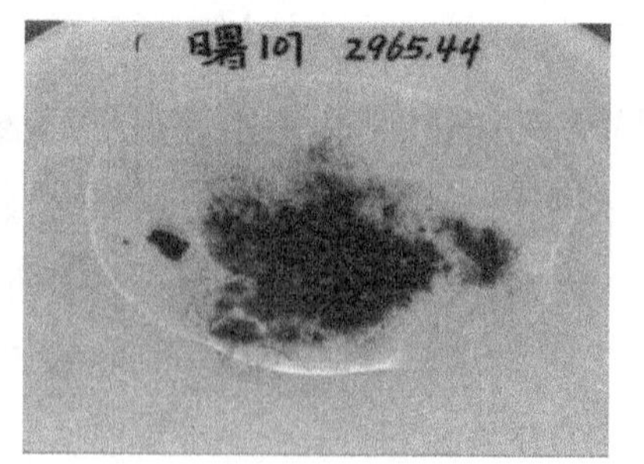


岩心常光照片　岩心荧光照片　氯仿滴定荧光照片

(d) 滴水速渗，宏观紫外光下无荧光，氯仿滴定有极微弱荧光显示，极细砂岩（曙107井，2965.44m）

图 3-4-3　曙光沙四段杜一、杜二页岩油含油性特征

岩心常光照片

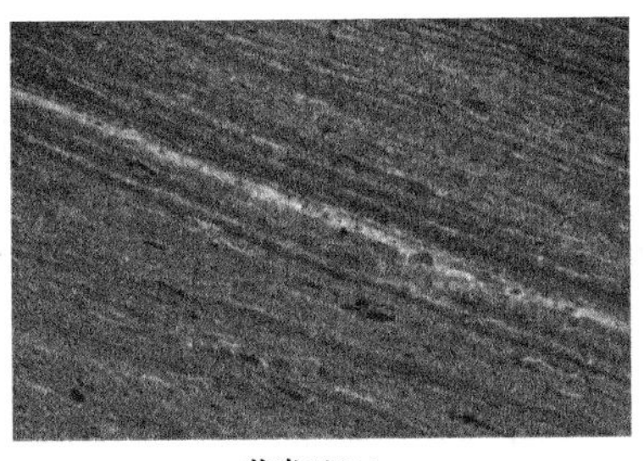
荧光100×

激光共聚焦100×

(a) 含碳酸盐油页岩，油富集于基质极页理缝中（河21-H234导井，1861.23m）

岩心常光照片

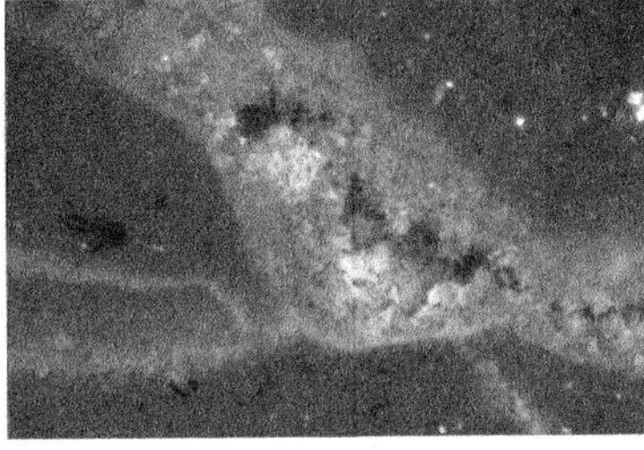
荧光100×

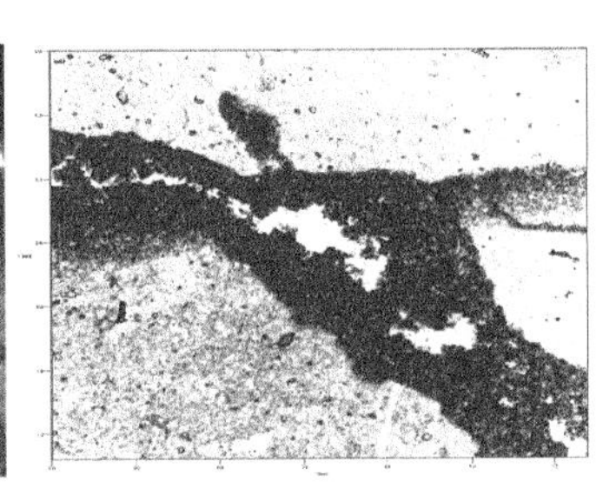
激光共聚焦100×

(b) 泥质泥晶云岩，油富集于缝中，基质中多为束缚油（河21-H234导井，1861.02m）

图 3-4-4 后河地区九佛堂组Ⅱ油组页岩油含油性特征

对河 21-H234 导井 60 块样品和 22 块样品分别进行了核磁法含油饱和度分析和逐级热释烃分析，结果显示：含碳酸盐油页岩平均含油饱和度 38.4%，含碳酸盐泥岩平均含油饱和度 32.7%，泥质泥晶灰云岩平均含油饱和度 57.2%。含碳酸盐油页岩游离烃含量多大于4mg/g，一般在4～7mg/g之间，平均5.06mg/g；含碳酸盐泥岩逐级热释烃测试样品2块，游离烃含量平均 4.5mg/g；泥质泥晶灰云岩逐级热释烃分析游离烃量变化大，从 1mg/g 到 8mg/g 均有分布。

激光共聚焦分析表明，含碳酸盐油页岩、含碳酸盐泥岩泥质纹层、碳酸盐纹层重质组分富集，长英质纹层、层理缝、构造缝富集轻质组分；以层理缝轻质组分最为富集。泥质泥晶灰云岩富集重质组分，局部粉晶白云石、构造裂缝富集轻质组分（图 3-4-4）。综合研究认为，后河地区九佛堂组Ⅱ油组页岩油储层含碳酸盐油页岩含油性较好，含碳酸盐泥岩次之，泥质泥晶云岩含油性变化大、且层薄。

## 二、深层致密砂岩含油性评价

深层致密砂岩的含油性评价方法与常规砂岩含油性评价方法相同，主要包括：宏观岩心常光、荧光观察确定含油级别、含油产状；荧光显微镜下评价含油类型、含油饱满程度；蒸馏法含油饱和度检测确定含油饱和度。与常规砂岩不同的是，由于致密砂岩孔隙细小，含油饱和度检测的蒸馏时间要适当延长，才能保证洗油的充分。

对双兴 1 井深层致密砂岩的荧光特征观察可见，在砂岩中可以普遍见到荧光显示（图 3-4-5），以弥漫状中暗黄白色、蓝白色为主。整体以含油性差、油质轻为特点。

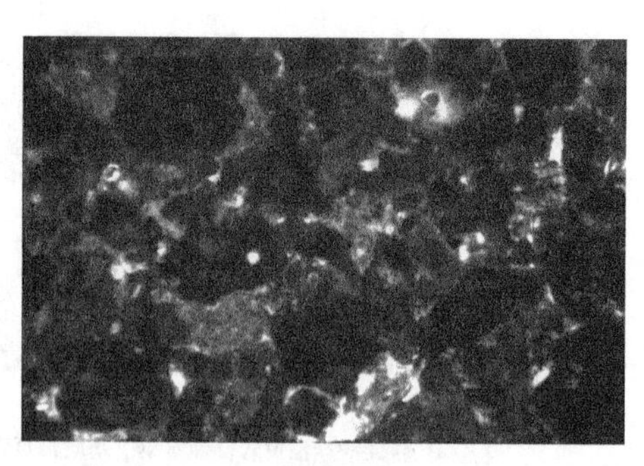

岩心常光照片　岩心荧光照片　荧光100×

(a) 长石岩屑砂岩：荧光薄片下显弥漫状中暗黄白色、蓝白色（双兴1井，3983.3m）

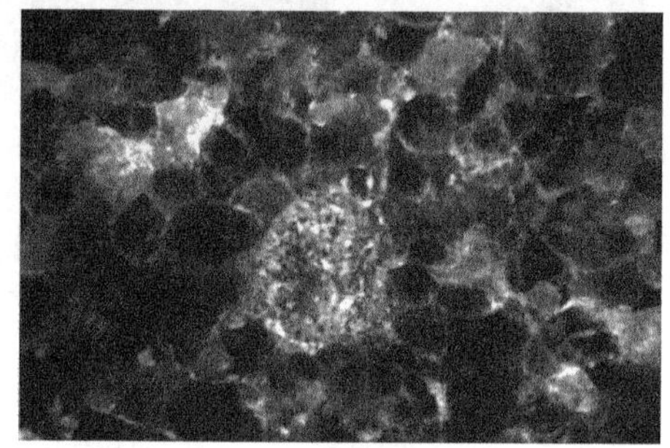

岩心常光照片　岩心荧光照片　荧光100×

(b) 岩屑长石砂岩：荧光薄片下显弥漫状中暗黄白色、蓝白色（双兴1井，3992.97m）

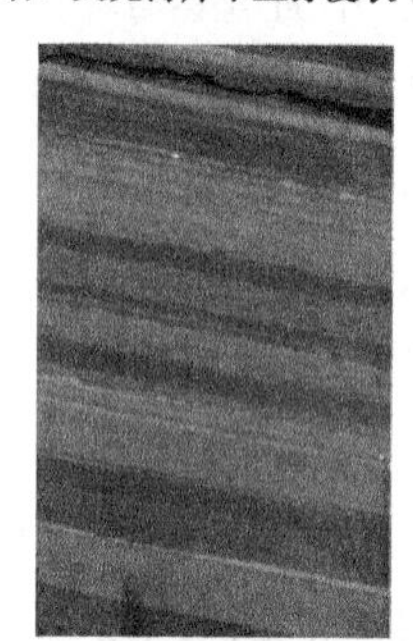
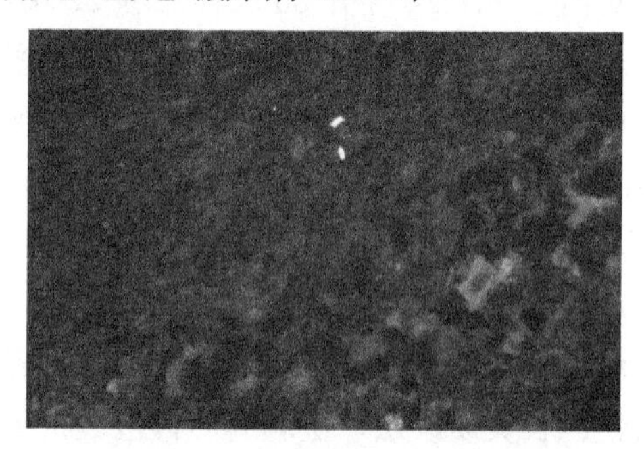

岩心常光照片　岩心荧光照片　荧光100×

(c) 砂质泥岩。荧光薄片下显弥漫状极暗褐黄色、淡黄色（双兴1井，4214.7m）

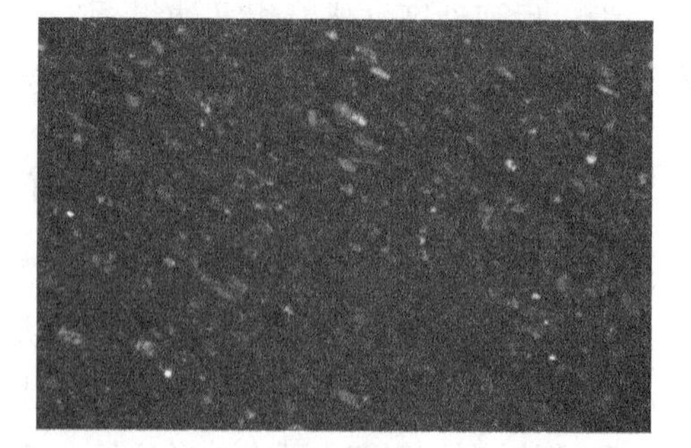

岩心常光照片　岩心荧光照片　荧光100×

(d) 泥岩：荧光薄片下显示极暗褐黄色（双兴1井，4860.6m）

图 3-4-5　深层致密砂岩主要岩性荧光特征图版

对深层致密砂岩来说，更为重要的是对其含气性的评价。目前，国内致密砂岩含气量的测试方法主要采用含气量直接解吸法和等温吸附间接测试两种方法。

### （一）含气量直接解吸法

含气量是指每吨岩石中所含天然气折算到标准温度和压力条件下（101.325kPa，25℃）的天然气总量，包括游离气、吸附气和溶解气等。游离气是指以游离状态赋存于孔隙和微裂缝中的天然气，吸附气是指主要以吸附方式存在的天然气，溶解气则可能包括了油溶气、水溶气及干酪根溶解气。

现场解吸法是在模拟实际地层温度条件下，直接测量页岩中所含天然气总量的方法。在页岩气快速解析法中，天然气可分为损失气、解吸气和残余气三部分。损失气是指从钻头钻遇样品到样品被封装进解吸罐之前所散失的天然气，解吸气为样品在解吸罐中所释放出来的天然气，残余气是在实验测试结束后仍然残留在样品中的天然气。

在双兴1井钻井过程中，采用该方法对砂岩、泥岩岩心进行了测试（表3-4-1和图3-4-6），可见，泥岩含气量明显高于砂岩，且沙三段泥岩含气量明显低于沙四段含气量，并随着深度逐渐变大。

表3-4-1　双兴1井总含气量计算结果表

| 序号 | 厚度/m | 岩性 | 吸气量/mL | 含气量/（$m^3/t$） |
|---|---|---|---|---|
| 1 | 4190.80 | 泥岩 | 1267 | 3.270 |
| 2 | 4191.50 | 泥岩夹砂质条带 | 1593 | 1.590 |
| 3 | 4191.80 | 泥岩 | 5810 | 4.000 |
| 4 | 4211.80 | 含砾中砂岩 | 118 | 2.830 |
| 5 | 4216.20 | 砂质泥岩 | 2260 | 3.580 |
| 6 | 4858.80 | 黑色泥岩 | 6609 | 5.290 |
| 7 | 4864.80 | 黑色泥岩 | 4593 | 5.440 |
| 8 | 4027.25 | 砂岩 | 90 | 0.600 |
| 9 | 4027.35 | 砂岩 | 128 | 0.125 |
| 10 | 4028.20 | 砂岩 | 208 | 0.047 |
| 11 | 4066.50 | 泥岩 | 240 | 2.000 |
| 12 | 4074.50 | 泥岩 | 1984 | 0.480 |
| 13 | 4077.00 | 泥岩 | 1403 | 0.370 |

### （二）含气量间接等温吸附计算法

该方法首先对岩石样品进行等温吸附试验，根据试验结果结合地层压力等参数计算获得含气量理论值。对双兴 1 井岩心的等温吸附实验（图 3-4-7 和图 3-4-8）显示，吸附气含量都在 1.5m³/t 之上，并随着深度有增大趋势，吸附气量与 TOC 具有较好的正相关性。

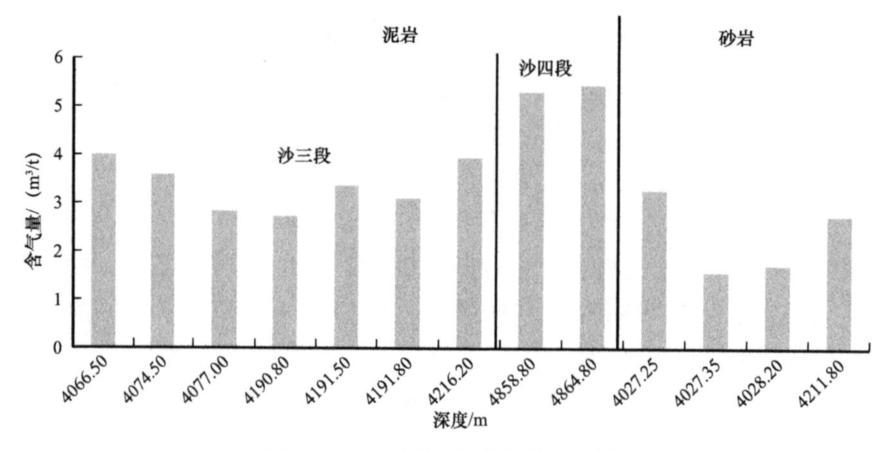


图 3-4-6　双兴 1 井含气量对比图

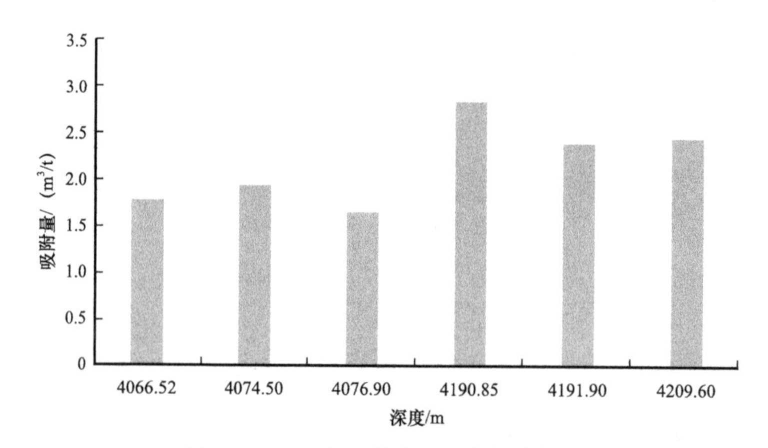


图 3-4-7　双兴 1 井等温吸附实验结果

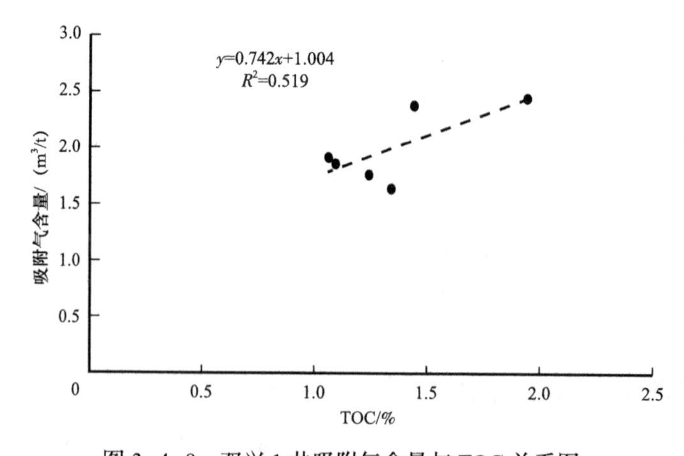


图 3-4-8　双兴 1 井吸附气含量与 TOC 关系图

## 参考文献


[1] 匡立春，侯连华，杨智，等. 陆相页岩油储层评价关键参数及方法[J]. 石油学报，2021，42(1)：1-14.

[2] 彭海艳，陈洪德，向芳，等. 微量元素分析在沉积环境识别中的应用——以鄂尔多斯盆地东部二叠系山西组为例[J]. 新疆地质，2006，24(2)：202-205.

[3] 杨峰，宁正福，胡昌蓬，等. 页岩储层微观孔隙结构特征[J]. 石油学报，2013，34(2)：302-309.

[4] 陈杰，周改英，赵喜亮，等. 储层岩石孔隙结构特征研究方法综述[J]. 特种油气藏，2005，12(4)：12-14.

[5] 中华人民共和国国家质量监督检验检疫总局、中国国家标准化管理委员会. 压汞法和气体吸附法测定固体材料孔径分布和孔隙度：第2部分：气体吸附法分析介孔和大孔：GB/T 21650.2—2008[S]. 北京：中国标准出版社.

[6] 承秋泉，陈红宇，范明. 盖层全孔隙结构测定方法[J]. 石油实验地质，2006，28(6)：605-608.

[7] 路凤香，桑隆健. 岩石学[M]. 北京：地质出版社，2002.

[8] 罗顺社，魏炜，魏新善，等. 致密砂岩储层微观结构表征及发展趋势[J]. 石油天然气学报(江汉石油学院学报)，2013，35(9)：6-10.

[9] 邹才能，朱如凯，白斌，等. 中国油气储层中纳米孔首次发现及其科学价值[J]. 岩石学报，2011，27(6)：1857-1864.

[10] 潘尚文. 陆东凹陷前后河地区油藏特征及分布规律研究[J]. 高校地质学报，2008，30(6)：171-175.

# 第四章　非常规油气“甜点”预测及地震—地质建模技术

随着非常规油气勘探及地质认识的不断深入，目前存在以下瓶颈技术问题，严重制约了辽河坳陷非常规油气资源的规模发现及有效动用。一是辽河坳陷非常规油气类型多，储层复杂，缺乏成熟的“甜点”综合评价方法；二是辽河坳陷非常规油气埋深普遍大于3000m，储层薄，空间变化快，“甜点”地震预测难度大。通过近几年雷家、大民屯页岩油的地质、测井和地震攻关研究，初步已形成三项技术：一是形成非常规油气“甜点”综合评价方法，能够利用岩性、测井资料准确识别岩性、评价储层物性、含油性、脆性、地应力；二是初步形成非常规油气“甜点”地震预测技术，对有利岩性、物性、储层进行预测，初步落实“甜点”平面分布。三是初步建立了地震—地质建模方法，形成对TOC、电阻率、岩性、GR等数据体进行三维建模。

## 第一节　非常规油气测井“七性”关系评价方法

根据资料情况，本节以西部凹陷雷家地区为例，叙述非常规油气测井“七性”关系评价方法和页岩油（致密油）“甜点”地震预测技术。

雷家地区位于辽河坳陷西部凹陷中北段，沙四段杜家台沉积时期在封闭湖湾背景下形成了湖相碳酸盐岩沉积（图4-1-1），分布面积约260km$^2$。碳酸盐岩储层以薄层或纹层状泥晶、粉晶白云岩为主，岩心分析孔隙度一般为4%～16%，平均为11.2%，岩心分析渗透率一般为0.1～32mD，平均为6.76mD。白云岩类储层与沙四段优质烃源岩呈互层状分布，为页岩油形成提供了有利条件（图4-1-2）。

### 一、非常规油气主控因素分析

通过开展非常规油气“七性”关系研究，明确岩性是该区页岩油分布的主控因素，即岩性控制物性，岩性、物性综合控制含油性，岩性、孔隙结构及孔喉控制产能。

（1）岩性控制储集空间类型及物性。

通过对沙四段页岩油岩心储集空间类型分析，随着岩心中泥质、方沸石含量增大，岩性由碳酸盐岩向泥页岩或向方沸石岩过渡，储集空间由以孔隙为主向以裂缝为主变化。白云岩类储集空间以次生溶蚀孔隙为主，方沸石岩类储集空间以裂缝为主（图4-1-3）。在白云岩中，随着泥质含量增大，储层渗透率急剧降低（图4-1-4）；随着方沸石含量增大，孔喉变小，储层物性变差（图4-1-5）。

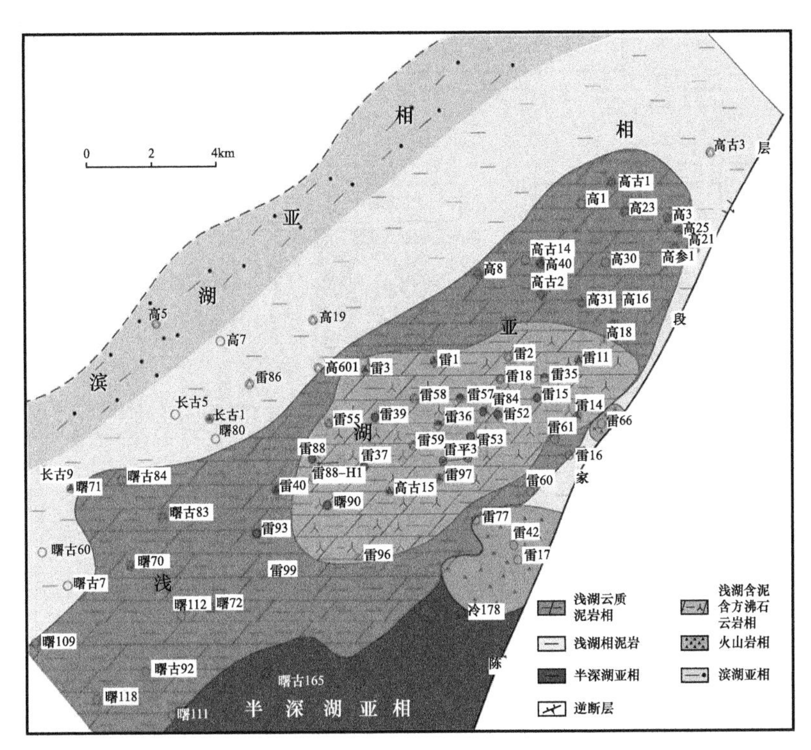


图 4-1-1　雷家地区沙四段杜家台油层沉积相图

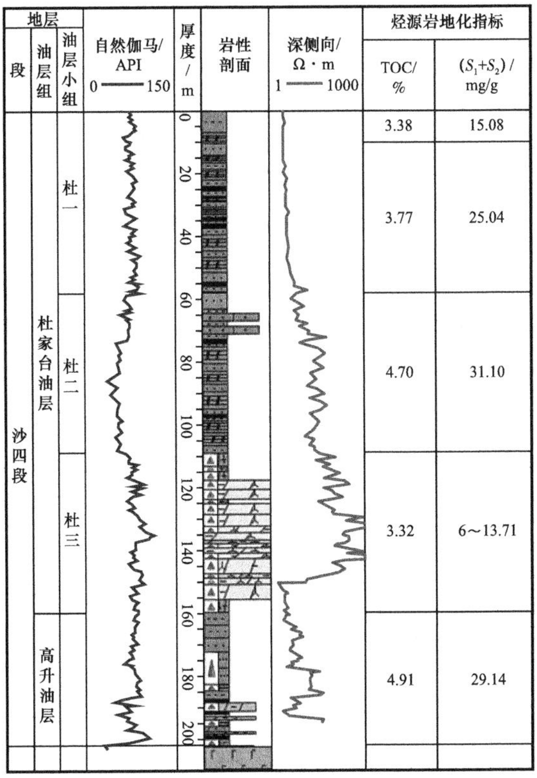

| 地层 | | | 自然伽马/API | 厚度/m | 岩性剖面 | 深侧向/Ω·m | 烃源岩地化指标 | |
|---|---|---|---|---|---|---|---|---|
| 段 | 油层组 | 油层小组 | 0—150 | | | 1—1000 | TOC/% | $(S_1+S_2)$/mg/g |
| 沙四段 | 杜家台油层 | 杜一 | | 0, 20, 40 | | | 3.38 | 15.08 |
| | | | | | | | 3.77 | 25.04 |
| | | 杜二 | | 60, 80, 100 | | | 4.70 | 31.10 |
| | | 杜三 | | 120, 140 | | | 3.32 | 6～13.71 |
| | 高升油层 | | | 160, 180, 200 | | | 4.91 | 29.14 |

图 4-1-2　雷家沙四段综合柱状图

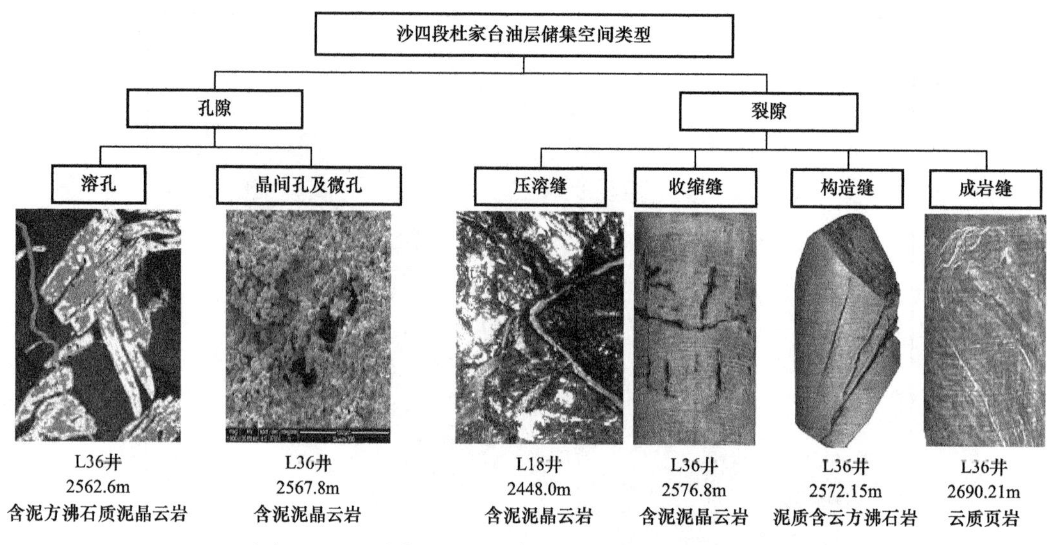


图 4-1-3　雷家地区沙四段杜家台油层储集空间类型

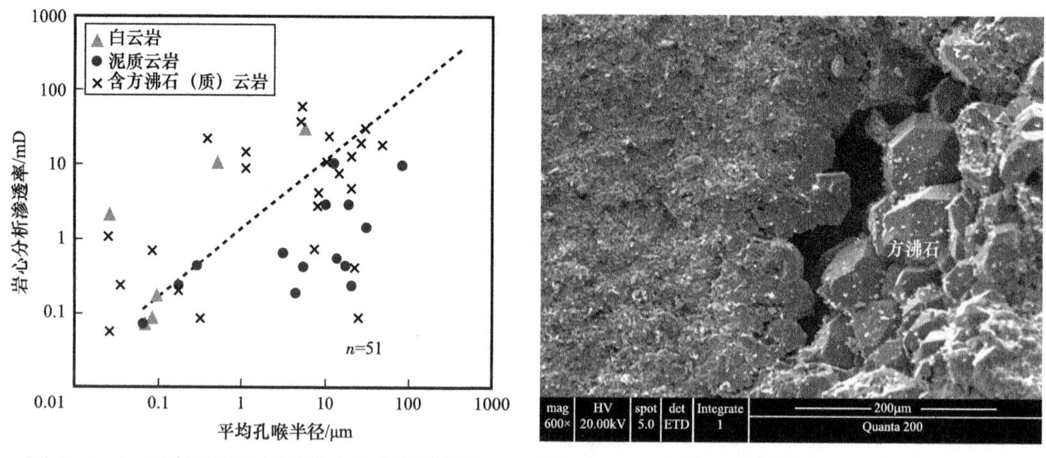


图 4-1-4　雷家地区沙四段岩心分析孔隙度与孔喉半径交会图

图 4-1-5　方沸石质泥晶云岩，方沸石充填孔隙（L36 井，2574.37m）

针对雷家地区湖相碳酸盐岩页岩油，开展了致密岩石岩心联测，在此基础上建立页岩油“铁柱子”，开展页岩油“七性”关系研究，明确了页岩油油层主控因素，建立了湖相碳酸盐岩页岩油测井评价方法、模型及测井评价标准，形成页岩油测井评价工作流程。

（2）岩性、物性综合控制含油性。

根据岩性、物性及含油性联测结果，随着岩心中白云石含量增加、泥质含量降低，岩心分析孔隙度和渗透率升高，同时岩心的油气显示级别也逐渐升高（图 4-1-6）。

（3）岩性、孔隙结构及孔喉影响产能。

根据杜家台油层储层微观孔隙结构分析结果，随着储层中白云石含量降低、泥质含量升高，岩石比表面积增大，油气所能进入的孔喉减小（岩心含油气饱和度增大），油气采出所需要的突破压力增大（图 4-1-7 和图 4-1-8）。

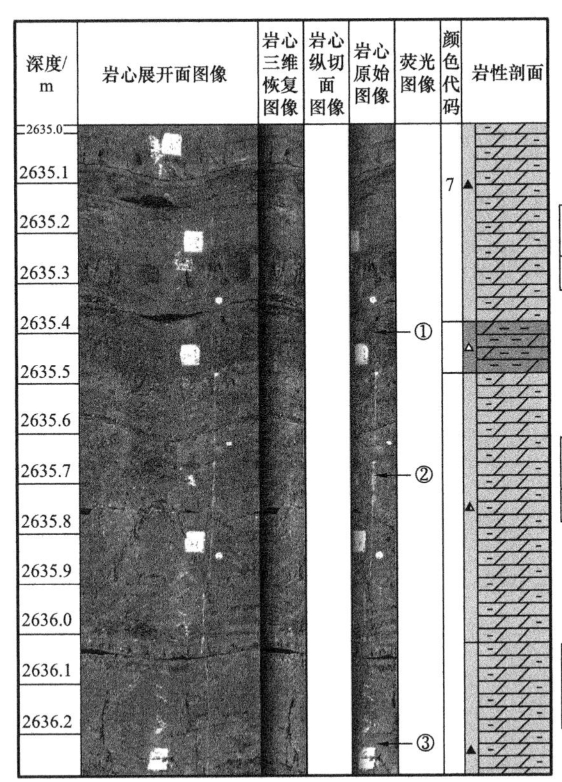


L84井岩性、物性及含油性特征

取样点①2635.40m，云质泥岩
岩心孔隙度1.9%；渗透率2.81mD

| 黏土总量 | 石英 | 钾长石 | 斜长石 | 方解石 | 赤铁矿 | 菱铁矿 | 黄铁矿 | 方沸石 | 白云石类 |
|---|---|---|---|---|---|---|---|---|---|
| 5.2 | 3.0 | 6.8 | 32.9 | 7.9 |  | 2.2 | 2.8 | 10.6 | 28.6 |

取样点②2635.68m，含方沸石泥质泥晶云岩
岩心孔隙度2.7%；渗透率9.78mD

| 黏土总量 | 石英 | 钾长石 | 斜长石 | 方解石 | 赤铁矿 | 菱铁矿 | 黄铁矿 | 方沸石 | 白云石类 |
|---|---|---|---|---|---|---|---|---|---|
| 5.3 |  | 5.0 | 29.2 |  |  |  |  | 12.3 | 48.2 |

取样点③2636.22m，泥质泥晶云岩
岩心孔隙度7.3%；渗透率3.98mD

| 黏土总量 | 石英 | 钾长石 | 斜长石 | 方解石 | 赤铁矿 | 菱铁矿 | 黄铁矿 | 方沸石 | 白云石类 |
|---|---|---|---|---|---|---|---|---|---|
| 8.7 | 4.3 | 3.6 | 20.2 |  |  | 1.1 |  |  | 62.1 |

图 4-1-6　L84 井沙四段岩心岩性、物性及含油性特征图

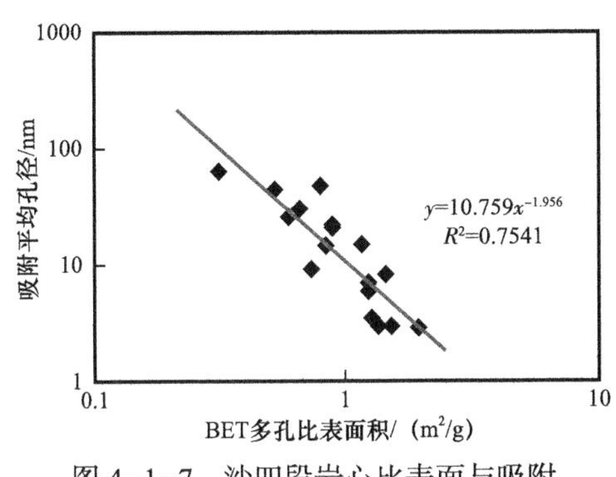


图 4-1-7　沙四段岩心比表面与吸附平均孔径交会图

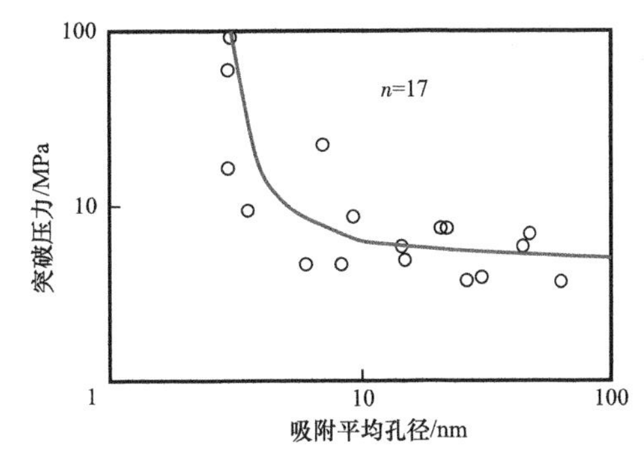


图 4-1-8　沙四段岩心吸附平均孔径与突破压力交会图

## 二、非常规油气测井评价方法及模型

根据非常规油气主控因素，优选对“七性”敏感的测井项目，采用岩心刻度测井的方法建立非常规油气测井评价方法和模型。

（1）烃源岩有机质丰度。

在岩心刻度测井基础上，建立了利用自然伽马能谱铀曲线计算烃源岩丰度模型[1-2]。根据岩心地化测试及有机质丰度测井计算结果，确定雷家地区优质烃源岩（TOC大于2%）分布范围达 200km$^2$（图 4-1-9 和图 4-1-10）。

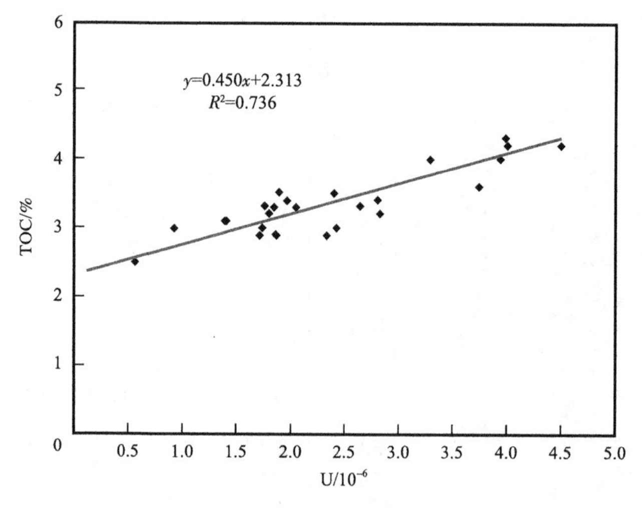


图 4-1-9　U 与实验分析 TOC 关系图

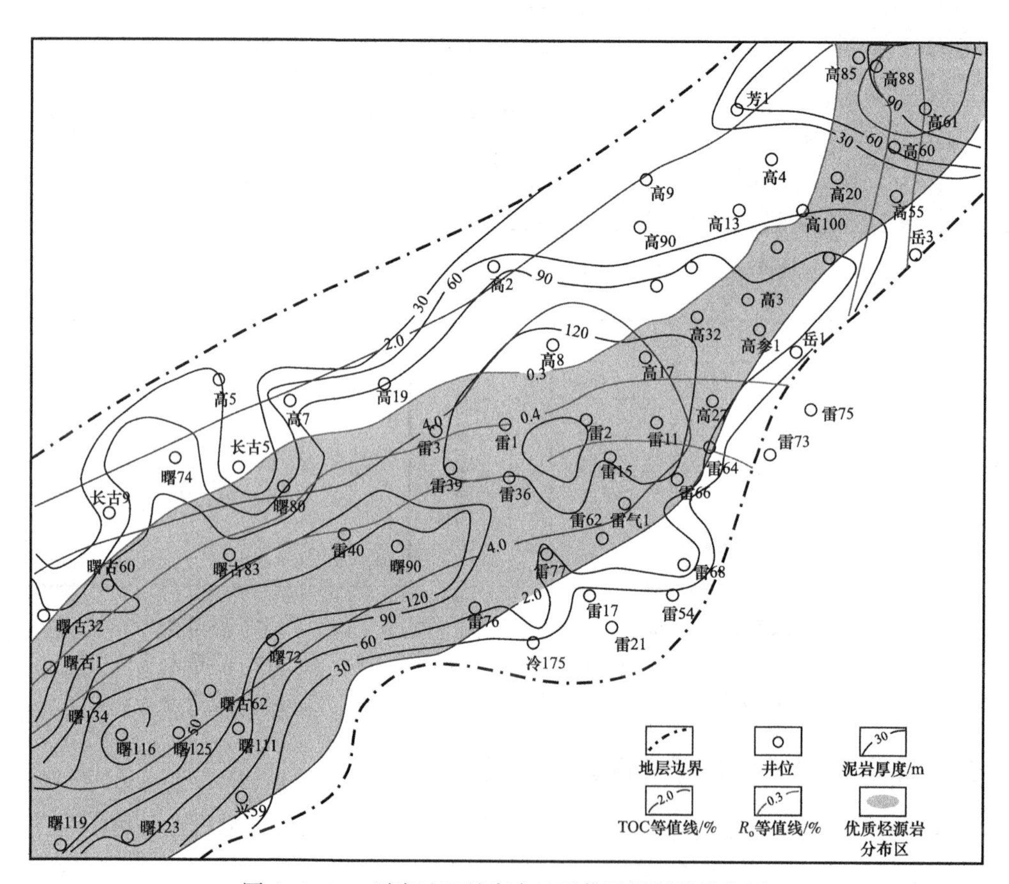


图 4-1-10　雷家地区杜家台油层优质烃源岩分布图

（2）岩性。

根据岩心 X 射线衍射分析结果，确定沙四段杜家台油层矿物组成主要为白云石、方沸石、泥质及干酪根。在此基础上，建立了多矿物模型，利用最优化方法计算上述主要矿物百分含量。根据岩心及测井多矿物处理结果，将目的层岩性划分为白云岩类、泥岩类和方沸石岩类（图 4-1-11）。

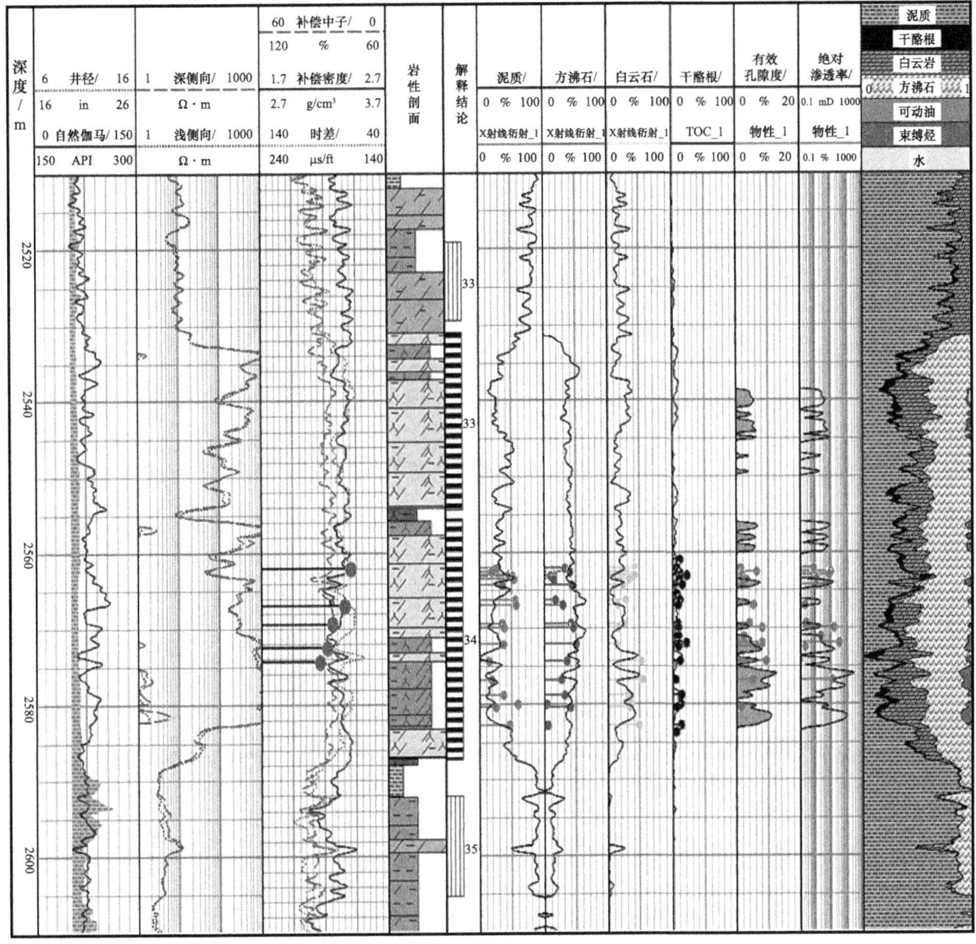


图 4-1-11 L36 井岩石矿物成分测井评价成果图

（3）物性。

根据岩心核磁共振测量结果，确定有效孔隙度 $T_2$ 起算值 33ms，可动流体 $T_2$ 截止值 10ms。利用核磁共振测井计算储层孔隙度，利用 Coates 模型计算渗透率[3]（图 4-1-12）。

（4）含油性。

建立了利用核磁共振和毛细管压力曲线两种方法评价储层含油饱和度的方法和模型。方法一：利用核磁共振 $T_2$ 谱构建伪毛细管压力曲线，计算孔喉分布和含油饱和度（图 4-1-13）。方法二：利用雷家地区沙四段岩心微观孔隙分析结果，建立孔喉直径与吸附气饱和度交会图。结果表明，在孔喉半径小于 25nm 时，孔隙流体以“吸附”作用为主；孔喉半径大于 25nm 时，孔隙中存在“游离”的流体，由此流体确定储层最小流动孔喉半径为 25nm（图 4-1-14）。据此，利用岩心毛细管压力曲线采用最小喉道半径法计算储层原始含油饱和度（图 4-1-15）。

利用核磁共振、毛细管压力曲线等方法确定目的层含油饱和度在 30%～85%。

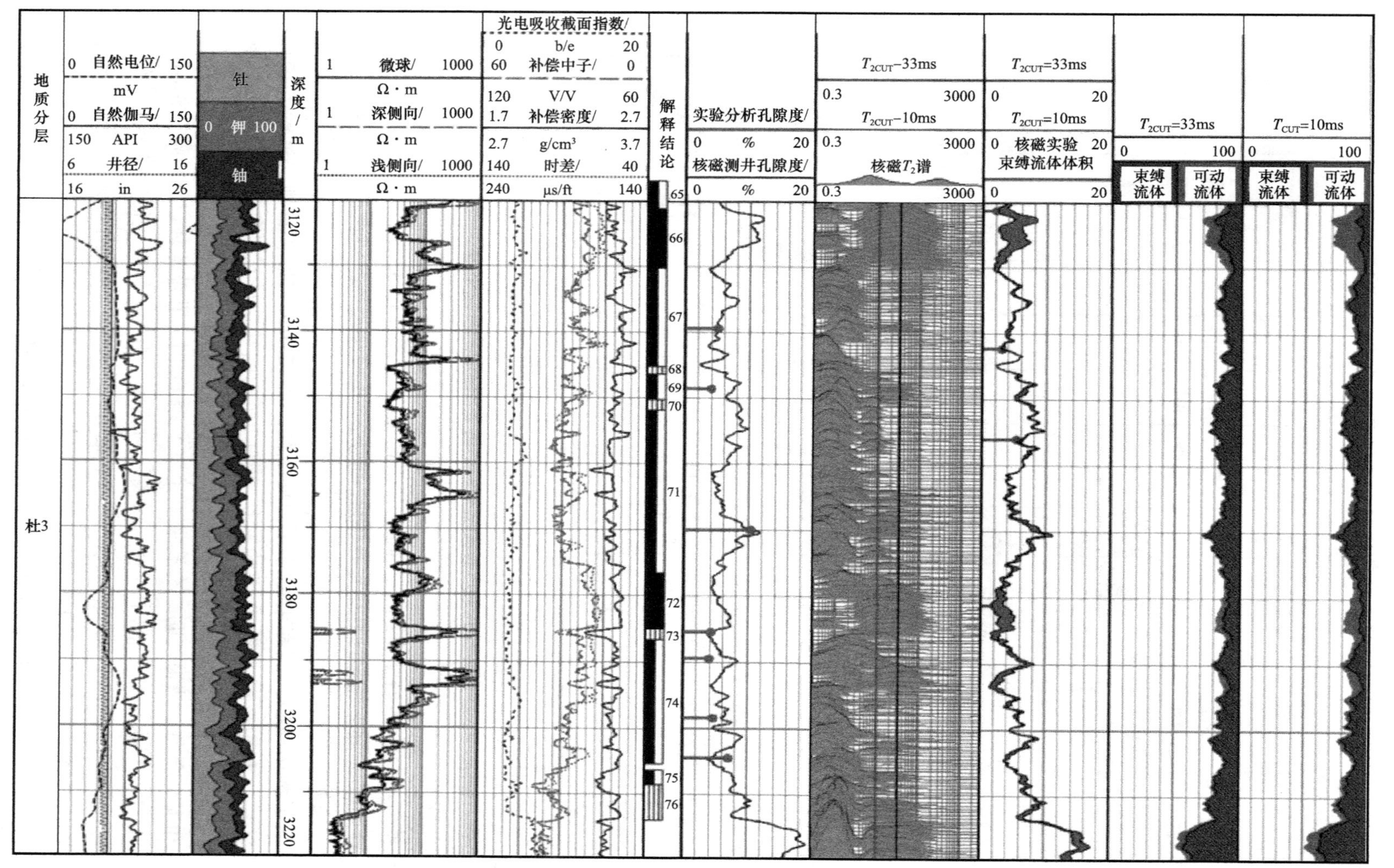


图4-1-12　L97井核磁共振处理解释成果图

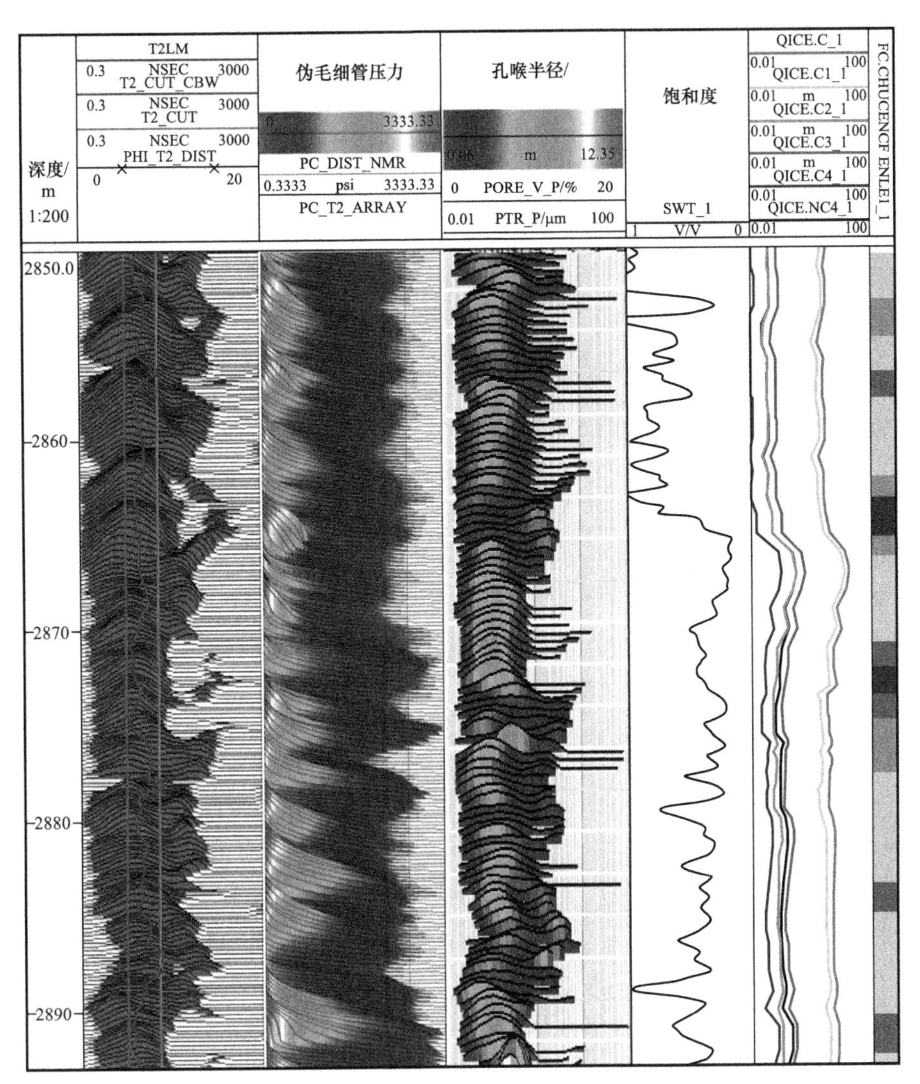


图 4-1-13 L93 井核磁测井含油性评价图

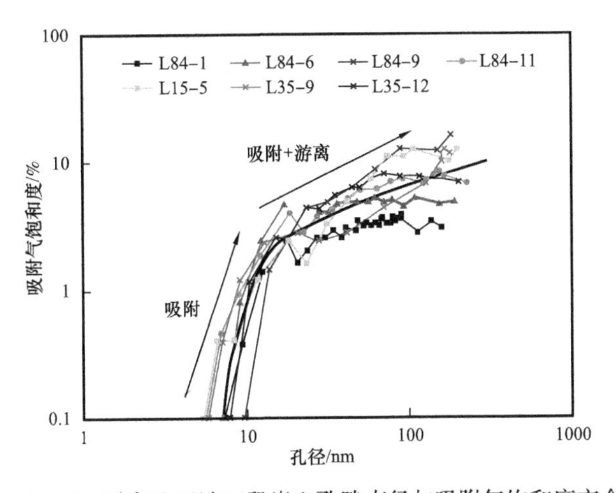


图 4-1-14 雷家地区沙四段岩心孔隙直径与吸附气饱和度交会图

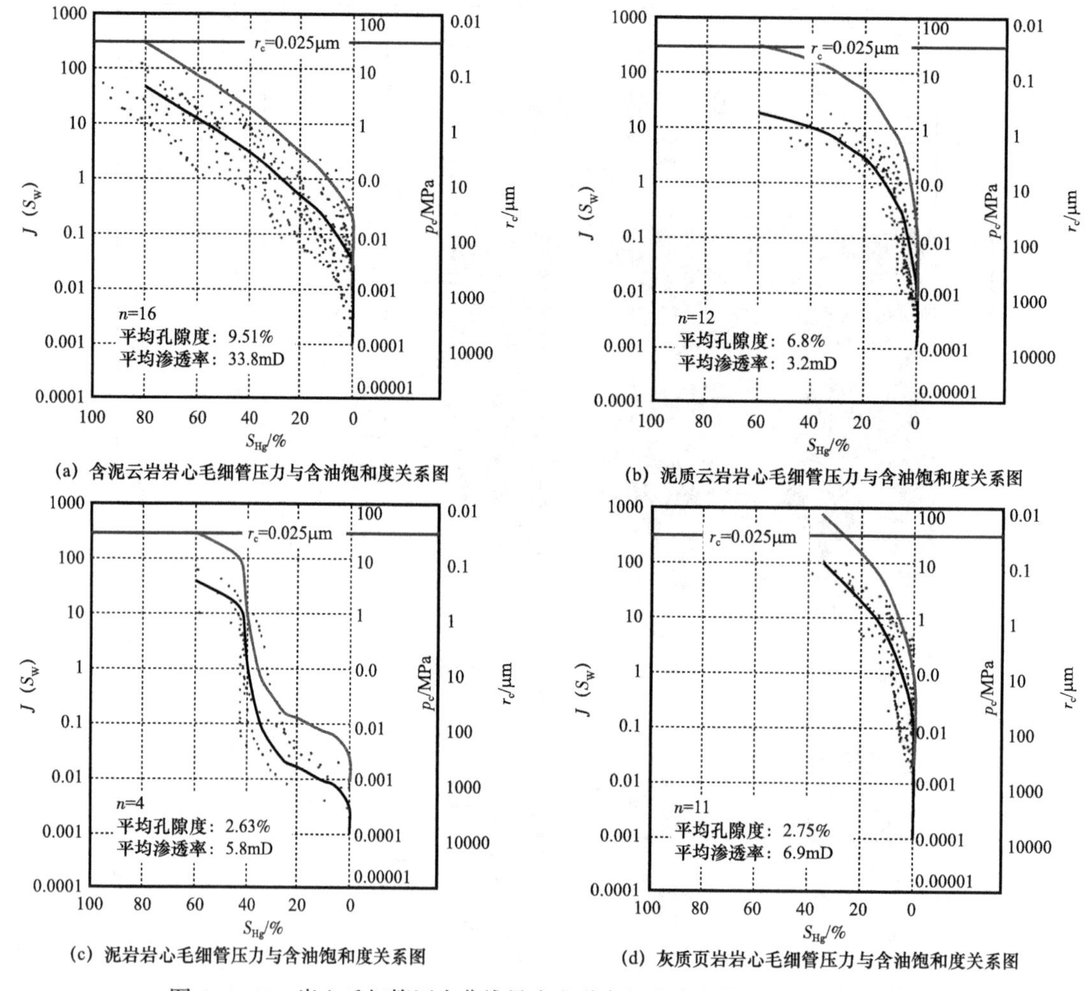


(a) 含泥云岩岩心毛细管压力与含油饱和度关系图

(b) 泥质云岩岩心毛细管压力与含油饱和度关系图

(c) 泥岩岩心毛细管压力与含油饱和度关系图

(d) 灰质页岩岩心毛细管压力与含油饱和度关系图

图 4-1-15　岩心毛细管压力曲线最小喉道半径法确定储层原始含油饱和度

（5）脆性。

建立了利用阵列声波测井得到的纵波、横波时差计算杨氏模量、泊松比等弹性力学参数的方法和模型，进而计算岩石脆性指数（图 4-1-16）。雷家地区沙四段测井计算储层的岩石脆性指数为 35%～75%。

杨氏模量：

$$E=\frac{\rho_{\mathrm{b}}}{\left(DT_{\mathrm{s}}\right)}\times\frac{3\left(DT_{\mathrm{s}}\right)^{2}-4\left(DT_{\mathrm{p}}\right)^{2}}{\left(DT_{\mathrm{s}}\right)^{2}-\left(DT_{\mathrm{p}}\right)^{2}} \tag{4-1-1}$$

泊松比：

$$\mu=\frac{1}{2}\frac{\left(DT_{\mathrm{s}}\right)^{2}-2\left(DT_{\mathrm{p}}\right)^{2}}{\left(DT_{\mathrm{s}}\right)^{2}-\left(DT_{\mathrm{p}}\right)^{2}} \tag{4-1-2}$$

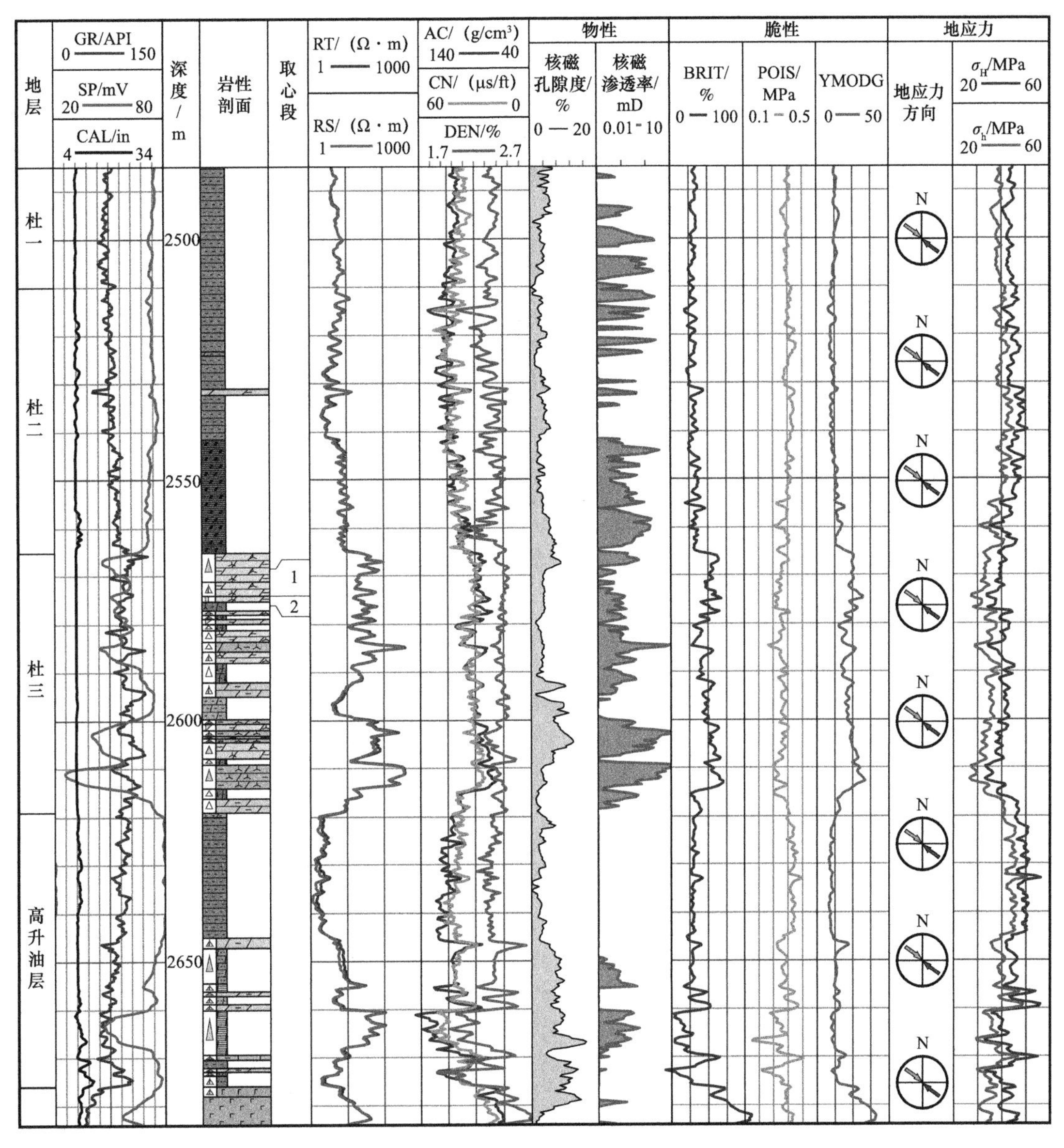


图 4-1-16　L88 井脆性、地应力测井处理成果图

脆性指数：

$$\mathrm{BRIT}=\frac{\Delta E+\Delta \mu}{2}\times 100 \qquad (4\text{-}1\text{-}3)$$

式中　$DT_{\mathrm{s}}$——横波时差，μs/m；

$DT_{\mathrm{p}}$——纵波时差，μs/m；

$\rho_{\mathrm{b}}$——岩石密度，g/cm³；

$\Delta E$——归一化处理后的岩石杨氏模量，N/m²；

$\Delta\mu$——归一化处理后的岩石泊松比。

（6）地应力各向异性。

建立各向异性弹性应变水平地应力计算模型，计算工区最大最小水平主应力差为5～10MPa。

最大水平主应力：

$$\sigma_{\mathrm{H}}=\frac{\mu}{1-\mu}\left(p_0-\alpha p_{\mathrm{p}}\right)+\beta_{\mathrm{H}}\left(p_0-\alpha p_{\mathrm{p}}\right)+\alpha p_{\mathrm{p}} \tag{4-1-4}$$

最小水平主应力：

$$\sigma_{\mathrm{h}}=\frac{\mu}{1-\mu}\left(p_0-\alpha p_{\mathrm{p}}\right)+\beta_{\mathrm{h}}\left(p_0-\alpha p_{\mathrm{p}}\right)+\alpha p_{\mathrm{p}} \tag{4-1-5}$$

有效应力系数：

$$\alpha=1-\frac{\rho_{\mathrm{b}}\left(3v_{\mathrm{p}}^2-4v_{\mathrm{s}}^2\right)}{\rho_{\mathrm{ma}}\left(3v_{\mathrm{mp}}^2-4v_{\mathrm{ms}}^2\right)} \tag{4-1-6}$$

式中 $\mu$——静态泊松比；

$p_0$——上覆地层压力，kPa；

$p_{\mathrm{p}}$——地层孔隙压力，kPa；

$\beta_{\mathrm{H}}$——最大水平构造应力系数；

$\beta_{\mathrm{h}}$——最小水平构造应力系数；

$\rho_{\mathrm{b}}$——地层密度，g/cm$^3$；

$\rho_{\mathrm{ma}}$——岩石骨架密度，g/cm$^3$；

$v_{\mathrm{p}}$——地层纵波速度，μs/m；

$v_{\mathrm{s}}$——地层横波速度，μs/m；

$v_{\mathrm{mp}}$——岩石骨架纵波速度，μs/m；

$v_{\mathrm{ms}}$——岩石骨架横波速度，μs/m。

## 二、非常规油气测井评价标准与工作流程

### （一）测井评价标准

在测井资料精细处理的基础上，根据非常规油气主控因素，结合试油投产井的产能情况，建立雷家地区沙四段湖相碳酸盐岩页岩油油层分类评价标准（表4-1-1）。

Ⅰ类：白云石含量大于50%，泥质含量小于40%；地层厚度大于40m；孔隙度大于10%，渗透率大于20mD；岩心含油级别在油斑以上，含油饱和度大于80%；岩石脆性指数为40%～75%；试油有自然产能，直井累计产量2000t以上或压后累计产量5000t以上。

Ⅱ类：白云石含量大于40%，泥质含量小于50%；地层厚度大于30m；孔隙度大于6%，

渗透率大于 1mD；岩心含油级别以油斑、油迹为主，含油饱和度为 60%～80%；岩石脆性指数为 40%～75%；压后获工业油流，直井累计产量低于 2000t。

**表 4-1-1　雷家沙四段湖相碳酸盐岩页岩油主控参数评价标准表**

<table>
<tr><td rowspan="3">油层分类</td><td colspan="4">岩性</td><td rowspan="3">岩心分析孔隙度 /%</td><td colspan="2">含油性</td><td rowspan="3">岩石脆性指数 /%</td></tr>
<tr><td rowspan="2">主要岩性</td><td colspan="3">岩石矿物成分 /%</td><td rowspan="2">岩心含油级别</td><td rowspan="2">含油饱和度 /%</td></tr>
<tr><td>白云石</td><td>方沸石</td><td>泥质</td></tr>
<tr><td>Ⅰ类</td><td>含泥（方沸石）泥晶云岩</td><td>>50</td><td>0～10</td><td><40</td><td>>10</td><td>油斑以上为主</td><td>>80</td><td>40～75</td></tr>
<tr><td rowspan="2">Ⅱ类</td><td>含泥含方沸石泥晶云岩</td><td>>40</td><td>10～20</td><td><50</td><td>>6</td><td>油斑油迹为主</td><td rowspan="2">60～80</td><td>40～75</td></tr>
<tr><td>泥质泥晶云岩</td><td>>50</td><td>0</td><td><50</td><td>>6</td><td>油斑油迹为主</td><td>60～75</td></tr>
<tr><td rowspan="2">Ⅲ类</td><td>泥质云岩、云质页岩互层</td><td><50</td><td>0</td><td>>50</td><td>>6</td><td rowspan="2">荧光以上</td><td rowspan="2">40～60</td><td>30～60</td></tr>
<tr><td>方沸石质岩类</td><td><30</td><td>>20</td><td><50</td><td><6</td><td>30～75</td></tr>
<tr><td>Ⅳ类</td><td>泥页岩类</td><td><50</td><td>0</td><td>>50</td><td><6</td><td></td><td><40</td><td><35</td></tr>
</table>

Ⅲ类：白云石含量小于 50%，泥质含量大于 50%；地层厚度大于 20m；孔隙度大于 6%，渗透率小于 1mD；岩心含油级别在荧光以上，含油饱和度为 40%～60%；岩石脆性指数为 30%～60%，压后可获工业油流，投产后产量递减快，累计产量低于 1000t。

### （二）测井评价工作流程

2013 年以来，针对雷家地区沙四段湖相碳酸盐岩页岩油，开展测井评价技术攻关，建立了测井评价技术，形成了非常规油气测井评价工作流程（图 4-1-17）。

（1）针对页岩油目标，首先开展基础地质资料收集、整理和评价工作，明确页岩油面临的问题及测井需求；

（2）在钻井施工前，完成目的层岩心联测实验设计及测井采集项目设计，保证页岩油测井评价所需岩心实验结果及测井资料；

（3）根据岩心联测实验结果，建立页岩油“铁柱子”，开展页岩油“七性”关系研究，明确页岩油油层主控因素，建立页岩油测井评价方法及模型，形成页岩油测井评价标准；

（4）根据页岩油“七性”关系研究成果，开展页岩油测井精细处理解释；

（5）利用页岩油测井评价结果，开展地质工程应用，包括“甜点”刻画、储量参数研究、钻井及储层改造建议等。

## 三、测井刻画页岩油（致密油）“甜点”

根据页岩油“七性”关系研究成果，沙四段页岩油油层分布主要受岩石矿物成分、孔

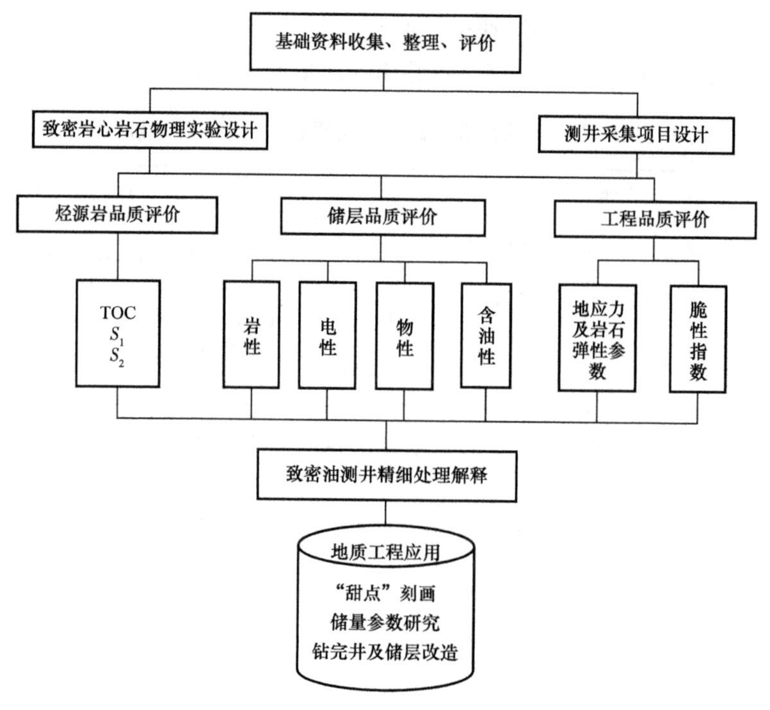


图 4-1-17　非常规油气测井评价工作流程图

隙结构及物性控制。白云石含量越高，物性越好（孔喉增大），含油性相应越好，储层产能越好。研究区内沙四段工业油流井白云石含量大于 40%，高产工业油流井白云石含量大于 50%。针对上述认识，采用构造、白云石、方沸石、泥质含量、油层有效厚度、原油密度、产能等 7 参数进行平面叠合，确定雷家沙四段湖相碳酸盐岩页岩油“甜点”分布范围，并得到新井验证。页岩油“甜点”刻画流程如下：

（1）在页岩油岩心联测基础上，利用 Geolog 等软件对测井资料精细处理，建立“七性”铁柱子（图 4-1-18）；

（2）根据单井岩石矿物成分重新解释岩性，准确落实油层顶面构造（图 4-1-19）；

（3）利用多井处理结果圈定岩石矿物成分的平面分布（图 4-1-20 至图 4-1-22）；

（4）根据页岩油评价标准解释单井油层有效厚度，利用多井确定油层有效厚度平面分布（图 4-1-23）；

（5）根据各井原油物性分析资料确定原油密度平面分布（图 4-1-24）；

（6）根据试油投产情况确定单井稳定日产油量平面分布（图 4-1-25）；

（7）在油层顶界构造图上叠合白云石、方沸石、泥质含量、油层有效厚度、原油密度和产能（图 4-1-26）；

（8）根据页岩油主控因素、评价标准圈定页岩油“甜点”分布（图 4-1-27）。

2014 年在沙四段杜家台油层Ⅰ类区和Ⅱ类区新增控制储量超过 $4000\times10^4$t。2015 年以来，在Ⅰ类区和Ⅱ类区内完钻 3 口井（雷 88-H1、雷 96、雷 99），均取得成功。

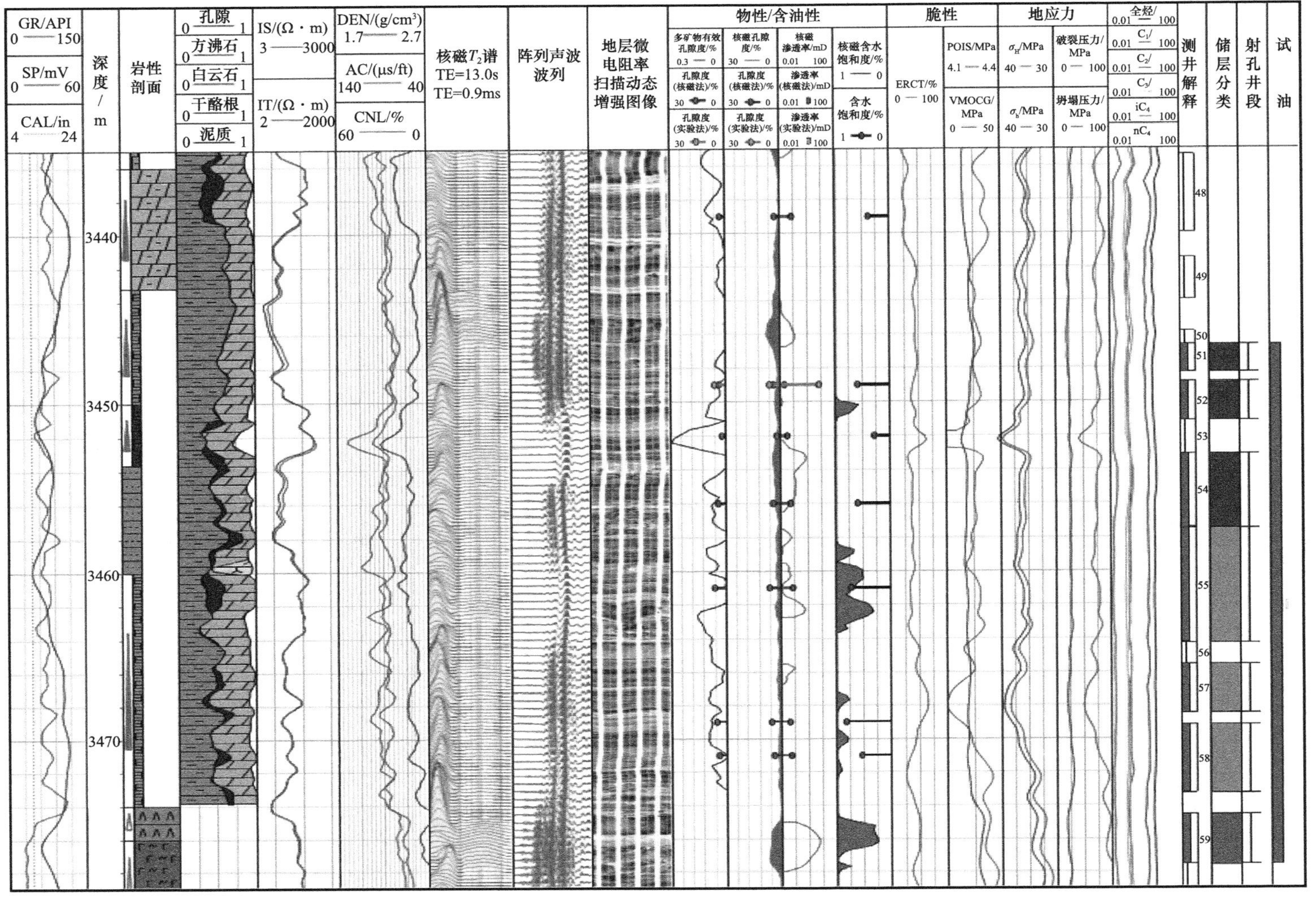


图4-1-18 L99井沙四段湖相碳酸盐岩页岩油“铁柱子”

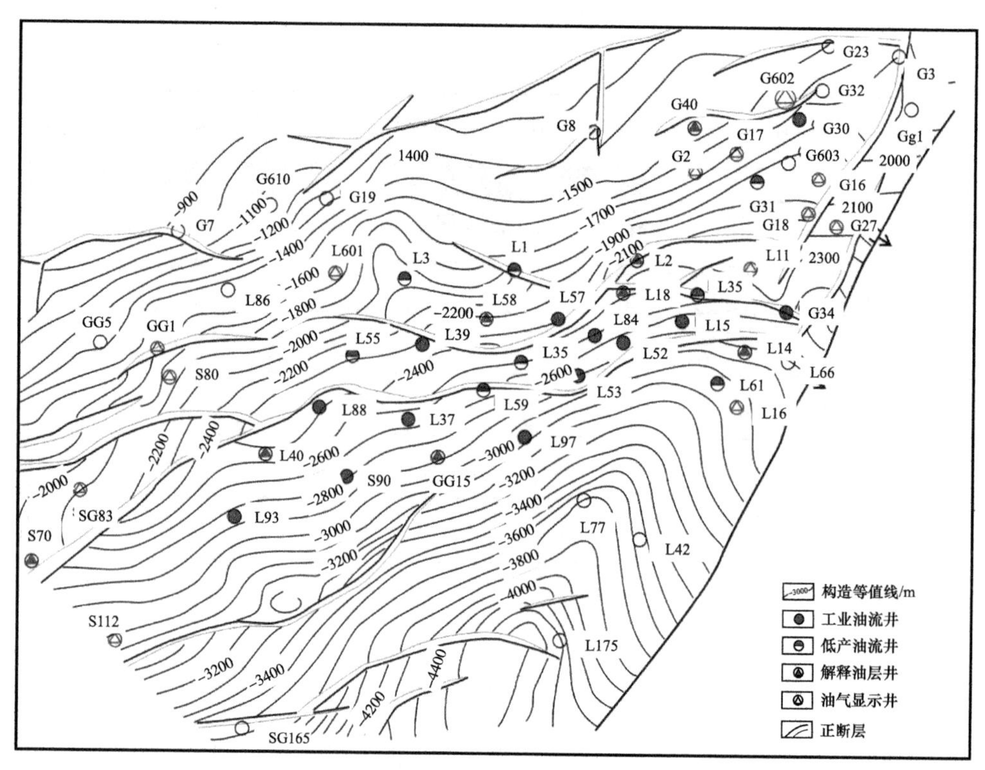


图 4-1-19　雷家地区沙四段杜家台油层顶面构造图

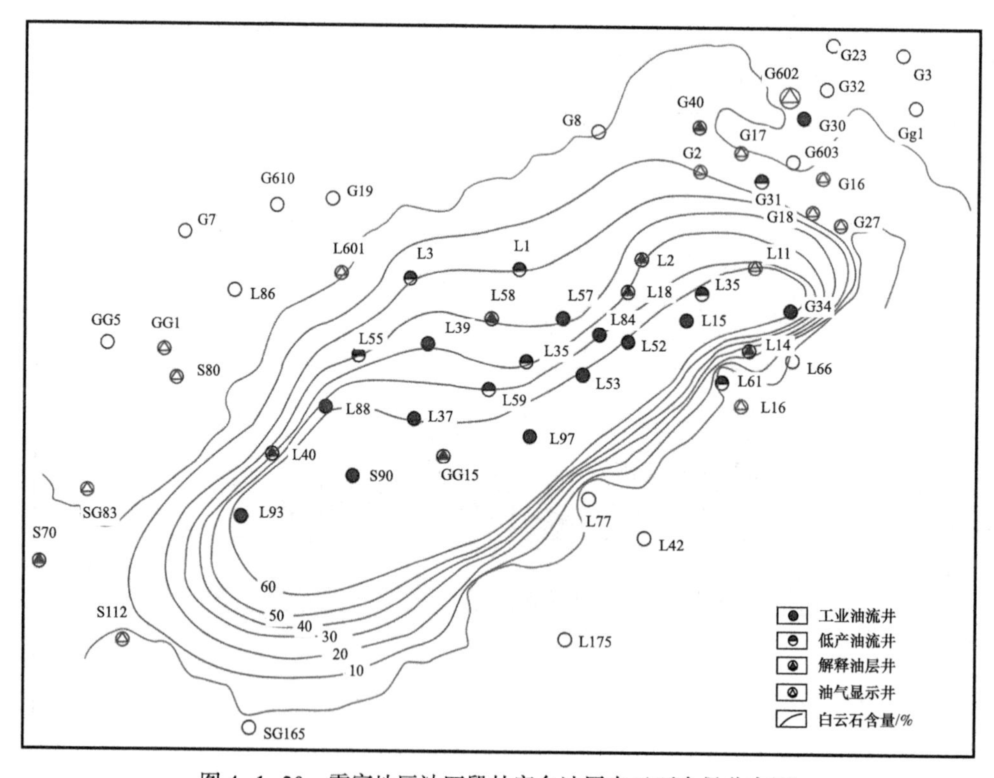


图 4-1-20　雷家地区沙四段杜家台油层白云石含量分布图

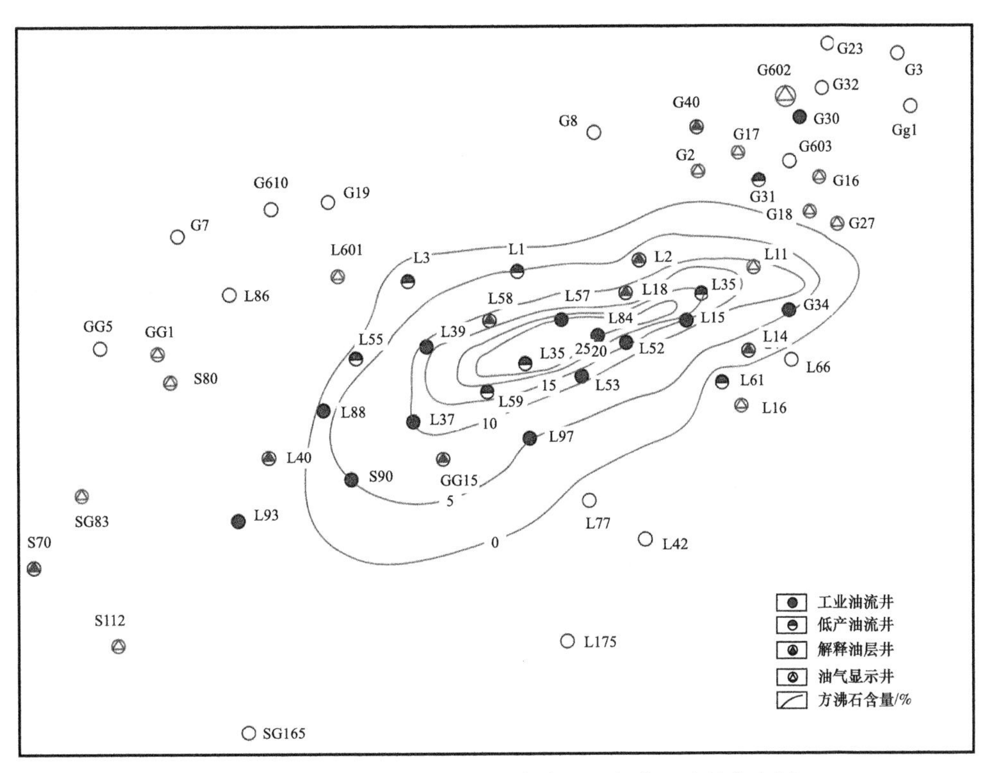


图 4-1-21　雷家地区沙四段杜家台油层方沸石含量分布图

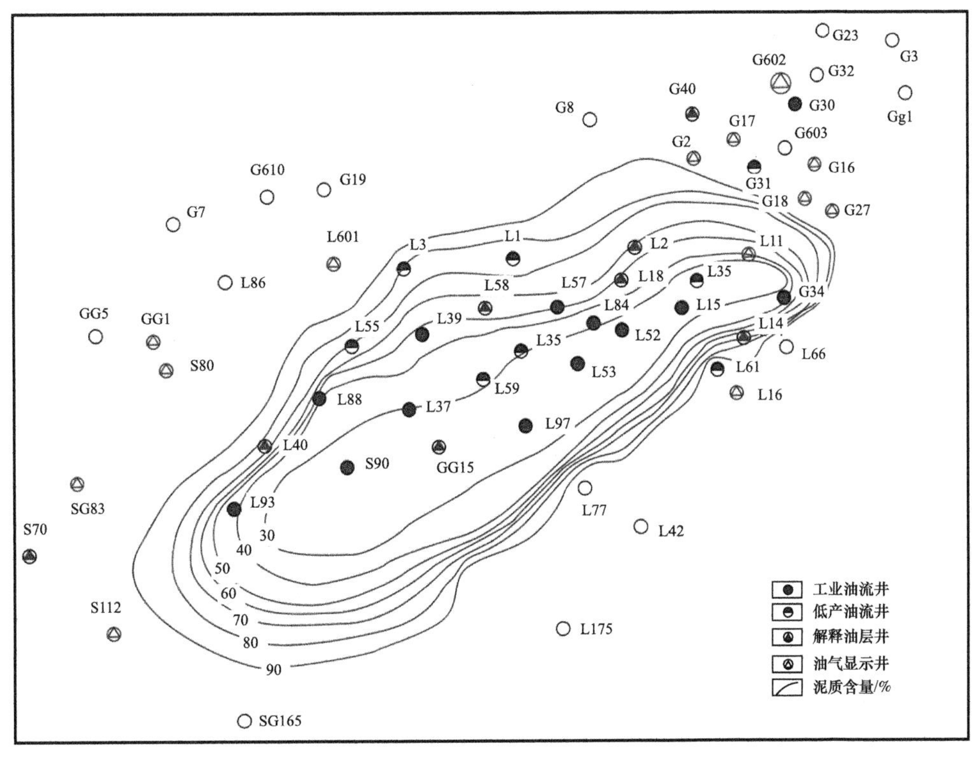


图 4-1-22　雷家地区沙四段杜家台油层泥质含量分布图

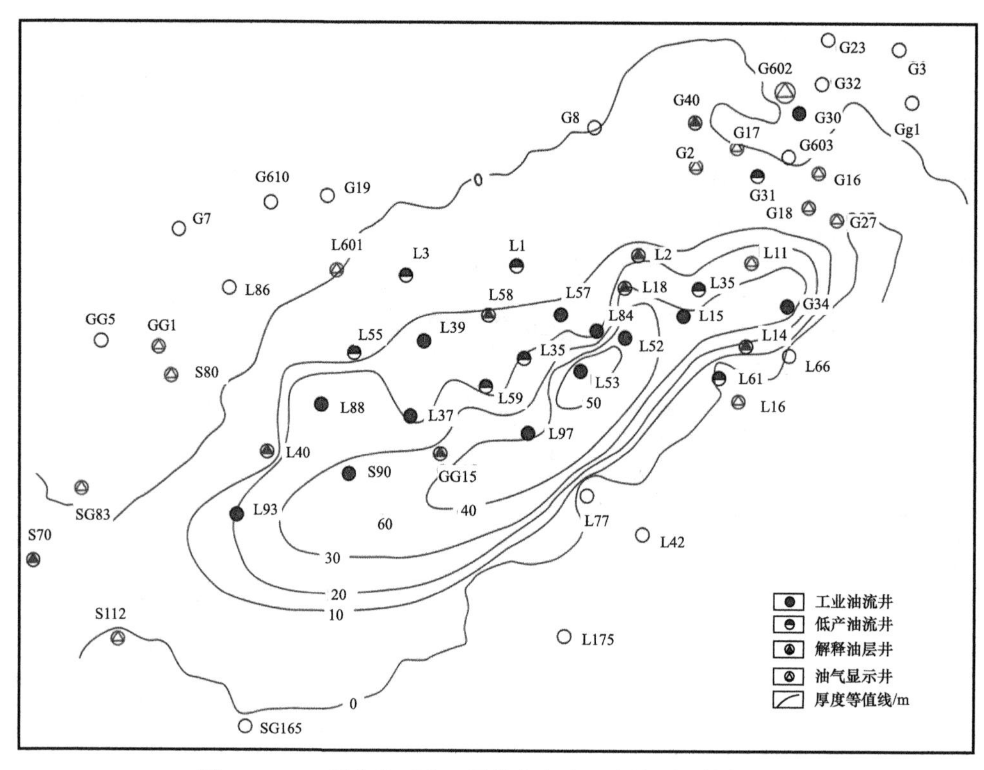


图 4-1-23　雷家地区沙四段杜家台油层有效厚度等值线图

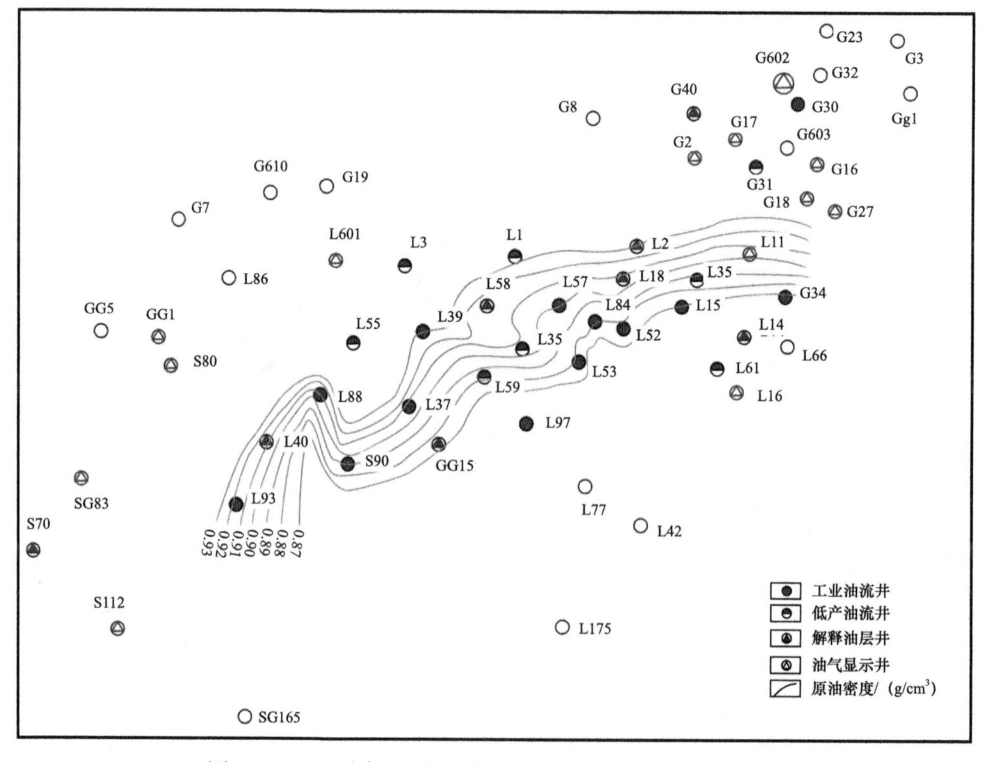


图 4-1-24　雷家地区沙四段杜家台油层原油密度分布图

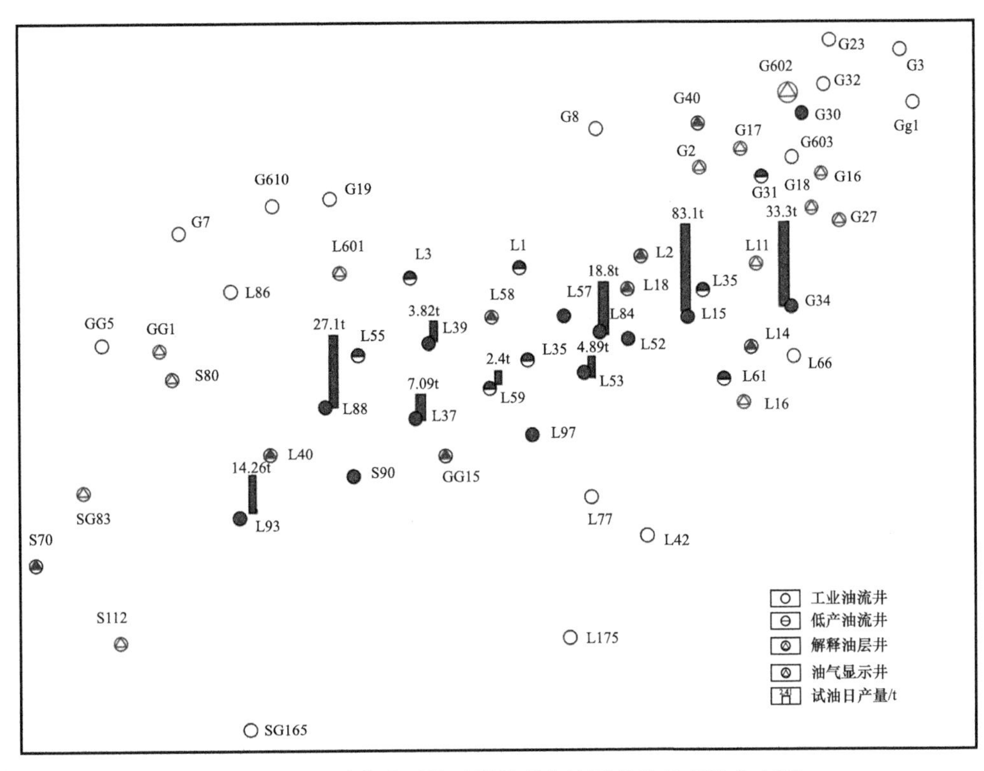


图 4-1-25　雷家地区沙四段杜家台油层单井日产油分布图

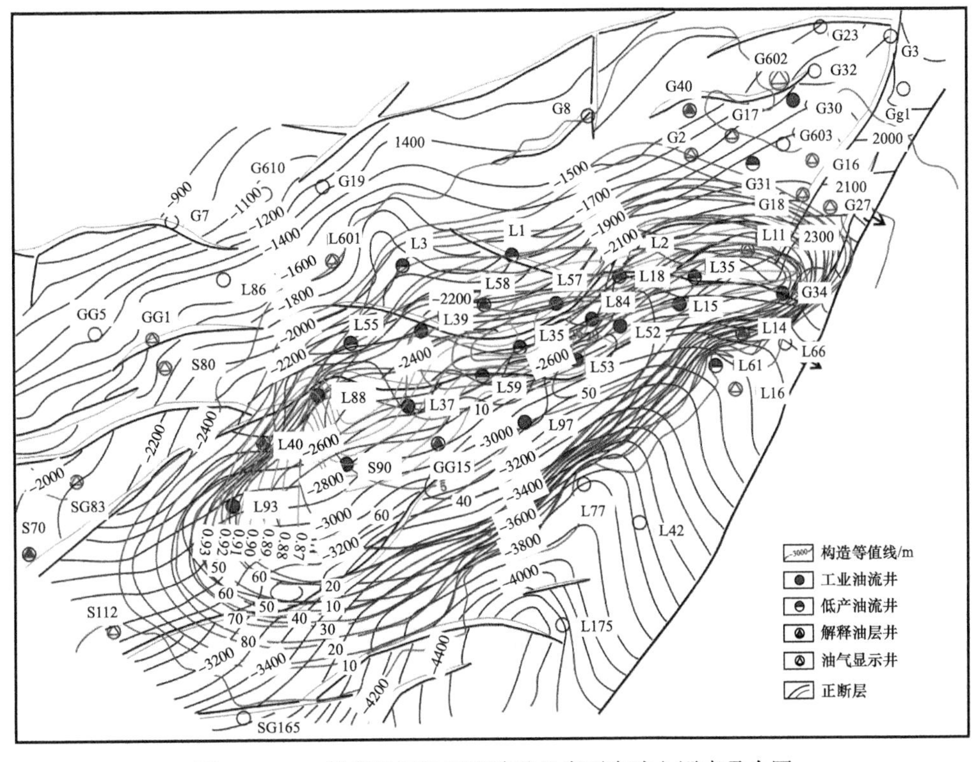


图 4-1-26　雷家地区沙四段碳酸盐岩页岩油七因素叠合图

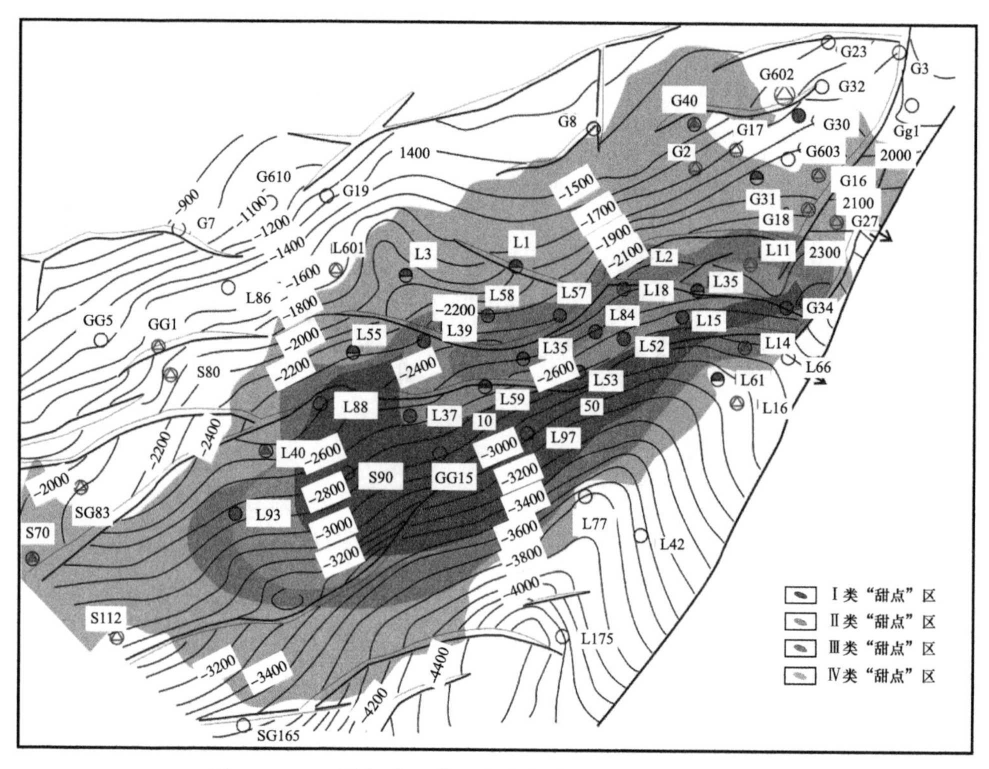


图 4-1-27　雷家地区沙四段杜家台油层“甜点”分布图

水平井雷 88-H1 井于沙四段杜家台油层完钻，水平段长 752.45m，储层钻遇率 26.43%，2015 年 8 月 4 日开始压后排液，2mm 油嘴，日产油 10t；2016 年 2 月 1 日下泵生产，日产油 11.8t。

雷 96 井在沙四段杜家台油层测井解释Ⅰ类、Ⅱ类、Ⅲ类储层总计 65.6m/13 层，雷 99 井在沙四段杜家台油层测井解释Ⅰ类、Ⅱ类、Ⅲ类储层总计 64.5m/9 层。目前雷 96 井、雷 99 井在杜家台油层下部的高升油层试油获工业油流，试采结束后将上返杜家台油层进行试油，预计这 2 口井在杜家台油层均可获得工业油流。

## 第二节　页岩油（致密油）“甜点”地震预测技术

页岩油（致密油）储层作为一类特殊的地质体，对其评价需要开展岩性、物性、脆性等“七性”关系研究，叠后波阻抗反演及属性分析技术已不能满足需求，地震预测技术需要从叠后走向叠前。叠前地震信号携带着比叠后地震数据更加丰富的信息，可获取代表储层特征的速度、阻抗和泊松比等属性参数，可进一步利用这些成果预测岩性、物性和含油气性等储层参数。叠前地震预测工作是油气藏精细描述中的重要技术手段，包含保幅处理、岩石物理和反演方法三个重要技术环节，其中保幅处理是开展叠前工作的基础。

## 一、“两宽一高”地震采集处理技术

“两宽一高”地震勘探是针对页岩油（致密油）目标勘探的一种有效手段，由于“两宽一高”地震资料的特有优势，其适用于薄互层发育区的油藏描述、各向异性发育区的裂缝预测、深层目标勘探、特殊岩性体勘探等。“两宽一高”技术的运用能够提高数据的保真度和分辨率，以及联合反演的精度，减少反演的多解性，对薄储层、小砂体、小尺度非均质体等精细油藏描述具有重要意义；利用“两宽一高”资料丰富的方位角信息，通过AVAZ（振幅随方位角变化）、FVAZ（频率随方位角变化）等技术可实现对缝洞型储层和致密砂岩裂缝进行预测；另外，“两宽一高”地震数据的波场空间连续性更好，能够接收到全方位的信息，也有利于改善构造成像质量。

为了满足雷家—高升地区沙四段页岩油勘探的需求，探索“两宽一高”勘探技术在辽河坳陷的推广应用，辽河油田公司于2013年底在该区部署采集了220km$^2$的“两宽一高”三维地震资料，采集面元大小为10m×10m，横纵比0.91，满覆盖次数256次，采用井震联合激发，单检波器接收。

针对“两宽一高”资料的特点，结合地质目标，处理中主要采取了以下针对性技术措施，并形成了一套针对“两宽一高”资料的处理技术流程[4-5]（图4-2-1）。

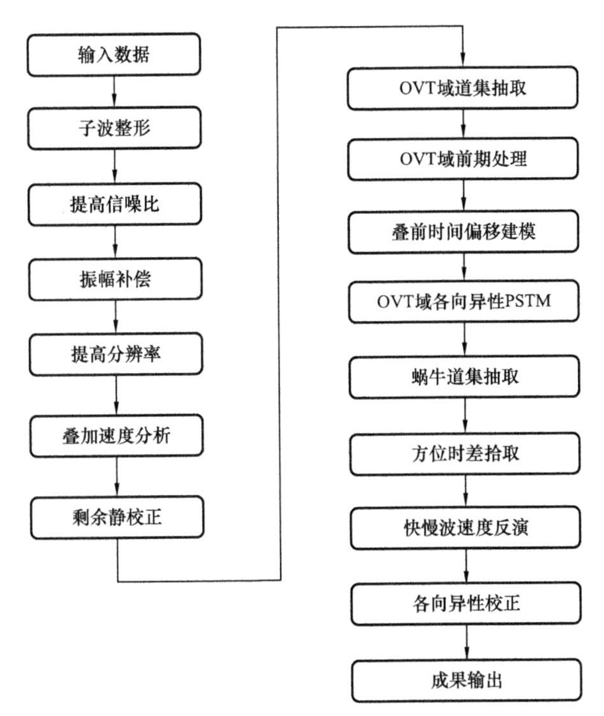


图4-2-1 “两宽一高”地震资料处理流程

（1）保幅叠前去噪技术。

针对全方位高密度资料应用十字交叉域自适应面波衰减、并行分频去噪、分方位多次波衰减技术，并针对可控震源噪声应用组合去噪方法压制谐波干扰与强能量面波，保幅前

提下去除干扰，提高资料的信噪比。

（2）高分辨率处理技术。

通过表层吸收补偿使资料的分辨率进一步提高，横向一致性增强，利用保护低频的叠前谱拓展技术进一步提高目的层的分辨率。

（3）OVT（偏移距向量片）域处理技术。

针对全方位资料开展 OVT 域处理技术研究，在 OVT 域进行数据规则化、随机噪声衰减、能量调整及方位各向异性校正，进一步提高成像精度，并且能够为解释人员提供更多用于裂缝预测的属性。

（4）高精度叠前偏移技术。

通过精细速度建模得到高精度速度场，偏移过程考虑各向异性对资料的影响，解决各向异性偏移成像问题。

通过应用以上针对性技术，资料整体品质得到改善，分辨率有很大提高，最终偏移剖面信息丰富。沙四段目的层分辨率明显提高，层间信息丰富，微小断层断裂更清晰，地层接触关系更加明显（图 4-2-2）。经过攻关处理，最终提交了 4 类（7 套）成果数据，包括 OVT 域偏移形成的“蜗牛”道集（图 4-2-3）、各向异性校正后的全方位叠前时间偏移成果数据体（图 4-2-4）、各向同性叠前时间偏移速度场（图 4-2-5）以及通过时差反演得到的各向异性速度相关成果（图 4-2-6）。

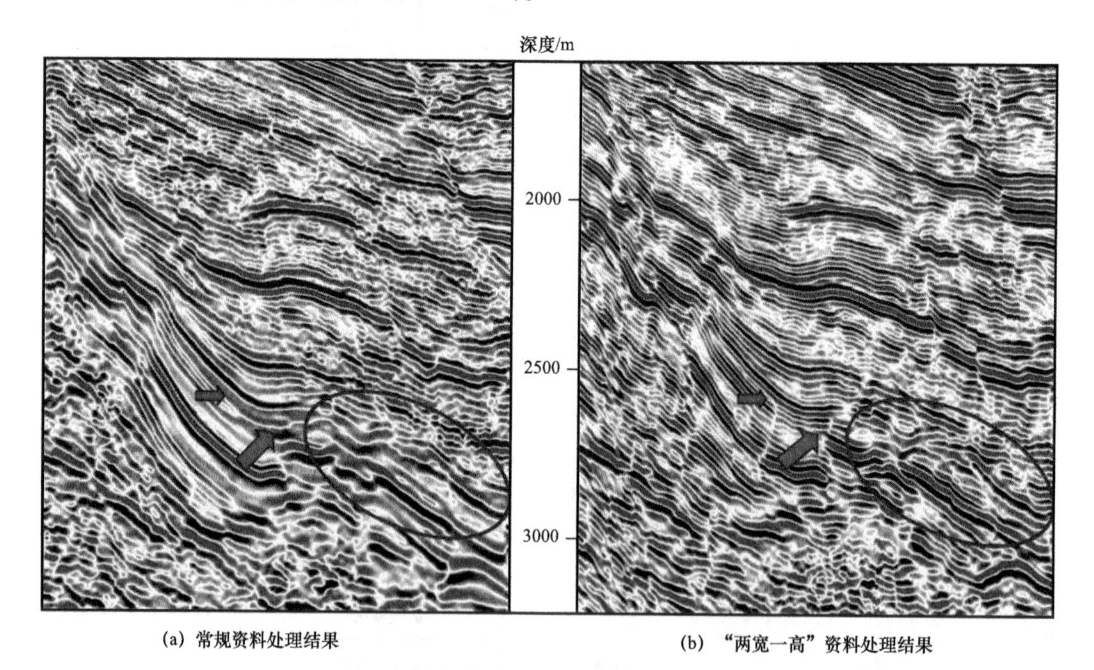


图 4-2-2　处理效果对比

在此成果数据的基础上，利用叠前反演、岩石物理分析、烃类检测和裂缝分析等技术手段，提高工区内复杂碳酸盐岩纵横向岩性、物性、脆性、裂缝及地应力预测精度。

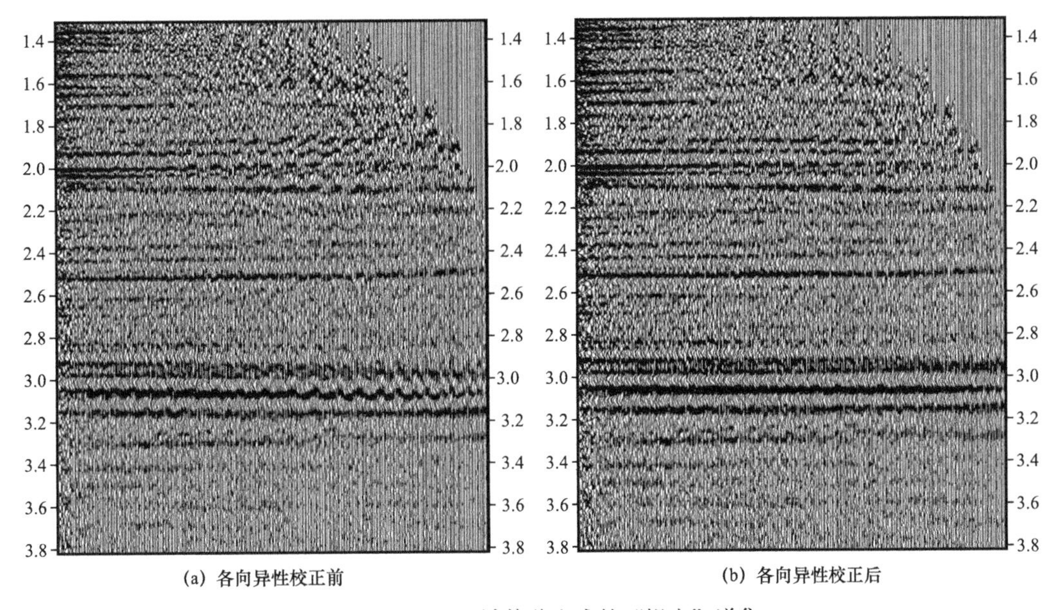


图 4-2-3　OVT 域偏移生成的“蜗牛”道集

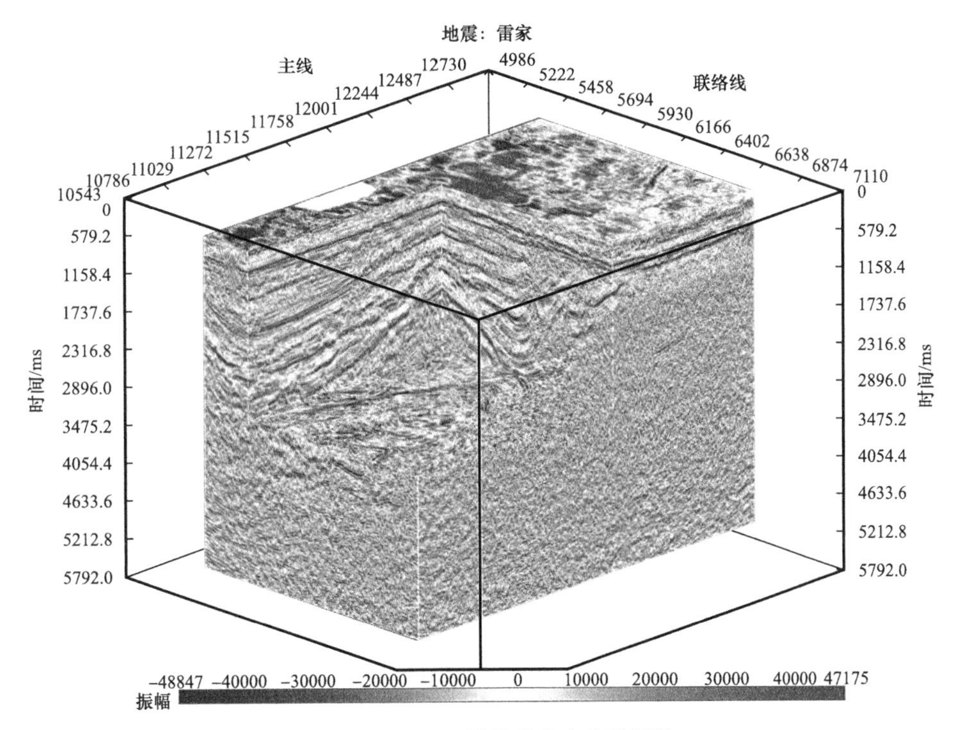


图 4-2-4　OVT 域偏移全方位数据体

## 二、岩石物理分析

岩石物理分析是建立地震响应与储层岩石参数之间联系的桥梁，是进行定量储层预测的基本前提。

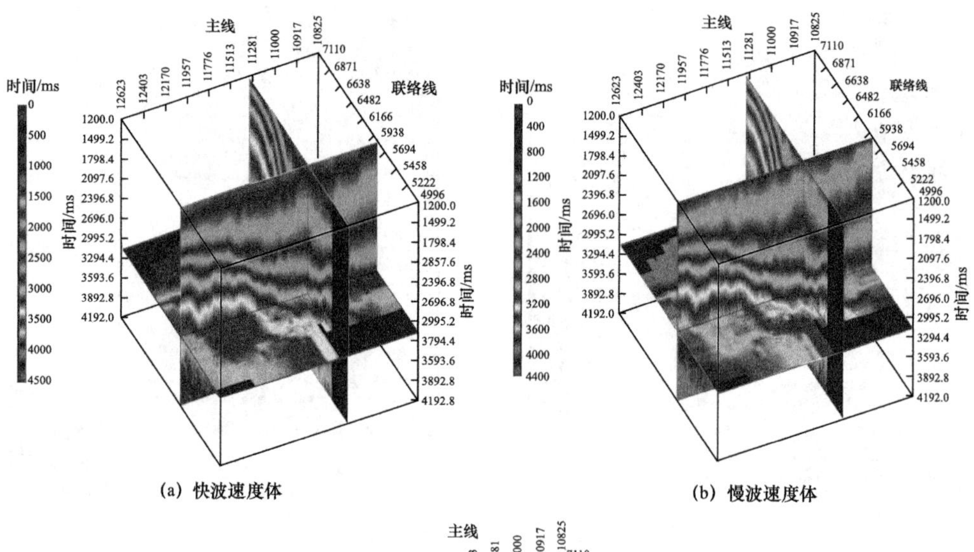


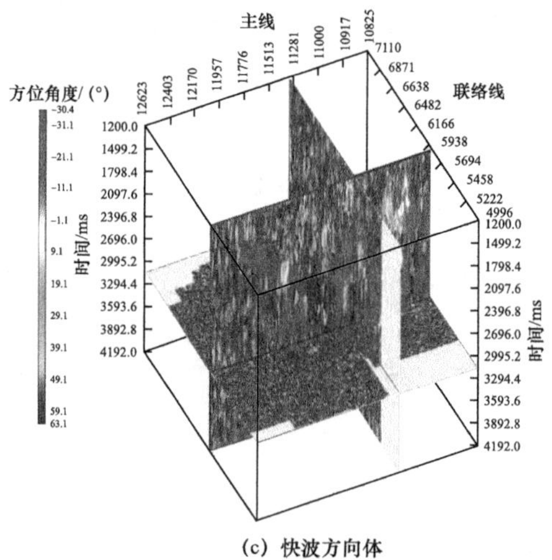


图 4-2-5 各向同性叠前时间偏移速度场

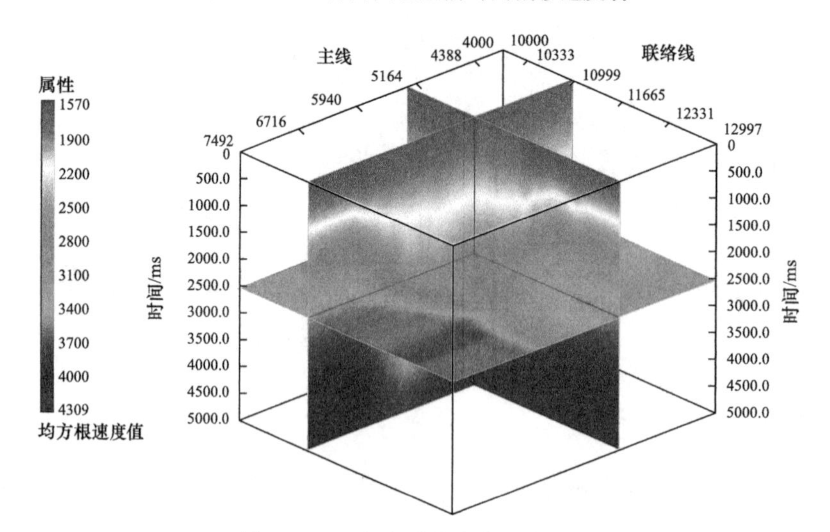


图 4-2-6 各向异性速度相关成果

## （一）横波速度预测

横波速度是开展叠前反演工作所必备的资料，获取横波速度的主要途径是从阵列声波测井资料中提取，由于该测井系列引入较晚且测量成本较高，使得早期完钻井中基本缺失了横波速度资料，近期只有重点探井具备该资料。因此，开展岩石物理分析研究首要的工作是横波速度预测。

横波速度预测方法分为经验公式法、模式识别法和岩石物理模型法三种方法，其中经验公式法具有明显的地区适用性，盲目套用将造成严重的误差。模式识别方法需要有充足样本，换言之，研究区内需要有一定数量的横波速度数据，且在平面上有一定的分布范围。岩石物理模型法是对地质体进行不同程度的假设，现有的岩石物理模型不适用于雷家湖相碳酸盐岩的地质特征。

为了满足雷家页岩油横波速度预测的需求，经对比分析后选取了 Greenberg-Castagna 公式并对其泥岩基线进行修正，从而实现横波速度预测[6]。Greenberg 和 Castagna 根据不同矿物岩性的纵波与横波速度关系的差异性，给出了多种矿物在包含地层水的情况下利用纵波速度估算横波速度的经验公式，典型岩性纵横波关系如图 4-2-7 所示。针对包含地层水的复合岩性，横波速度是通过对组成纯岩性时横波速度的算术平均和调和平均的简单平均求得。

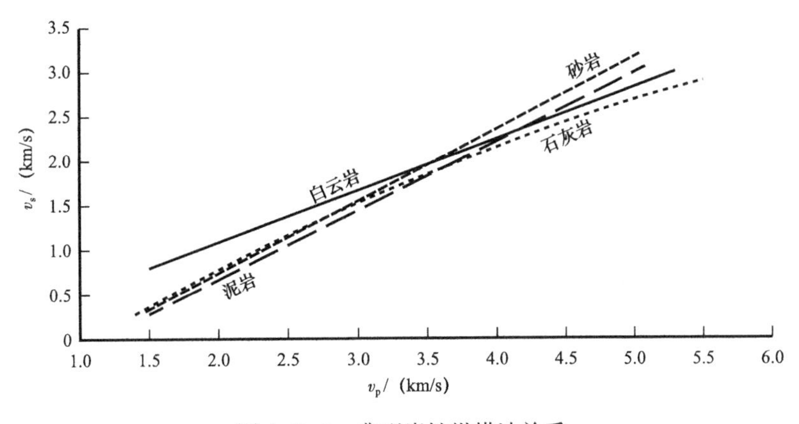


图 4-2-7　典型岩性纵横波关系

雷家地区属湖相碳酸盐岩，其岩性以过渡岩性为主，泥质含量普遍较高，且局部发育方沸石。从组成岩性矿物成分来看，白云岩的成分相对简单，主要以白云石为主，该矿物在全球范围内响应特征基本一致，而泥岩或者泥质的成分及含量存在很大的差异，经统计分析发现，雷家地区的泥岩线与 Greenberg-Castagna 公布的泥岩线存在很大的差异（图 4-2-8），因此本次研究采用 Greenberg-Castagna 提供的白云岩线结合研究区建立的泥岩线进行横波速度预测。

基于上述研究思路，首先选取具备横波资料井段，利用修正的 Greenberg-Castagna 公式进行横波速度预测。图 4-2-9 为 L93 井预测横波与实测横波对比图，从效果来看，预测与实测结果吻合程度较好，预测的横波能明显反映出岩性的变化，说明利用该方法预测横波是合理的。

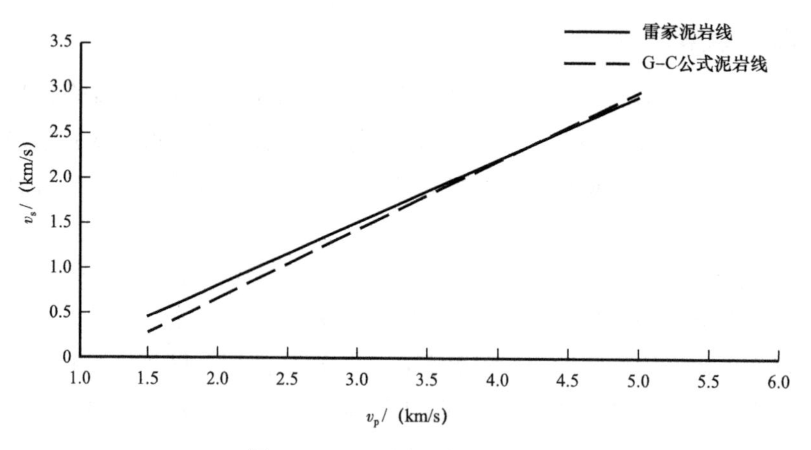


图 4-2-8　不同泥岩线对比图

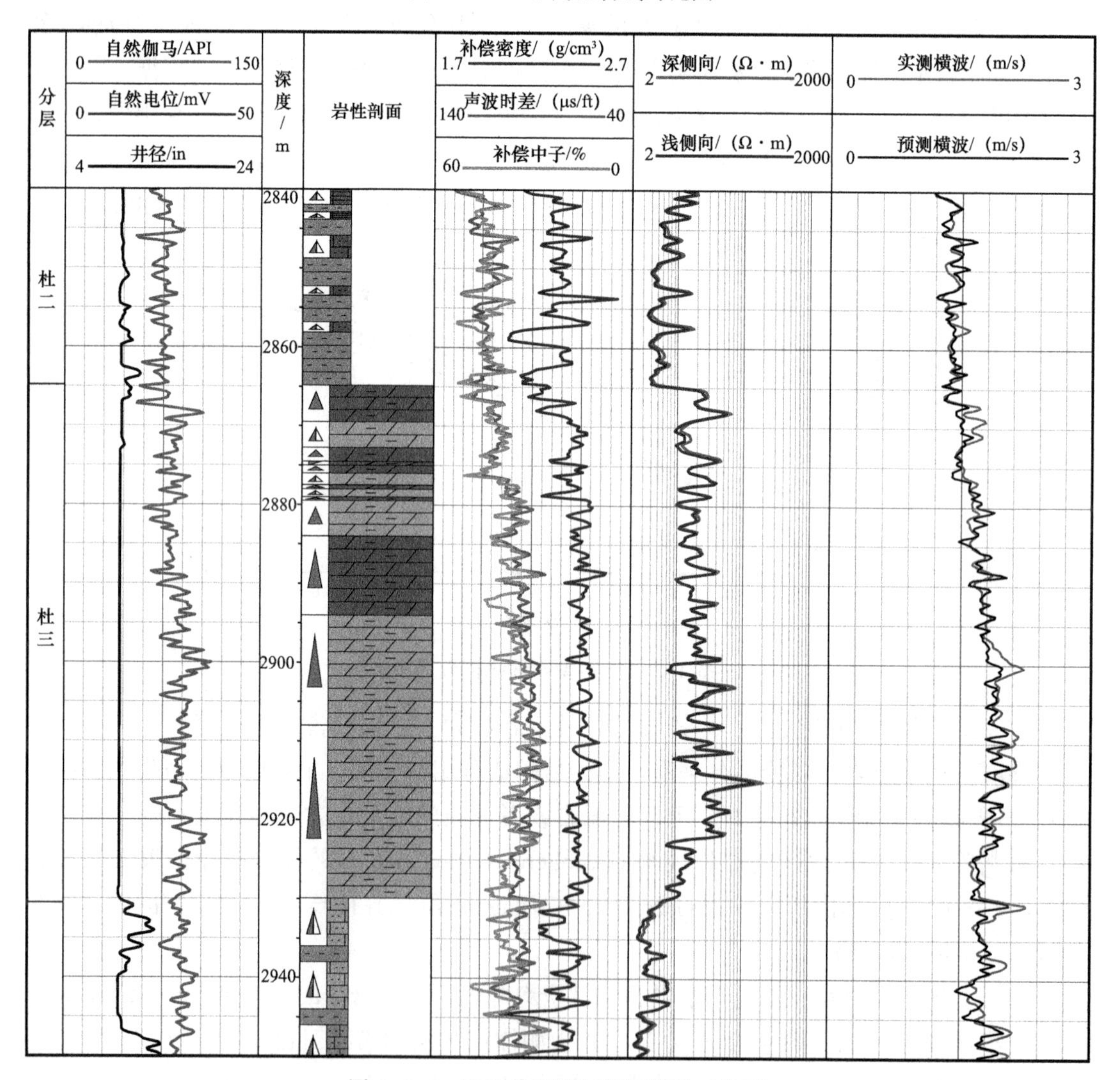


图 4-2-9　L93 井实测与预测横波对比图

## （二）敏感弹性参数分析

雷家地区沙四段共发育三大类 14 种岩性，在测井尺度下可以识别出 9 种岩性，区分这些岩性主要利用电阻率信息，而地震资料仅包含弹性信息，并不具备电阻率的信息。从多参数交汇分析来看（图 4-2-10），深蓝色代表泥页岩类，红色代表白云岩类，绿色代表方沸石类。泥页岩类表现为高速度比、低纵横波阻抗及低杨氏模量的特征，白云岩类与方沸石类基本重叠。结合以往认识成果，白云岩类与方沸石类都是有利岩性，二者同泥页岩类在弹性参数上存在着不同程度的差异。综合对比分析，认为纵波阻抗与杨氏模量对有利岩性区分效果最好。

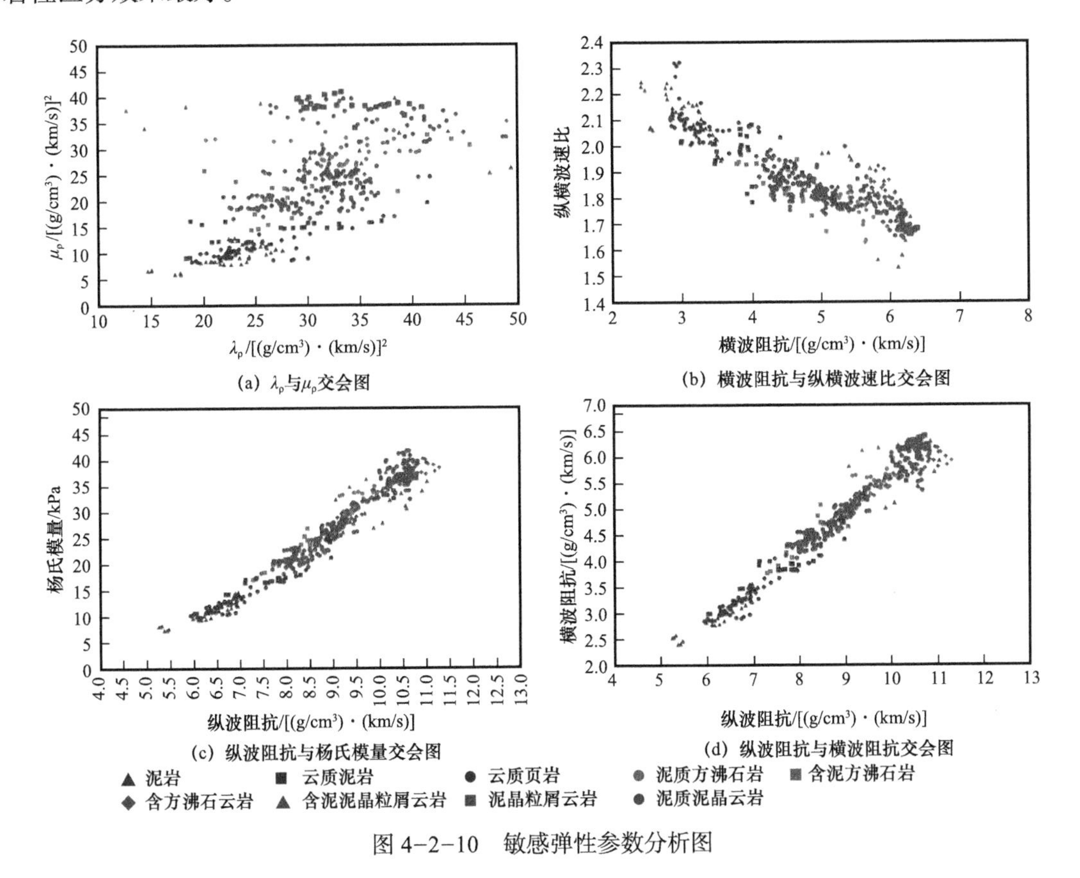


图 4-2-10　敏感弹性参数分析图

## （三）优势岩性预测

以叠前 CRP（共反射点）角道集数据为输入，在模型约束下开展叠前多参数同时反演，得到纵、横波阻抗、密度等弹性参数体，通过数学运算得到杨氏模量、脆性指数等多种参数，基于多参数预测结果，开展岩性、物性及脆性的预测（图 4-2-11）。从雷 88 井—雷 37 井—雷 97 井反演结果对比分析，横波阻抗结果较纵波阻抗结果分辨率有较大提高，与井数据吻合度更好。从剖面已知标定分析来看，由纵、横波阻抗计算得到的杨氏模量结果与已知的吻合关系更好，其分辨与横波阻抗相当，但其更好地反映了储层的横向分布。

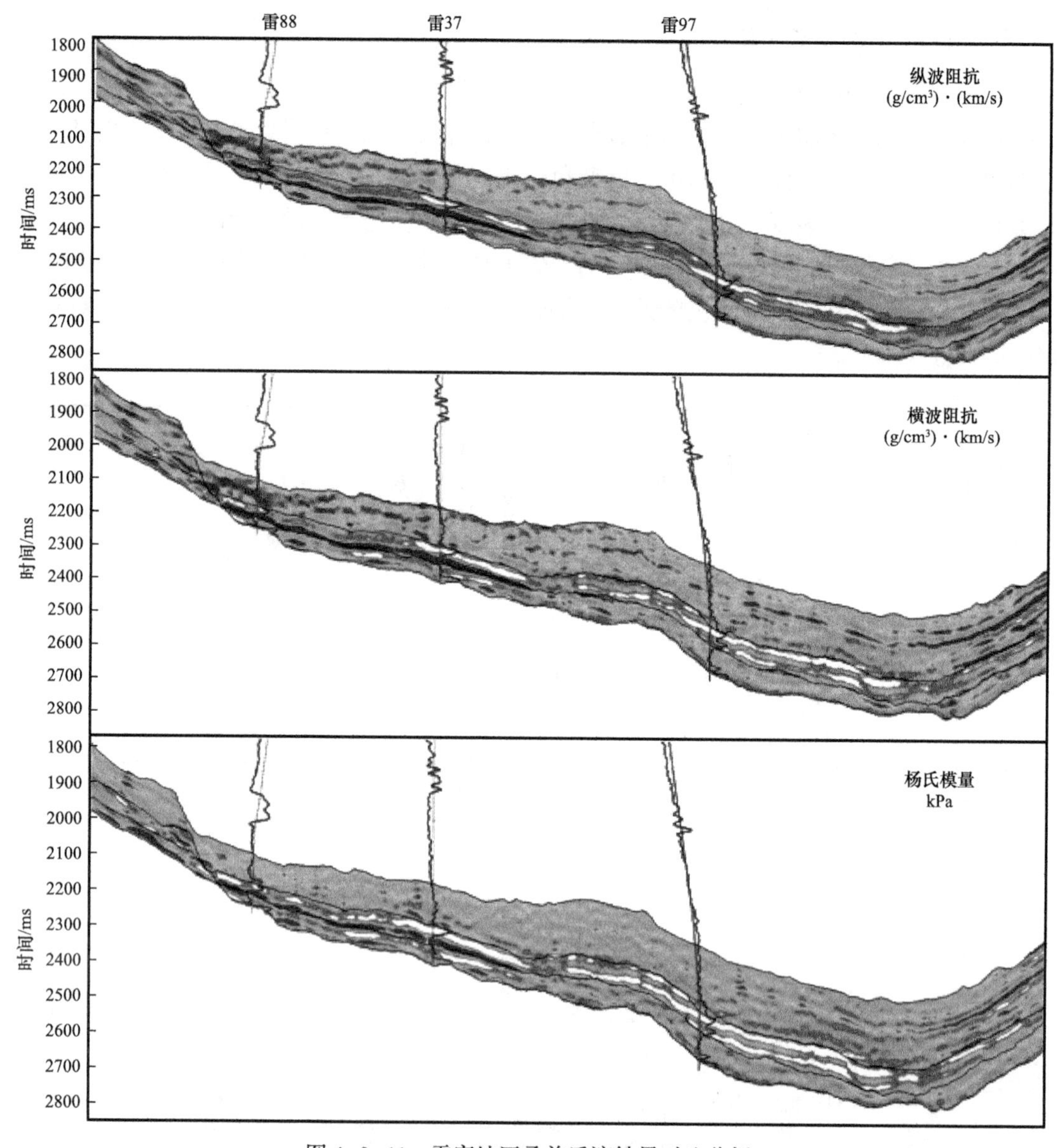


图 4-2-11　雷家地区叠前反演结果对比分析

云质岩是研究区的主要储层。从云质岩与泥岩的多弹性参数统计分析结果来看（图 4-2-12），非储层泥质岩类具有低纵波阻抗、高纵横波速度比、低杨氏模量的特征；储层云质岩具有高纵波阻抗、低纵横波速度比、高杨氏模量的特征。从数据分布来看，对于云质岩与泥岩其纵波阻抗与纵横波速度比的叠置区较大，而杨氏模量叠置区相对较小，纵波阻抗与纵横波速度比对储层与非储层的区分性较差，杨氏模量相对较好。这与前文反演结果的标定分析结论相一致。因此，通过对多弹性对数的对比，最终优选杨氏模量作为云质岩预测的弹性参数。根据图 4-2-12 分析结果，基于杨氏量模量反演体，选择 21000 作为门槛值，对储层云质岩与泥岩进行区分，得到优势岩性体。

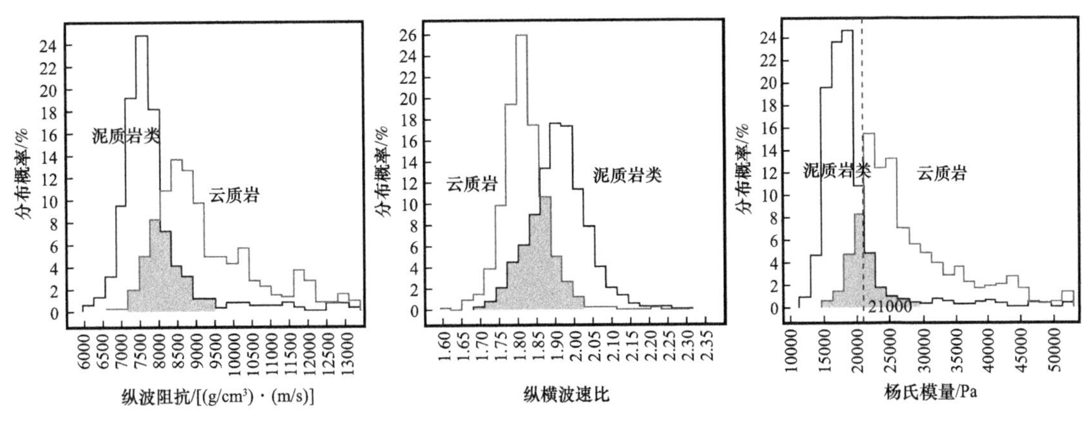


图 4-2-12　云质岩与泥岩的敏感弹性参数分析图

从杜三油组云质岩预测结果分析（图 4-2-13），储层呈近东西向条带状展布，主要分布于雷 93 井—高 34 井一线，最大厚度达 100m，储层最厚的区域在雷 97 井附近。从目前勘探情况分析，工业油流井大多集中在储层厚度大于 20m 的区域。预测结果与钻探结果对比，符合率达到 80%。

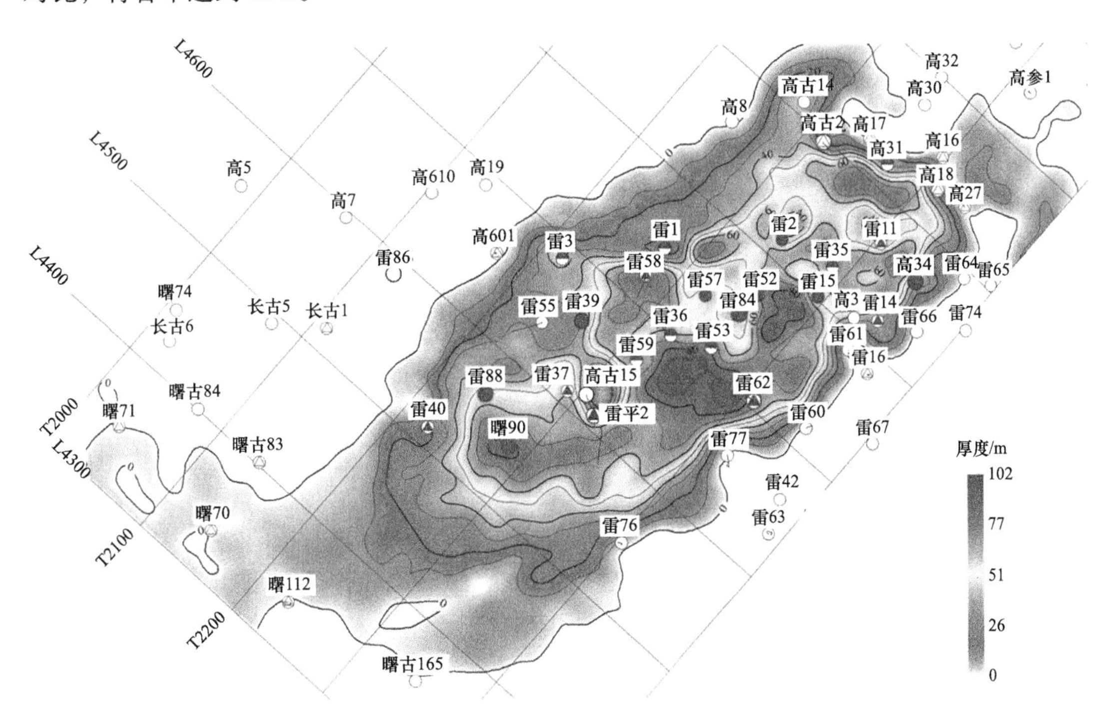


图 4-2-13　雷家地区杜三段优势岩性云质岩厚度预测图

利用完钻井的白云石含量测井解释成果，建立与弹性参数关系来实现对白云石含量的预测。多参数的对比分析表明，白云石含量与横波阻抗具有较好的相关性，相关系数达到 0.85（图 4-2-14）。据此，利用井上的统计关系，由横波预测结果得到白云石含量体，预测各油层组白云石含量的分布特征（图 4-2-15）。

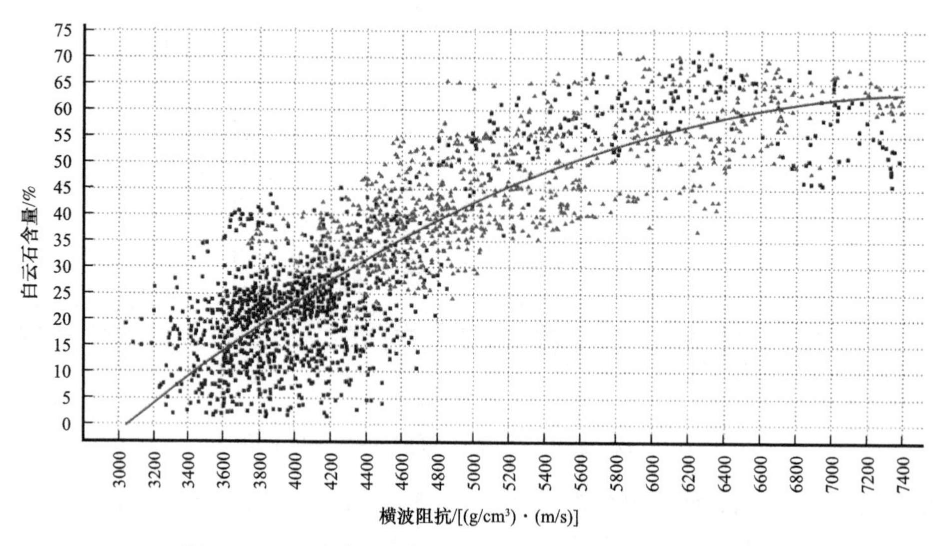


图 4-2-14　雷家地区白云石含量与横波阻抗交会分析图

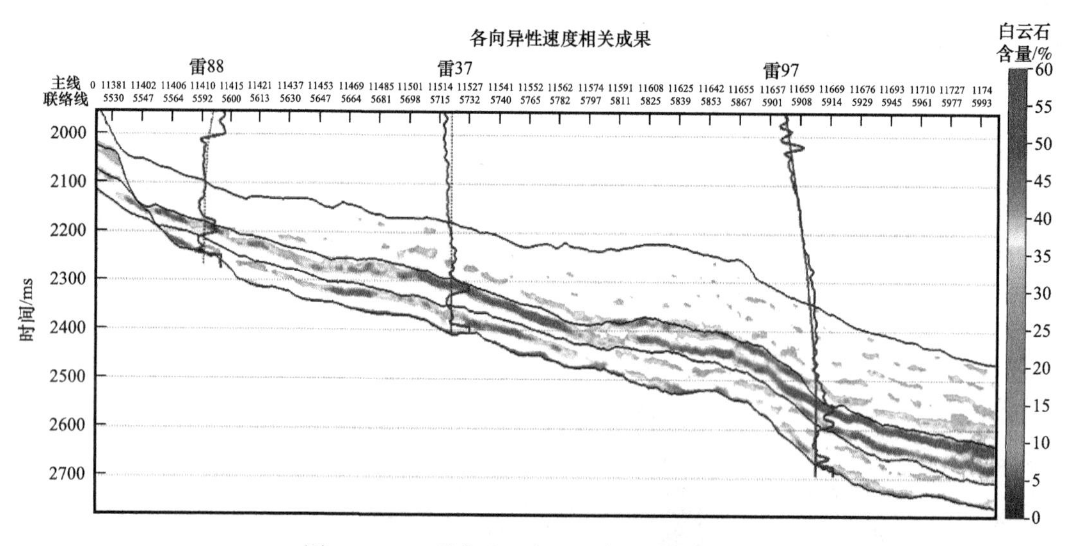


图 4-2-15　雷家地区白云石含量预测剖面图

从杜三油组白云石含量预测结果分析（图 4-2-16），其高值区主要集中于雷 93、雷 88、雷 97、雷 3、雷 18 等井区，白云石含量在 44% 以上。完钻井统计分析表明，白云石含量与含气性密切相关，出油层段白云石含量大多在 40% 以上。因此，将白云石含量 40% 作为研究区优势岩性的下限指标。从预测结果来看，白云石含量大于 40% 的区域，面积约为 55km$^2$。

## （四）物性预测

孔隙度是雷家—高升地区湖相碳酸盐岩储层评价的一个重要方面。从完钻资料统计分析来看，孔隙度 6% 是研究区储层下限。为了实现对研究区储层物性的评价，利用完钻井储层孔隙度解释结果建立孔隙度与弹性参数的关系。从统计分析来看，孔隙度与纵波阻抗存在一定相关性（图 4-2-17）。随纵波阻抗的增加，孔隙度增大。据此，针对储层段利用统计关系式，将纵波阻抗反演结果转化为孔隙体（图 4-2-18），来评价各层段储层的物性特征。

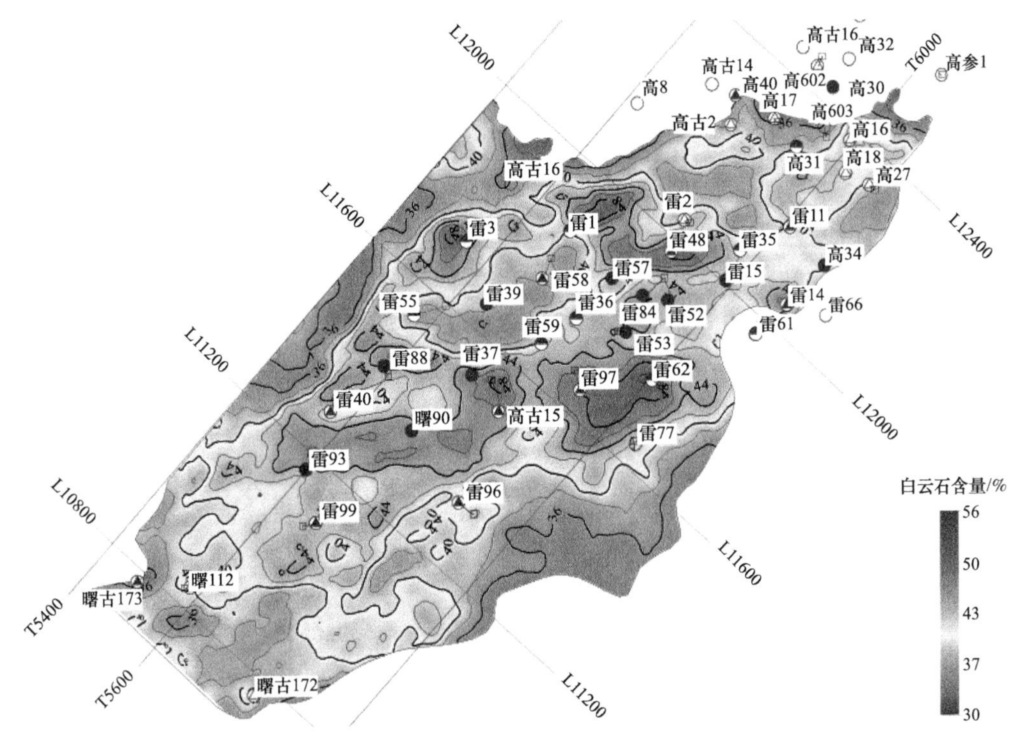


图 4-2-16　雷家地区杜三油组白云石含量预测平面图

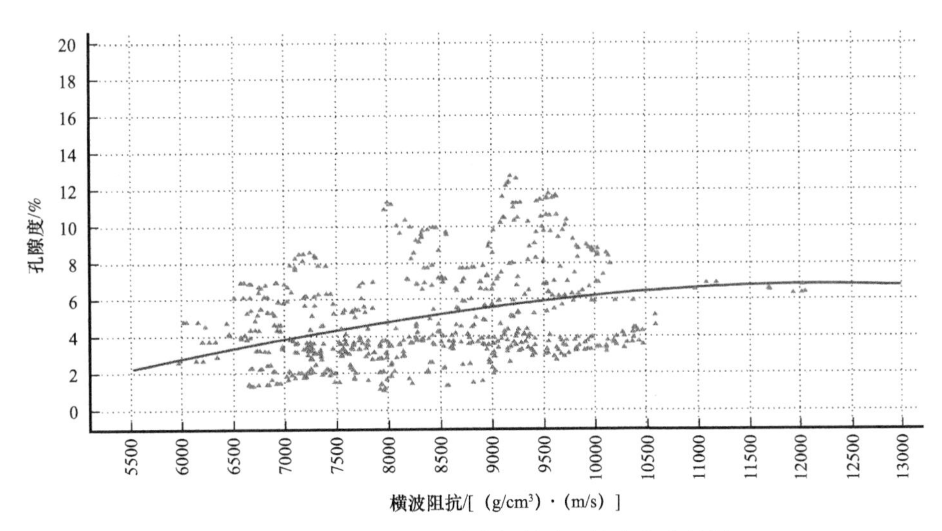


图 4-2-17　云质岩孔隙度与纵波阻抗交会分析图

分析杜三油组孔隙度预测结果（图 4-2-19），其高值区主要集中于雷 93、雷 88、雷 97、雷 3、雷 18 等井区，平均孔隙度在 6.4% 以上。

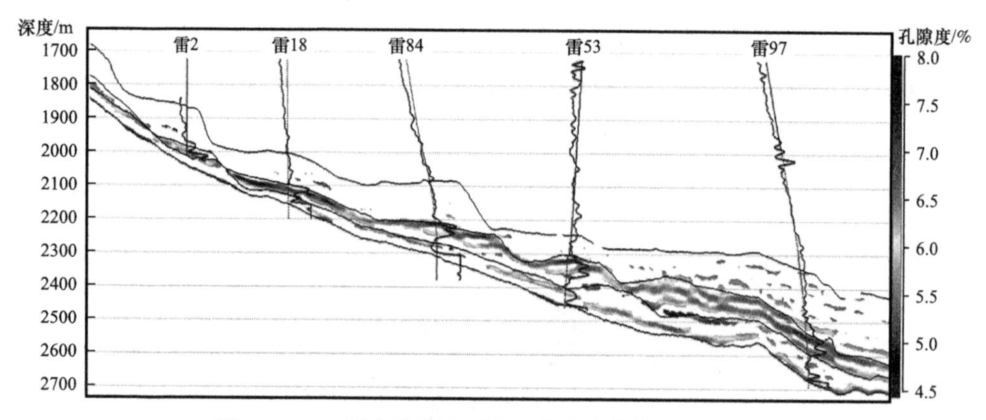


图 4-2-18 雷家地区沙四段云质岩孔隙度预测剖面图

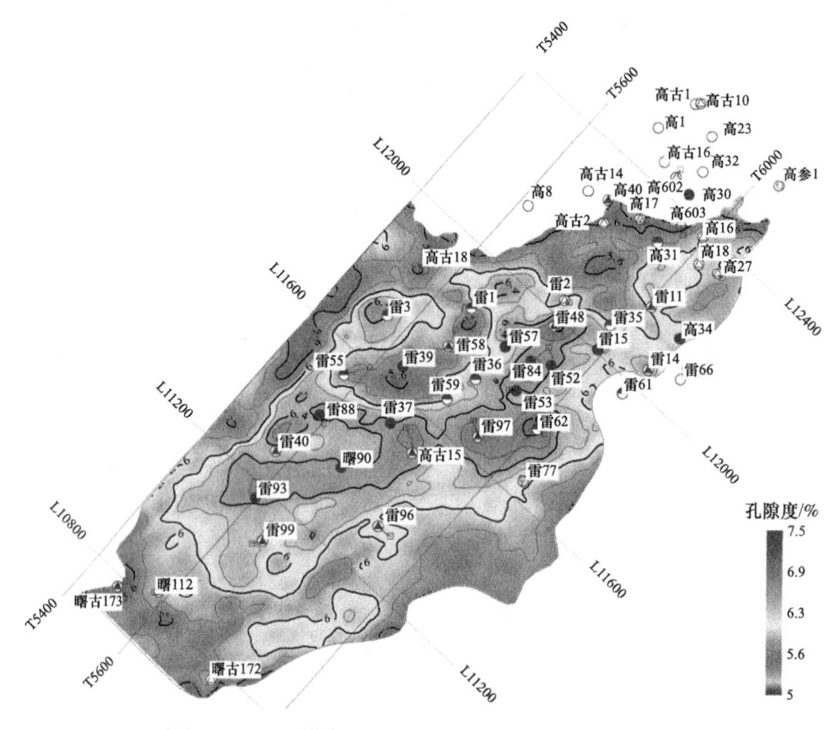


图 4-2-19 雷家地区杜三油组孔隙度预测平面图

对于杜三油组储层发育区，其孔隙度高值区与白云石含量高值区分布范围相类似，反映了岩性对物性的控制作用，白云石含量越高，储层物性越好。以孔隙度 6% 作为有利储层下限标准，杜三油组有利储层发育区面积约为 49km$^2$。

## （五）脆性指数预测

脆性指数是泊松比和杨氏模量归一化的结果，反映岩石的脆性特征，是页岩油（致密油）储层评价的一个重要参数。基于用叠前弹性参数预测结果，预测了脆性指数，对岩石力学参数空间变化进行描述。从脆性指数预测结果分析（图 4-2-20），雷 88 井、雷 39 井均处于杜三油组脆性指数高值区，在该层段压裂试油均取得较好效果。雷 88 井在2565～2614.5m，Hiway压裂后，日产油27.1m³。雷39井在2366.5～2388.3m处日产油3.82m³。而邻井雷58井，预测其杜三段脆性指数偏低，常规酸化压裂后，日产水0.873m³，为干层。

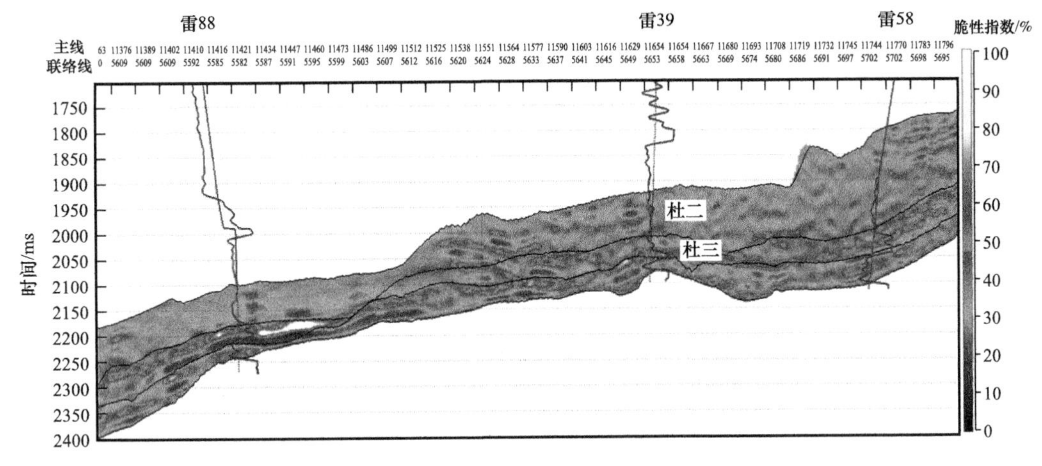


图4-2-20 雷88井—雷39井—雷58井脆性指数预测剖面图

在储层发育区内，脆性指数高值区局部分布如图4-2-21所示，主要集中在雷93、雷3、雷88、雷37、雷97、雷18等井区。与白云石含量预测结果对比，发现储层的脆性与岩性密切相关，白云石含量越高，脆性指数越高。按照测井评价标准，研究区有利储层脆性指数的下限值为50%。杜三油组脆性指数大于50%的区域面积约为70km²。

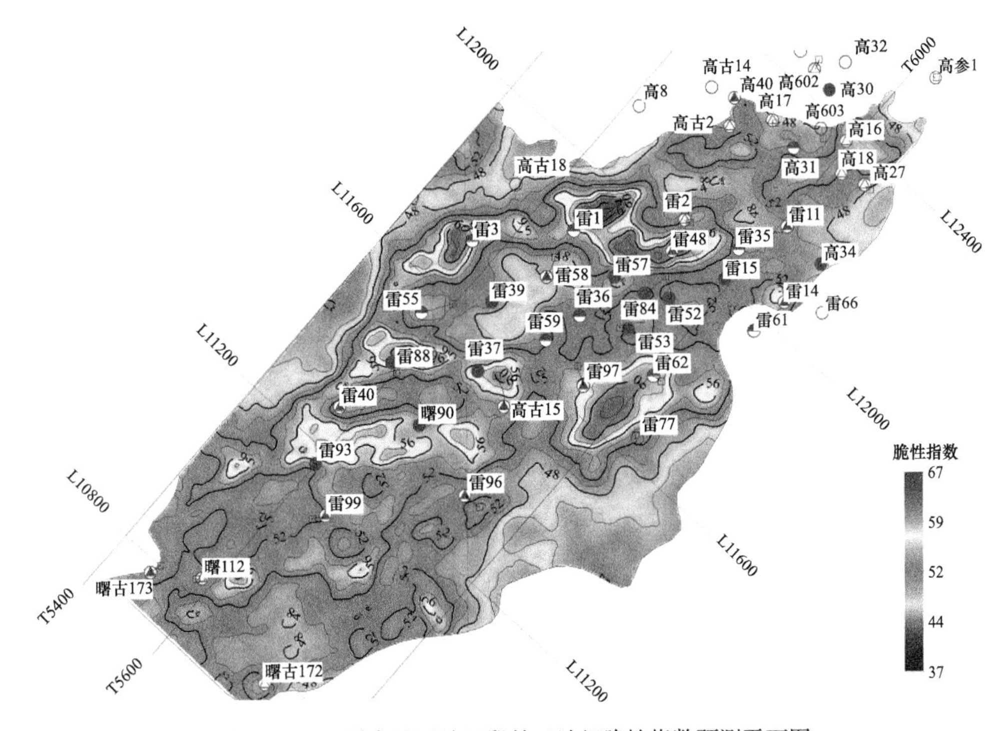


图4-2-21 雷家地区沙四段杜三油组脆性指数预测平面图

## （六）各向异性分析及裂缝预测

雷家地区沙四段碳酸盐岩储层储集空间类型以微裂缝和溶孔为主，存在各向异性特征，不同方位角内地震属性会存在差异。因此，可以利用“两宽一高”地震资料得到的方位角信息，通过叠前各向异性反演，对裂缝发育特征进行预测[7-8]。从杜三油组的裂缝预测结果来看（图 4-2-22），颜色代表裂缝发育的密度，短线代表裂缝发育的走向，区域上裂缝密度高值主要分布在北东向和近东西向主干断裂附近。

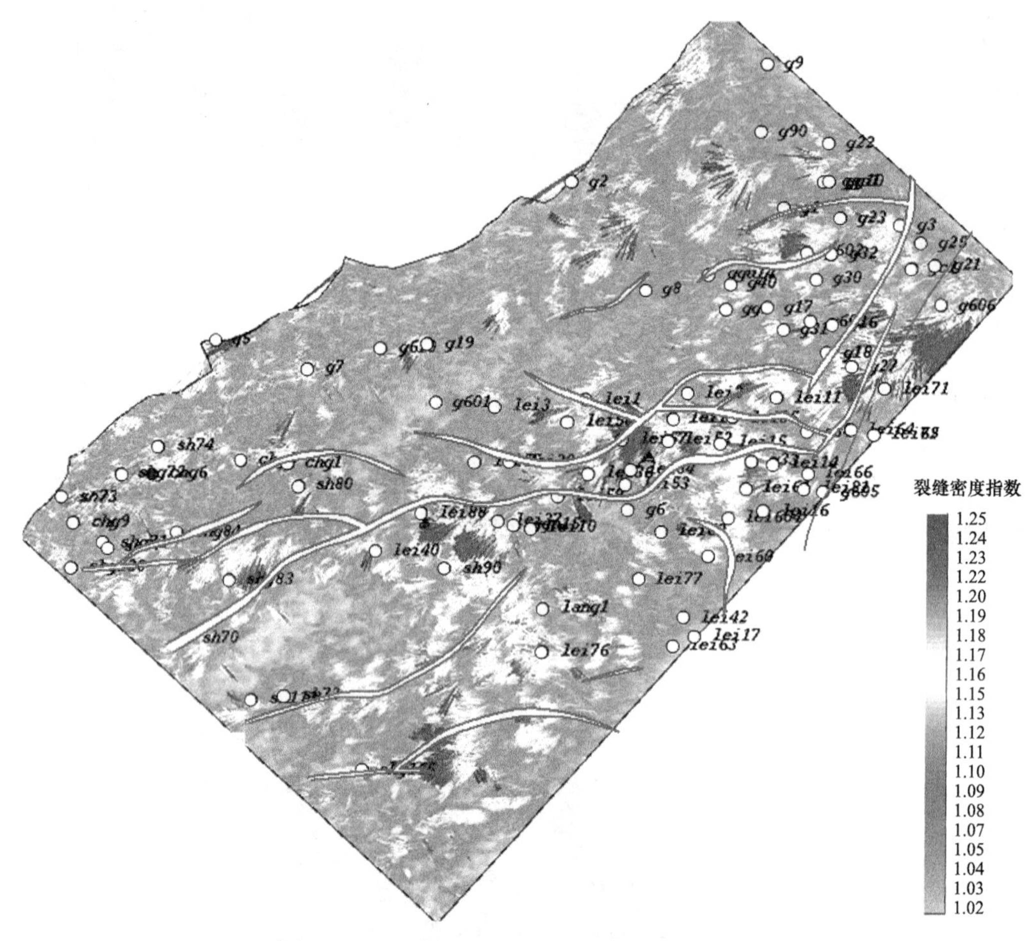


图 4-2-22　雷家地区杜三油组裂缝预测平面图

## （七）页岩油（致密油）“甜点”分类标准的建议及应用

参考致密油评价标准[9]，并结合雷家湖相碳酸盐岩的地质特点，将雷家地区的页岩油“甜点”区选择条件确定为优势岩性厚度大于 20m，白云石含量大于 40%，孔隙度大于 6%，脆性指数大于 50%，裂缝密度较高的区域。按此条件，将优势岩性厚度、白云石含量、孔隙度、脆性指数和裂缝分布叠合，确定杜三油组“甜点”面积为 38km$^2$（图 4-2-23）。

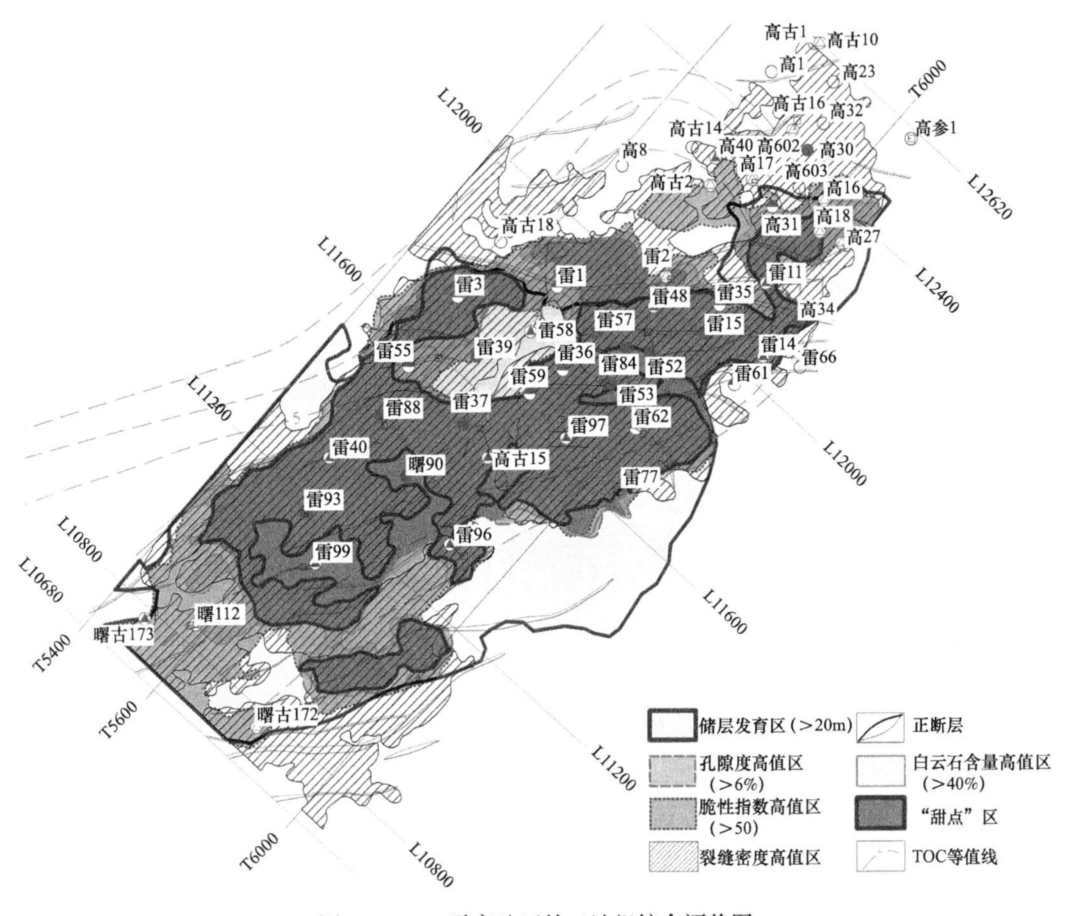


图 4-2-23　雷家地区杜三油组综合评价图

# 第三节　地震—地质高分辨交互建模

## 一、页岩油初始地质模型

叠前地震—地质交互建模充分利用了地震解释成果、速度数据和叠前反演成果。与常规的开发阶段地震建模有以下区别：

（1）建立高精度三维速度场，利用速度场将时间域解释成果和叠前反演数据体等转到深度域，使地震信息在建模过程中起主导作用。而常规地质建模以井为主，远离井的地方多解性较大，常规建模手段的地质模已经无缝满足页岩油的大水平段钻井的地质需求。

（2）利用三维地震解释数据建立构造模型，用井分层校正。所建构造模型横向精度更高，能满足水平井设计和地质导向的要求。

（3）岩性和属性建模充分利用“两宽一高”地震数据叠前反演成果做约束，不仅保证了垂向精度，在横向属性体更可靠，能用于水平井轨迹优化设计，钻时跟踪分析和地质导向。

## （一）速度建模及时深转换

在单井速度分析的基础上，利用层位做约束，由井速度出发建立三维速度场，如图4-3-1所示。

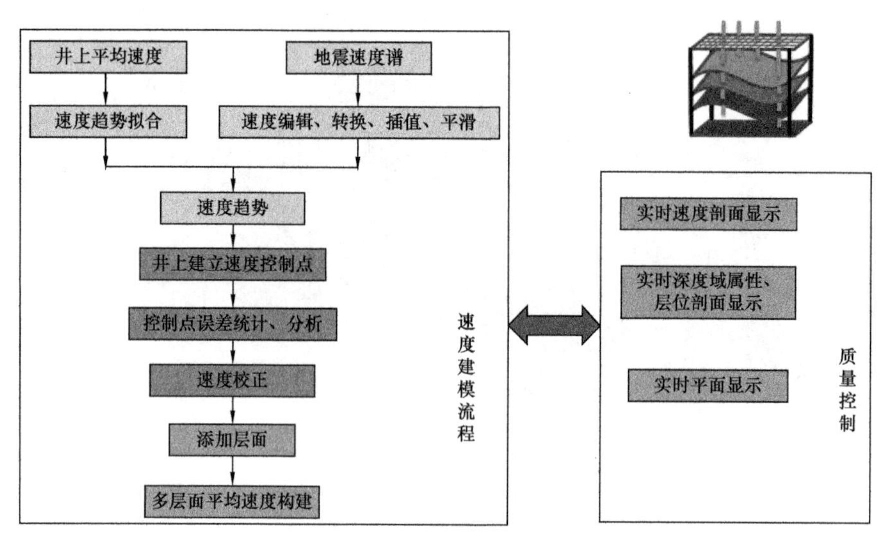


图4-3-1　速度建模流程

图4-3-2是三维速度模型。利用速度模型，对时间域的层位、断层和反演数据体进行时深转换。图4-3-3是深度域层位和断层数据。图4-3-4是深度域波阻抗反演数据体。

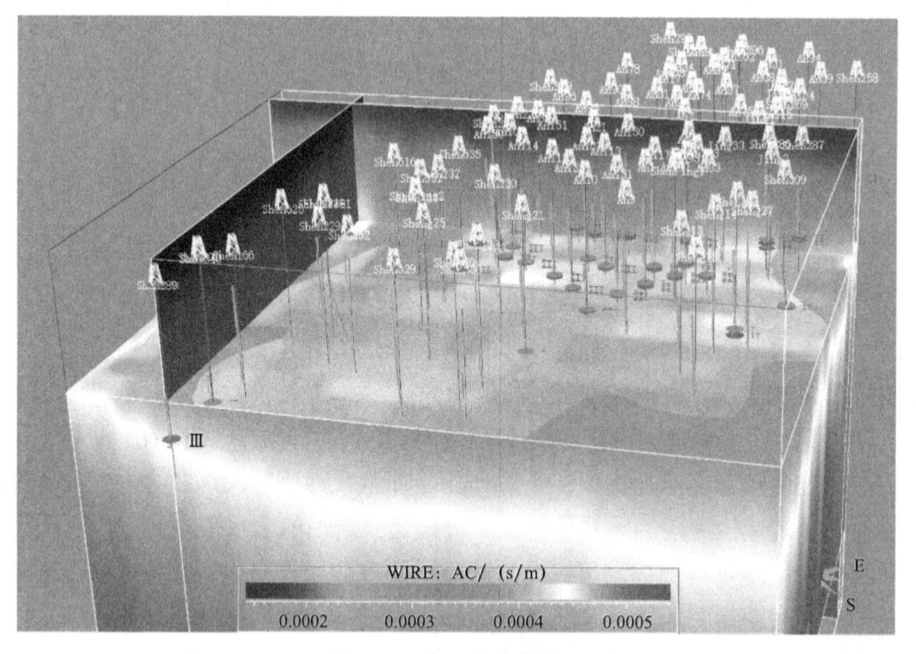


图4-3-2　三维速度模型

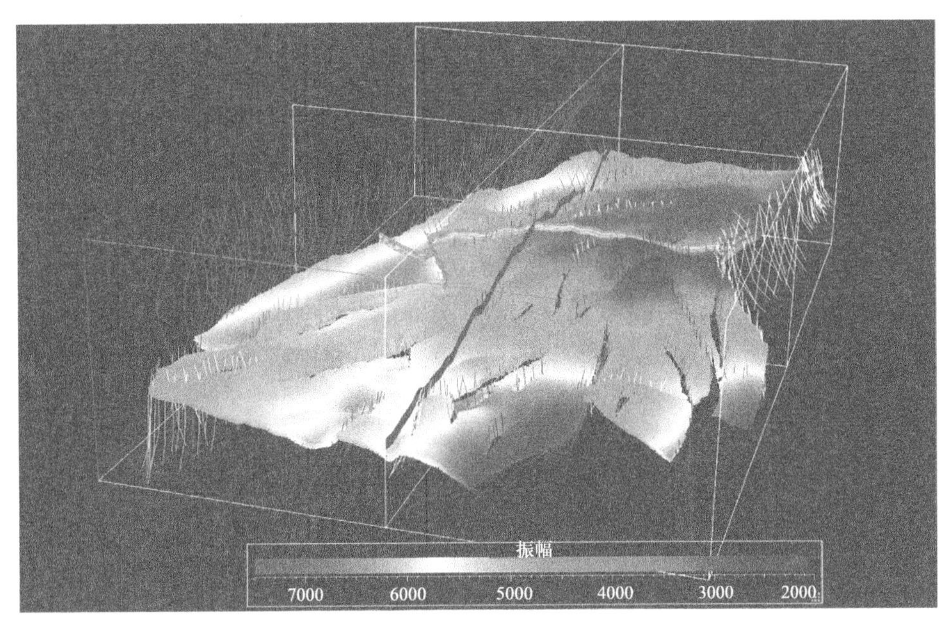


图 4-3-3 深度域层位和断层数据

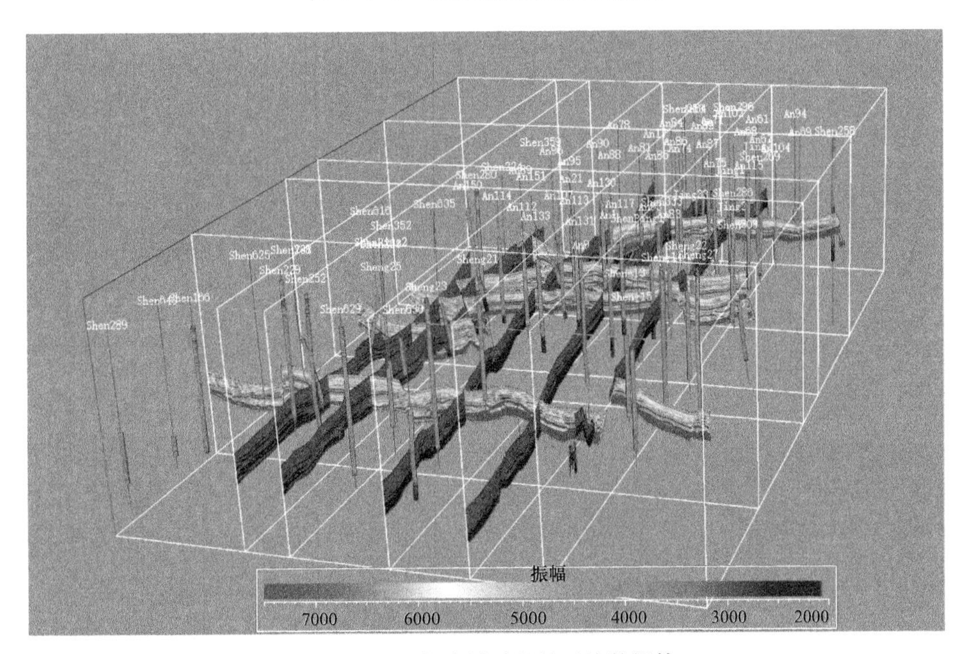


图 4-3-4 深度域波阻抗反演数据体

### 1. 断层面和层面建模

利用地震解释的断层数据建立断层面模型。建模流程会根据断层数据自动建立断面，包括自动计算断面边界，自动计算网格大小。对于自动计算的断面还要进行编辑，编辑包括断层线编辑、断面边界编辑和断面编辑。断层线编辑主要是对解释的断层线进行编辑，删除和编辑断层线数据。在断层线数据编辑的基础上进行断面边界编辑。使建立的断层面

不仅与断层数据吻合，断层面比较合理。

断层接触编辑：无论我们的解释密度多高，解释出断面与断面之间终究是有“缝”的。因此要对断层的接触关系进行处理，使建立的断层面模型“无缝”交切。建模软件能自动判别主次断层，并沿次断层的切线方向往主断层引矢量线，该矢量线可以进行编辑，最后能沿矢量线将次断层与主断层之间的空隙补齐。如果次断层超出主断层，能自动消除超出部分，断层面模型如图 4-3-5 所示。

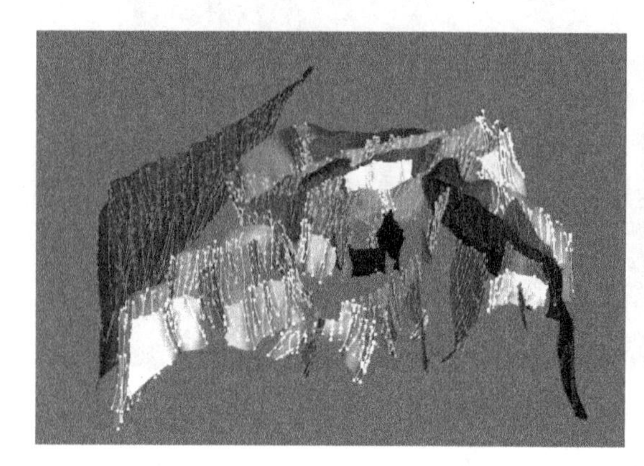

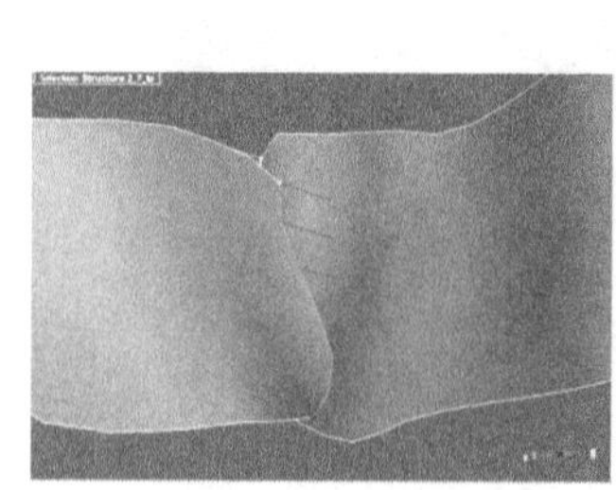

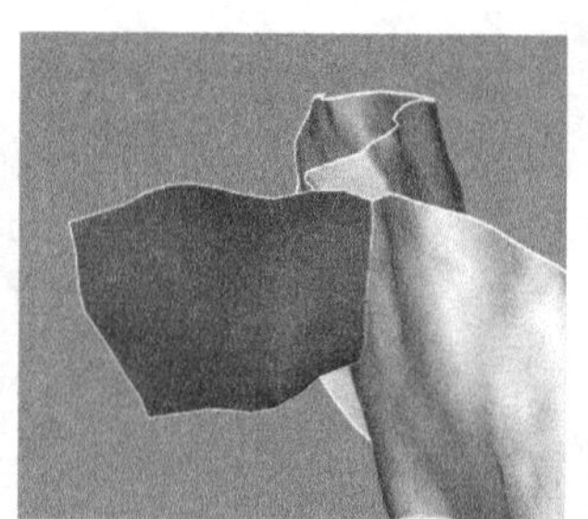

图 4-3-5　断层面建模

在断层面建模的基础上，建立层面模型。首先利用层面数据建立层面模型，此时的层面模型没有考虑断层，建立层面模型后同样可对层面进行编辑包括解释数据、层面边界和层面网格的编辑。

利用断层面切割层面，计算断层面与层面的交线。对层面与断层面的交线进行编辑，然后沿交线将层面切开，切开后首先计算垂直断距，然后计算水平断距。计算过程中可以通过交互编辑的方式删除断层线两侧的矛盾点和不闭合点。最终得到断层面控制下的层面模型。

利用井分层对层面进一步校正，使层面与井分层相吻合。图 4-3-6 是构造模型，图 4-3-7 是经过井分层校正后的构造模型。层面建模建立了Ⅰ砂组顶、Ⅱ砂组顶、Ⅲ砂组顶和Ⅲ砂组底 4 个层面的构造模型。

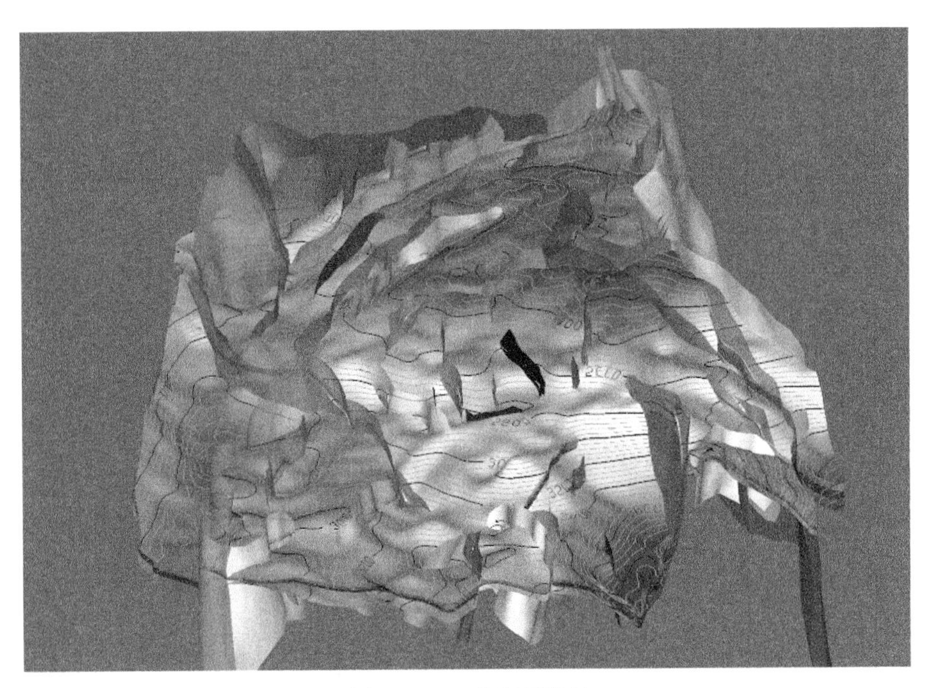

图 4-3-6　构造面模型

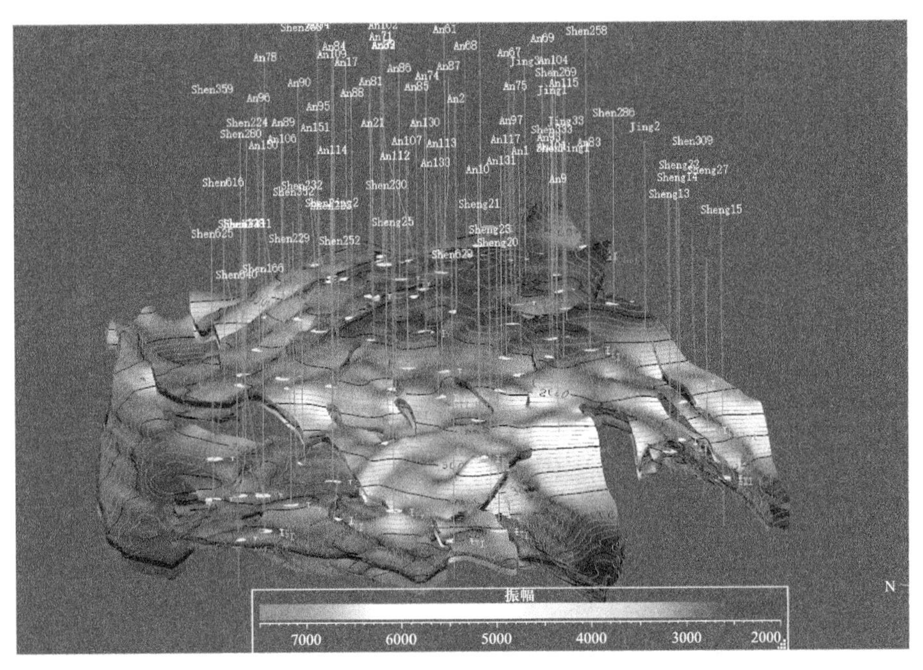


图 4-3-7　井分层校正后的精细构造模型

## 2. 油藏网格建模

利用Ⅰ砂组顶、Ⅱ砂组顶、Ⅲ砂组顶和Ⅲ砂组底 4 个层面做约束。建立油藏地震网格模型。网格尺度 30m×30m×1m。层位之间的接触关系为平行接触。属性建模依托地质网格。岩相和属性建模需要利用地震反演结果做“软”数据约束。加载时深转换后的深度域地震数据体，并将叠前反演地震纵波阻抗、横波阻抗和泊松比等数据体重采样到地质网格中（图4-3-8）。

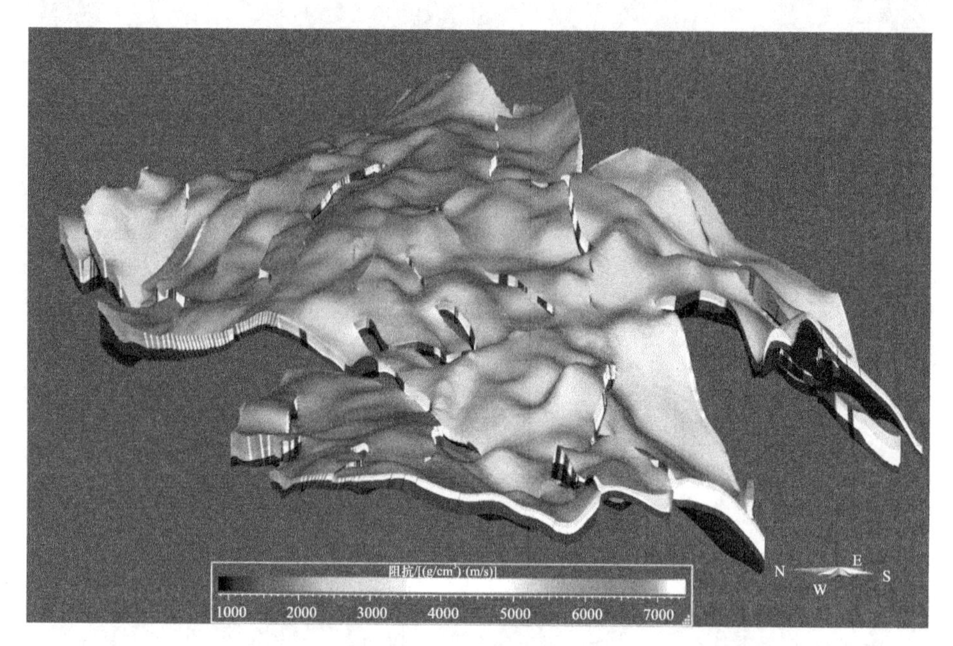


图4-3-8　地质网格模型

岩相建模利用叠前地震成果——纵波阻抗、横波阻抗和泊松比做约束，使得“两宽一高”地震数据在精细建模中充分发挥作用（图4-3-9）。为研究区块的后续水平井部署和钻探提供支撑。

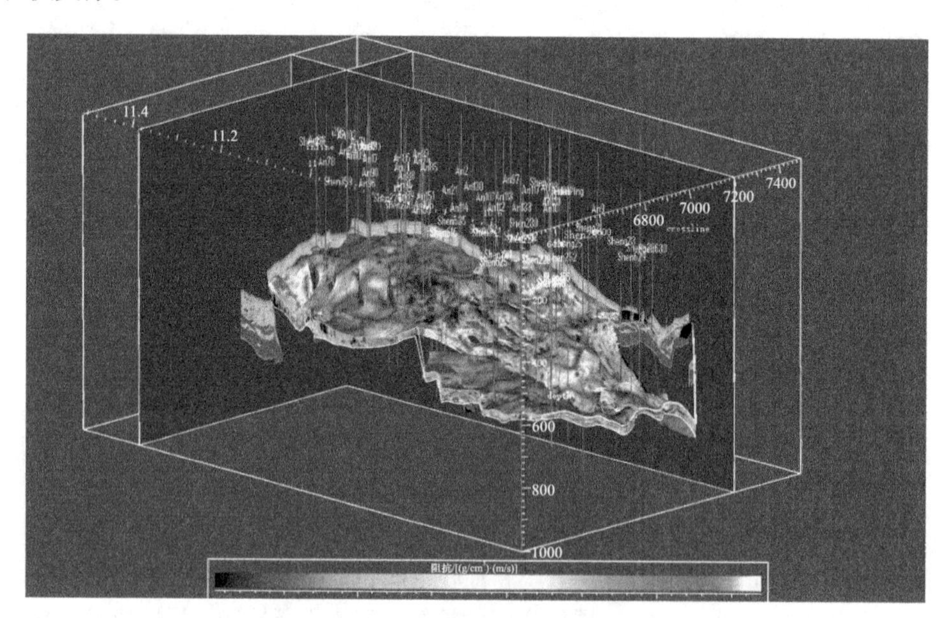


图4-3-9　波阻抗三维属性体

### （二）属性建模

首先建立岩相模型，相建模包括基于目标的模拟和连续性模拟两大类。基于目标的模拟采用目标模拟算法，能模拟河道、三角洲等地质体。这些方法模拟结果多解性强，且无法用地震属性约束。对于对精度要求高的页岩油，这种方法显然不适用。

连续性模拟方法主要是序贯指示模拟和截断高斯模拟方法。两种方法分辨率都比较高，都能用地震属性做约束。但序贯指示模拟横向连续性差，因此采用截断高斯模拟算法。

由井出发，采用截断高斯方法建立岩相模型。与指示模拟不同，截断高斯方法首先把岩相当作连续变量模拟。再根据不同岩相的直方分布规律确定截断值，得到岩相模拟结果（图 4-3-10）。

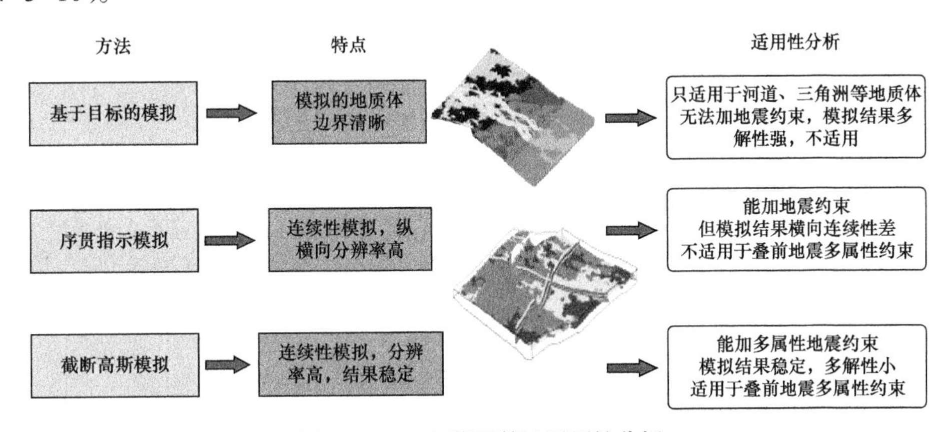


图 4-3-10 相模拟算法适用性分析

利用叠前反演成果——纵波阻抗、横波阻抗和泊松比做约束，采用多属性约束协同模拟算法模拟岩性。

协同模拟即基于协同克里金的高斯模拟，先来看协同克里金算法：

克里金方法是建立在随机变量二阶平稳假设的前提下，即随机变量在空间各点数学期望恒定，这就造成了远离控制点的估算值的多解性。解决这一问题，必须知道数学期望 $m(x)$ 的空间变化规律，漂移克里金方法就是首先利用样本点估算 $m(x)$。

地震数据为估算 $m(x)$ 提供了很好的依据，可以利用三维地震数据体或三维声阻抗数据体来估算 $m(x)$，也可以采用协克里金算法将地震数据作为软数据引入计算中作为宏观约束。这样做恰当地利用了多种信息，既利用了井数据在垂向上的优势，也利用了地震数据在横向上的优势，从而提高了估算的精度。

普通克里金方法，是针对单变量的估计。事实上，一个数据往往包含多个变量，除初始变量外，人们往往对一个或多个二级变量（地震声阻抗、地震振幅等）感兴趣，这些二级变量和初始变量往往在空间上是交互相关的，它们包含了初始变量的有用信息，因此在估算中需加以考虑，协同克里金的方法由此产生。

协同克里金的估算方法利用几个变量之间的空间相关性，对其中的一个或几个变量进行空间估计，可以提高估计的精度。井点数据在横向上不足是在油藏描述中经常遇到的情况，这时通过协同克里金方法引入地震数据作为宏观约束以提高估算精度。

设有 $n$ 个主变量（硬）数据 $Z(\mu_\alpha)$，$i=1, \cdots, n$

$N$ 个二级变量（软）数据 $y(\mu_i)$，$j=1, \cdots, N$

$$Z_0^* = \sum_{i=1}^{n} \alpha_i Z_i + \sum_{j=1}^{N} \beta_j y_j \tag{4-3-1}$$

$$Z^*(u) - m_z = \sum_{i=1}^{n} \alpha_i \left[ Z(\mu_\alpha) - m_z \right] + \sum_{j=1}^{N} \beta_i \left[ y(\mu_i) - m_Y \right] \tag{4-3-2}$$

$$\sigma^2(u) = C_z(0) - \sum_{i=1}^{N} \alpha_i C_z(\mu_\alpha - \mu) - \sum_{i=1}^{N} \beta_i C_{zy}(\mu_i - \mu) \tag{4-3-3}$$

$$\begin{cases} \sum_{i=1}^{n} \alpha_i C_z(\mu_\alpha - \mu_\beta) + \sum_{j=1}^{N} \beta_j C_{zy}(\mu_\alpha - \mu_j) = C_z(\mu_\alpha - \mu) & \alpha = 1, \cdots, n \\ \sum_{i=1}^{n} \alpha_i C_{zy}(\mu_i - \mu_\beta) + \sum_{j=1}^{N} \beta_j C_y(\mu_i - \mu_j) = C_{zy}(\mu_i - \mu) & i = 1, \cdots, N \end{cases} \tag{4-3-4}$$

式中 $Z_0^*$——随机变量 $Z$ 在位置 0 处的估计值；

$m_z$，$m_Y$——主变量和二级变量的数学期望（均值）；

$C_z$——主变量 $Z$ 协方差；

$C_y$——二级变量 $Y$ 协方差；

$C_{zy}$——主变量与二级变量的交叉协方差。

式（4-3-4）是一个 $n+N$ 维方程组，该方程组可以同时考虑 $N$ 个二级变量，解上述方程组即可得到权系数 $\lambda\beta$（$\mu$）和 $\lambda j$（$\mu$）。

对于是随机变量 $Z_0^*$ 在计算中要同时考虑 $n$ 个主变量和 $N$ 个二级变量，同时还要考虑二级变量与主变量的相关系数。

协同克里金的协方差矩阵非常复杂，计算中与 $Z$ 未知量相关性好的数据（往往是 $Z$- 数据）对相关性较差的数据（往往是 $Y$- 数据，即二级变量）存在屏蔽效应。有时对主变量也产生影响，造成计算结果异常。协同克里金的这些缺陷大大限制了其在实际工作中的应用。而是更多地使用外部漂移克里金和同位协克里金。

同位协克里金是协同克里金的一种简化形式，即在二级变量密集采样时，只保留与估计点同位的二级变量。如在用地震数据做软数据时，在每个估算点上均有地震数据分布，在对每个网格计算时只保留该网格上的地震数据作为软数据。

同位协克里金的表达式为：

$$Z^*(u) = \sum_{i=1}^{n} \lambda_i Z(\mu_\alpha) + \lambda_s y(u) \tag{4-3-5}$$

同位协克里金对应的方程组为：

$$\begin{cases} \sum_{\beta=1}^{n}\lambda_{\beta}C_{z}\left(\mu_{\alpha}-\mu_{\beta}\right)+\lambda_{s}C_{zy}\left(\mu_{\alpha}-\mu_{\beta}\right)=C_{z}\left(\mu_{\alpha}-\mu\right) \quad \alpha=1,\cdots,n \\ \sum_{\beta=1}^{n}\lambda_{\beta}C_{zy}\left(\mu_{\alpha}-\mu_{\beta}\right)+\lambda_{s}C_{y}\left(0\right)=C_{zy}\left(0\right) \end{cases} \tag{4-3-6}$$

上述方程组需要计算 $Z$ 变量和 $Y$ 变量的方差和 $Z-Y$ 互协方差函数 $C_{zy}$，其互协方差可以近似为：

$$C_{zy}(h)=\beta C_{z}(h) \tag{4-3-7}$$

其中：

$$\beta= p_{zy}(0)\sqrt{\frac{C_{y}(0)}{C_{z}(0)}}$$

式中 $C_z(0)$ 和 $C_y(0)$——$Z$ 和 $Y$ 的方差函数；

$p_{zy}(0)$——同位的 $Z-X$ 线性相关系数。

$$C_z(h)=C_z(0)\rho_z(h)$$

利用叠前地震反演成果约束岩相建模。二者呈正相关关系。采用协模拟方法，利用井岩性数据做“硬”数据，地震波阻抗数据做“软”数据。采用协模拟算法模拟岩性。

利用研究区的 93 口井和油藏网格模型做约束分析变差函数。岩性建模一般采用平面 2D 加垂向 1D 的方式做变差函数分析。为了提供岩性建模的分辨率，垂向选择小变程，垂向变程 2m。横向分 4 个方向分析变差函数，最终确定横向变程的长轴位 8600m，短轴位 6700m。

采用协模拟方法模拟岩性，得到三维岩相体。

沿沈 280 井—沈 224 井—沈 359 井方向油藏网格切的任意剖面。图 4-3-11 是纵波阻抗属性剖面。

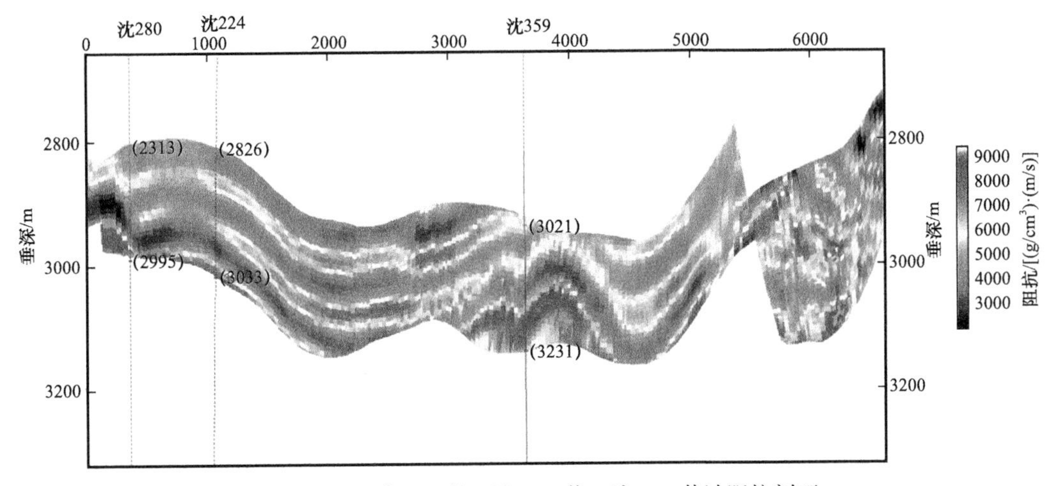


图 4-3-11 沈 280 井—沈 224 井—沈 359 井波阻抗剖面

从交会分析发现：岩性和波阻抗相关性不高，相关系数只有 0.61，协模拟采用 0.61 的相关系数。研究区内由大量钻井，本次模拟预测采用了 94 口井的曲线资料，94 口井分布均匀。模拟过程采用的变差函数横向变程较大，因此模拟结果很好地反映了井间岩性变化，由于井密度高，因此模拟预测结果是可靠的（图 4-3-12）。可以用来指导水平井钻井。

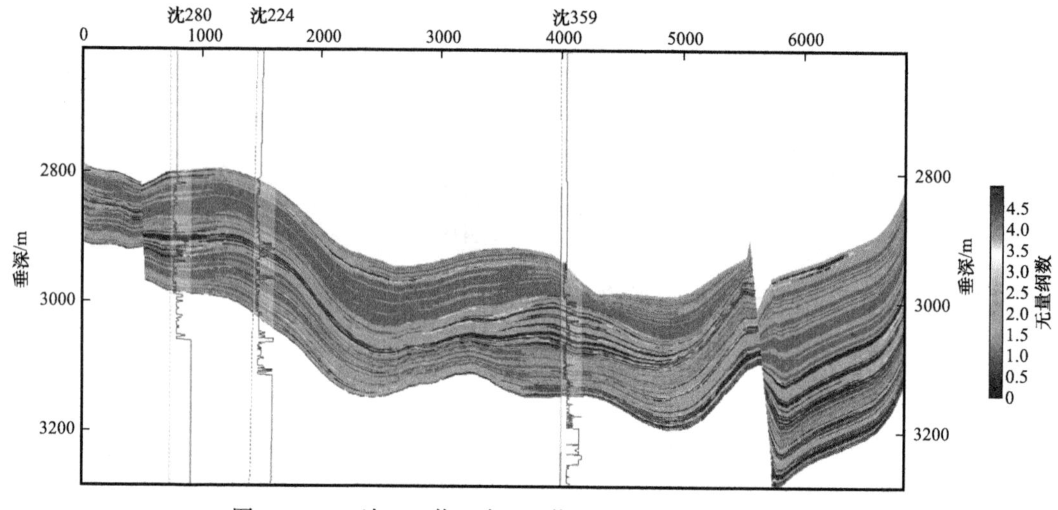

图 4-3-12　沈 280 井—沈 224 井—沈 359 井岩性模拟剖面

对比岩相无约束模拟结果和叠前多属性约束模拟结果。从沿沈页 1 井水平井轨迹剖面分析，叠前多属性模拟结果分辨率高，更符合地质规律。

通过过沈页 1 井模拟结果和实测结果交会分析发现叠前地震反演约束的模拟结果与实测结果相关性更好。这是因为水平井的水平段远离井点，地震约束提高了模拟的水平方向的精度。由此可见，叠前反演的约束起到了提高模拟精度的作用。

在岩相约束下，进一步建立了 TOC 属性模型、GR 属性模型和电阻率 RD 属性模型。

采用相控随机模拟算法模拟 TOC 属性。采用不同岩性地层 TOC 的直方分布模拟 TOC 属性，实现岩相约束的相控模拟。图 4-3-13 是不同岩性 TOC 直方分布图。从直方分布上看：页岩的 TOC 值最高，其次是泥岩，最低的是灰质砂岩。分相带模拟，不同相带采用不同的直方分布模拟 TOC。图 4-3-14 是过沈 280 井—沈 224 井—沈 369 井 TOC 剖面。

## 二、精细地质模型在随钻分析中的应用

精细地质模型能用于分析水平井穿行情况、随钻地质导向和钻后分析。

构造模型和属性体模型可用于水平井钻井设计、随钻地质跟踪和钻后分析。利用岩性模型和 TOC 等属性模型指导井轨迹设计，使水平井段能穿行最优“甜点”层段，是提高水平井产量的重要保障。

图 4-3-15 是沿沈页 1 水平井轨迹方向岩性剖面，从剖面中可以看到：沈页 1 井钻遇了Ⅰ砂组页岩和Ⅱ砂组白云岩。从生产数据分析，Ⅰ砂组页岩产量更好。如果该井的水平

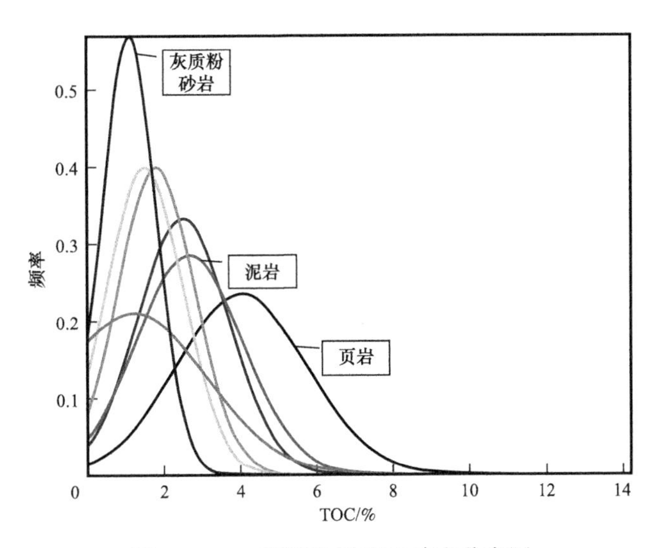


图 4-3-13 不同岩相 TOC 直方分布图

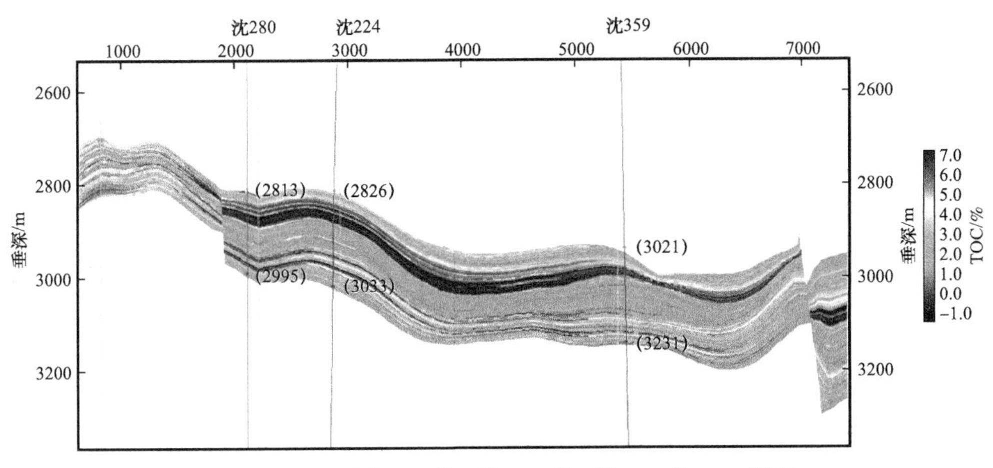


图 4-3-14 过沈 280 井—沈 224 井—沈 369 井 TOC 剖面

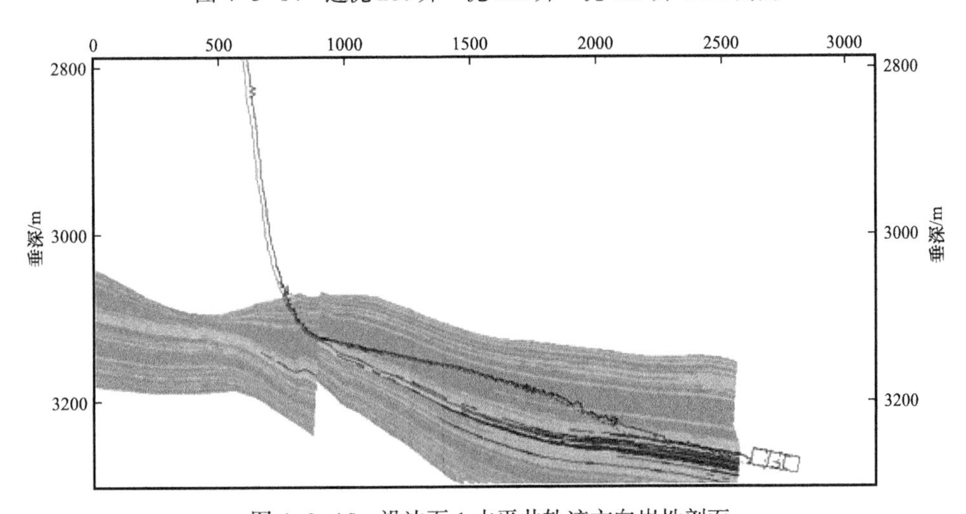


图 4-3-15 沿沈页 1 水平井轨迹方向岩性剖面

井轨迹能全部穿行 I 砂组页岩将能获得更好的产量。

研究区内在沈 224 井区针对三油组部署三口水平井。其中沈 224-H301 井已完成水平段钻井，利用该井对模型进行验证。

图 4-3-16 是沿沈 224-H301 水平井轨迹方向岩性剖面。从过沈 224-H301 井轨迹模型岩相剖面分析：该井水平段井轨迹位于三油组互层状页岩层的中部，该井钻遇率和穿行效果与井点吻合。为后期的成功压裂打下了坚实的基础。

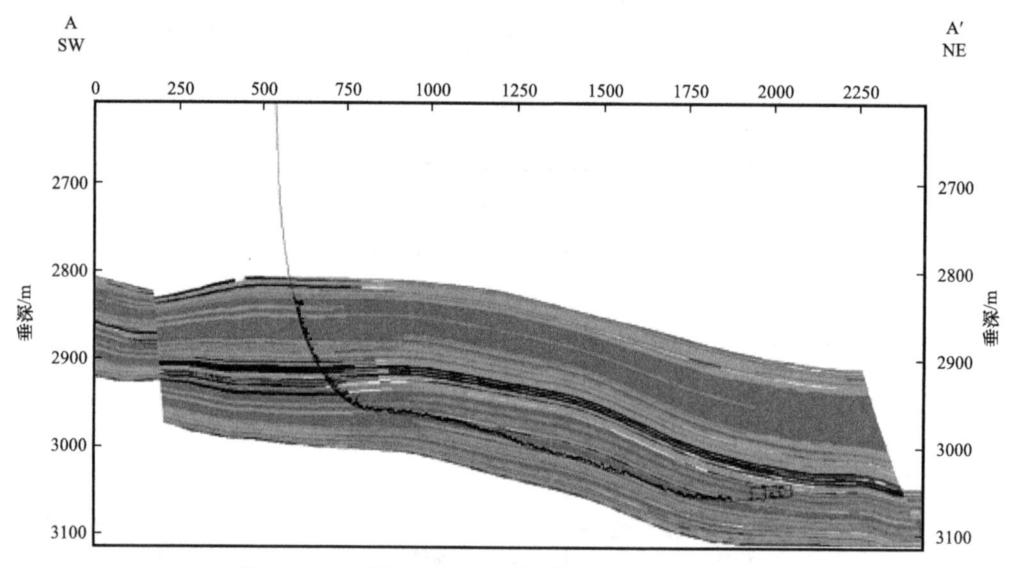


图 4-3-16　沿沈 22-H301 水平井轨迹方向岩性剖面

图 4-3-17 沈 22-H301 井区岩性可视化图。从图 4-3-17 中可见：沿沈 224-H301 水平井轨迹两侧页岩层发育范围广（黄色和深黄色），而且比较稳定。这种现象预示着水平井压裂成功后，该井会有较长的经济产量时期。

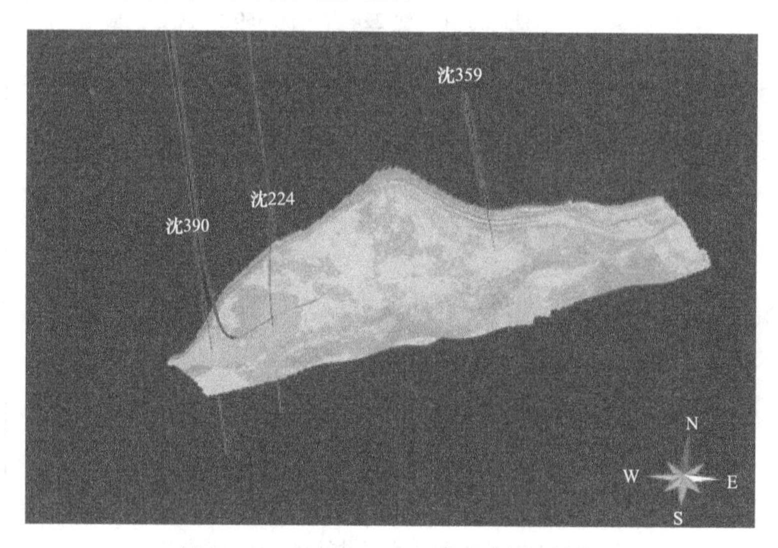


图 4-3-17　沈 22-H301 井区岩性可视化

图 4-3-18 是沿沈 224-H301 井轨迹 TOC 剖面：模拟结果与钻井实测结果吻合很好。证明：模型结果无论从构造深度，还是属性预测精度都非常好。

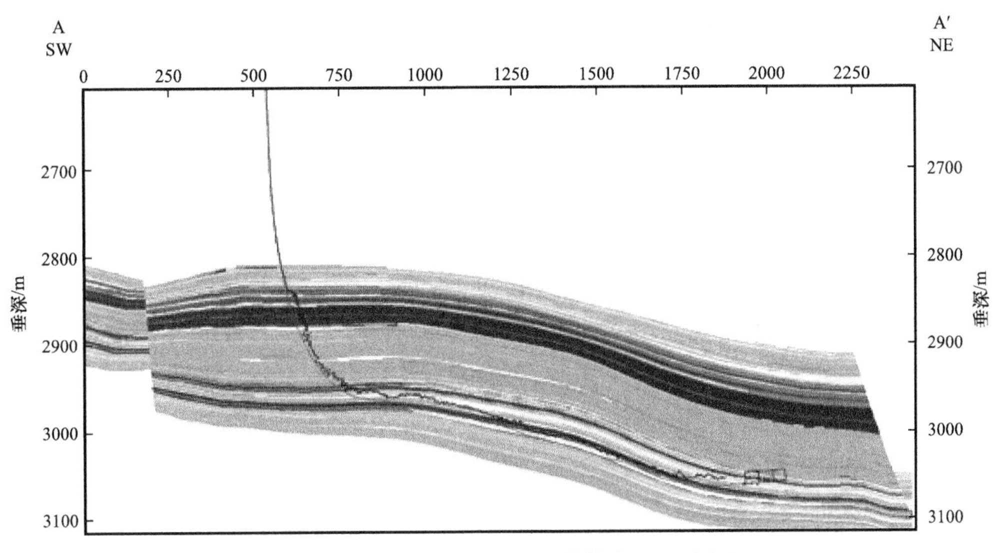


图 4-3-18　沿沈 224-H301 井轨迹 TOC 剖面

## 参考文献


[1] 朱光有，金强，张林晔 . 用测井信息获取烃源岩的地球化学参数研究 [J]. 测井技术，2003，27（2）：104-146.

[2] 郭泽清，孙平，刘卫红 . 利用 ΔlogR 技术计算柴达木盆地三湖地区第四系有机碳 [J]. 地球物理学进展，2012，27（2）：626-633.

[3] 王学武，杨正明，李海波，等 . 核磁共振研究低渗透储层孔隙结构方法 [J]. 西南石油大学学报（自然科学版），2010，32（2）：69-72.

[4] 郭树祥 . 地震资料保幅处理的讨论 [J]. 油气地球物理，2009，7（1）：2-7.

[5] 凌云研究组 . 叠前相对保持振幅、频率、相位和波形的地震数据处理与评价研究 [J]. 石油地球物理勘探，2004，39(5)：543- 552.

[6] 孙鹏远 . 多属性 AVO 分析及弹性参数反演方法研究 [D]. 长春：吉林大学，2004.

[7] 高霞，谢庆宾 . 储层裂缝识别与评价方法新进展 [J]. 地球物理学进展，2007，22（5）：1460-1465.

[8] 熊建平 . 地应力与裂缝的研究 [J]. 石油化工应用，2011，30（4）：14-16.

[9] 赵政璋，杜金虎，邹才能，等 . 致密油气 [M]. 北京：石油工业出版社，2012.

# 第五章　非常规油气钻完井技术

非常规油气资源在世界很多地区都有分布，对非常规油气资源开发方式的研究也是各国提升资源储备的重点工作。美国自1900年起就开始对油页岩进行研究，1953年在巴肯盆地开展页岩油试油工作，但因单井产量低而未能进行有效开发。随着钻井技术的进步，20世纪80年代中期，水平井技术开始应用于非常规油气的开发。2002年以前，垂直定向井是美国非常规油气开发的主要钻井方式，随着2002年Devon公司在Barnett部署的7口试验水平井取得成功，水平井逐渐成为非常规油气开发的主流钻井方式，而将水平井与大规模储层改造结合也是非常规油气的主要开发方式。

我国非常规油气开发技术总体上处于起步阶段。2008年11月由中国石油勘探开发研究院设计实施的我国首口页岩气取心浅井在四川省宜宾市顺利完钻。我国第一口页岩气直井——威201井在2010年9月20日获得油气显示；我国第一口页岩气水平井——威201-H1井在2011年3月25日完钻，完钻井深2823.48m，水平段长1079m。

纵观非常规油气钻井技术的发展可知，非常规油气钻完井技术不仅有高新技术的综合试验应用，也有常规钻井技术的优化调整，而提升多项技术的现场适应性，是实现非常规油气钻井安全高效的关键。

## 第一节　非常规油气钻井技术

### 一、非常规油气钻井的特点与难点

非常规油气钻井技术的主要难点有以下几个[1]：

（1）井壁稳定性较差。钻进过程中，岩层中的结合水会转变为自由水，因而会导致岩层内部压力增加，一旦岩层内部孔隙压力高于钻井液的压力，则会大大影响钻井液的性能发挥，导致钻井液进入到岩层间隙，岩层中的黏土物质遇到水溶液发生膨胀，更是加大了岩层的压力，使岩层结构不稳定。另外，水溶液或钻井溶液进入到微裂缝中，也会破坏岩层内部结构的平衡，导致岩层的破裂，降低井壁的稳定性。井眼的周围容易发生应力的改变，不仅容易引发井下生产安全事故的发生，而且后续井下作业技术参数的确定也受到很多不确定不稳定性因素的影响，增加了技术难度。

（2）井眼轨迹控制较难。页岩气的钻井深度浅，倾斜度较大，井壁的稳定性差，而且由于井径的变化差异较大，因此扭矩设计也随之有着较大的变化，规律性不强。这些都加大了井眼轨迹控制的难度。一旦井眼轨迹控制出现偏差或异常，极容易引发井漏坍塌等生产安全事故。

（3）完井较为困难。一个是套管下入的难题，一个是套管受损的问题，还有一个是套管居中的问题。由于页岩油井井斜较大，裸眼长度长，井径多变，因此在套管下入的过程中会容易遇到钻井过程中留在井壁上的一些台阶，这些台阶给套管的下入增加了阻力，造成套管下入困难。另外，页岩油井的井眼曲率大，水平段长，这样也会增大套管下入的阻力。由于井眼会施加较大的弯曲应力作用，因此会对套管壁产生不利的影响，一旦套管壁承受不住外界的压力时就会发生弯曲变形，导致套管受损，稳定性降低。另外，在井斜大于70°的井段，套管重力会更大程度上作用在井眼的下方，导致套管偏心的现象，给施工作业增加了技术难度，控制不当容易引起安全事故的发生。

此外，在钻井过程中还存在水泥浆胶结质量差、驱替效果差、固井过程中的井漏等问题。这些难题都是页岩油钻井过程中需要解决的。

## 二、非常规钻井关键技术

辽河油田公司非常规油气钻井技术日趋成熟，在地层压力预测、井身结构设计、钻机选择、钻头优选、钻井液体系优化、轨迹测量与控制等方面开展研究，以达到“钻井速度高、井眼质量好、钻井成本低”的目的，进而形成油田公司各个非常规油气区块开发的最优区域钻井模式[1]。

### （一）地层坍塌压力预测

钻井过程中，井壁的稳定性取决于两大因素[2]：自然因素和人为因素。自然因素包括地层地应力的状态和地层的弹性、强度特性等。人为因素包括钻井液密度和化学性能、水力参数和作业程序等。因此地层坍塌压力预测的研究应在掌握自然因素变化规律的基础上，研究不同条件下的井壁稳定情况，确定最优的钻井液密度、性能及作业参数。

在辽河油田页岩油井的开发过程中，通过对雷88井、雷88-H1井、沈224井、沈页1井等井完钻井资料和测井资料进行了地质力学研究，结合储层岩性资料，预测了了雷家和大民屯地区地层压力体系。同时利用Dillworks软件，根据摩尔—库伦准则和声波法计算模型，初步摸清了雷家和大民屯地区的地层坍塌压力规律，建立了不同层位地层坍塌压力云图，确定了该区不同井斜段的安全钻井液密度，也为井口优选及井眼轨道优化提供了理论依据。

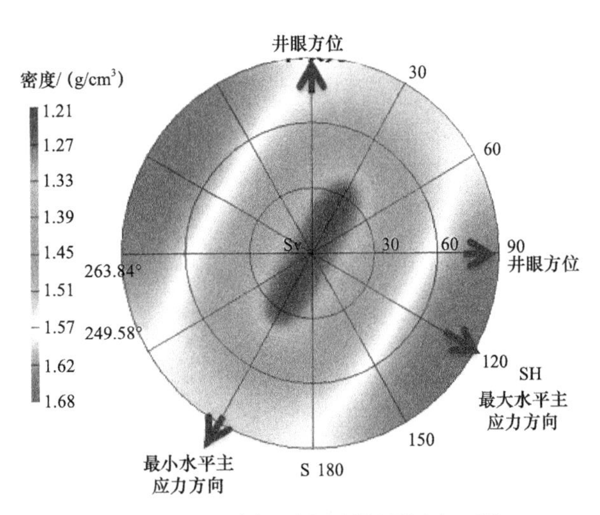


图5-1-1 雷家地层地层坍塌压力云图

从图5-1-1可知，井斜角越小，越有利于井壁稳定；钻井轨迹方位垂直于最大水平主应力时利于井壁稳定。通过软件计算，雷家地区安全钻井液密度窗口为定向井段 1.30～1.60g/cm$^3$；水平井段 1.60～1.70g/cm$^3$。

## （二）页岩油水平井井身结构优化

井身结构设计作为整个钻井工程设计的基础是首先应该解决的问题，它不仅关系到钻井技术经济指标和钻井工作的成效，也关系到生产层的保护和产能的维持，所以合理的设计井身结构是钻井工程设计的重要内容，井身结构包括套管层次和每层套管的下入深度以及井眼尺寸与套管尺寸的配合。

辽河油田页岩油井早期钻井多以二开定向井为主，2010 年开展相关研究后，首次在雷家地区实施水平井钻井，经过不断实践与探索，采用“三开三完”井身结构，即：一开表层套管下至馆陶组底以下 50m，采用套管固井完井，要求水泥浆返至地面解决了该地层疏松，表层漏垮的复杂问题；二开技术套管下至沙四段上亚段深灰色泥岩顶部，固井水泥浆返至地面，封隔东营组至沙四泥岩地层，防止下部钻进时上部地层发生井漏、下部井眼坍塌等状况；三开油层套管采用 139.7mm 油层套管，固井完井，要求水泥浆返至地面，满足储层压裂改造要求。

## （三）页岩油水平井眼轨迹控制技术

针对页岩油三维井眼轨迹控制偏移距大的问题，基于常规螺杆钻井工具，结合三维剖面设计的关键参数，以降低实钻摩阻扭矩、有利于现场实施为目标，进行井眼轨迹优化设计，优选了“五段式”水平井三维井身剖面[3]。

页岩油水平井井身多采用“直—增—稳—增—水平”五段制剖面，便于轨迹控制。设计井眼曲率控制在 6.5° /30m 以内，以降低施工难度。井眼轨迹尽可能保持平稳光滑，降低了摩阻扭矩，以保证完井管 柱顺利下入。

钻进过程中采用随钻测井（LWD）、地质导向结合的方式对页岩油水平井轨迹实施控制与优化。全井段采用“螺杆 +PDC 钻头”钻具组合。表层与直井段采用 $\phi$292mm 单弯螺杆，每钻进 30m 用 R 型单点测斜仪吊测井斜、方位；钻完直井段用 ESS 电子多点测斜仪进行测量。造斜井段采用 $\phi$203mm 或 $\phi$197mm 中空型单弯螺杆钻具，根据设定井眼轨迹合理控制造斜率，中空型螺杆钻具排量可达 50L/s，对清洁井眼，消除岩屑床起到重要作用，为轨迹控制提供有利条件；钻进过程中使用 MWD 无线随钻测量，测量间距为一个单根，关键井段测点加密。水平段及大斜度段钻进过程中使用 LWD 随钻测井仪监测井眼轨迹，每钻进一个单根取值一次，关键井段每半个单根取值一次，施工过程中根据实际情况调整测量间距，为精确控制井眼轨迹创造条件。

## （四）水平井井眼清洁技术

水平井钻进过程中，随着井斜角的变化，岩屑在井眼中的运移方式也会改变[4]，根据井斜角将水平井分为两种主要的井段：小中井斜井段（0°～65°）和大井斜井段（大于 65°）。

在小井斜井段中，环空中钻井液的垂直流动会向上运移岩屑，同时岩屑也会因为重力作用以一定的滑移速度向下滑动，如果滑移速度小于环空返速，则岩屑会向上运移。理想情况下，环空返速要大得多，以便岩屑可以快速清除。环空返速取决于排量及环空的大小，滑移速度取决于岩屑的大小、浮力和钻井液流变性。

根据岩屑运移机理可以判断，小井斜井眼清洁的关键影响因素主要为环空返速以及钻井液流变性。通常小井斜井眼需要控制排量来达到更高的环空返速，一般要求值不低于30～45m/min，正常井眼情况下可以轻易达到，但如果井眼存在扩径，环空返速有可能低于此值，此时井眼清洁的关键则在于调整钻井液流变性。

在大井斜段，岩屑也像在小井斜井段中一样垂直滑动，但是几乎没有垂直流体流动以减慢其下降速度。主要的向上作用力是浮力，通常比岩屑自身重力小得多。因此，岩屑在运移较短的水平距离之后就会落到井眼低边，随着这一过程不断重复，大井斜段就会形成静态岩屑床。

在大井斜段井眼清洁的关键因素为环空返速、钻具旋转及黏性耦合，反映到具体参数则为排量、转速及钻井液黏度。排量的大小决定环空返速，这与小井斜段相似，所以足够大的排量是关键因素。如果排量足够，则井眼高边的高速流动区域较大，岩屑更容易产生传送带效应进行运移；如果排量较小，相对而言高速流动区域较小，岩屑运移较为困难。

钻进过程中，钻具旋转，围着钻具的钻井液黏连膜（黏性耦合）会搅起井眼低边的岩屑，并将其带到井眼高边的高速流动区域，从而被携带运移一段距离直到悬浮的岩屑下沉到低边，然后再重复这一过程大井斜段这种岩屑运移机理也称为传送带效应。在转速方面，低转速时，黏性耦合较薄，系统能量较低，岩屑运移困难；中等转速时，钻具位置有所改变，黏性耦合变厚，但可能仍比钻具接箍薄，井眼低边仍为层流状态，岩屑运移程度偏低；高转速时，钻具位置发生大幅变化，黏性耦合厚度更厚，井眼低边达到紊流状态，可以很轻易地搅动井眼低边的岩屑，将其带动到传送带上向前运移。高转速适用于水平段，造斜段并不推荐，因为造斜段钻具位于井眼高边，岩屑位于井眼低边，本身就处于高速流动区域。在钻井液黏度方面，钻井液太稀，难以形成可以举升岩屑到高速流动区的黏性耦合膜；如果钻井液太稠，黏性耦合膜会变厚，但高边的高速流动区域会缩小，也会造成岩屑运移困难，所以要控制合适的钻井液流变性，才能满足大斜度段井眼清洁需要。

井眼清洁技术在大民屯页岩油钻井现场实践（表 5-1-1），水平段排量 28L/s，转速 60～70r/min 有效协助现场减少短起下钻、循环洗井等隐形损失时间，大幅度提高纯钻时效，缩短钻井周期。

**表 5-1-1 大民屯水平井水力参数**

| 井段 / m | 钻头直径 / mm | 喷嘴直径 / mm | 钻压 / kN | 转速 / r/min | 排量 / L/s | 泵压 / MPa |
|---|---|---|---|---|---|---|
| 0～342 | 444.5 | 18+18+18 | 30～80 | 70～110 | 55 | 10 |
| 342～3081 | 311.1 | 16+16+16 | 80～120 | 70～110 | 45 | 15 |
| | | | 60～120 | 螺杆 | 35 | 18 |
| 3081～4250.28 | 215.9 | 12+12+12 | 80～140 | 60～70 | 28 | 20 |
| | | | 50～80 | 螺杆 | 28 | 20 |

## （五）水平井优快钻井技术

### 1. 钻头优选技术

通过分析测井曲线可以较好地了解岩石的物理特性，其中纵波时差反映了地层的拉伸和压缩变形特性及强度特性[5]。而地层的岩石可钻性反映了岩石抵抗钻头冲击与剪切破坏的能力。因此，岩石的纵波时差必然能够反映地层的岩石可钻性，纵波时差必然与岩石可钻性级值 $K_d$ 之间存在某种内在的联系。结合声波时差测井资料和岩心可钻性实验结果，可以建立预测 PDC 钻头和牙轮钻头岩石可钻性的计算模型。

对于 PDC 钻头岩石可钻性计算模型：

$$K_{dpdc}=22.878e^{-0.015\Delta t}$$

对于牙轮钻头岩石可钻性计算模型：

$$K_{drock}=11.403e^{-0.011\Delta t}$$

式中 $K_{dpdc}$，$K_{drock}$——PDC 钻头、牙轮钻头可钻性级值；

$\Delta t$——声波速度，μs/ft。

由计算模型可知，当声波时差越小时对应的可钻性级值越大，表明当岩层压实程度越高，此时岩石越致密，声波传递速度越快，时差越小，对应的可钻性级值越大，越难钻。结合实验数据，钻进相同地层时，PDC 钻头判定的可钻性级值大于牙轮钻头。

进一步分析 PDC 钻头的破岩机理，与上述模型结合对雷家地区地层岩石可钻性开展研究。研究结果表明，雷家地区地层岩石可钻性随深度的增加而增大，上部馆陶组东营组地层可钻性极值在 3～5 级，沙河街组波动较大，沙一、沙二段可钻性极值在 4～6 级，沙三、沙四段在 6～9 级。

以此为依据，对在用钻头进行尺寸和使用地层的分类。综合考虑钻头参数，重点考虑进尺、纯钻时间和钻速，针对钻进沙河街组地层，优选钻头：

311.1mm 钻头推荐使用长城 GS519 钻头；

241.3mm 钻头推荐使用江汉 HJ437G 钻头；

215.9mm 钻头推荐使用江汉 KPM1642ART 钻头、立林的 LE437G 钻头以及长城 GS519 钻头。

### 2. 旋转导向技术

旋转导向技术是目前国内外石油钻井领域先进的井眼轨迹控制技术，该技术可以使钻具在旋转钻井的过程中按照预设井眼轨道实施钻进。旋转导向工具作为实施该技术的重要装备，它集成了井下恶劣环境下的机、电、液一体化前沿技术，体现了当今井下导向工具发展的最高水平。和常规“弯螺杆 +MWD”钻井方法相比，旋转导向钻井技术取消了滑动钻进方式，以全程旋转钻进方式，一套钻具完成造斜、增斜、稳斜等井眼轨迹控制和调整，具有摩阻扭矩低、水平段延伸能力强、钻井效率和井眼轨迹控制精度高、井身质量和井眼净化效果好等诸多优点。按其工作原理可划分为推靠式、指向式和复合式导向工具，根据工具外壳能否旋转可分为动态式（全旋转式）和静态式。

为了进一步提高旋转导向系统的钻进效率，斯伦贝谢、贝克休斯等公司的旋转导向系统已经专门研发配套了具有信号传输功能的模块马达，如斯伦贝谢 VorteX、贝克休斯 X-treme 等。这些模块马达是大功率螺杆钻具和通信短节组合在一起的复合体（图 5-1-2），使用时连接在旋转导向系统和 MWD 之间，钻头就获得了来自顶驱转速和螺杆钻具转速叠加的高转速（350～450r/min），而通信短节则可实现旋转导向系统、MWD/LWD 和地面之间的双向通信。以 AutoTrack 旋转导向系统为例，其底部钻具组合形式一般为：钻头 + ASS 导向头 + 模块马达 +（柔性短节）+ 测量模块 + 脉冲发电机 + 上截止阀 + 扶正器及回压阀 + 钻杆。该组合除具有前一种旋转导向钻具组合的所有优点外，还有效提高了机械钻速、降低了钻机和钻杆负荷。大民屯页岩油井区主要在大偏移距或长水平段三维水平井水平段使用该钻具组合。

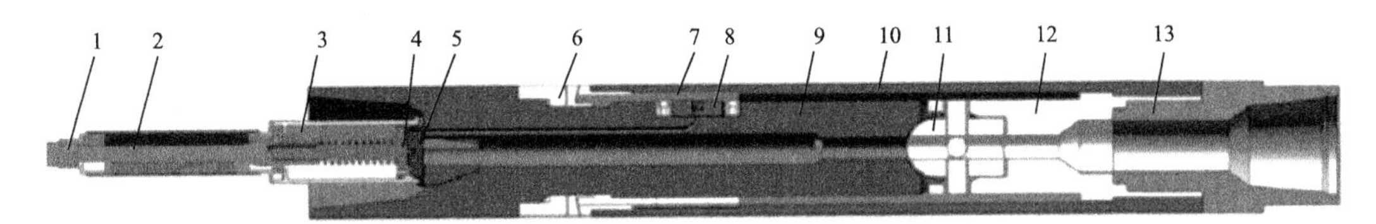


图 5-1-2 复合式旋转导向工具示意图

1—上盘阀控制轴；2—钻井液过滤网；3—盘阀座；4—上盘阀；5—下盘阀；6—调节环组件；7—摩擦环；8—柱塞组件；9—驱动轴；10—导向套筒；11—万向节组件；12—钻头轴；13—钻头接头

旋转导向钻井需要在钻前综合考虑偏移距、靶前距、目的层垂深等井眼轨迹参数，进行待钻井施工难度系数评价与分析，在此基础上以“造斜段增效提质，水平段安全提速”为主要目标优选应用井位。目前主要在施工难度较大的二开井身结构的大偏移距、长水平段和大偏移距长水平段三维水平井，使用如贝克休斯公司 AutoTrackG3、AutoTrackCurve 等第三代或高造斜率旋转导向钻井技术，以解决此类井常规螺杆钻具钻进中存在的水平段延伸能力不足、钻井风险高、螺旋井眼、储层钻遇率低和机械钻速慢等问题。通过旋转导向技术的应用，有效提升了水平井水平段的延伸能力，提高了水平井的钻遇率和水平井的机械钻速，降低了水平井的摩阻扭矩。

### 3. LWD 地质导向技术

地质导向是在水平井钻井工程中运用随钻测井技术、随钻测量、工程应用软件和综合录井技术来控制水平井轨迹在储层有利位置穿行，实现单井产量和投资收益最大化，在各大油田得到广泛应用。从地质导向技术的发展来看，地质导向技术的进步主要依托于随钻测井工具的进步，而近年随钻测井工具作为地质导向的核心得到了很大的发展，从传统的常规自然伽马、电阻率发展成为方向性边界深探测的预判式导向技术（探边地质导向），最具代表性的工具是斯伦贝谢的 PeriScope、贝克休斯的 AziTrak 和哈里伯顿的 ADR。依据随钻测井工具的不同，地质导向方式可分为常规 LWD 地质导向和探边地质导向。与常规 LWD 地质导向相比，探边地质导向技术具有 360° 方向测量、探测深度更深和明确地层

边界的特点。

常规地质导向是利用常规电阻率、自然伽马和录井参数结合进行地质导向的方法，通过分析大民屯油层组的岩性特征、电性特征，建立地质导向的静态模型，在实钻过程中结合 LWD 和综合录井信息，实时进行地层精细对比，开展地层划分，确定标志层，对入靶深度进行精确控制，实时指导钻井井眼轨迹，使轨迹穿行在油层中的有利位置，主要步骤为:（1）入靶前靶点预测和调整。利用邻井已钻井资料，在造斜钻进过程中，找准标志层，预测靶点垂深，及时调整轨迹，着陆入靶。（2）入靶后的水平段轨迹调整。进入水平段后确保轨迹在油层中的有利位置穿行，依据前期的地层倾角预测和实时 LWD 数据，结合录井钻时、气测、岩屑等资料判断轨迹在油层中的位置，据此调整井斜。

探边地质导向是探测深度较深并具有方向性测量的随钻测井工具，应用实时导向软件，通过对测量参数的反演，能够估算出工具到地层边界的距离和地层边界的延伸方向。在钻具组合中，该工具距离钻头为 11.0～12.0m，在储层电阻率和非储层电阻率差异足够大的情况下能够识别 4.0～5.0m 的边界，可判断井眼轨迹相对目的层边界的位置，为实时地质导向提供可靠的依据。与常规 LWD 地质导向相比，探边地质导向技术具有 360° 方向测量、探测深度更深和明确地层边界的特点。

在大民屯页岩油水平井水平段的实施中优化探边地质导向和常规 LWD 地质导向结合使用，可以使钻进过程中导向精度有效提升，同时降低作业成本。

#### 4. 水平井钻井提速工具

（1）高效螺杆技术。

在页岩油钻井的过程中，因为水平段会随着钻井的深度不断延伸，所以在工作时要选择高效的螺杆钻具，进一步提升复合钻的使用效率，增强井眼的平滑度，还能让单趟进尺得到有效提升，并且可以提高螺杆的机械转速。可以通过对螺杆钻具中的外直径、扶正器尺寸和弯角尺寸的研究，分析出水平井稳斜的影响因素，从而选择更加高效的螺杆钻具组合工具，大幅度提升页岩油钻井的效率。

从钻井中的综合摩阻数值分析和屈曲数值的分析中可以得知，螺杆的尺寸如果过大，那么在进行钻井时使用的螺杆钻具就会容易发生屈曲。如果螺杆钻具的尺寸过小，就不能满足钻井时的强度需求，容易造成钻井的空间过大，会形成岩屑床，对页岩油钻井中的施工水平容易造成严重的拖延和影响。通过多种方式的计算可以得知，不同的螺杆尺寸中钻具在工作中环空净化能力有着不同的影响。$\phi$160mm、$\phi$170mm、$\phi$190mm 的螺杆钻具的携带页岩的比例分别为 0.451、0.621、0.701，如果在钻井过程中想要达到比较优异的钻井净化程度，携岩比例要高于 0.5。如果钻井过程中把油井的斜度定位 90°，钻压定位 80kN，螺杆钻具的转速设定为 60r/min 的等值条件下对螺杆钻具不同弯度和扶正器的尺寸对稳斜能力的影响计算，可以通过数值的模拟计算出螺杆钻具和的结构弯度的读数与扶正器的尺寸对钻井时产生的井斜的影响。

在页岩油钻井的开发过程中，螺杆钻具是依靠钻井液的动能转化为旋转钻头破碎岩石的机械能力的钻具。由于螺杆钻具在工作时有着比较大的负荷，在钻井时由于螺杆钻具和井壁之间有着非常大的摩擦力，会造成工作时的阻力逐渐增加，所以螺杆钻具的扭矩是提升钻井效率的有效途径。在钻井过程中，优化马达的线型，增加马达的压力降，由于钻压会增加，所以螺杆的压力值也一样会提高，会让螺杆输出的扭矩进一步提升，这就是高效螺杆扭矩提升的原理。高效螺杆钻具的使用可以大幅提升页岩油钻井的扭矩，从而提升钻井的效率，为企业带来较大的经济利益。

在普通的螺杆钻具使用过程中，由于钻井的摩擦力和阻力的原因，再加上钻井时的高温、油基等因素的影响很容易缩短螺杆钻具的使用寿命，所以要改进普通螺杆的传动轴的机械结构，利用合金推力轴承去替代传统的串轴承，并进一步改善螺杆钻具的润滑条件。比如可以在径向轴承的两头应用油密封的结构，让轴承的轴向和径向实现油润滑，让螺杆钻具的使用寿命得到提升，从而进一步提升工作的稳定性和可靠性。

（2）水力振荡器。

水力振荡器由动力部分与振动部分组成。动力部分设计利用单螺杆随水力的转动，调节该部分同心阀与偏心阀的过流面积，从而产生压力脉冲。压力脉冲向上传递至振动部分驱动其内弹簧产生轴向简谐振动，从而带动 BHA 的轴向高频率小振幅的振动，降低滑动钻进过程中钻具与井壁之间摩阻（图 5-1-3）。特点在于可以减少静摩擦、降低发生屈曲的风险、改善钻压传递、提高 ROP、延长水平段进尺。

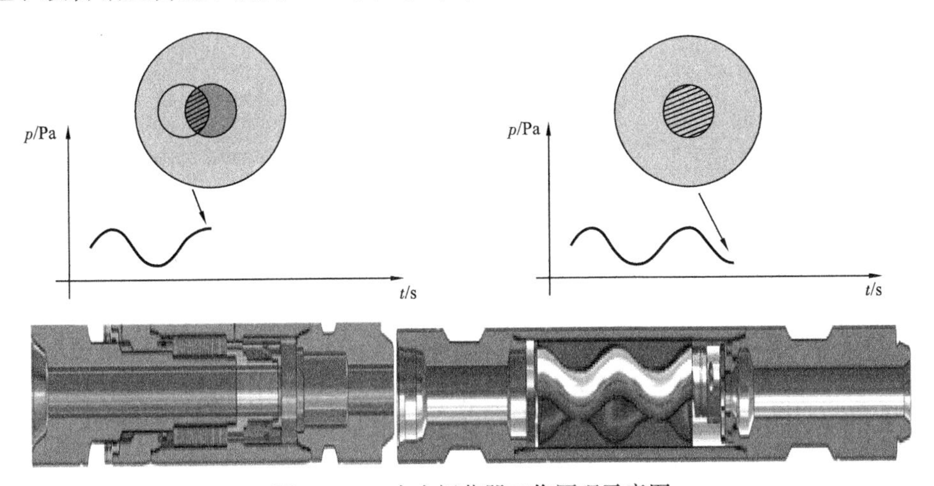


图 5-1-3　水力振荡器工作原理示意图

水力振荡器借助水力能量及偏心设计能有效降低摩擦阻力、传递钻压等，可以有效提高钻井效率，加快钻速，现场使用效果较好。从现场数据看，对比使用水力振荡器前后的数据使用水力振荡器后，工具面稳定，提高滑动造斜率 91%；使用水力振荡器后滑动托压基本消除，无憋泵或工具面跳动现象，滑动钻进机械钻速提高 2.1 倍，平均机械钻速提高 67%；使用水力振荡器后提高了作业效率，实现单趟进尺 936m，减少了滑动钻进辅助时间。

（3）扭力冲击器。

扭力冲击器是一种井下机械动力工具（图 5-1-4），依靠高压钻井液推动扭力冲击器内活塞扭矩锤旋转，对钻头形成冲击，钻头在冲击载荷的作用下破碎岩石（图 5-1-5）。扭力冲击器广泛应用于直井、定向井、水平井，能有效减少黏滑现象，提高机械钻速，保护 PDC 钻头。扭力冲击器靠换向元件为扭矩活塞提供换向动力，产生扭矩振荡；扭矩振动通过中心轴传递至内牙嵌。特点在于结构简单，运动零件少；性能参数易于调节；有效工作寿命不低于 120h；工具可靠，不会对钻井工程造成任何影响。

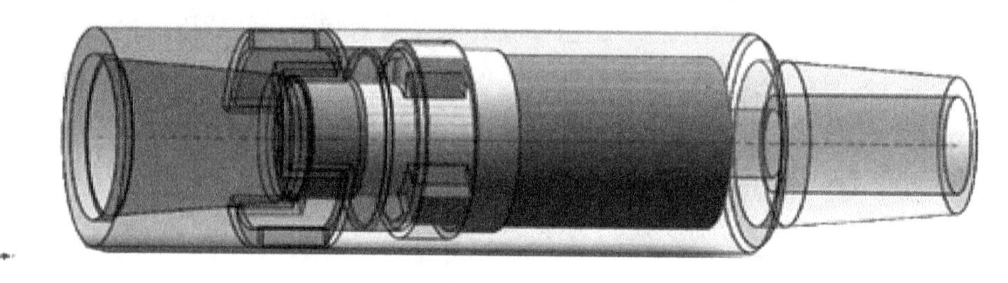

图 5-1-4　扭力冲击器结构示意图

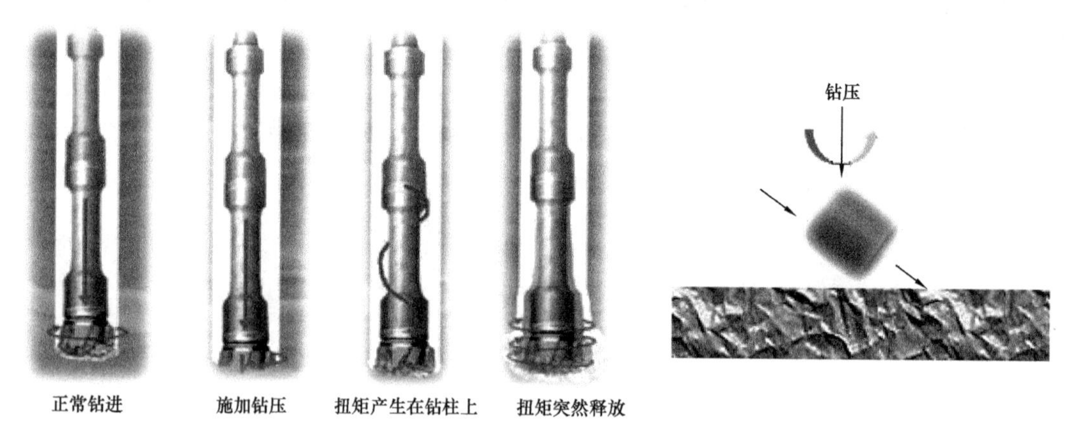


图 5-1-5　扭力冲击器破岩原理示意图

扭力冲击器的破岩机理在于产生扭力的冲击、冲击能量有助于 PDC 齿破碎前方的地层、冲击有助于 PDC 齿更深吃入地层。这样可使 PDC 钻头破岩由原来“剪切”转变为“冲击破碎 + 旋转剪切冲击”。有更好的破岩效果。

### 5. 水平井钻井实时优化提速技术

优化钻井是现代科学化钻井的标志，其特点是建立定量反应钻井规律的数学模型（主要是机械钻速模型、钻头牙齿磨损速度模型和轴承磨损速度模型），利用邻井完钻数据，应用先进的计算机技术进行统计、分析、评估和计算，确定提高钻井效率潜力最大的参数组合，为钻井施工提供最优化的设计，形成最终的优化钻井过程，最后将其用于现场施工。

钻井实时优化提速技术以钻井能效为核心，通过监控钻井动态参数变化，实时反馈钻井参数的优劣，提示井下情况，识别井下造成低效的瓶颈因素，实时指导施工人员不断采取改进措施，在钻头选择、井控、BHA 设计、定向靶点尺寸等领域再设计，从而实现提速的目标。钻井参数实时闭环优化能够弥补传统钻井优化方法中的不足，是进一步提高目前国内钻井速度和降低钻井成本的最直接、最有效的方式之一。

基于以上理念，中国石油集团工程技术研究院有限公司研发了实时优化软件，该软件通过收集现场实时通用参数、频率域下钻柱黏滑振动柔度、频率域下钻柱跳钻柔度、钻柱力学基础分析、钻具振动受力强度、黏滑振动及跳钻振动，载入优化模型进行优化。现场优化提速方式采用白班和夜班交替优化方式，即白班采用“钻井节能提速导航仪”推荐工程参数钻进，夜班按照井队要求钻进（优化系统只负责监控）。优化提速软件可以利用机械比能变化趋势能够实时诊断井下复杂，识别可能发生的影响钻头破岩效率的井下瓶颈因素，比如地层变化、井下振动和钻头磨损等。同时根据钻井节能提速导航仪特定的参数优化推荐算法，在当前地质条件、工况条件下，为达到最高机械钻速并消耗最低能量，为司钻推荐出最优参数组合，实时指导钻进。

实时优化软件在沈 224-H301 井进行了试验。软件试验井段 3184m～3379m，试验进尺 197m，纯钻时间 35.52h，机械钻速达到 5.52m/h，与邻井沈 257-H222 井同井段对比，邻井同井段机械钻速 4.5m/h，机械钻速提高 22.7%。

## 第二节 非常规油气钻井液技术

泥页岩地层很容易坍塌，坍塌程度由泥岩含量及其致密程度控制，并且由于可能含有诸如蒙皂石等水敏性岩石矿物，导致遇水发生膨胀，钻井过程中极易引起井壁失稳[6]。依据泥页岩中黏土矿物种类、含量、强度、分散性、剥落程度等因素、将井壁不稳定泥页岩分为软、稳固、稳固—硬、硬、脆五类。国外非常规油气开发，针对不同的泥页岩，同时考虑环境、成本、维护等多种因素进行钻井液体系选择。其中美国东北 Marcellus（马塞卢斯）页岩，基于环境考虑，采用合成基钻井液；Haynesville 页岩，采用柴油基钻井液；Barnett 页岩，水平段采用油基钻井液，直井采用高性能水基钻井液，如 Baroid 的 shaledrill 水基钻井液、Halliburton 的 shaledrill F 水基钻井液（主要成分为 BDF-440，是一种高效抑制剂）；Eagle Ford 页岩，上部技术套管使用水基钻井液，储层段使用柴油基或合成基钻井液。

虽然油基钻井液一直是非常规油气水平井首选使用的钻井液，但随着对地层认识的逐渐深入和钻井液技术的不断进步，国内外技术人员在非常规油气水基钻井液方面进行了大量探索，下面对辽河油田非常规油气开发常用的钻井液技术进行介绍。

### 一、油基钻井液技术

油基钻井液是指以油作为连续相的钻井液。在早期使用原油作为连续相，后来逐渐发展成为以柴油为连续相的两种油基钻井液——全油基钻井液和油包水乳化钻井液。在全油基钻井液中，水是无用的组分，其含水量不应超过 10%；而在油包水钻井液中，水作为必要组分均匀地分散在柴油中，其含水量一般为 10%～60%。

油包水乳化钻井液（水相≥10%）虽然得到了广泛应用，但仍存在着剪切稀释性差、活度难以平衡、热稳定性差、易润湿发展和乳化堵塞等不足，所以辽河油田非常规油气开发主要以全油基钻井液为主。

由于油基钻井液处理剂的快速发展，全油基钻井液可以不必使用大量沥青增黏提切，基液可以用生物毒性低的白油和气制油。全油基钻井液主要由基液、有机土、乳化润湿剂、有机土增效剂、增黏提切剂、降滤失剂、碱度控制剂（CaO）和加重剂等组成，主要具有以下特点：(1）对乳化稳定性的要求相对较低，可减少乳化剂用量。(2）减少了体系中乳化水滴的浓度，可降低塑性黏度。(3）无须考虑水相活度与地层活度平衡问题，因而全油基钻井液更有利于保护储层和提高钻井速度[7]。

在大民屯页岩油开发初期，即开展了全油基钻井液技术研究与应用，在沈平 1、沈平 2 进行了成功应用。通过优选性能优良的有机土、有机土激活剂、油溶性高分子聚合物降滤失剂、乳化剂和润湿剂等关键处理剂，并通过室内实验，形成了密度在 0.92～2.4g/cm$^3$ 范围可调、性能优良的全白油基钻井液体系配方。通过试验，形成了一套包括密度适时调整、流变性维护、电稳定性控制、高温高压滤失量控制、固相控制等完善的油基钻井液配置、替换、维护与处理工艺技术。针对油基钻井液使用中最担心的井漏问题，做到提前防范，形成了随钻堵漏、常规承压堵漏、高失水承压堵漏等多种油基钻井液防漏堵漏配套技术，可根据井下具体情况，采取对应技术措施，保证施工安全。针对油基钻井液使用过程中的易污染、易着火、钻屑处理困难等难题，研究形成了一整套安全环保的油基钻井液回用循环再利用工艺技术，确保了施工安全，有效降低了综合钻井成本。

## （一）油基钻井液体系配方

全油基钻井液的基本配方：白油 +3.0%～4.0%GEL+0.3%～0.5% 激活剂 +2.0% OFL+0～1.0% 乳化剂 +1.0%～2.0% 润湿剂 +0.5%CaO+3.0% $CaCO_3$+ 重晶石。密度 0.92～2.40g/cm$^3$ 可调，抗温大于 220℃，破乳电压大于 1000V。

## （二）油基钻井液的配制与维护处理技术

1. 准备阶段

（1）清罐。将井筒、地面循环罐及所有循环系统管线清洗干净，将与钻井液有接触的密封件全部更换为耐油件。

（2）卸油。确认罐区全部整改完毕，方可卸油。白油一般先卸到水罐旁小罐内，通过长杆泵转入钻井液罐。卸油时井队要配合防止跑、冒、滴、漏的发生。

（3）替浆。先用清水顶替井筒钻井液，再用白油顶替清水。

2. 配浆

（1）加入白油并搅拌，大排量循环并打开钻井液枪，缓慢加入所需有机土，在常温下循环搅拌 4～8h，使其溶解。

（2）缓慢均匀加入激活剂、聚合物降滤失剂、乳化剂，充分循环搅拌，直至全部溶解。

（3）在搅拌下缓慢均匀加入适量生石灰，循环搅拌 1h。

（4）调整各项钻井液性能达到设计要求范围内，缓慢均匀加入超细碳酸钙；如性能达到设计要求，可加入加重剂以达到所要求的钻井液密度，加重速度要适当。

3. 钻井液维护

（1）密度。在钻进过程中，根据井下情况，逐步调整钻井液密度。正常密度控制为 $1.12 \sim 1.15 g/cm^3$，同时应注意防漏、防喷，做好加重、堵漏材料的储备。

（2）流变性控制。要充分利用固控设备保证有效清除钻屑，控制地层水侵和钻台外来液体的污染，减少对流变性的影响。用白油、有机土、激活剂来调整流变性。

（3）电稳定性。施工中要防止地层水的侵入，少量地层水的侵入对电稳定性影响不大，如发现地层水侵入量较大，可加入乳化剂、石灰等进行处理，使破乳电压逐步上升。

（4）消耗量补充。钻井过程中根据钻井速度和钻井液消耗量，用储备钻井液及时补充，不可直接用白油补充钻井液，避免钻井液性能波动太大。

（5）滤失量控制。用降滤失剂和暂堵剂控制滤失量，控制 API 滤失量不大于 2mL，HTHP 滤失量不大于 7mL。

（6）其他要求。油基钻井液要做好防水工作，不可用水冲洗钻台和振动筛及可能使水进入钻井液中的任何地方，钻台和振动筛用白油冲洗。

## （三）防漏堵漏配套技术

（1）钻井液保持合适的密度，减小环空流动阻力，保证钻井液量充足。

（2）钻进过程中，调整好钻井液性能，在易漏层位，钻井液密度在保证井控安全的前提下，尽可能控制在设计下限，以减少井漏情况的发生。

（3）钻进过程中发生井漏后，根据井漏情况加入超细钙、氧化沥青、无渗透随钻防漏。同时提前准备好堵漏材料，准备随时加入堵漏材料。

（4）钻进时要提高钻井液的悬屑、携砂性能；加强固相控制，保持钻井液较低的固相含量。下钻打通水眼时要避开易漏井段，防止憋漏地层。控制下钻速度，开泵排量由小到大，防止压力激动过大，憋漏地层。

（5）加重要按循环周均匀加重（每循环周不超过 $0.03g/cm^3$），防止因加重不均或过快，压漏地层。现场准备充足的多种油基堵漏剂。

① 如漏失量不大，可继续钻进，穿过漏层，利用钻屑堵漏，有可能在漏失一定钻井液量之后不再漏失。如果还继续漏失，可提起钻头至安全位置，静止堵漏。调整钻井液性能，可降低密度，降低黏度、切力和摩擦系数，以降低井筒液柱压力、循环压力和激动压力，以降低发生漏失的概率。

② 在钻井液中加入随钻堵漏剂，进行随钻堵漏，如随钻堵漏过程中发生井漏，加入堵漏剂前与技术服务公司进行沟通，防止堵漏剂堵塞定向仪器。随钻堵漏成功后，及时清除钻井液中的堵漏材料，并在井漏段进行一次短程起下钻，验证堵漏效果。

③ 常规承压堵漏技术。建议承压堵漏配方：油溶性石墨 +（粗、中、细）超细碳酸

钙 + 油溶性树脂。注完堵漏钻井液后，循环钻井液再把钻具下到漏层顶部，泵排量由低到高逐渐升高到钻井时的排量循环，如果不发生漏失，可进行试压。

④ 高失水承压堵漏技术。高失水承压堵漏剂是一种集高失水、高强度、高承压和高酸溶率于一体的堵漏剂。到漏层在压差作用下迅速失水，形成滤饼封堵漏层，可使其漏层的承压能力得到大幅度提高。基本配方：白油 + 高失水承压堵漏剂 + 加重剂 + 润湿剂。高失水堵漏浆可以使用重晶石或碳酸钙加重，在泵入堵漏浆之前始终保持搅拌。

## （四）回收处理技术

### 1. 井场环保防渗措施

现场对泵房、罐区、环保处理区进行防污染措施，泵房、罐区进行防渗，环保区铺设防渗布、管排。

### 2. 钻屑回收

在固控设备下安放回收槽，对钻屑进行回收，做到了钻屑、钻井液等的不落地回收（图 5-2-1）。

图 5-2-1　钻屑及废弃物回收槽

### 3. 废弃物处理工艺

（1）在振动筛、除砂器、离心机排砂槽下放置钻屑回收槽若干个，在回收槽外侧布置 3m 宽管排，以备挖掘机行走使用，选择合适地点放置钻屑处理装置。

（2）固控设备排出的废弃物进入回收槽，再由挖掘机运至钻屑处理装置进行甩干。

（3）甩干后的钻屑由专用危废车运至废弃物处理厂，采用多段工艺综合处理进行无害化处置。

（4）油基废弃物经干化脱水后的物料，经粉碎设备粉碎成小颗粒。

（5）在粉碎过程中，采用独有的燃料化技术，按一定比例加入适量的助燃剂、固硫剂等进行混配，以保证不产生二次污染。

（6）对粉碎后形成的散状产品，根据用户要求和不同锅炉的使用标准压型，制成相应标准的新型燃料。

## 二、高性能氯化钾水基钻井液

水基钻井液曾是辽河油田致密油储层钻井开发的禁区，雷 88-H1 等多口井采用水基钻井液施工时出现泥页岩缩径、井壁失稳，导致划眼、卡钻事故。通过致密油储层钻井液难点分析，要满足对其安全开发，钻井液需要具有如下特点：（1）可以控制井壁页岩稳定性；（2）可以有效降低钻屑及黏土的分散性；（3）要有合理的钻井液密度，消除压差；（4）具有较低的固相含量，可以提高钻速；（5）具有强润滑性，减小扭矩和摩擦力。"十三五"期间，通过攻关研究，研发或优选出了有机胺类高效抑制剂、纳米封堵剂、高效润滑剂和甲酸盐或有机盐等一系列处理剂，形成了一套高性能氯化钾水基钻井液，在雷家页岩油地区得到成功应用，解决了钻井过程中的难题，实现了效益钻井，为该区经济有效动用提供了技术支撑[8]。

这种高性能水基钻井液由氯化钾、有机胺页岩抑制剂、降失水剂、聚合包被抑制剂、强效润滑剂五部分构成。其中新型高效页岩抑制剂溶解性高，分解稳定性好，基本不含生物毒性，其抑制剂可以嵌入黏土层中，进行降解。降失水剂是一种改性多糖聚合物，具有良好的耐盐，钙和劣土性能，具有减少钻井液流失的效果，并且其分子可以快速贴到黏土分子表面，包被黏土颗粒，阻止其与水的接触，还有利于在井壁的内外两侧形成滤饼，可以起到减少压差，增加渗透率，降低黏土的吸附作用的效果。高性能水基钻井液体系的本质是添加了一种具有优异的抑制性能的有机胺强力页岩抑制剂，也可以通过向钻井液中添加润滑剂，改变岩屑和钻具表面的润湿性，从而有效防止卡钻、钻头泥包等井下复杂事故的发生，并提高机械钻速。

### （一）高性能氯化钾钻井液配方

2%～3% 膨润土 +0.2%～0.4% 烧碱 +0.1%～0.2% 纯碱 +0.2%～0.5%XC+ 0.4%～0.6% PAC-LV+3%～5% 抗盐抗温降滤失剂 +0.1%～0.3% 包被剂 +2%～3% 纳米封堵剂 + 1%～2% 聚合醇 +2%～3% 超细钙 +1%～2% 聚胺抑制剂 +3%～5% 高效润滑剂 +7%～10%KCl+ 3%～5% 甲酸盐 + 密度调节剂，密度 1.2～1.8g/$cm^3$。

### （二）高性能氯化钾钻井液抑制性评价

采用线性膨胀实验对高性能水基钻井液、常规 KCl 聚合物钻井液、油基钻井液抑制性能进行对比评价。

称取一定质量的土样，在 105℃ ±3℃ 烘干 4h，准确称量 10g±0.01g 放入垫好滤纸的测量筒内，用压力机在 12MPa 下压实土样，持续 5min，然后用 NP-1 型页岩膨胀仪测量几种钻井液的线性膨胀率，结果见表 5-2-1。

线性膨胀实验结果表明，高性能水基钻井液对黏土制成的岩心膨胀率仅为 8.2%，与油基钻井液相当，具有极强的黏土抑制能力。

表 5-2-1　线性膨胀数据表

| 体系 | 8h 膨胀率 /% |
| --- | --- |
| 高性能 | 8.2 |
| KCl 聚合物 | 12.05 |
| 油基 | 7.4 |

## （三）高性能水基钻井液性能评价

### 1. 抗温性能、流变性能及滤饼厚度评价

评价该体系在 80℃、100℃、120℃、150℃ 下钻井液性能，评价结果见表 5-2-2。

表 5-2-2　抗温性能评价

| 测试条件 | $\rho$/ g/cm$^3$ | pH 值 | 塑性黏度 / mPa·s | 动切力 / Pa | 持切力（10s）/ Pa | 持切力（10min）/ Pa | API 失水量 / mL | 高温高压失水量 / mL | 滤饼厚度 / mm |
| --- | --- | --- | --- | --- | --- | --- | --- | --- | --- |
| 常温 | 1.40 | 10 | 22 | 12 | 4 | 7.5 | 2.0 | 7 | 0.3 |
| 80℃，老化 16h | 1.40 | 10 | 23 | 12 | 4 | 8 | 2.0 | 7 | 0.3 |
| 100℃，老化 16h | 1.40 | 10 | 23 | 12 | 4 | 8 | 2.0 | 7 | 0.3 |
| 120℃，老化 16 | 1.40 | 10 | 25 | 11 | 3 | 8 | 2.4 | 7 | 0.3 |
| 150℃，老化 16h | 1.40 | 10 | 25 | 7 | 2 | 5 | 2.4 | 8 | 0.4 |
| 常温 | 1.82 | 10 | 59 | 18 | 3 | 10 | 1 | 6 | 0.4 |
| 150℃ 老化 16h | 1.82 | 9 | 68 | 15.5 | 2.5 | 9 | 2 | 6 | 0.4 |

由实验数据可以看出，随着温度的升高，在 150℃ 之前体系的塑性黏度、动切力变化较小，体现了很强的稳定性，在 150℃ 老化 16h 后，动切力、静切力有下降趋势，但是下降幅度不高，也能满足井眼清洁和岩屑携带的要求。同时体系中压和高温高压失水小，滤饼厚度 0.4mm，薄而坚韧，表明该套体系密度达到 1.80g/cm$^3$ 可抗 150℃ 高温，HTHP 滤失量在 6～8mL，滤饼厚度不大于 0.4mm，可以满足致密油地层钻井液抗温性能的要求。

### 2. 抗污染性能评价

钻井液抗污染能力是指其抗钙、抗低劣质土污染的能力。在钻井过程中，很大概率会钻遇盐膏层；同时，钻水泥塞时也会遇到水泥中钙的侵入，导致钻井液受到污染，流动性变差。钻井液在加入劣质土（主要为地层中的泥岩和岩屑）后其黏切力变化不大，则说明钻井液具有强抑制性强，能阻止外来劣质固相在钻井液中的分散。

用氯化钙分析纯作为钙离子源，进行高性能氯化钾水基钻井液抗钙离子能力的实验，数据见表5-2-3。

表5-2-3 钻井液抗钙能力

| 配方 | $\Phi_6/\Phi_3$ | FLAPI/mL | 流动性 |
|---|---|---|---|
| 高性能水基 | 9/8 | 3.0 | 好 |
| 高性能水基+1%$CaCl_2$ | 9/8 | 3.0 | 好 |
| 高性能水基+2%$CaCl_2$ | 10/8 | 3.5 | 好 |
| 高性能水基+3%$CaCl_2$ | 10/9 | 5.0 | 好 |
| 高性能水基+4%$CaCl_2$ | 12/11 | 7.0 | 搅拌状态下好，静止有结块 |
| 高性能水基+5%$CaCl_2$ | 14/12 | 10.0 | 出现絮凝、结块，有流动性 |
| 高性能水基+6%$CaCl_2$ | 19/17 | 15.0 | 基本丧失流动性 |

实验结果体现，加入4%$CaCl_2$时，钻井液$\Phi_6/\Phi_3$、中压失水变化不大，流动性无变化，说明高性能水基钻井液完全可以抗4%$CaCl_2$污染。当$CaCl_2$加入量超过4%时，钻井液开始出现轻微絮凝、结块，有一定的流动性，$CaCl_2$加量达到6%时，基本丧失流动性，同时失水偏大，可见，高性能水基钻井液可以满足钻井需求。

## （四）高性能氯化钾钻井液配制及维护处理工艺技术

### 1. 钻井液现场配制工艺

（1）配浆前清理循环罐，用清水将各罐及管线清洗干净，检查循环系统闸门，确保密封无滴漏，保证固控设备运转正常；

（2）钻井液罐中打入3/4体积的清水，用适量$Na_2CO_3$、NaOH对配浆水进行预处理，去除水中钙、镁离子；

（3）加入3.0%膨润土并预水化，漏斗黏度达到40s左右；

（4）高低压大排量循环，根据相应配方经加料漏斗依次加入降滤失剂、包被剂、井壁稳定剂、封堵剂和润滑剂等，充分循环搅拌至全部溶解分散；

（5）加入聚胺抑制剂和消泡剂，充分循环搅拌，直至形成均匀稳定体系；

（6）根据体系黏切情况，加入黄胞胶XC调整流变性；

（7）加入加重材料达到密度要求。

### 2. 维护处理技术

（1）钻进中以细水长流方式补充包被有机胺抑制剂和大分子包被剂，补充量维持钻井液的强抑制性能，调整钻井液的流型，控制地层泥岩水化分散。及时检测$K^+$含量，保证控制在5%～8%之间。

（2）每钻进250～300m补充一次降失水剂，降失水剂以PAC-LV和高效封堵降滤失剂为主，使钻井液 API 失水小于 4mL，高温高压失水小于 15mL。

（3）钻进过程要保证固控设备 100% 运转，提高振动筛筛布目数，达到 150 目，合理使用离心机，彻底降低有害固相，保证快速钻进。

（4）短起下钻后和提密度前，充分使用离心机，配合大分子包被剂，清除有害固相，加入重晶石加重后，根据固相含量，合理使用离心机。

（5）随着井深的增加，如果发现振动筛返出较少，应立即提高钻井液黏切。在此过程中，如果发现钻井液滤饼质量不太好（虚厚），应立即补充 0.02%CMP，随后（最好 1 个循环周后）再配 0.1%PAC−LV，以改善滤饼质量，确保井下安全和后续施工的顺利。

（6）完钻后，彻底循环调整钻井液，直至振动筛和除砂器上基本无砂为止。然后起出钻具，简化钻具组合，进行中井通井作业。每次分段完井通井起钻前要注入 20m$^3$ 封闭钻井液（黏度 60～70mPa · s），保证分段完井施工的顺利进行。注意，分段完井时，每次应根据钻井液性能，适时补充 3～6m$^3$ 稀胶液，保证钻井液不缺水。

## 第三节　非常规油气固井完井技术

非常规页岩油致密油多采用水平井钻探，因此非常规油气完井技术多数基于水平井完井技术开展。

### 一、套管柱管材优选

页岩油套管柱设计以确保井控安全为基础综合考虑投资成本、钻井速度、油层保护、后续油层改造措施等因素。雷家地区油层段套管多采用 139.7mm 长圆螺纹套管，壁厚 9.17mm，针对体积压裂需要，采用 P110 钢级、套管固井完井，要求水泥浆返至地面。为保证套管的居中度，全井段使用套管扶正器，井斜大于 40° 的井段使用刚性扶正器。大民屯地区油层套管下 139.7mm 气密螺纹套管，壁厚 12.7mm，针对体积压裂与套管密封性的需要，采用 125SG 钢级，套管固井完井，要求水泥浆返至地面。为保证套管的居中度，全井段使用套管扶正器，技术套管与油层套管在垂深大于 2800m 的井段使用刚性扶正器。

### 二、固井设计技术

结合地质资料分析，页岩油水平井固井存在以下难点：

上部地层疏松、易坍塌，增大了施工堵憋、井漏造成低返的可能，易影响固井质量；大肚子井段中滞留的稠钻井液及岩屑在水泥浆的牵引下易混窜，增大其流动阻力，易引起堵憋，造成漏失低返；水平段较长，套管下入及居中困难，顶替效率难保证。

针对固井施工中可能出现的问题，同时根据地层实际情况，确定固井施工参数。水平段多采用 G 级或 J 级、1.85g/m$^3$ 的水泥，加入降失水剂、防汽窜剂、缓凝剂。上部井段根据实际情况选择密度为 1.45g/m$^3$ 的低密度水泥。

在完井与固井过程中，需要实时监控钻井液的性能，保证滤饼致密、润滑，满足井壁稳定和减小下套管的摩阻力。在注水泥前，需要进行不少于两循环周洗井作业，使完井液性能符合设计要求，呈优质状态（低黏、低切），钻井液罐无沉砂，保证从循环系统到井下的完井液清洁。为满足体积压裂需求，装标准套管头。

## 三、页岩油水平井完井相关技术

### （一）旋转下套管技术

页岩油水平井水平位移大，狗腿度高，页岩的理化特性经常导致井眼失稳，沉砂和掉块严重，且后期面临高泵压大排量压裂等难题，确保套管顺利下入难度较高。同时，下套管摩 阻大、下入困难，套管承受较大的压应力，容易产生破坏。常规下套管方法是利用动力套管钳旋转套管上扣。在下套管期间不能进行钻井液循环、套关柱旋转和上下活动，该方法不仅效率低、动用的人员多，存在的风险也高。在油气田的勘探开发中，深井、大位移井、大斜度井等高难度井越来越多。在这些井的下套管作业中，会面临各种各样的问题，如难以下入缩颈及全角变化率大的井段；在套管长时间与井壁接触时易发生黏卡；下入套管柱时产生压力激动压漏地层；遇阻后无法下入时，需要将套管柱全部起出，重新组合通井钻具进行通井，降低作业时效等。根据统计分析，30%～50% 的井下损坏或质量问题是由于下套管操作不当造成的。

顶驱旋转下套管技术是近年来发展起来的一项新技术，它是将顶驱下套管装置与顶驱连接，通过顶驱旋转带动顶部驱动工具旋转，实现套管上卸扣、旋转套 管柱的功能，游车上下运动带动顶部驱动工具运动，实现上提、下放套管柱的功能，具有如下技术优点：精确控制上扣扭矩，既可以在灌浆和循环之间自由切换，又可以在上提下放过程中旋转套管柱，大大提高了下套管作业的成功率。通过将旋转下套管和漂浮下套管的技术优势综合起来，在套管柱下入全程不灌入钻井液，套管柱漂浮在井筒钻井液中，并借助顶部驱动工具旋转套管柱，还可形成全程漂浮旋转下套管技术。

旋转下套管技术开发应用以来在国内外都取得了良好的应用效果。近两年，仅威德福的旋转下套管系列产品就已在亚太区域成功作业 300 余井次。服务对象以壳牌，雪弗龙，康菲，道达尔等国际知名石油公司为主，施工套管最大尺寸可达 20in。在国内海油番禺项目 6 口大位移井中，威德福顶驱下套管装置将 $9^{5}/_{8}$in 套管全部安全、高效地旋转下入到预定深度，最大深度 6114.28m，施工期间未发生任何质量问题。在国内页岩油气市场，钻井施工井型多为丛式井，且水平井段较长，复杂井段多，常规下套管作业方式存在较大作业风险。为此，一些重点井都使用了加拿大 Tesco 公司顶驱下套管设备 CDS。该设备对于套管扣型、钢级没有特殊的要求，具有较好的现场适应性。

旋转下套管技术能显著降低长水平井、上倾井和其他复杂井眼轨迹情况下的套管下入难度，确保套管安全下放到位。由于下套管过程中可旋转套管串并适时循环钻井液，旋转下套管技术的应用可有效避免下套管遇阻等事故的发生。相比于传统“上提下放”的下套管方式，旋转下套管方式降低了下套管过程中的过大的冲击载荷，降低了因套管串发生疲劳后造成的损伤概率，进而降低了套变发生的可能性。从现场应用效果评估，旋转下套管技术的应用在一定程度上降低了压裂丢段率和丢段长度，对保持页岩油井筒完整性起到了一定效果。

### （二）刚性滚轮扶正器

在页岩油水平井的完井过程中，套管在水平井及大斜度井井眼内的居中问题，一直是影响固井质量的重要因素。在下套管过程中加入扶正器是较为常用的解决方式。

套管刚性滚轮扶正器利用扶正器上的滚轮减小套管入井阻力，而扶正器的箍环内圆所在的圆心与扶正器各条扶正棱外侧所在的圆心不重合，这就使得各条扶正棱高度不同。当高度较高的扶正棱位于井眼底侧时，套管在井眼内的位置被抬高，可恰好使套管圆心与井眼圆心重合，由此确保套管在井眼内可靠居中。为了使扶正器上高度最高的扶正棱始终位于井眼下端（或套管与井壁间隙趋于最小的一侧），可将扶正器上的扶正棱一半加工为左旋、另一半加工为右旋，这样可使扶正器能够在入井过程中根据受力情况自动旋转并调整扶正方位，使两条旋向不同的扶正棱自动转动至套管与井壁间隙趋于最小的一侧，从而实现自动定心。

扶正器由扶正器箍环、外侧直条扶正棱、左旋扶正棱、右旋扶正棱、滚轮轴、滚轮6个主要部件组成（图5-3-1）。直条扶正棱、左旋扶正棱和右旋扶正棱的高度不完全相同，其中直条扶正棱a的高度最低，b、e高度相等且高于a，c、d高度，左旋扶正棱和右旋扶正棱对称分布在直条扶正棱两侧；直条扶正棱、左旋扶正棱和右旋扶正棱的横切面均呈等腰梯形，每条上开有2个矩形方孔，方孔内容纳滚轮及滚轮轴。直条扶正棱不倾斜，右旋扶正棱（b、c）向右倾斜，左旋扶正棱（d、e）向左倾斜，螺旋扶正棱的螺旋角度$\alpha$为5°～15°；滚轮为鼓状结构，由优质耐磨合金钢制成，其轴线位置开有圆形通孔，通孔内串过滚轮轴（优质合金钢制成）后固定在各条扶正棱的矩形孔内，滚轮的滚动方向与其

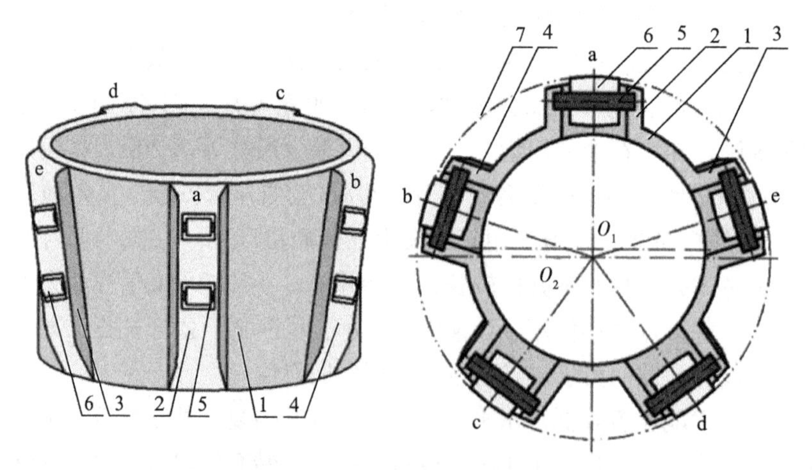


图5-3-1　刚性滚轮扶正器示意图

1—扶正器箍环；2—直条扶正棱；3—左旋扶正棱；4—右旋扶正棱；5—滚轮轴；6—滚轮；7—扶正棱包罗圆；$O_1$—扶正器箍环内圆圆心；$O_2$—扶正棱包罗圆圆心；a—直条扶正棱；b，c—右旋扶正棱；d，e—左旋扶正棱

所在扶正棱的倾斜方向一致。箍环为管状结构，由优质合金钢制成，其外圆柱面上周向均匀分布各条扶正棱，各扶正棱外侧包罗圆柱轴线（$O_2$）与箍环内圆柱轴线（$O_1$）不重合且相互平行，共同处在左旋扶正棱和右旋扶正棱的对称平面内；箍环内圆柱轴线（$O_1$）位于扶正棱外侧包罗圆柱轴线（$O_2$）与直条扶正棱之间，$O_1$ 与 $O_2$ 之间的距离为 $S=0.5(D_1-d_1+D_2-d_2)$，式中，$D_1$ 为井眼直径，$d_1$ 为各扶正棱外侧包罗圆直径，$D_2$ 为扶正器箍环内径，$d_2$ 为套管外径。

当扶正器随套管在水平段井眼移动时，由于滚轮与井壁之间为滚动摩擦，所以套管入井阻力较小；又因下侧（或与套管间隙最小的一侧）井壁会对扶正棱施加较大的摩擦力，当摩擦力作用在左旋扶正棱（d、e）上时，一方面会对扶正棱产生一个逆时针方向的切向分力，另一方面会使左旋扶正棱上的滚轮沿左螺旋方向在井壁上滚动。由于这两方面的共同作用，会使扶正器朝逆时针方向转动；同样，当摩擦力作用在右旋扶正棱（b、c）上时，会使扶正器朝顺时针方向转动；当摩擦力同时作用在左旋扶正棱（d）和右旋扶正棱（c）上时，由于使扶正器旋转的力矩大小相等、方向相反，扶正器将不再转动而暂时保持稳定状态，此时两条最高的扶正棱（d、c）处在井眼下侧（或套管与井壁间隙最小的一侧）。虽然井眼总是不规则的，但由于该扶正器具有自定心作用，旋向不同的 2 条扶正棱（d、c）总能实时自动旋转至套管与井壁间隙最小的一侧，然后加大该侧环空间隙，这使得套管的轴线与井眼的轴线重合，即套管上下两侧的间隙相同，此时洗井时岩屑易随钻井液一起带出井外，固井时水泥浆易充满环空而提高固井质量。

### （三）低密度水泥浆技术

随着固井技术的发展，超低密度水泥浆得到广泛应用，尤其是针对低压易漏密度窗口窄的层位，超低密度水泥浆解决了水泥返高不够、固井漏失等问题，并显著提高了固井质量。常见的低密度水泥浆体系有：膨润土低密度水泥浆体系；泡沫低密度水泥浆体系；漂珠低密度水泥浆体系。

膨润土主要由蒙皂石等矿物构成。在常规水泥浆体系中加入膨润土可形成膨润土低密度体系。该体系较好的防漏特性，水泥浆密度可降至 1.40～1.75g/cm$^3$。若保持水灰比不变，逐渐增加膨润土用量，会导致水泥浆黏度增大，水泥浆稳定性增强，但抗压强度会降低。实际固井作业时，通过增加含水量可减少漏失造成的影响。该体系使用温度范围广、便于购买、价格低廉、配伍性好，已在部分固井施工中投入了使用。

气体具有极小的密度，因此当其以气泡形式加入水泥浆时可明显降低体系的密度。常用的制造泡沫方法有两种：一种是机械充气法，通过大型设备和较复杂的工艺在水泥浆中直接冲入任意设计量的气体；另一种是化学发气法，它是通过化学剂在水泥浆中反应生产氮气，从而形成泡沫水泥浆体系。泡沫水泥浆体系具有较高的抗压强度、可压缩、可膨胀、导热系数低，同时具有一定弹性可用于一般低压易漏地层、水敏性地层固井。但其昂贵的制造成本限制了其进一步推广应用。

粉煤灰漂浮物中常含有漂珠。漂珠由 $Fe_2O_3$、$SiO_2$、$Al_2O_3$ 等构成，为空心圆球结构，漂珠常压密度为 0.7g/cm$^3$。漂珠低密体系钻井液强度变化与添加的量关系很大，漂珠加入量增加时，将导致其强度降低，同时，水泥浆密度与漂珠的添加量也成反比。研究表明，漂珠掺量在 20%～40% 之间、密度为 1.30g/cm$^3$ 时，水泥浆体系综合应用效果最好。目前，漂珠低密体系一般用于长封固段的填充浆，其主要缺点是：该体系密度更低时，如低于 1.20g/cm$^3$ 时，水泥浆不够稳定，会发生一定的沉降；受外界压力容易破碎，破碎率为在 7%～10% 之间，这种易碎性导致水泥浆密度控制的难度较大。

## 参考文献

[1]王敏生，光新军，耿黎东.页岩油高效开发钻完井关键技术及发展方向[J].石油钻探技术，2019，47（5）：1-10.

[2]卢运虎，陈勉，袁建波，等.各向异性地层中斜井井壁失稳机理[J].石油学报，2013，34（3）：563-568.

[3]闫铁，李庆明，王岩，等.水平井钻柱摩阻扭矩分段计算模型[J].大庆石油学院学报，2011，35（5）：69-72.

[4]王建龙，张长清，郭云鹏，等.大斜度井井眼清洁影响因素及对策研究[J].钻采工艺，2020，43（6）：28-30.

[5]刘茂森，付建红，白璟.页岩气双二维水平井轨迹优化设计与应用[J].特种油气藏，2016，23（2）：147-150.

[6]温航，金勉，金衍，等.钻井液活度对硬脆性页岩破坏机理的实验研究[J].石油钻采工艺，2014，36（2）：57-59.

[7]王显光，李雄，林永学.页岩水平井用高性能油基钻井液研究与应用[J].石油钻探技术，2013，41（2）：17-22.

[8]王良，唐贵，韩慧芬，等.国内页岩储层钻井液技术研究 进展[J].钻采工艺，2017，40（5）：22-25.

# 第六章　非常规油气储层体积压裂改造技术

随着国内新增油气探明储量品位不断下降，油气井低产已经成为普遍规律，制约了油气开发的效益。与此同时，国内外非常规改造技术快速发展，在低渗透与非常规油气藏开发中取得了显著应用成效。2006年，中国石油天然气集团公司及时启动“油气藏储层改造重大技术攻关专项”，正式拉开国内在非常规储层压裂改造的序幕。借鉴北美利用“水平井+多段压裂”技术高效开发致密油气、页岩气的经验[1]，研究建立了系统的体积压裂的理论体系，研发了复合压裂液、变黏滑溜水、复合桥塞等关键材料和工具，形成了相对完善的非常规储层水平井体积压裂技术，带动长庆鄂尔多斯致密油、新疆玛湖致密油以及四川页岩气等非常规油藏实现了规模效益开发。

辽河油田从“十二五”伊始就开启了对非常规储层压裂改造的探索，先后对雷家、大民屯以及外围地区的低渗透、超低渗透、页岩油等储层开展了攻关研究，压裂工艺先后经历了“直井大规模压裂”“直井体积压裂”“水平井体积压裂工艺V1.0”“水平井体积压裂工艺V2.0”等多个发展阶段，截至目前已实现了以沈358、沈268、沈273、河21等为代表的特低渗砂岩区块获得经济有效动用，并在页岩油领域进行了尝试性探索，为辽河油田的持续稳产做出了积极贡献。

## 第一节　体积压裂技术的概念及形成条件

北美页岩油气压裂改造的研究成果表明，页岩油气储层具有改造体积越大、增产效果越好的特点，且压裂裂缝不再是单一的对称裂缝，而是形成裂缝网格，由此产生了体积改造的理念。Mayerhofer等2006年在研究Barnett页岩的微地震技术与压裂裂缝变化时，第一次用到“改造的油藏体积”这个概念[2]，2011年吴奇、胥云等发表论文《增产改造理念的重大变革——体积压裂改造技术概论》，体积压裂的概念自此逐渐在国内各油田发扬光大，形成了非常规储层改造的现代压裂新理念[3]。

### 一、体积压裂的概念

体积压裂是低渗透、致密、页岩油等非常规油气藏的有效开发动用的关键技术[4]，目前体积压裂具有广义和狭义区分，广义的体积压裂概念为：提高储层纵向动用程度的分层压裂和提高储层渗流能力及增大储层泄油面积的水平井分段改造技术；狭义的体积压裂概念为：通过水力压裂对储层实施改造，在形成一条或者多条主裂缝的同时，使天然裂缝不断扩张和脆性岩石产生剪切滑移，实现对天然裂缝、岩石层理的沟通，以及在主裂缝的侧向强制形成次生裂缝，并在次生裂缝上继续分支形成二级次生裂缝，以此形成天然裂缝与人工裂缝相互交错的裂缝网格，从而将可以进行渗流的储层有效打碎，实现对储层在长、宽、高三维方向的“立体改造”（图 6-1-1），增大渗流面积及导流能力，提高单井初始产量和最终采收率。

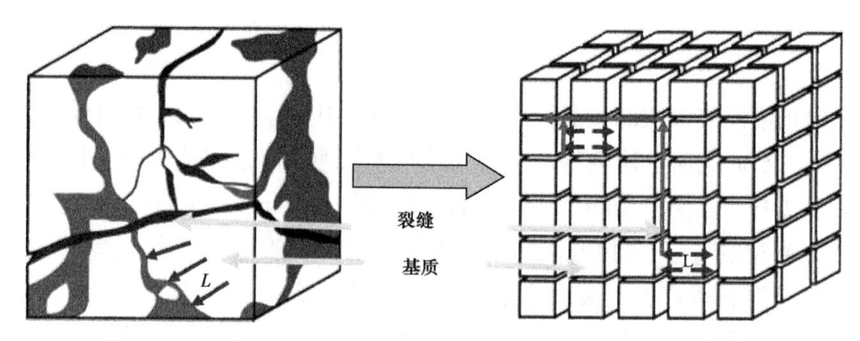


图 6-1-1　体积压裂形成的复杂裂缝系统

## 二、体积压裂复杂裂缝形成条件

### （一）地质条件

要形成一定的体积裂缝，首先考虑储层地质条件。影响储层裂缝延伸的地质因素主要包括储层的岩石矿物成分、岩石力学性质、水平应力场以及天然裂缝分布等重要方面。

*1. 岩石矿物成分的影响作用*

岩石脆性是指岩石受力破坏时所表现出的一种固有性质，表现为岩石在宏观破裂前发生很小的应变，破裂是全部以弹性能的形式释放出来。脆性指数表征岩石发生破裂前的瞬态变化快慢程度，反映的是储层压裂后形成裂缝的复杂程度。通常，脆性指数高的地层性质硬脆，对压裂作业反应敏感，能够迅速形成复杂的网状裂缝，反之，脆性指数低的地层则易形成简单的双翼型裂缝。岩石的脆性在很大程度上由岩石的矿物成分所控制，即由岩石中硅质和钙质与黏土之间的相对含量所决定的。储层黏土矿物含量越低，石英、长石、方解石等脆性矿物含量越高，岩石脆性越强，储层的天然裂缝越发育，在大地构造应力的作用下越易形成天然裂缝系统，在压裂过程中越易形成复杂裂缝系统。通过大量的现场试验，目前形成统一认识：储层中 40% 的脆性矿物含量是形成缝网系统的岩石矿物门限条件。

*2. 岩石力学性质的影响作用*

岩石力学参数对页岩储层的可压性具有重要作用和影响，泊松比反映了岩石在应力作用下的破碎能力，而弹性模量反映了岩石破裂后的支撑能力，弹性模量越高、泊松比越低，岩石的脆性越强。Rickman 提出了采用弹性模量与泊松比计算岩石脆性的数学方程。

$$B_{\mathrm{RIT-E}}=(E-1)/(8-1)\times 100 \qquad (6\text{-}1\text{-}1)$$

$$B_{RIT-V}=(\nu-0.40)/(0.15-0.40)\times 100 \tag{6-1-2}$$

$$B_{RIT-T}=(B_{RIT-E}+B_{RIT-V})/2 \tag{6-1-3}$$

式中 $E$——岩石弹性模量，MPa；

$\nu$——岩石泊松比；

$B_{RIT-E}$——弹性模量对应的脆性特征参数分量；

$B_{RIT-V}$——泊松比对应的脆性特征参数分量；

$B_{RIT-T}$——总脆性特征参数。

依据式（6-1-1）至式（6-1-3），可计算得到岩石脆性特征参数与岩石力学参数的相关关系。总体来说，高弹性模量和低泊松比下岩石脆性特征参数高。Rickman首次提出脆性特征参数的概念，认为岩石脆性特征参数越大，岩石的脆性越高，岩石越容易发生断裂形成网状裂缝。而岩石的脆性特征参数与岩石的弹性模量和泊松比有关。图6-1-2给出了岩石弹性模量和泊松比与岩石脆性特征参数之间的相关关系，岩石的弹性模量越大，岩石的脆性越高；泊松比越小，岩石的脆性也越高。

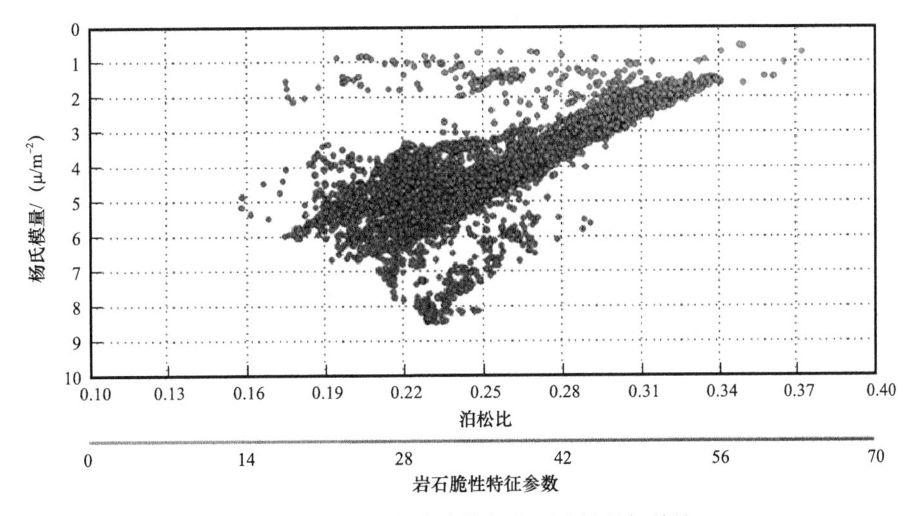


图6-1-2 岩石力学参数与岩石脆性的相关性

通常认为，当岩石的脆性特征参数大于50时，水力裂缝的起裂与扩展不仅仅是张性破坏，同时还存在剪切、滑移、错断等复杂的力学行为，水力压裂形成剪切缝或张性和剪切组合裂缝，大量剪切缝或组合缝交叉形成裂缝网格[5]。

### 3. 天然裂缝的影响作用

在非常规储层压裂过程中，天然裂缝被水力激活后拓宽储层中的裂缝带是取得措施效果的关键。事实上，任意裂缝性储层中的水力裂缝延伸都会受到天然裂缝的作用和影响，矿场试验为观察裂缝性油气藏中复杂水力裂缝的几何形态提供了依据。当储层中天然裂缝发育时，压裂后几乎观察不到单裂缝的延伸，更多的是多分支复杂裂缝的延伸。

岩石的类型很大程度上决定了储层天然裂缝的发育程度，通常认为砂岩储层天然裂缝不发育，形成的压裂裂缝以单一对称裂缝；煤岩储层存在一定的天然裂缝，形成的压裂裂缝以对称裂缝为主，存在复杂裂缝的分量；页岩储层层理缝合天然裂缝发育，形成的压裂裂缝以网状裂缝为主（图 6-1-3）。因此，天然裂缝越发育，对水力裂缝的影响程度越大，延伸形态将越复杂。

(a) 砂岩裂缝扩展

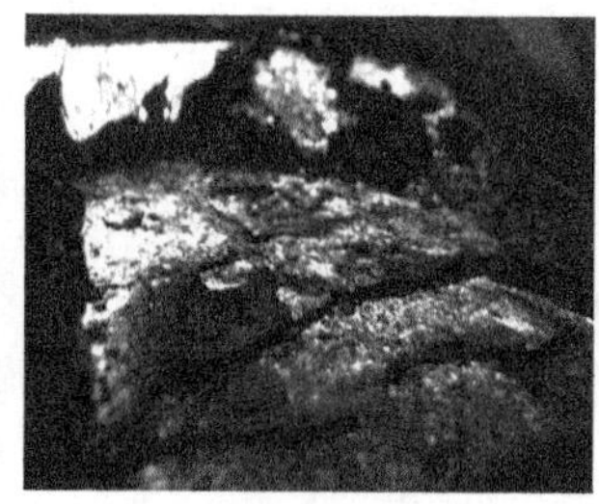
(b) 煤岩裂缝扩展

(c) 页岩裂缝扩展

图 6-1-3　不同岩性形成的裂缝系统

4. 地应力场的影响作用

不同水平应力差异系数表征了储层可压性及通过压裂产生裂缝复杂程度，可采用式（6-1-4）计算：

$$K_h = (\sigma_H - \sigma_h)/\sigma_h \tag{6-1-4}$$

式中　$K_h$——水平应力差异系数；

$\sigma_H$——最大水平应力，MPa；

$\sigma_h$——最小水平应力，MPa。

依据图 6-1-4 所示的缝网扩展模式，缝网从本质上看主要由水力裂缝与天然裂缝之间的相交力学作用决定。早期开展了三轴实验系统条件下天然裂缝对水力裂缝扩展路径影响的模拟实验，实验结果发现，在低逼近角或在中逼近角地应力差下，水力裂缝沿天然裂缝延伸；在高逼近角地应力差下，水力裂缝将发生沿天然裂缝延伸或穿过天然裂缝的混合模式，可见低水平应力差下水力裂缝倾向沿天然裂缝转向延伸。

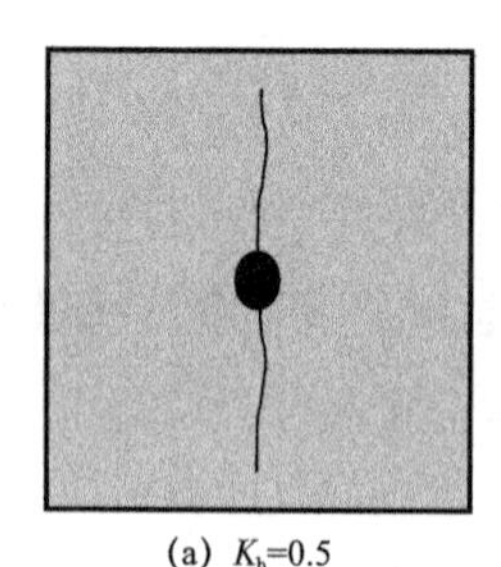
(a) $K_h$=0.5

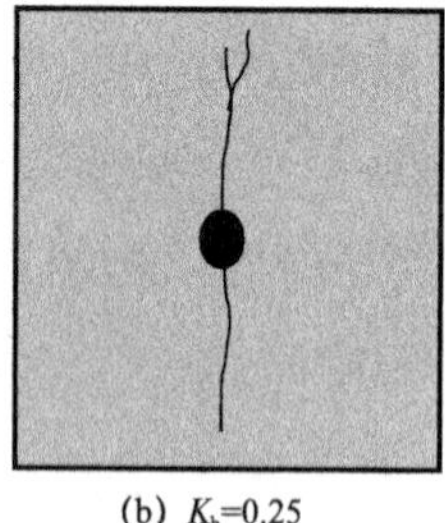
(b) $K_h$=0.25

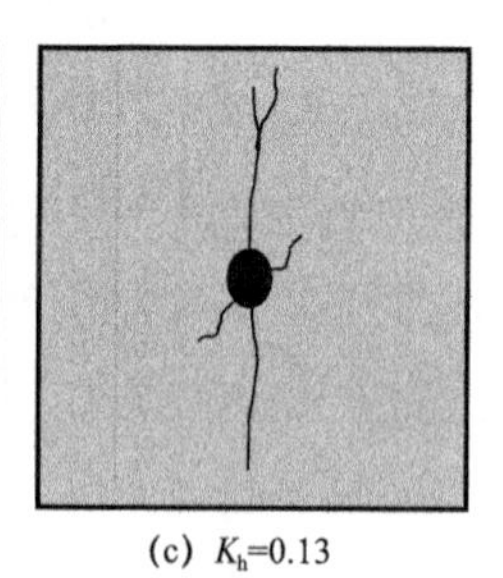
(c) $K_h$=0.13

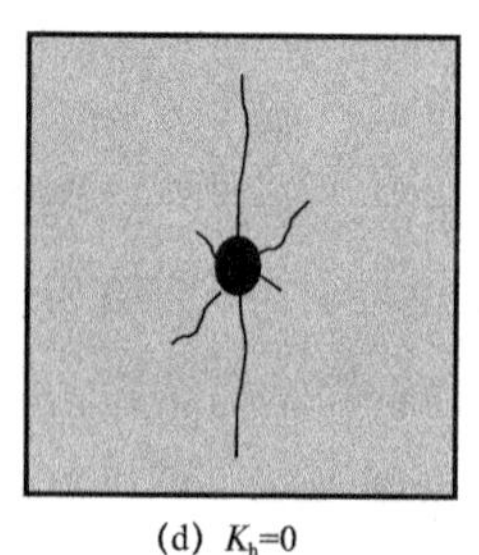
(d) $K_h$=0

图 6-1-4　不同水平应力差异系数对应的裂缝复杂程度

国内研究机构采用大尺寸真三轴实验系统，同样证实了缝网扩展模式与水平主应力差有关，在高水平主应力差下将形成以主裂缝为主的多分支缝扩展模式，而在低水平主应力差下将形成径向网状缝网扩展模式。综上分析，较低的水平应力差储层更容易形成复杂的裂缝系统（图 6-1-5）。

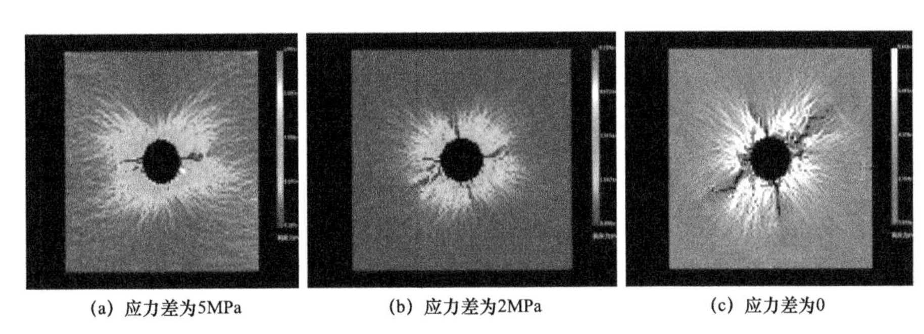

(a) 应力差为5MPa　(b) 应力差为2MPa　(c) 应力差为0

图 6-1-5 不同水平应力差条件下压裂裂缝的复杂程度

## （二）工程条件

非常规储层形成体积裂缝除受到地质条件制约外，工程条件也是重要的控制因素。影响储层压裂裂缝的工程因素包括施工净压力、压裂液黏度和压裂规模等方面。

### 1. 净压力的影响作用

能否形成缝网的关键在于施工净压力能否达到临界压力，缝网压裂设计的重点在于如何选择合适的方法来提高缝内净压力。压裂裂缝内的净压力主要受储层特征参数如垂向主应力剖面、弹性模量、泊松比和断裂韧性等控制，对净压力有影响的人为可控因素主要有施工排量、压裂液黏度和平均砂液比三个参数。

施工排量往往受地面管线和管柱的压力极限的限制，在可变的排量内，排量对净压力的影响很小，而压裂液黏度主要考虑地层温度的影响，因此通过这两个参数来实现提升净压力是不切实际的。在实际压裂设计中，可采用裂缝模拟方法，考察分析裂缝净压力对平均砂液比的敏感程度，以决定是否选用提高平均砂液比来实现缝网的办法。需要指出的是，端部脱砂压裂实际上是提高平均砂液比的一种极端情况。这是由于在端部脱砂的情况下，支撑剂已经完全充填到前置液张开的裂缝中，若再提高砂液比，将会发生砂堵，从而导致施工失败。另外，可采用缝内封堵来进行缝网压裂设计，该设计方法的主要思路是：首先与普通压裂一样正常施工，加入常规粒径支撑剂（一般为 0.425～0.85mm），逐级提高砂比，当达到设计砂比，形成需要的主裂缝时，降低砂比或者停止加砂，加入封堵剂形成分支缝。封堵剂主要有蜡球（平均粒径约为 2mm）和粒径较大的支撑剂两种，目前在油田已成功应用的有 1.0～1.7mm 的支撑剂。最后再加入部分常规粒径支撑剂进行支撑。根据现场应用经验，加入封堵材料后施工压力会有较大幅度提高。一般第二阶段的加砂压力比第一阶段的加砂压力高 3～4MPa，甚至更高，说明第二阶段裂缝内的净压力大幅增加，因此有可能压开新缝，实现缝网。缝网压裂技术还可以通过改进压裂材料来实现，如目前研究的“层内液体爆炸”压裂技术。该技术尚有许多方面需要攻关，尤其是安全应用方面的问题。压裂材料应该是缝网压裂技术较具有前景的研究方向，缝网压裂的大规模应用将伴随着新型压裂材料的进步。

### 2. 压裂液黏度的影响作用

非常规储层的压裂施工作业中压裂液黏度对裂缝扩展复杂程度具有重要的影响作用，

压裂液黏度越高，裂缝扩展的复杂程度将显著降低。国内研究机构分别从室内实验、矿场压裂实践等方面分析压裂液黏度对缝网扩展复杂度的影响。针对裂缝性储层，进行压裂液黏度对水力裂缝延伸影响的室内实验研究，其结果如图 6-1-6 所示。实验发现，注入低压裂液黏度时，岩石体观察发现在延伸裂缝方向上没有主裂缝存在，裂缝沿天然裂缝起裂延伸；而注入高压裂液黏度时存在明显的主裂缝扩展，水力裂缝几乎不与相交的天然裂缝发生作用。实验结果证实，低黏度压裂液更容易形成复杂的裂缝延伸形态；高黏度压裂液更容易形成平直的单一裂缝。

矿场试验数据表明，采用高黏压裂液将降低缝网的复杂度，基于一口赵古潜山水平井采用不同作业压裂液两次施工的微地震监测结果（图 6-1-6），分析对比计算滑溜水和冻胶压裂液的油藏改造体积，滑溜水的改造体积比冻胶压裂要大得多，更易形成复杂的缝网展布，这为非常规体积改造优选低黏压裂液提供了重要的矿场依据。

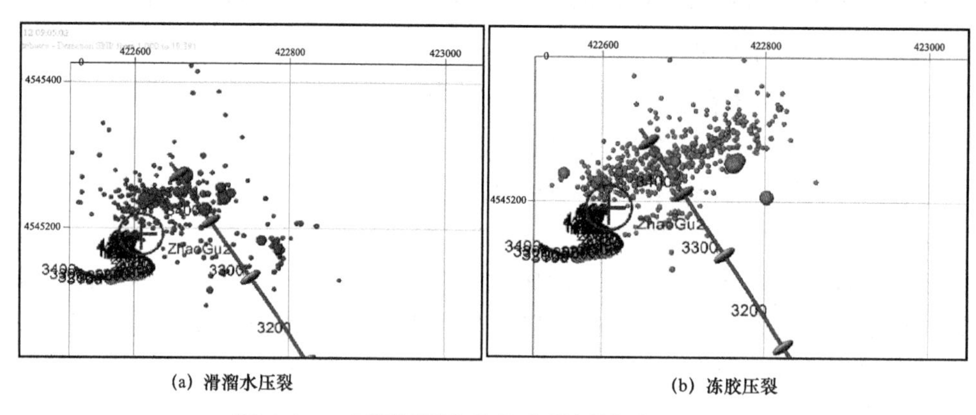


(a) 滑溜水压裂　　(b) 冻胶压裂

图 6-1-6　不同压裂液黏度对裂缝的复杂程度影响

### 3. 压裂规模的影响作用

经典压裂理论认为，对于常规地层，压裂改造的规模越大，水力裂缝半长就越长。然而，对于非常规储层的缝网压裂来说，压裂改造规模与缝网扩展程度同样存在较大的相关性。Meyer 通过 Barnett 页岩的微地震监测与压裂裂缝形态变化特征研究提出了油藏改造体积（SRV）概念，研究表明，SRV 越大，页岩油井产量越高（图 6-1-7），进而提出了页岩储层通过增加改造体积提高改造效果的技术思路。不少学者对非常规储层的改造规模对压后产量的影响进行了研究，通过微地震监测结果和数值模拟方法的对比，对缝网展布下的非常规储层压后产量进行定量分析，形成产能计算模型，得出不同改造体积与缝网压裂井压后产量的关系曲线，结果表明：储层的改造体积越大，产量越高。

综上所述，非常规储层要形成体积裂缝，首先要考虑储层条件，即裂缝延伸净压力大于两个水平主应力的差值与岩石抗张强度之和。在主裂缝支撑缝长达到预期目标要求时需进一步增加净压力，在远场提高裂缝延伸复杂性，力争达到形成“缝网”系统的条件。压裂液注入速度，压裂液黏度也是改变缝内压力分布的主要因素，工程条件在体积压裂中是需要考虑的重要因素[6]。

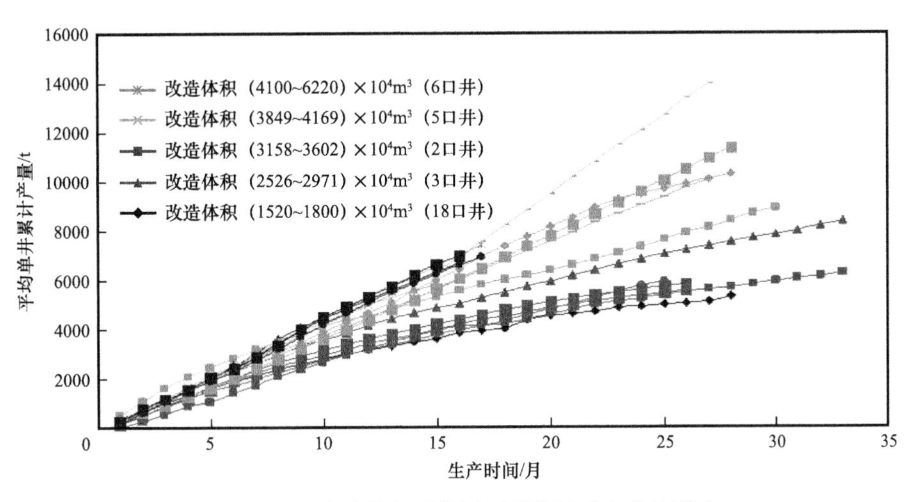


图 6-1-7 改造体积对缝网压裂井压后产量的影响

# 第二节 非常规储层体积压裂工艺设计

非常规储层渗透率低，油气在其中的渗流距离很短，只有通过体积压裂，把地层充分“打碎”，形成复杂缝网，使得油气分子能够通过人工裂缝开采出来。但是，如何形成复杂裂缝系统，成为“人造油气藏”，既要考虑其地质条件，又要从压裂优化设计上去做工作，优选非常规油气藏的地质“甜点”和工程“甜点”，在此基础上制定非常规油气藏的总体改造原则，并优选关键工艺和材料体系，形成对储层行而有效的体积压裂改造方案[7]。

## 一、压裂“甜点”识别

非常规储层压裂“甜点”通常是指针对储层中油气在“平面、纵向、井轴”三个方向上分布不均的情况，优选含油丰度高的位置，通过水力压裂改造而获得较高产能的井段，称为压裂“甜点”。

非常规储层压裂主要是寻找油气显示较好区、裂缝区或是具有较好脆性而易形成破碎带裂缝的区域，即油气“甜点”区、脆性“甜点”区，既是油气“甜点”又是脆性“甜点”的区域称为压裂“甜点”区，通过在“甜点”区实施压裂，可达到提高压裂效果、节约施工成本的目的。

对于非常规储层的“甜点”评价，国内通常采用“七性关系”评价法。“七性关系”评价即岩性、含油性、物性、电性、烃源岩特性、脆性和地应力各向异性评价，是致密油气勘探开发对致密油气评价的客观要求，其目的就是实现烃源岩品质评价、储层品质评价和工程品质评价，进而以此为基础，研究源储配置关系确定油气地质“甜点”，并综合考虑地质“甜点”与工程品质，最终评价出致密油气“甜点”。自 2012 年以来，辽河油田采用“七性关系”评价法（图 6-2-1），不断推动非常规储层的地质工程评价工作。

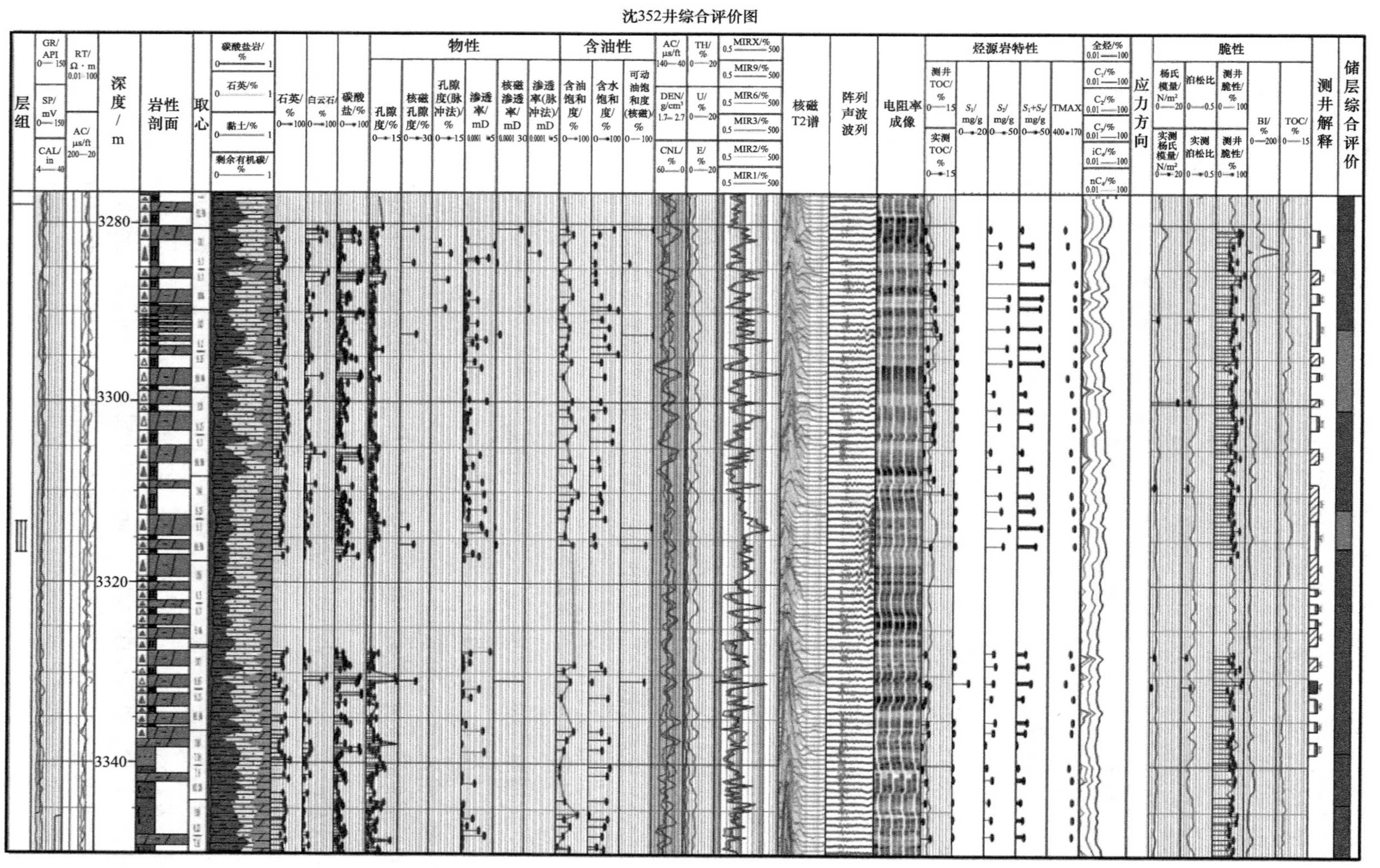


图 6-2-1 大民屯地区页岩油“七性关系”评价

## 二、体积压裂工艺设计原则

非常规油气藏岩石力学性质及其矿物组成是压裂设计中的主要考虑因素，它们大都可以通过测井及实验室测试相结合的方法获得。如测井资料与页岩气藏岩石力学特征、矿物组成、酸溶解度、毛细管压力密切相关，而储层岩性、脆性、酸溶解度、毛细管压力及储层流体敏感性有助于非常规储层完井方式选择与优化。

对于页岩油气藏、致密砂岩油气藏及煤层气藏等非常规储层，表6-2-1中列出了压裂设计考虑的因素。这些信息是非常规油气藏压裂设计所必需的，但在具体设计方法及理念上这三类非常规油气藏却具有各自的特点，结合目标储层、设计原则和工艺方法具有特殊性。

表6-2-1　压裂设计考虑的因素

| 岩石力学相关因素 | 关联性 | 确定的方法 |
| --- | --- | --- |
| 岩石脆性 | 压裂液的选择 | 岩石物理模型 |
| 闭合应力 | 支撑剂的选择 | 岩石物理模型 |
| 支撑剂用量与尺寸 | 避免砂堵 | 岩石物理模型 |
| 裂缝起裂点 | 避免砂堵 | 岩石物理模型 |
| 岩石矿物组成 | 压裂液的选择 | X射线衍射（XRD） |
| 水敏性 | 水基压裂液盐度 | 毛细管吸收时间测试（CST） |
| 能否酸化 | 酸蚀程度 | 酸蚀溶解度测试（AST） |
| 支撑剂返排 | 压后产量 | 现场测试 |
| 表面活性剂的使用 | 裂缝导流能力 | 流动测试 |

## 三、体积压裂工艺选择

世界上没有完全相同的储层，并不是所有的非常规油气藏都适合滑溜水压裂、大排量施工。脆性地层（富含石英和碳酸盐岩）容易形成网络裂缝，而塑性地层（黏土含量高）容易形成双翼裂缝，因此不同的非常规储层所采用的工艺技术和液体体系是不一样的。压裂所使用的液体体系、工艺技术要根据实际地层的岩性、敏感性、塑性以及微观结构进行选择。脆性地层一般采用低黏度滑溜水、大排量、低砂比的施工方式，压裂后容易形成网络缝，实现网络裂缝；塑性地层一般采用高黏度液体、小排量、高砂比的施工方式，压裂后容易形成双翼对称缝，塑性地层可采用增加射孔簇数和分段段数来扩大体积改造。

低渗透、页岩油气等非常规油气藏开采实践表明，由于储层渗透率低、渗流阻力大、连通性差，不经过压裂酸化改造很难达到工业开采价值。直井即使经过压裂酸化改造，单井产量依然很低，开发效益差。水平井具有泄油面积大、压降小的优势，但不经过分段压

裂改造仍不能取得较好的经济效益。水平井分段压裂技术的突破，实现了水平井在非常规油气藏的规模应用，使得更多的低效难采储量得到有效动用。

辽河油田自2010年以来，持续开展水平井分段压裂技术的攻关工作，在集团公司的推动下，压裂改造理念从“水平井体积压裂V1.0技术”逐渐发展为“水平井体积压裂V2.0技术”（图6-2-2），并先后形成了“水力喷射多级压裂技术、裸眼封隔器滑套分层压裂技术、可钻桥塞射孔联作分段压裂技术、可溶桥塞射孔联作分段压裂技术”等工艺。目前以“水平井可溶桥塞射孔联作分段压裂技术”为主，该工艺几乎达到100%覆盖。

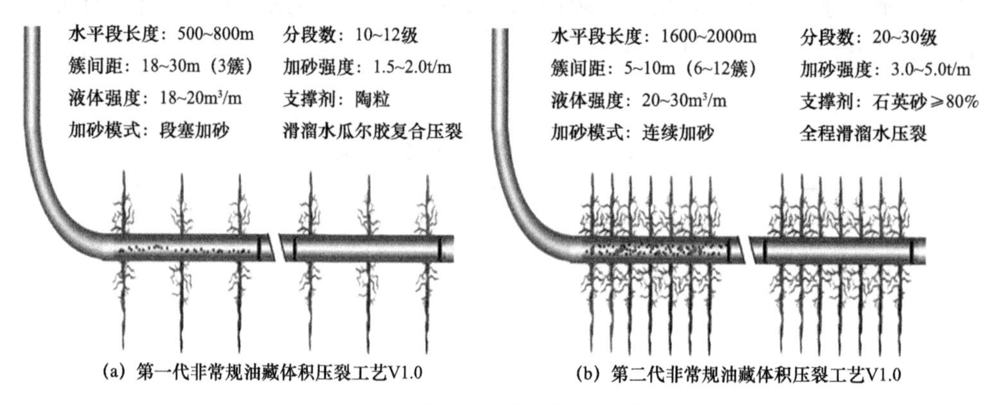


图6-2-2 辽河油田水平井体积压裂工艺变迁

## 四、压裂材料优选原则

### 1. 压裂液选择原则

一般来说，滑溜水或者交联压裂液的选择主要是依据滤失控制要求和裂缝导流能力需求进行评价优选。非交联或者滑溜水压裂液一般在以下几种情况会优先考虑：岩石是脆性的、黏土含量低和基本与岩石无反应情形。如Fayetteville页岩现场压裂中主体采用滑溜水压裂液体系，而交联压裂液一般在以下几种情形有用：塑性储层、高渗透率地层和需要控制流体滤失的情形。对于非常规储层压裂，目标是形成网缝，提高导流能力，增加有效改造体积，增加产量，通过国外文献的调研，可知脆性储层所用压裂液黏度越低，如降阻水，越易现成网络缝，黏度越高，越易形成两翼裂缝，而对于塑性储层，则适宜采用较高黏度压裂液，如线性胶压裂液。非常规储层压裂在压裂液和支撑剂的选择上，与储层脆性相关，与之相适应的施工参数如图6-2-3所示。

由图6-2-3可知、脆性地层，宜采用低黏度压裂液，施工采用大排量、低砂比。压裂材料选择反映在储层渗透率上，随着储层渗透率的降低，压裂液黏度也降低。

非常规储层压裂液选择主要考虑了矿物组分、岩石力学，具体用脆性矿物、杨氏模量、泊松比、矿物脆性指数、水平应力差异系数、岩石硬度等参数进行合理划分，一般选择滑溜水压裂液需满足：（1）石英、碳酸岩等脆性矿物较多（50%以上），黏土含量较少（40%以下），水敏性弱；（2）三轴岩石力学实验：杨氏模量大于24GPa，泊松比小于0.25、脆性指数大于50%；（3）水平应力差系数小于13%。对于杨氏模量高、埋藏深的脆性储层，推荐使用低聚压裂液，压后易于获得高产；对于杨氏模量低、埋藏浅的塑性储层，推荐使用滑溜水＋冻胶复合压裂液，选择低密度支撑剂。

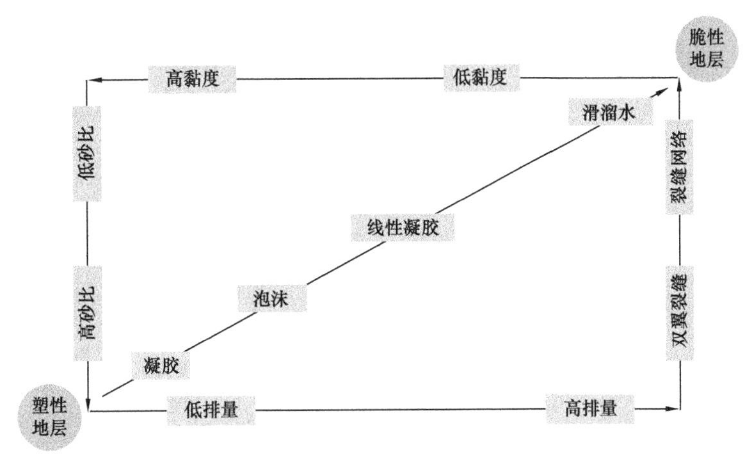


图 6-2-3　与储层岩石脆性有关的压裂液、施工参数选择

由以上研究可知，非常规储层压裂不同于常规储层压裂，是基于体积改造的设计思路，目前通常采用滑溜水压裂液、复合压裂液及变黏压裂液体系。

（1）滑溜水压裂液体系。

滑溜水是针对页岩气储层改造发展起来的一项新的液体体系，通过使用极少量稠化降阻剂来降低摩阻，其用量一般小于 0.2%，高效降阻剂用量能够降到 0.018% 以下，该类液体体系主要依靠泵注排量携砂而不是液体黏度，适用于无水敏、储层天然裂缝较发育、脆性较高的地层。其优点包括：适用于裂缝型储层；提高剪切缝形成的概率，有利于形成网状缝，可以大幅度增大裂缝体积及提高压裂效果；使用少量稠化剂降阻，对地层伤害小，支撑剂用量少；在相同作业规模的前提下，滑溜水压裂比常规冻胶压裂的成本降低 40%～60%。

（2）复合压裂液体系。

复合压裂液主要由高黏度冻胶和低黏度滑溜水组成，支撑剂采用不同粒径陶粒或石英砂，适用于黏土含量高、塑性较强的储层。高黏度冻胶保证了一定的携砂能力和人工裂缝宽度，低黏度滑溜水在冻胶液中发生黏滞指进现象的同时具有较好的造缝能力，最终使得交替注入的不同粒径支撑剂具有较低的沉降速度和较高的裂缝导流能力。复合滑溜水压裂能获得更长的有效裂缝半长和更高的裂缝导流能力。其工艺是用滑溜水造一定的缝长及缝宽后，继以高黏度压裂液携带 20/40 目、40/70 目支撑剂进入裂缝，从而产生较高导流能力的水力裂缝。复合压裂液压裂与滑溜水压裂不同点在于：① 滑溜水作前置液；② 线性凝胶或胶联液用于输送支撑剂；③ 20/40～40/70 目支撑剂浓度达到 480kg/m$^3$ 或更高。

（3）变黏压裂液体系。

变黏压裂液是近些年新兴的一种压裂液体系，该套液体在低黏度（10mPa・s）时用于造复杂裂缝系统，提高黏度（30mPa・s）时可用于高浓度携砂，用一套液体解决了以往需要两套独立体系所实现的功能。由于低摩阻、低伤害、易配制、低成本等优势性能，在各油田广泛应用，已经成为各类非常规油藏油气藏压裂的首选液体体系。辽河油田从2020年开始引入变黏滑溜水压裂液，并在沈页1、曙页1、后河等地区推广应用。为了确定现场施工时滑溜水中聚合物浓度，对不同聚合物浓度的滑溜水利用平氏黏度计进行了黏度测试，结果如图6-2-4所示。从图6-2-4中可见，滑溜水黏度与聚合物浓度呈现良好的线性关系。

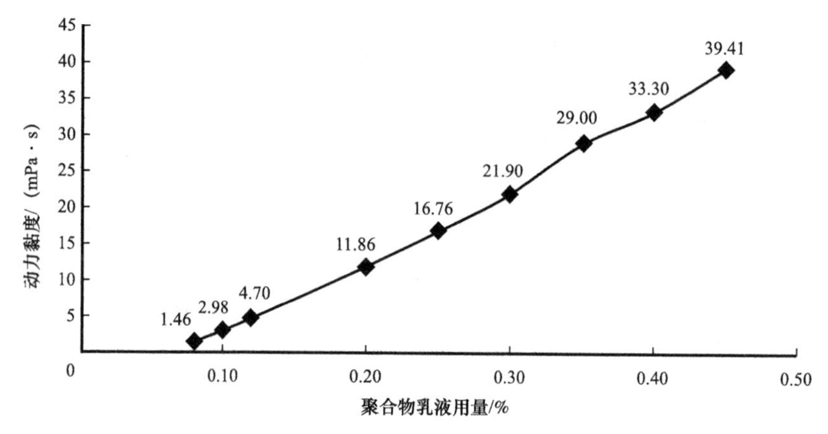


图6-2-4　聚合物乳液用量与动力黏度关系图

由于变黏滑溜水的动力黏度范围为1～40mPa·s，在较高黏度下需要有一定的悬砂性能。选定聚合物乳液用量分别为0.20%、0.30%、0.35%、0.40%的滑溜水进行静态悬砂性能测试，将浓度为25%的石英砂与滑溜水在量筒中充分混合后静置，观察沉降情况（从左到右依次为：① 聚合物乳液用量为0.20%时黏度为11.86mPa·s；② 聚合物乳液用量0.30%黏度21.9mPa·s；③ 聚合物乳液用量0.35%黏度29.00mPa·s；④ 聚合物乳液用量0.40%黏度33.30mPa·s）。从图6-2-5中可以看出，聚合物乳液用量0.4%的滑溜水具有一定的静态悬砂性能，浓度为25%的石英砂1h后沉降率约为55%。

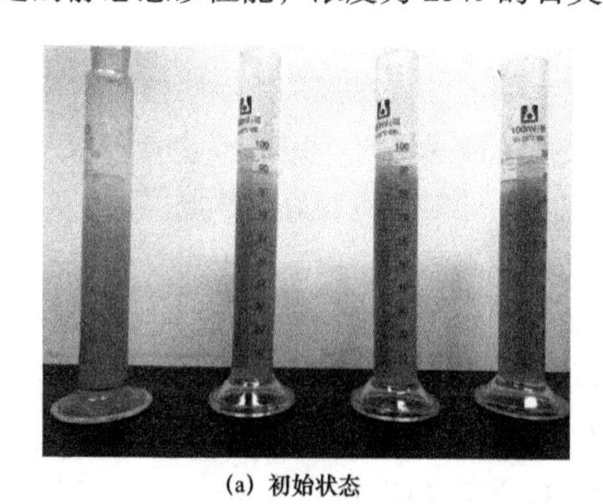

(a) 初始状态　　(b) 静置状态，30min时

图6-2-5　聚合物乳液中支撑剂的沉降情况

## 2. 支撑剂选择原则

非常规储层渗透性差，对压裂裂缝的导流能力需求相对较低，另外，石英砂支撑剂相

对陶粒支撑剂在价格方面具有很大优势，因此近些年国内外各油田纷纷将支撑剂类型由原先的陶粒更替为石英砂。

2014 年以来，北美增加石英砂在压裂施工中所占比例，有效降低了成本，推动了低油气价条件下页岩油气的效益开发[7]。据统计，2018 年北美石英砂的用量比例已超过 90%，当年需求量高达 $1.0\times10^8$t。北美 11 个常规油气主要盆地中，二叠盆地用砂量最大，单季度超过 $360\times10^4$t，预计年用量将超过 $1500\times10^4$t。小粒径石英砂成为主流：二叠盆地 0.150mm（100 目）压裂砂用量从 2015 年开始占据主导地位；2016 年已超过 50%；0.425～0.850mm（20～40 目）的压裂砂占比急剧降低。

为研究石英砂应用技术可行性，针对不同储层，优选相适应的支撑剂类型、粒径规格、携砂液和泵注程序，加强支撑剂经济导流能力基础研究，建立科学、经济的石英砂优化设计方法，提升整体研究和压裂设计技术水平。同时揭示了非常规储层改造支撑剂受力和运移机理，提出了提高裂缝导流能力的方法。

通过支撑剂受力公式推导与数值模拟，揭示了非常规水平井多段改造模式下支撑剂受力状态。作用在支撑剂的闭合应力为井底施工压力（理论值为最小主应力）和储层孔隙压力的差值。生产过程中，储层孔隙压力逐渐降低，闭合应力随之增加，闭合应力的变化速率与原基质渗透率和排液速度关系密切。由于致密油气和页岩气等非常规储层基质渗透率本身较常规油气储层低，且非常规油气井基本采用水平井，水力压裂施工采取小簇间距、大排量大规模注液、低黏滑溜水或低浓度瓜尔胶、小粒径支撑剂和压裂后焖井等措施，提高了液体的波及范围，显著增大了基质孔隙和水力裂缝内的压力，延缓了排液速度，降低了闭合应力的增加速率，从而延缓支撑剂的受力。

图 6-2-6 显示了 40/70 目石英砂在铺置浓度分别为 10kg/m$^2$、5kg/m$^2$、2.5kg/m$^2$ 和 1.25kg/m$^2$ 条件下导流能力随闭合应力的变化曲线，结果表明：铺置浓度越大，导流能力越大，导流能力增加的倍数与铺置浓度增加的倍数基本相同。由于低铺置浓度条件下的破碎率高于高铺置浓度，导致低铺置浓度下渗透率小于高铺置浓度，另外闭合应力对渗透率

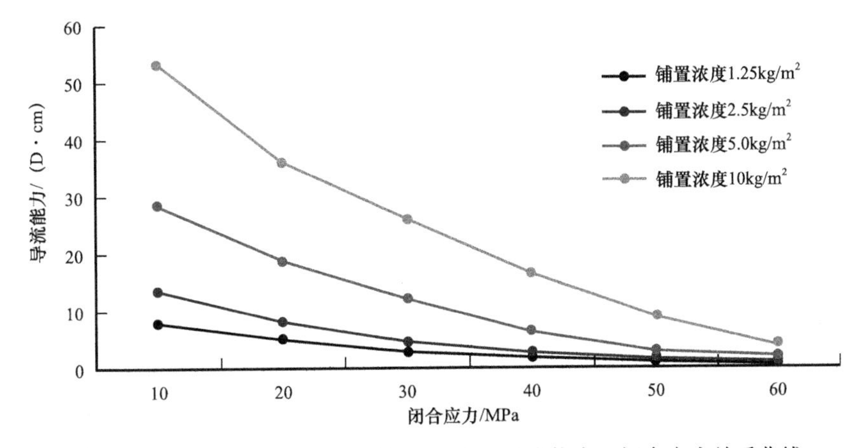


图 6-2-6　40/70 目石英砂不同铺置浓度下导流能力—闭合应力关系曲线

影响较大。由此，在水平页岩油气井的生产中，可以通过改变支撑剂用量弥补因使用质量差的天然石英砂所带来的损失。典型的水平井压裂后，井周会产生数百条水力压裂裂缝，这些裂缝有助于更多油气流流进井筒，这意味着单个压裂裂缝中油气流占总油气流的比例可以降低，这将大大降低对裂缝导流能力的需求。另外，大型可视化携砂物理模拟实验表明：石英砂密度低，运移距离更远且铺置更均匀，粉砂更易于进入水力裂缝分支缝。

## 五、体积压裂材料

### （一）压裂液

作为水力压裂改造油气层过程中的工作液，压裂液起着传递压力、形成地层裂缝、携带支撑剂进入裂缝的作用。选择和制备压裂液应综合考虑岩石特征、储层特征及所含流体的物理和化学性质以及施工作业过程中的技术和经济要求[8]。

非常规储层一般具有厚度大、基质渗透率低的特点，为了沟通更多的天然裂缝以获取更大泄流面积往往需要提高排量，所以对泵注液体的摩阻要求十分严格。非常规储层压裂改造规模大、液量大，压裂液成本对整体开发效益影响巨大。因此，高效降阻、低成本的滑溜水压裂技术在美国的页岩油气及致密油气压裂改造中得到了广泛应用。

虽然滑溜水压裂液体系在致密、页岩油气的开发中获得了极大成功，但由于滑溜水压裂液对支剂悬浮效能差，多通过提高排量的方式来减缓支撑剂的沉降。在现场施工中，为了提高近井裂缝的导流能力，通常使用线性胶或交联冻胶协同使用的方法来缓解支撑剂的沉降和铺置问题。

1. 滑溜水压裂液

清溜水压裂液指的是伤害低、黏度低、摩阻低的液体。滑溜水一般由降阻剂、黏土稳定剂、表面活性剂及杀菌剂等组成。与清水相比可将摩阻降低 70% 以上，黏度一般在 10mPa · s 以下。早期的滑溜水压裂不携带支撑剂，产生的裂缝导流能力较差，后来的现场应用实践表明，添加一定比例支撑剂的滑溜水压裂效果明显好于不加支撑剂的效果，支撑剂的添加能够保证裂缝在压裂液返排后保持开启状态，滑溜水压裂技术的主要特点为大排量、大液量、低砂比、小粒径、大砂量。借鉴 Barnett 页岩经验，非常规油气的开发选择以滑溜水水平井分段压裂为主的体积压裂，从而获得较大的改造体积（SRV）。国内外资料调研及分析，应用于体积压裂的滑溜水应具有以下性能：

（1）降阻率大于 65%；（2）室内实验返排率大于 50%；（3）CST 比值小于 1.0。

2. 线性胶压裂液

线性胶压裂液即稠化水压裂液，由水稠化剂和其他添加剂组成，其携砂能力强于滑溜水压裂液。北美页岩气以及我国四川长宁威远和涪陵等页岩气区块，均采用了以滑溜水压裂液为主，结合线性胶压裂液的复合压裂液体系。这样既满足了形成复杂缝网的需要，又提高了液体的携砂性能，改善了支撑剂的铺置效果，提高了储层整体改造水平。通过国内外资料调研及分析，应用于非常规油气的线性胶压裂液应具有以下性能：

（1）降阻率大于50%；（2）伤害率小于10%；（3）黏度为20～50mPa·s。

3. 交联冻胶压裂液

交联冻胶压裂液即交联的线性胶压裂液，拥有更强的黏弹性和可塑性，特点是黏度高、携砂能力强、滤失低等，可适用于大部分油水井的增产和增注。美国北达科他巴肯油藏于1950年开始采油，20世纪80年代开始对直井采用支撑剂压裂，1990年才开始采用原油凝胶作为压裂液，但油基压裂液的操作安全性限制了其使用范围。1990—2000年期间，巴肯页岩油的压裂液主要采用由瓜尔胶或羟丙基瓜尔胶制成的冻胶压裂液，2000年初开始以水平井多分段压裂技术配合冻胶压裂液并开始大规模采用。2000年至今，巴肯致密油储层68%采用了锆交联冻胶压裂液体系，其他采用硼交联冻胶压裂液体系。两种液体增产效果都比较好，经统计对比发现：硼交联冻胶体系比锆交联冻胶体系增产效果高8%以上。低稠化剂浓度压裂技术是近些年压裂液技术的新进展。其技术思路是通过降低稠化剂浓度和使用特定交联剂，达到降低压裂液成本和低伤害的目的。稠化剂浓度已低至0.24%～0.36%。

低浓度稠化剂的交联冻胶的主要优点是：低成本、低伤害、缝高控制好。适用的地层条件相对广泛，但对深井压裂而言，风险偏大。应用于非常规油气的交联冻胶压裂液应具有以下性能：降阻率大于50%、伤害率小于30%、黏度为60～100mPa·s。

4. 添加剂种类及特性

目前，国内外非常规储层压裂施工中广泛使用的滑溜水压裂液主要包括降阻剂、助排剂、黏土稳定剂、阻垢剂和杀菌剂等。线性胶压裂液中的主要添加剂可沿用滑溜水压裂液体系添加剂，通过提高降阻剂浓度或使用瓜尔胶线性胶或添加流变调节剂的方式提高液体黏度，从而提高线性胶的携砂性能。页岩油气开发中所使用的冻胶压裂液与通常的冻胶压裂液类似，主要通过优化冻胶性能、降低稠化剂用量等方式降低对非常规储层的伤害[9]。

（1）降阻剂。

液流状态可分为层流和紊流两种形态，如果流体质点的轨迹是有规则的光滑曲线，这种流动叫层流。而流体的各个质点作不规则运动，流场中各种矢量随时空坐标发生紊乱变化，仅具有统计学意义上的平均值，这种流动称作紊流。

滑溜水降阻剂的降阻机理非常复杂，目前尚未完全定论。在紊流流态下，由于流体流动中的径向扰动会产生漩涡，漩涡与管壁之间的动量传递及大漩涡向小漩涡的转化均伴随着能量耗散，宏观表现为摩阻压降损失。降阻剂降阻原理的主要观点有：① 抑制紊流。降阻剂分子依靠自身黏弹性，使分子长链顺着液体流动方向延伸，利用分子间引力抵抗流体微元的液应扰动影响，改变流体微元作用力的大小和方向，使一部分径向力转化为轴向推动力，抑制漩涡的产生及大漩涡向小漩涡的转化，从而降低能量损失。② 黏弹性与漩涡相互作用。湍流漩涡的一部分动能被聚合物分子吸收，以弹性能的形式储存起来，使漩涡消耗的能量减少，从而达到降低摩阻损失的目的。

降阻剂在水基压裂液中降阻的主要机理就是抑制紊流。通过向水中加入少量高分子直链聚合物，能减轻和减少液流中的漩涡和涡流，因而有效地抑制湍流效应，降低摩阻。在流体中加入少量的高分子聚合物，在湍流状态下降低流体的流动阻力（减少边界微单元流涡内摩擦），这种方法称为高聚物减阻，水中加入适量的聚合物降阻剂，可使泵送摩阻比清水摩阻减少 75% 以上。

水基压裂液常用降阻剂有聚丙烯酰胺（Polyacrylamide，PAM）及其衍生物，聚乙烯醇（Polyvinylalcohol，PVA）等。植物胶及其衍生物和各种纤维素衍生物也可以降低摩阻。众多的降阻剂中，聚丙烯酰胺类降阻剂具有降阻性能高、使用浓度低、经济效益突出等特点。聚丙烯酰胺类降阻剂，依据其电性特点，可分为阳离子聚丙烯酰胺、阴离子聚丙烯酰胺、非离子聚丙烯酰胺和两性聚丙烯酰胺。阳离子型降阻剂价格较高；要达到相同的降阻效果，非离子型降阻剂用量要比阴离子型降阻剂高一个数量级，因此工业上通常选用阴离子型降阻剂。根据其产品外观，作为降阻剂的聚丙烯酰胺类聚合物又可分为粉末型聚丙酰胺（固体）和乳液型聚丙烯酰胺（液体）。国外页岩体积压裂中所使用的降阻剂主要是液型聚丙烯酰胺类。线型高分子链的伸展长度正比于它的相对分子质量的大小，即相对分子质量大者其分子链伸展时的长度也大，它的均方根末端距值也大。在诸多因素中，相对分子质量对降阻剂使用效果的影响是极为明显的，相对分子质量增加，降阻性能提高。

（2）黏土稳定剂。

在对泥页岩储层进行水力压裂时，压裂液使得储层岩石结构表面性质发生变化，水与黏土矿物的接触、或地层水相与压裂液水相的化学位差，引起黏土矿物各种形式的化学、膨胀分散和运移，对储层的渗透率造成伤害，甚至堵塞孔隙喉道，对压裂处理效果产生极大的影响，因此压裂液中必须加入黏土稳定剂，以提高压后效果。

黏土矿物有两种基本构造单元，即硅氧四面体和铝氧八面体，其基本结构层是由硅氧四面体和铝氧八面体按不同比例结合而成。以 1∶1 结合的硅铝酸盐黏土矿物是最简单的体结构，硅氧四面体片中的顶氧构成铝氧八面体片的一部分，取代了铝氧八面体片的部分羟基。因此 1∶1 层型基本构造有五层原子面，即一层硅面，一层铝面和三层氧（羟基）面这种构型以高岭石为代表。以 2∶1 结合的为由两个硅氧四面体片夹一个铝氧八面体片，两个硅氧四面体片中的顶氧分别取代铝氧八面体片的两个氧（或羟基）面上的羟基，因此 2∶1 层型基本构造有六层原子面，即两层硅面、一层铝面和三层氧（羟基）面，这种构型以蒙服石为代表。当两个基本结构层重复堆叠时，相邻的基本结构层之间的空间为层间域。由于不同的黏土矿物有不同性质、不同的层间域，譬如高岭石其晶层之间由于氢键联结紧密，所以水不容易进入其中，很少晶格取代，因而表面交换的阳离子很少，属于非膨胀型表土；而蒙皂石晶层的两面全部由氧组成，层间作用力为分子间力，因而水容易进入其中，而且大量晶格取代的结果导致晶体表面结合大量的可交换阳离子，晶层中的水解离后形成扩散双电层，使得晶层表面反转为负电性面相互排斥，产生黏土膨胀。

黏土矿物表面具有带电性（不单单是阳离子交换的结果）表面吸附性（物理吸附和化

学吸附）、膨胀性和凝聚性。凝聚性是指在一定电解质浓度时，黏土矿物颗粒在水中发生联结的性质。正是由于黏土稳定剂成分和浓度的不同，黏土矿物的联结方式就不同，防止黏土膨胀、分散、运移效果也大不一样。一般黏土中的蒙皂石和伊 / 蒙混层黏土是引起水化膨胀乃至分散的主要起因，即通常所说的水敏矿物。由于层间分子作用力不一样，蒙皂石水化膨胀后体积可达原始体积的几倍甚至 10 倍以上，可造成孔隙喉道被封堵，渗透率大幅下降；非膨胀型的高岭石在砂岩孔隙中常以填充物的形式存在，并且与砂粒之间的作用力较弱，因此被认为是储层中产生微粒运移的基础物质，即通常称谓的速敏矿物，除此之外，黏土矿物还存在着一定的碱敏、盐敏等。一般来说，蒙皂石易发生层间水化，表现出明显的膨胀性。高岭石是比较稳定的非膨胀性的黏土矿物，但在机械外力的作用下，会解离分散形成鳞片状的微粒，产生分散迁移，损害储层渗透率。伊利石膨胀比蒙皂石弱，但在某些情况下，如弱酸性的淋滤作用，吸附水也随之进入晶间层，导致晶层膨胀。因此，不同黏土矿物造成的伤害机理是不同的。

黏土稳定剂要达到防止黏土水合膨胀或者分散运移的效果，必须使得可交换离子尺寸大小与黏土孔径大小相适应，有牢固地吸附于黏土表面的能力，有防止水进入黏土层间的能力。此外还应遵从与其他压裂助排剂相配伍的原则。常用的黏土稳定剂主要包括：

① 有机聚合物类黏土稳定剂。

该类聚合物具有的多核或多基团能和黏土表面的各交换点联结，形成单层的聚合物吸附膜，达到稳定黏土的能力。阳离子聚合物在黏土表面吸附作用非常强而成为不可逆，具有长效性，同时也不存在润湿反转问题，因而是压裂液中较为广泛采用的黏土稳定剂类型。但是，由于阳离子聚合物分子链较长，吸附于地层黏土表面可能会产生孔隙喉道堵塞，因此对以泥页岩为代表的特低渗透率的地层，应慎用此类型的黏土稳定剂。常用的该类聚合物主要有聚 *N*—羟丙基丙烯酰胺、聚异丙醇基二甲基氯化铵、丙烯酰胺与丙烯酸乙酯三甲基氯化钠的共聚物、丙烯酸钠与甲基丙烯酸乙酯三甲基硫酸铵的共聚物等。

② 无机盐类黏土稳定剂。

无机盐类是运用最早和最成熟的黏土稳定剂，由于其效果好、价廉，至今仍普遍使用。其作用机理主要有以下几点：黏土离子交换受质量作用定律和离子价的支配，对相同条件下同种黏土而言，离子的价数越高，则吸引力越强，与黏土结合后不易离子化，微粒间相互排斥力弱，因而不易分散；黏土还受无机盐离子浓度效应的影响；另外，离子大小与黏土构造的适应性也是影响离子吸附牢固程度的重要因素。

硅氧四面体片可在平面上无限延伸，形成六方网格的连续结构，其内切圆半径 0.144nm，硅氧四面体片厚度 0.5nm，钾离子大小（半径 0.133mm）与黏土构造孔径相适应，从而与黏土表面结合更加牢固。NaCl 容易离子化，低浓度会促使黏土膨胀、分散迁移；高浓度暂时有效但易被其他离子置换。$CaCl_2$，$MgCl_2$，虽然不易离子化，能对黏土起暂时稳定作用，在遇淡水后减效因而有效期短。此外提高无机盐的使用浓度，可提高抑制黏土的能力，但对压裂液中的其他添加剂的作用和性能影响较大，特别是对稠化剂的水溶增稠性能影响明显。

③ 无机聚合物类黏土稳定剂。

像铝离子、锆离子这类高价金属阳离子，能在水中电离、水合形成水合络离子，这种离子以羟基桥联形成多核配合物，能产生 +8、+12、+20 甚至更高价的静电荷，仅从静电学考虑，多核阳离子几乎能立刻置换所有可交换的阳离子，并与黏土微粒结合得很牢固，而且大多数核聚合物可能吸附一个以上的黏土微粒，能防止微粒间互相排斥分散，从而起到稳定黏土的作用。无机聚合物类主要有羟基铝和氧氯化锆，使用条件必须是酸性或弱酸性，只有在这样的体系中，其核才能桥联成多核聚合物，与黏土的结合能力比单价或二价的离子强几万倍，可长期有效稳定黏土，因而不适用于碱性水基瓜尔胶压裂液体系。

④ 阳离子表面活性剂类黏土稳定剂。

阳离子活性剂类黏土稳定剂通过自身阳离子特性，与黏土中的阳离子发生离子交换牢固地吸附于黏土表面，这种吸附不仅阻止了其他离子与黏土发生离子交换，还有效地阻止了水分子进入黏土晶层间。由于阳离子活性剂类存在导致储层润湿反转问题，虽然润湿反转不影响岩石的绝对渗透率，但由于润湿性是控制油藏流体在孔隙介质中的位置、流动和分布的一个主要因素，它对油（气）水两相的相对（或有）渗透率有直接影响。常用的阳离子表面活性剂有 FC-3、FC-4、十二（十六）烷基三甲基氯（溴）化铵、十二基烷二甲基苄基氯（溴）化铵、十四（十六）二甲基苄基氯化铵等，其中含有苯基的季铵盐具有条菌的功效，属于非氧化型杀菌剂，在压裂液体系中兼备杀菌和抑制黏土膨胀、润湿等多种功能。由于润湿性改变并产生油亲表面，阳离子表面活性剂作为黏土稳定剂的应用受到一定程度的限制。

（3）助排剂。

助排剂（表面活性剂）在油气井压裂、酸化等井下作业中，主要起降低表面张力（或界面张力）的作用，减小地层多孔介质的毛细管阻力，使工作液返排得更快、更彻底，从面有效地减少地层伤害。助排剂的作用原理是通过降低处理液与储层流体间油水界面张力和表面张力，以及增大与岩石表面的接触角，而降低处理液在地层流动的毛细管阻力，促使注入液体加快排液速度，以减少储层伤害，提高压裂效果。

毛细管力按式（6-2-1）确定：

$$p_c = \frac{2\delta\cos\theta}{r} \tag{6-2-1}$$

式中 $p_c$——毛细管力，MPa；

$\delta$——油水界面张力，mN/m；

$\theta$——接触角，(°)；

$r$——毛细管半径，μm。

可见，在压裂液中需要正确合理地使用表面活性剂，降低油水界面张力，增大接触角，可以减少毛细管阻力加快压裂液返排。在压裂液配方助排剂的使用研究中，对于油层进入地层的水基压裂液与原油接触，存在油水界面，因此应重点考察压裂液的界面张力面不是表面张力。对于气井，助排剂只要起到降低表面张力的作用就可以了。氟碳表面活性剂是目前发现最有效的降低表面张力的表面活性剂，但对于油水界面张力的降低，单纯的氟碳表面活性剂不如烃类表面活性剂更有效，这是由氟碳的憎油性引起的。加入醇作增效剂或多种表面活性剂复配使用会使助排剂的性能得到很大提高。同时，多种表面活性剂的复配，还能使助排剂的功能增加，具有助排和破乳多种功能。影响压裂液乳化和破乳效果的因素较多，主要有压裂液组分、破胶水化程度、温度和原油性质等，表面活性剂作为助排剂的使用应力求在降低表界面张力的同时避免乳化的再发生。多种表面活性剂的复配，使助排剂既具有助排又具有破乳功能的表面活性剂则是助排剂的发展方向。

（4）稠化剂。

稠化剂是水基压裂液中的最重要的添加剂。目前应用于非常规油气压裂改造的稠化剂可分为植物胶及其衍生物与合成聚合物两大类。

① 植物胶及其衍生物。植物胶及其衍生物由于具有增稠能力强、易交联形成冻胶且性能稳定等优点而成为国内外压裂作业中使用最多的稠化剂品种，约占总使用量的90%。其中，瓜尔胶在国内外使用最普遍，采用醚化的方法向瓜尔胶大分子引入水溶性基团，可获得多种低水不溶物的改性衍生物品种，如羟丙基瓜尔胶、羧甲基瓜尔胶、羟丁基瓜尔胶、羧甲基羟丙基瓜尔胶、阳离子瓜尔胶等，其中在页岩油气压裂中以羟丙基瓜尔胶和羧甲基羟丙基瓜尔胶应用最广。

② 聚丙烯酰胺及其衍生物是常用的油田化学处理剂，其通过与有机钛、锆等金属交联剂反应形成冻胶压裂液，具有耐温耐剪切、黏弹性好、对地层伤害低的特点。

（5）交联剂。

交联剂是能通过交联离子（基团）将溶解于水中的高分子链上的活性基团以化学链连接起来形成三维网状冻胶的化学剂。聚合物水溶液因交联作用形成水基交联冻胶压裂液。交联剂的选用由聚合物可交联的官能团和聚合物水溶液的pH值决定。常用交联剂类型与品种有：

① 两性金属（或非金属）含氧酸的盐。由两性金属（或两性非金属）组成的含氧酸根阴离子的盐如硼酸盐、铝酸盐、锑酸盐、钛酸盐等，一般为弱酸强碱盐。在水溶液中电离水合后溶液呈碱性。典型实例为硼砂，化学名称为十水合四硼酸钠（$Na_2B_4O_7 \cdot 10H_2O$），一种坚硬的结晶或颗粒。交联机理为硼砂在水中离解成硼酸和氢氧化钠，硼酸继续离解成四羟基合硼酸根离子与非离子型聚糖中临位顺式羟基络合形成冻胶。

② 有机硼。有机硼是用特定有机络合基团（如乙二醛等）在一定条件下和硼酸盐作用的络合产物，是一种略带黄色的液体。无固定分子式，其交联机理与硼砂极为类似，但由于有机络合基团的引入，使四羟基合硼酸根离子有控制的缓慢生成，即具有延迟交联作用。同时，由于有机络合基团的引入可以在高温下缓慢释放需要的硼离子而使其具有耐高温特性。而引入的有机络合基团在长时间高温作用下可以转化为有机酸，使压裂液降解减少对地层的伤害，因而具有自动内破胶机制。一般交联0.4%～0.1%的聚合物，有机硼的用量在0.5%以下。有机硼交联压裂液体系的延迟交联、耐高温和自动破胶三大特性，使其成为一种新型的优质低损害压裂液。

③ 无机酸酯（有机钛或锆）。无机酸分子中的氢原子被烃基取代生成无机酸酯。用作交联剂的无机酸酯主要是一些高价两性金属含氧酸酯，如钛酸酯、锆酸酯。对于非离子型植物胶来说，一般难以与溶解性较差的钛酸盐和锆酸盐直接发生交联反应。用钛盐、锆盐制取的钛酸酯、铬酸酯如三乙醇胺钛酸酯和三乙醇胺乳酸锆酯等（俗称有机钛和有机锆）则是植物胶理想的交联剂。无机酸酯类交联剂的耐温能力远高于硼交联剂，可达到180℃，且能够实现延迟交联。

（6）破胶剂。

破胶剂是一种能够对压裂液起到化学破坏作用的重要添加剂，其主要作用是使完成施工的聚合物或交联聚合物发生化学降解，由大分子变成小分子，有利于压后返排，减少储层损害。可以通过几种方法降低聚合物的相对分子质量：酸催化水解、氧化作用、酶作用和机械剪切降解。聚糖主链降解程度取决于酸的浓度、作用时间和温度，这个过程是井下压裂施工时植物胶压裂液黏度过早损失的机理之一。相对于植物胶糖苷键的酸敏感性，植物胶在碱中是稳定的。使用高 pH 值冻胶液是大多数高温压裂液的基础。而氧的作用如同氧化剂，同样使压裂液冻胶过早发生降解。氧化剂一般也通过破坏植物胶主链糖苷键降低相对分子质量，而降低溶液压裂液黏度。

水基交联冻胶压裂液常用的破胶剂包括酶、氧化剂和酸。常规酶破胶剂主要用于低温低 pH 值压裂液，是适用于 21～54℃ 的低温破胶剂；一般氧化破胶体系适用于 54～93℃，如过硫酸盐主要用于 120℃ 以下的压裂液，由于过硫酸盐类氧化剂在 60℃ 以上起作用才比较快，低于 60℃ 分解得很缓慢，需要和带有还原性质的低温破胶活化剂配套使用；而有机酸或潜在的生酸类物质适用于 93℃ 以上的破胶。

## （二）支撑剂

支撑剂是一种压裂用的固体颗粒，由压裂液带入并支撑在压裂地层的裂缝中。使用支撑剂的目的是为了在停止泵注后，当井底压力下降至小于闭合压力时使裂缝依然保持张开状态，且形成一个具有高导流能力的流动通道，从而有效地将油气导入油气井。一般认为，支撑剂的类型及组成、支撑剂的物理性质、支撑剂在裂缝中的分布、压裂液对支撑裂缝的伤害、地层中细小微粒在裂缝中的移动和支撑剂长期破碎性能是控制裂缝导流能力的主要因素。因此，依据地层条件选择合适的支撑剂类型及在裂缝内铺置适宜浓度的支撑剂是保证水力压裂作业成功的关键。

目前国内外常用的支撑剂主要有天然石英砂、陶粒及覆膜砂等[10]，根据不同压裂条件可以选择不同类型、不同粒径尺寸的支撑剂以满足设计要求的裂缝导流能力。通常条件下支撑剂类型选择主要受闭合压力控制，当闭合压力较低时，可选用石英砂作支撑剂；当闭合压力更高时，一般选用中强度陶粒甚至高强度陶粒。根据要求的裂缝导流能力和经济性选用压裂支撑剂。

*1. 石英砂支撑剂*

石英砂是一种天然的支撑剂，它分布较广，多产于沙漠、河滩或沿海地带，例如甘肃兰州、湖南岳阳、福建福州、江西永修和河北承德等是我国石英砂的主要产地。石英砂是种稳定性矿物，具有油脂光泽、热稳定性好等特点。一般用于水力压裂的石英砂颗粒视密度为 $2.65g/cm^3$ 左右，密度在 $1.60\sim1.65g/cm^3$ 之间。石英砂作为支撑剂在低闭合压力的各类储层的压裂增产中已取得一定的效果。由于石英砂价格便宜，近些年在国内非常规储层改造中，应用量越来越大，呈现“全面替代陶粒”的现象。中国石油在可行性评价研究的基础上，有序开展页岩气、致密油石英砂替代陶粒对比先导试验，创建鄂尔多斯、准噶尔玛湖等地区石英砂推广应用六大示范区。石英砂用量由 2015 年的 $65\times10^4t$ 提高到 2019 年的 $275\times10^4t$，占比由不足 46% 增加到 69%，年节约成本达到 20 亿元以上。如跟踪分析新疆玛湖油田 50 余口石英砂试验井与陶粒对比井初期与长期（2 年以上）的产量动态，目前结果表明：石英砂试验井与陶粒对比井日产量及累计产量基本相当，而与陶粒对比井相比，石英砂试验井单井成本节约 135 万～348 万元，百万吨产能降低成本达 3 亿元以上，充分证明了石英砂替代陶粒有效可行，展示出广阔的经济效益前景。总体研究评价及现场试验表明，国内目前压裂用石英砂完全可满足中国 3500m 以浅的非常规储层改造的技术需求，现场试验展示了良好的生产效果及经济性，为下一步实现石英砂全部替代、大幅降低材料成本、提高单井产量奠定了坚实的技术基础。

2. 陶粒支撑剂

陶粒支撑剂在 20 世纪 70 年代后期由美国研制并逐步推广应用，它是用陶瓷原料（主要材料是铝矾土）通过粉末制粒、烧结而制成的球形颗粒，是一种人造的支撑剂。

通常人们习惯将粒径规格为 850～425μm（20～40 目）和 600～300μm（30～50 目）的陶粒支撑剂密度划分为三类，即低密度、中等密度和高密度。体积密度不大于 $1.65g/cm^3$、视密度不大于 $3.00g/cm^3$ 的陶粒称为低密度陶粒支撑剂；体积密度大于 $1.65g/cm^3$ 且不大于 $1.80g/cm^3$、视密度大于 $3.00g/cm^3$ 且不大于 $3.35g/cm^3$ 的陶粒称为中等密度陶粒支撑剂；体积密度大于 $1.80g/cm^3$、视密度大于 $3.35g/cm^3$ 的陶粒称为高密度陶粒支撑剂。陶粒支撑剂视采用的原料不同（$Al_2O_3$ 含量），产品形成的品相不同、密度不同、强度也不同。例如：低密度支撑剂 $Al_2O_3$ 含量一般在 50%～55% 之间；而中密度和高密度支撑剂 $Al_2O_3$ 含量分别在 72%～78% 和 80%～85% 之间。

陶粒具有耐高温、耐高压、耐腐蚀、高强度、高导流能力、低密度、低破碎率等优点，主要用于深层低渗透油气层压裂。陶粒支撑剂的缺点主要是密度较大，所以对压裂液的黏度、流变性等性能及排量、设备功率等泵送条件的要求都较高，在滑溜水等低黏度压裂中沉降速度过快、无法到达裂缝深处，使得施工风险增高，压后形成的裂缝导流能力较低，因此限制了陶粒支撑剂在非常规油气藏压裂中的应用，并且相比于石英砂价格较贵，用量较大的情况下会较大幅度提升压裂成本。

3. 覆膜支撑剂

20 世纪末，为充分利用石英砂价格便宜、密度相对较低的优点，同时克服石英砂强度低、易破碎的缺点，出现了预固化树脂覆膜石英砂；为解决支撑剂回流及地层出砂，又研发了可固化树脂覆膜支撑剂。

预固化覆膜支撑剂是将支撑剂表而涂敷一层热固性树脂（如酚醛树脂、环氧树脂、呋喃树脂、聚氨酯等），使每粒支撑剂均有一层坚韧的树脂外壳，在高闭合压力下，由于树脂涂层砂的特性改变了接触方式，增大了接触面积，支撑剂的外壳分散了作用在砂粒的压力，提高了砂粒的抗破碎能力。在高的闭合压力下，由于压碎支撑剂的碎屑包覆在树脂壳内，防止了碎屑、细粉砂的运移，从而提高了导流能力。

可固化覆膜支撑剂可分为两种，一种是单涂层，另一种是双涂层。单涂层可固化支撑剂是在支撑剂表面预先包裹一层与压裂目的层温度相匹配的树脂，并作为尾追支撑剂置水力压裂的近井缝段，当裂缝闭合且地层温度恢复后，这种可固化的树脂涂层首先在地温度下软化成玻璃状，在活化剂作用下开始反应，砂粒间键合在一起，同时与新的裂缝表面也缝合在一起，在裂缝深处与井筒地带形成一条有渗透能力的过滤层“屏障”，稳固了裂缝表面，这样起到防止缝内支撑剂反吐回流的作用，也可用于疏松岩层水力压裂，防止支撑剂嵌入达到压裂目的。双涂层支撑剂是预先涂敷一层预固化树脂层，然后再涂敷一层压裂目的层温度相匹配的有潜伏性固化剂树脂层，使之性能和质量更高于单涂层可固化支撑剂。可固化树脂涂层是依据不同地层温度而特别制作的，可满足不同温度的地层需要。覆膜支撑剂的优点在于：

（1）适用于中、高闭合压力的各类油气储层压裂；

（2）相对密度低，便于施工泵送，在施工中减少泵和设备以及施工管线、管柱在井口内和井口部位的磨蚀；

（3）提高支撑剂的强度，在高闭合压力下涂层砂破碎后由于树脂膜粘连并包住压碎的砂粒碎屑，减少了碎屑运移，提高了支撑剂导流能力；

（4）化学惰性好，能耐地层原油、酸和盐水的侵蚀；

（5）可控制水力压裂后的支撑剂回流，防止疏松岩层支撑剂的镶嵌。

其缺点在于合成工艺复杂，耐温性能较差。

尽管覆膜石英砂的价格要比天然石英砂贵2～3倍，但其综合了石英砂和陶粒的优点且价格低于陶粒支撑剂价格，密度较陶粒密度低较多，因此成为目前国内页岩气压裂主要使用的压裂支撑剂类型。

## 第三节　非常规储层水平井压裂改造工艺

水平井分段压裂工艺是实现非常规储层体积压裂改造的重要手段，依据完井方式和实施工艺的差异，典型的水平井体积压裂改造工艺[11-12]可分为：水平井双封单卡分段压裂工艺、水平井水力喷射分段压裂工艺、桥塞射孔联作水平井分段压裂工艺、连续油管拖动水平井分段压裂工艺、水平井裸眼封隔器滑套分段压裂工艺和水平井套管滑套固井分段压裂工艺等技术。根据国内水平井分段压裂技术的应用情况，本节重点介绍应用最为广泛的桥塞射孔联作水平井分段压裂工艺、连续油管拖动水平井分段压裂工艺和水平井裸眼封隔器滑套分段压裂工艺三项压裂工艺。

## 一、桥塞射孔联作水平井分段压裂工艺

### （一）技术简介

桥塞射孔联作水平井分段压裂技术是目前非常规储层水平井分段体积压裂应用最多的一项技术，其主要特点是适用于套管完井的水平井，由多簇射孔枪和可钻 / 可溶式桥塞组成。该压裂管柱系统的优势是适用于大排量、大液量长水平井段连续压裂施工作业，多簇射孔有利于诱导储层多点起裂，有利于形成复杂缝网和体积裂缝。

### （二）工艺原理

整个工艺的原理是利用液体投送由电缆、射孔枪、连接器和可钻 / 可溶式桥塞组成的井下分段压裂管柱至预定坐封位置；点火坐封桥塞，连接器分离，上提射孔枪至预定第一簇射孔位置并射孔，拖动射孔枪依次完成其他各簇射孔；起出射孔枪，进行压裂作业。根据设计段数，用同样方式依次完成其他各段压裂改造，如图 6-3-1 所示。全部分段压裂完成后，用连续油管和螺杆钻具一次性快速钻铣全部桥塞。

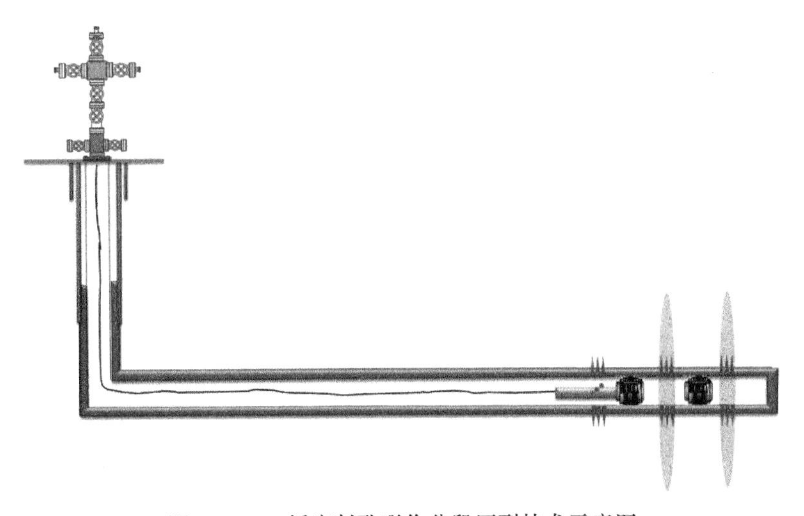

图 6-3-1 桥塞射孔联作分段压裂技术示意图

施工步骤为：（1）地面设备准备，连接井口设备；（2）连续油管钻铣桥塞管串模拟通井；（3）第一段采用油管或连续油管传输射孔；（4）提出射孔枪；（5）通过套管进行第一段压裂；（6）液体泵送电缆 + 射孔枪 + 桥塞工具入井；（7）坐封桥塞，射孔枪与桥塞分离，拖动电缆带射孔枪至射孔段，簇式射孔：一般设计每一压裂水平段长度为 50～100m，每段射孔 3～10 簇，每个射孔簇长度为 0.46～0.77m，簇间距一般 10～30m；（8）起出射孔枪，投球至桥塞位置；（9）进行第二段压裂；（10）重复步骤（6）至步骤（9），实现逐段上返压裂；（11）待压裂施工全部完成后，对连续油管所有复合材料桥塞进行钻磨，通井至井底；（12）钻铣完所有桥塞后，进行后续测试作业及排液投产。

## （三）技术参数

桥塞射孔联作水平井分段压裂管柱结构如图 6-3-2 所示，主要由水力泵注式复合桥塞、桥塞坐封工具、分级点火射孔装置组成。

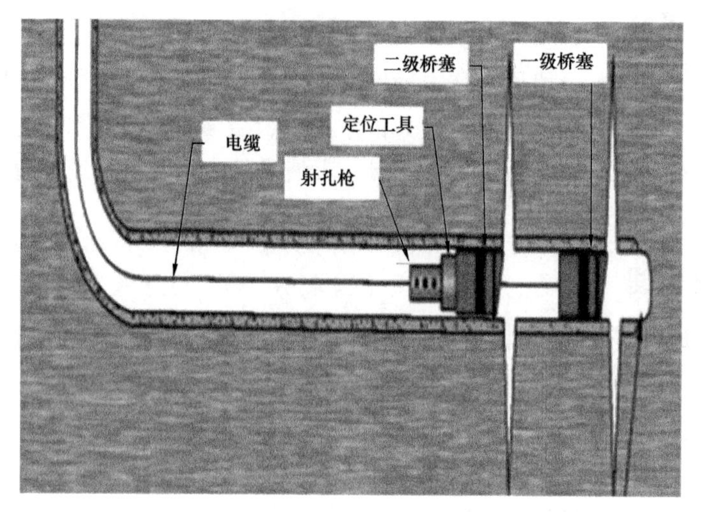


图 6-3-2　桥塞射孔联作分段压裂管柱示意图

1. 电缆坐封工具

目前国内常用的桥塞坐封工具为 Baker 贝克 10#、Baker 贝克 20# 火药坐封工具，作业过程为：位于电缆坐封工具上端的点火器通电后，引燃位于点火器下端的药柱。药柱燃烧所产生的高压气体用来驱动坐封工具运行。高压气体向下通过上活塞的中心孔进入下缸套，驱使坐封工具外部上缸套、下缸套和上接头下行，同时上活塞、下活塞保持稳定。高温高压气体产生的推力达到一定程度后（约 28kN），剪切接头上的剪切销被剪断，压力持续增大，推力不断增大，使得上缸套、下缸套等部件下行推动坐封套，因而与下接工具释放栓（环）产生相对位移，坐封下接工具。药柱持续燃烧推力不断增大，当其达到下接工具释放力时，坐封工具，与下接工具脱离，实现丢手。丢手后，上缸套、下缸套下行达到行程极限，压力从上缸套的泄压孔泄出，工具内腔自动泄压。

2. 复合材料桥塞

复合材料桥塞主要由中心管、卡环、卡瓦、锥体、密封组件、导鞋、推进机构和压裂树脂球等组成。桥塞坐封原理：通电点火引燃复合材料桥塞坐封工具内的火药，使燃烧室内产生高压气体。在高压气体的作用下，上活塞下行推动液压油通过延时缓冲嘴流出，从而推动下活塞，使下活塞连杆通过外壳推力杆使推筒下行挤压桥塞上卡瓦。与此同时，由于反作用力使得外推筒与芯轴之间发生相对运动，芯轴带动推筒连接套向上做相对运动，从而带动桥塞中心管向上挤压下卡瓦。在上行与下行的双向力作用下，上下锥体压缩胶筒膨胀，达到封隔井筒的目的。当上下卡瓦在锥体作用下张开紧紧啮合套管，胶筒、卡瓦与套管的配合紧到不可压缩且压力达到一定值时，剪断释放销钉，使得坐封工具与桥塞脱开，完成丢手动作。

目前，国内外复合材料桥塞技术已比较成熟，压裂桥塞先后经历了可钻式桥塞、可溶式压裂桥塞和可溶球座（图 6-3-3），其中可溶式压裂桥塞已经成为辽河油田水平井压裂的主要应用对象，并形成了适用于 $3^{1}/_{2}$in、$4^{1}/_{2}$in、5in、$5^{1}/_{2}$in 等套管尺寸的桥塞系列，性能参数见表 6-3-1。

**表 6-3-1 辽河油田常用可溶桥塞性能参数**

| 套管 /mm | | 桥塞 | | 适用温度 /℃ | 承压级别 /psi | 可溶球外径 /mm |
|---|---|---|---|---|---|---|
| 外径 /in | 内径 /mm | 内径 /mm | 外径 /mm | | | |
| $5^{1}/_{2}$ | 114.3～116 | 45 | 102.5 | 30～150 | 10000 | 55 或 58 |
| 5 | 104.3～106 | 35 | 93 | 30～150 | 10000 | 43 或 50 |
| $4^{1}/_{2}$ | 99～101 | 35 | 88.0 | 30～150 | 10000 | 43 或 50 |
| $3^{1}/_{2}$ | 104.3～106 | 22 | 66.0 | 30～150 | 10000 | 35 |

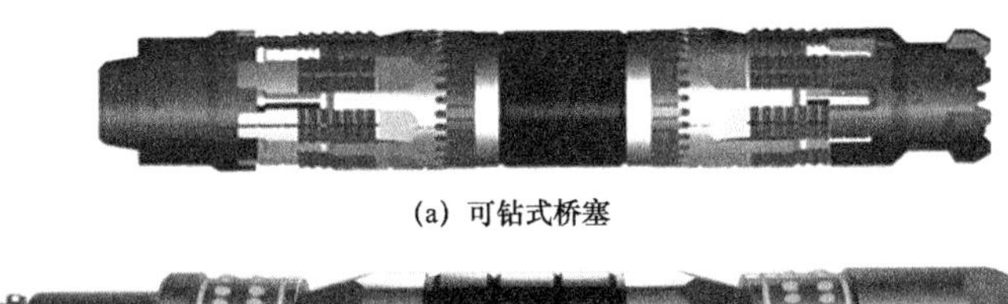

(a) 可钻式桥塞

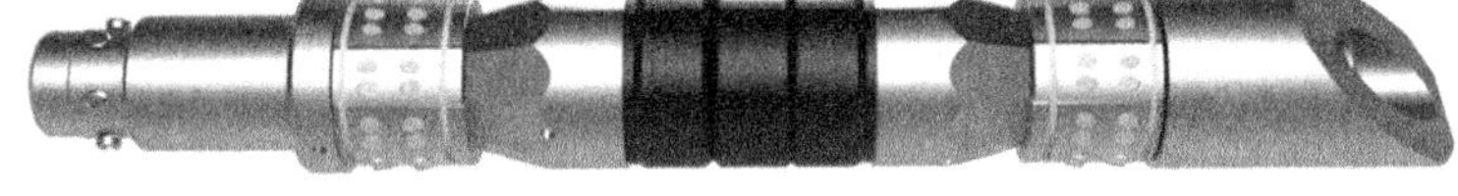

(b) 可溶式压裂桥塞

(c) 可溶球座

图 6-3-3 三种不同类型的压裂桥塞

3. 分级多簇射孔

由于受电缆防喷管长度的限制，整个桥塞坐封工具加上射孔枪的长度不能大于电缆防喷管长度，所以射孔枪的长度不可能很长，在大段施工段中有必要选择较好的储层段进行射孔，使好储层段得到有效的改造，这就要求射孔枪在井下能够实现多次点火，通过上提工具串，实现多簇选择性射孔。

## （四）技术特点

优点：（1）通过桥塞射孔联作方式，每段可以实现 3～10 条甚至更多条裂缝，裂缝间的应力干扰更加明显，压裂后形成的缝网更加复杂，改造裂缝体积更大，压裂效果更好；（2）分段级数不受限制；（3）可进行大排量、大液量连续施工；（4）压裂后可快速钻掉

桥塞，且易排出;（5）下钻风险小，施工砂堵容易处理;（6）节省作业时间，安全可靠;（7）受井眼稳定性影响相对较小。

缺点:（1）对套管和套管头抗压性能要求高;（2）对电引爆坐封等配套技术要求高;（3）分段压裂施工周期相对较长;（4）动用施工设备多，费用较高。

### （五）适用条件

水平井桥塞射孔联作分段压裂技术采用套管注入方式压裂，为提高套管承压能力，要求全井段固井，且套管钢级满足地层施工压力；同时采用水力泵入式下桥塞，要求全井段套管大小一致；固井质量良好，是具备良好管外封隔条件的基础条件；另外，水力泵入式桥塞射孔联作分段压裂技术施工过程中需要多次采用连续油管进行通井、射孔、钻塞作业，水平井长度受连续油管允许下深限制。

2013 年，辽河油田首次在雷平 2 井应用“水平井桥塞射孔联作分段压裂技术”，该项技术高效、可靠，展现出良好的应用前景。自此，“水平井桥塞射孔联作分段压裂技术”在辽河油田证实推广应用。目前，该项技术几乎实现了对辽河油田水平井分段压裂的全覆盖。

## 二、连续油管拖动水平井分段压裂工艺

### （一）技术简介

连续油管拖动精细分层压裂技术是目前应用于水平井分段改造的一种新型技术。该技术将连续油管和喷砂射孔工具、底部封隔器连接，用底部封隔器对已压层段进行隔离，通过油管注入实现喷砂射孔，环空注入实现加砂压裂，由下至上逐级分段压裂（图 6-3-4），具有施工周期短、分层精细灵活、压后全通径等优点，对非常规低渗透储层水平井分段改造具有很高的适用性。

图 6-3-4　连续油管拖动精细分层压裂示意图

## （二）技术原理

连续油管拖动精细分层压裂技术是目前国外较新研发的一种既能实现大规模改造，又能达到分层压裂、精细压裂的新型分级压裂技术。工艺原理主要包括下面三个部分：

1. 坐封及验封

连续油管作业车将工具串下放到井底，通过工具底端的套管接箍定位器，确定预置在套管下部短套管的位置及井深，然后进行连续管深度计数器与实际产层测井深度比对，确定第1产层段的深度。接着上提工具串至第1产层，使喷砂射孔工具对准第1产层段中部。上提下放操作连续管坐封机械封隔器。封隔器坐封后，通过连续管或环空加压的方式进行验封。

2. 喷砂射孔及压裂施工

验封合格后，连续管内泵注射孔砂液，根据伯努利方程，通过水力喷射工具喷嘴的节流效应将高压含砂射孔液转化为高速射孔液对套管进行喷射冲蚀射孔。根据目前国内外实验结果，当射流速度不小于160m/s时，仅需10min就能将普通139.7mm油层套管完全射穿，且喷砂射孔形成的孔道直径一般在25mm以上，然后通过套管与连续油管之间的环形空间进行主压裂施工。

3. 解封及转层作业

当第1层压裂施工完成后，上提连续管恢复原悬重，此时压力平衡阀泄压，继续上提封隔器解封。若遇砂卡，可通过压力平衡阀反循环冲砂，直至封隔器解封。解封后，上提工具到第2施工层段，进行定位、坐封、验封、射孔及压裂施工。重复以上施工步骤，完成所有层段的施工后，起出工具进行排液测试（图6-3-5）。

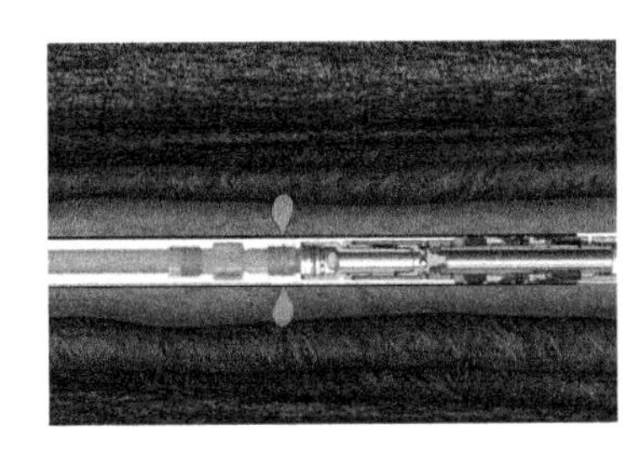
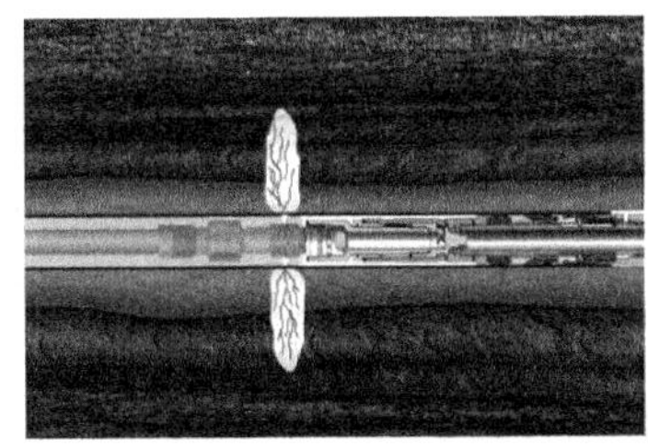
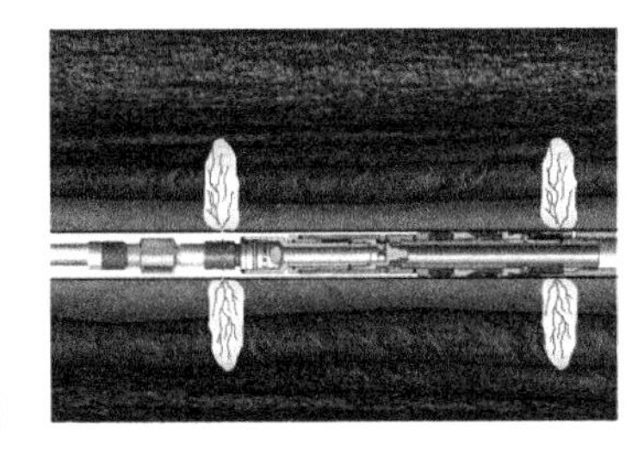

图6-3-5　入井工具串作业技术原理

## （三）技术参数

组成该工艺井下工具管柱的主要部分为水力喷射工具、底部封隔器、机械式接箍定位器，此外还包括连续油管丢手接头、扶正器、反循环接头等工具，如图6-3-6所示。工具在整个施工过程中有入井、坐封和解封状态。在喷砂射孔和主压裂过程中，该工具处于坐封状态；在连续油管定位和转层过程中，该工具处于解封状态。

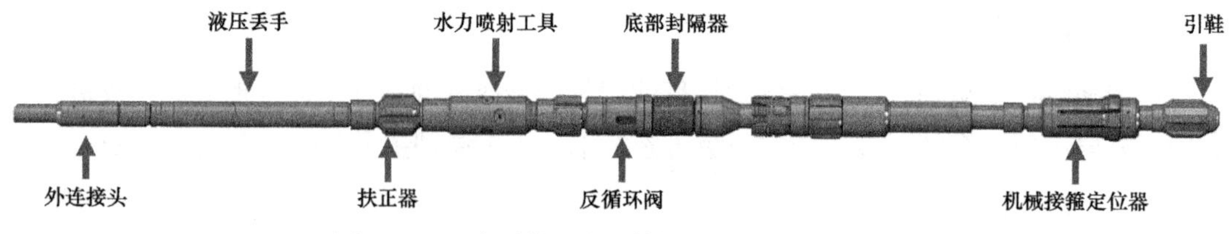


图 6-3-6　水平井连续油管拖动压裂井下工具串

整套工具的可靠性是连续油管拖动压裂技术的实现水平井多级分段压裂的基础，因此对关键部件进行了以下改进：（1）底部封隔器采用单向浮动卡瓦支撑、机械压缩坐封及高性能单胶筒密封，具有坐封力小、密封可靠、操作简便的特点。（2）针对水平井井型，机械接箍定位器可选择不同的定位块和弹簧进行组装，定位感应力可调，确保了产层定位精准。（3）压力平衡阀紧接封隔器胶筒上端安装，不仅可实现封隔器管内可控密封，而且在封隔器解封时既可平衡封隔器上压差、下压差，又能在近胶筒部位反循环冲砂洗井，从而确保封隔器的可靠解封与转层施工。（4）水力喷射工具耐磨，使用寿命长。喷射工具中的喷嘴采用聚晶金刚石作为耐磨材料，并在喷嘴周围附加防反溅护套。同时配合扶正器的使用，不仅可有效保证封隔器、接箍定位器及喷射工具的居中度，而且能保证喷射工具喷嘴与套管壁的喷射距离，从而减轻射孔砂液反溅对喷射工具的冲蚀磨损。

以 $5^1/_2$in 工具为例，工具串组成及部件尺寸见表 6-3-2。

表 6-3-2　水平井连续油管拖动压裂井下工具串参数

| 序号 | 工具名称 | 外径 / mm | 内径 / mm | 长度 / m | 下放总长度 / m | 上提总长度 / m |
|---|---|---|---|---|---|---|
| 1 | 2in 3CT 接头 | | | 0.23 | 4.47 | 4.72 |
| 2 | 液压丢手 | 100 | 32 | 0.51 | 4.09 | 4.34 |
| 3 | 扶正器 | 117.0 | 40.0 | 0.75 | 3.43 | 3.68 |
| 4 | 水力喷射工具 | 96.0 | 40.0 | 0.37 | 2.68 | 2.93 |
| 5 | 平衡阀 | 87.0 | 36.0 | 0.67 | 2.31 | 2.56 |
| 6 | 底部封隔器 | 117.0 | 41.0 | 1.12 | 1.64 | 1.77 |
| 7 | 机械接箍定位器 | 135.0 | 38.0 | 0.34 | 0.37 | 0.37 |
| 8 | 引导头 | 115.0 | 43.0 | 0.18 | 0.18 | 0.18 |

其中，水力喷射工具和底部封隔器是易损件，现场实施时需额外备用 2～3 套，当工具出现磨损不能满足施工需要时，及时起管更换。

## （四）技术特点

（1）通过上提下放多次坐封解封的封隔器在理论上可以实现无限级次压裂，现场转层操作灵活可靠，施工周期短；

（2）该技术通过连续油管带喷射工具和定位器进行定点喷砂射孔实现了薄层精细压裂；

（3）水力喷砂射孔克服了射孔弹的压实作用，可有效解除近井地带的封堵效应，减少了对油气藏的污染和伤害；

（4）将连续油管起出井口后即具备生产条件，可实现多层直接测试投产，且井筒清洁，便于后期修井作业；

（5）该技术可适用于直井、大斜度井、水平井分级压裂。

### （五）适用条件

连续油管拖动压裂技术主要应用于水平井精细分段、直井精细分层中。其关键部件是井下水力喷枪和底部封隔器，目前喷枪最大过砂量为 $60m^3$，底部封隔器最高耐温达150℃，最大承受压差 70MPa，满足垂深 4000m 内的直井和水平井作业。

## 三、水平井裸眼封隔器滑套分段压裂工艺

### （一）技术简介

水平井裸眼封隔器滑套分段压裂工艺是新兴发展起来的水平井压裂改造技术，在页岩气，致密油气藏水平井开发中得到了广泛的现场应用，并取得成功的矿场效果。该工艺主要有遇油（遇水）膨胀式裸眼封隔器、机械封隔式裸眼封隔器、锚定封隔器、悬挂封隔器和滑套等配套工具：目前包括 7in 技术套管悬挂 $4^1/_2$in 尾管完井压裂工具总成，$5^1/_2$in 技术套管悬挂 $3^1/_2$in 尾管完井压裂工具总成，以及 $5^1/_2$in 套管完井压裂工具总成等主要完井管柱类型，能够满足最高压裂段数 29 段、耐温 150℃、耐压 70MPa 裸眼水平井分段裂需求。中国石油通过自主研发水平井裸眼封隔器分段压裂关键工具，在吉林油田、新疆油田和长庆油田等油气田得到了推广应用，成为水平井分段压裂改造的主体技术之一。

### （二）技术原理

裸眼滑套封隔器分段压裂管柱一般设计为 177.8mm × 114.3mm 悬挂压裂完井柱的结构。常见的管柱结构由悬挂器、裸眼封隔器、滑套开关、单向阀等工具组成，其裸眼封隔器和滑套开关的数量由压裂段数决定。

裸眼滑套封隔器分段压裂采用多级封隔器对裸眼水平井进行机械封隔，根据起裂位置分布多级滑套，多级压裂管柱一次下入，压裂前对油管正打压实现封隔器坐封或封隔器浸泡坐封，施工中依次投入尺寸不同的球憋压打开多级滑套，实现由下而上逐级压裂（图 6-3-7）。压裂液从滑套进入地层直至完成加砂，压裂后合层返排生产。水力压裂施工时水平段趾端滑为压力开启式滑套，其他滑套通过投球打开，从水平段趾端第二级开始逐级投球，进行针对性的压裂施工。根据所用封隔器坐封原理和滑套打开方式差异，形成了多种裸眼滑套封隔器分段压裂管柱系统。

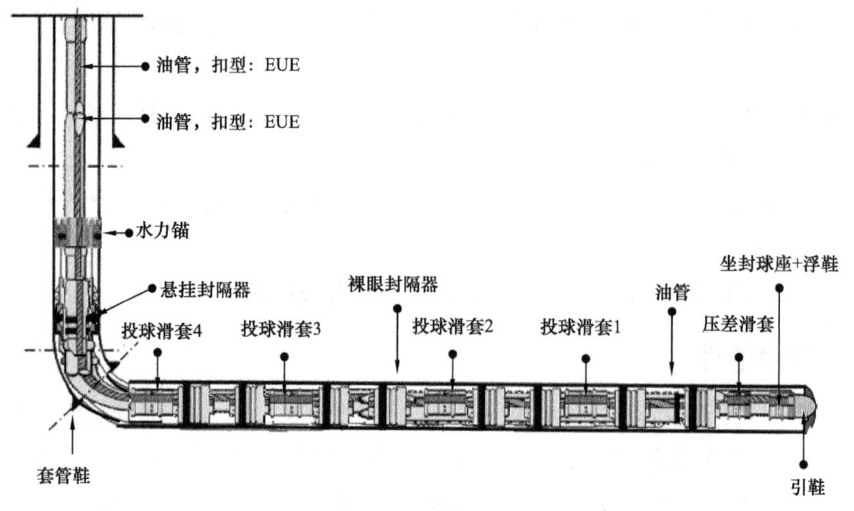


图 6-3-7　水平井裸眼封隔器滑套分段压裂技术

施工步骤为：（1）井眼处理：清理上部完井套管。钻具组合：通井规 + 钻杆 1 根 + 刮削器 + 钻柱。刮管通井时，如果遇阻力较大的井段可反复活动 2～3 次；刮管至距套管末端 10m 处停止，并进行钻井液循环、直到出口钻井液与钻井设计的钻井液性能相同。循环钻井液时必须过筛，滤掉可能存在的颗粒状杂质；（2）全井段通井，下入螺旋扶正器通井，清理岩屑床，使水平裸眼段井眼更平缓，利于压裂管柱下入井底。钻具组合：牙轮钻头 + 钻杆 1 根 + 螺旋扶正器 + 钻柱 + 加重钻柱钻柱。遇阻时原则上不建议划眼。管柱通过后在遇阻井段上下通井 2～3 次，并进行钻井液循环，直到可以顺利下钻；（3）下入管柱丢手：将压裂管柱接上钻杆，顺利下入设计位置，投球至坐封球座并加压，实现悬挂封隔器、其他液压封隔器坐封，验封合格后，旋转管柱实现丢手，后丢手，丢手后起出丢手上部钻杆；（4）回插生产管柱实施压裂：将压裂油管柱下接循环阀、水力锚以及插入密封管下入井内，二次插入悬挂的回接密封装置中；内部加液压验证插入密封可靠后，安装压裂生产井口；（5）压裂施工：加压，压力开启滑套，即建立起第 1 层压裂通道，压裂第 1 层；投压裂可钻球，投球滑套 1 开启，即立第 2 层裂通道，压裂第 2 层；依次投球，压裂剩余层段。

## （三）技术参数

裸眼滑套封隔器分段压裂管柱主要由悬挂封隔器、裸眼封隔器、投球滑套、球座及筛管引鞋等组成。用水力坐封或遇油（遇水）膨胀坐封的套管外封隔器代替水泥固井来隔离各层段，生产时不需起出或钻铣封隔器，利用滑套工具在封隔器间的井筒上形成通道，来代替套管射孔。裸眼水平井多段压裂技术在于封隔器和滑套的可靠性、安全性能，尤其是管外封隔器和多级滑套的开启可靠性是决定技术成功与否的关键。

### 1. 管外封隔器

裸眼水平井压裂分段用的封隔器有水力坐封和遇油（遇水）膨胀坐封两种类型。

遇油（遇水）膨胀坐封封隔器又称自膨胀式封隔器。该类封隔器可根据地层不同的油气含量、井筒条件、作业要求，胶筒在遇油或遇水自主膨胀来封隔地层。自膨胀封隔器可以随完井管柱一同下入井内，当封隔器到达指定位置后，橡胶在井筒内液体或注入液体（油类或水）的浸泡下缓慢膨胀，直到紧紧地贴住井壁或套管内壁，实现隔离井段的目的。

水力坐封封隔器由中心管、组合防突部件、胶筒和液压坐封机构组成。该类封隔器根据坐封原理分为水力压缩式和水力扩张式两种。扩张式封隔器胶筒较长，压缩比例大，密封裸眼可靠性高，胶筒内部有钢片支架；压缩式封隔器胶筒较短，一般由2～3个组合而成，胶筒两端设计组合式防突结构，密封可靠性较好，承压能力高。

（1）压缩式封隔器工作原理：封隔器下至设计位置后，内部加液压，液压力升至封隔器启动压差时，液压坐封机构启动，液压力推动液压坐封机构的内部活塞压缩封隔器胶筒膨胀，封隔环形空间，同时锁紧机构启动锁紧，保持胶筒处于持续密封状态，完成封隔器坐封。

（2）扩张式封隔器工作原理：封隔器下至设计位置后，内部加液压，液压力升至封隔器启动压差时（一般设计为8～10MPa），封隔器开启芯上的销钉被剪断，开启阀被打开；液体经过中心管的进液孔把单流阀推开，进入中心管与胶筒之间的环形腔内使胶筒膨胀坐封，封隔井筒的环形空间，当液压力达到坐封设定值时，封隔器坐封完毕，坐封机构的单流阀阻止腔内液体回流，保持胶筒处于持续密封状态。

### 2. 裸眼压裂滑套

裸眼压裂滑套包括压差滑套和投球滑套两种。

压差滑套主要由上接头、内滑套、外筒、下接头和锁紧机构等组成，压差滑套装配后处于关闭状态，需要开启时，下接头连接丝堵，内部加液压，当液压力达到坐封设定值时，液压力推动内滑套剪断剪钉后移动，露出过液孔，完成滑套开启，同时锁紧机构启动锁紧，然后进行压裂施工。

投球滑套主要由上接头、球座、内滑套、外筒、下接头和锁紧机构等组成，投球滑套装配后处于关闭状态，需要开启时，内部投球坐于球座上，内部加液压，液压力达到坐封设定值时，液压力推动内滑套剪断剪钉后移动，露出过液孔，完成滑套开启，同时锁紧机构启动锁紧，然后进行压裂施工。

### 3. 悬挂封隔器

悬挂封隔器位于工具串的上部，工作位置一般选在直井段或斜井段完井套管的下端，集悬挂与密封功能于一体；承载下部压裂完井管柱的重力，并封隔油套环空，承受压裂施工的高压差，保护上部套管。悬挂封隔器采用液压坐封、倒扣丢手的方式，丢手后上部插入压裂管柱进行压裂施工，压裂施工结束后丢手下部管柱留在井内作为生产管柱。

（1）悬挂功能。悬挂封隔器坐封后双向承受力的作用，因而悬挂封隔器必须双向锚定可靠。为保证锚定效果，一般设计为双向卡瓦、永久锁紧方式，封隔器坐封后不可解封。

（2）脱接丢手和二次插入功能。目前裸眼水平井的长度越来越长，整个裸眼段的管柱量越来越大，为了保障管柱的投送成功率，一般用钻杆进行工具的投送。管柱投送到位，加液压完成封隔器坐封、悬挂器坐挂后，进行管柱旋转、丢手，起出钻杆。然后下入压裂油管柱，下部连接插入短节进行二次插入，形成完整的压裂措施管柱，进行分段压裂施工，完井投产。

下面简单介绍三种典型的裸眼滑套封隔器分段压裂管柱系统。

（1）QuickFRAC 和 StackFRAC HD 压裂管柱系统。

QuickFRAC 压裂管柱系统原理是一次投入一个封堵球开启多个滑套的多级压裂批处系统，已实现 15 次投球进行开启 60 级滑套的多级压裂的施工，每级之间由 RockSEAL Ⅱ 封隔器封隔，滑套为 QuickPORT 滑套。

StackFRAC HD（High Density）高密度多级压裂系统可以多次投入同一尺寸封堵球开多级滑套 RepeaterPORT，有效增加压裂级数，每级之间用 RockSEAL Ⅱ 封隔器封隔。

（2）FracPoint™ 系统。

FracPoint 多级投球滑套压裂系统可以实现快速、连续的水力压裂。每两级滑套之间可以选用液压坐封裸眼封隔器或自膨胀封隔器。压裂完成以及后投球泵送打开下级滑套，如此逐级进行压裂。将整体压裂完毕，密封球被从井内返排至地面。

FracPoint™ 分段压裂系统主要部件有：大扭矩悬挂器系统、液压坐封裸眼封隔器或自膨胀封隔器、抗高速冲蚀的投球打开滑套、压力打开滑套、耐高温高压封堵球、井筒隔绝阀。

（3）DeltaStim Plus 20 系统。

DeltaStim Plus 20 完井工具包括：DeltaStim 滑套、DeltaStim 压力开启滑套和 Swellpacker 隔离系统。DeltaStim 完井可与 VesaFlex 尾管悬挂器一起下入井。据地层条件可使用 Swellpacker 隔离系统或 Wizard Ⅲ 封隔器实现裸眼完井的隔离，Swellpacker 封隔器影胀胶筒可膨胀至 200%，可密封不规则裸眼井和套管井，也可以采用注水泥固并完井隔离。DeltaStim Plus 20 技术服系统在 4½in 套管中可以分 21 级，5½in 套管中可以分 26 级，7in 套管可以多达 3 级开级差达到 1/8in。机械开关滑套可实现多次开关，并可实现无限级数压裂。

## （四）技术特点

优点：（1）完井和分段压裂一体化，可以有效节省完井时间和费用；能较好避免固井作业对油气层的伤害。（2）泵注时间短，井口配套油投球装置，压裂施工时可以连续泵注；一般情况下，整个压裂施工作业可以在一天内完成，与其他分段压裂工艺相比，可以缩短分段压裂的时间，加快返排时间，有效降低入井液对油层的伤害。

缺点：（1）多级封隔器的验封问题：多级封隔器应用中的验封问题在国内外都没有被很好地解决，一口井下入 5～6 级，甚至 10 多级的管外封隔器，多级封隔器验封的问题无法解决；（2）封隔器密封失效问题：压裂施工以及随后油气生产，变地层应力，造成地层结构和裸眼井壁的不稳定性，各种因素综合作用很容易造成封隔器的密封失效，出现窜层和水淹油气层的发生，影响后期的油气生产；(3) 工艺应用的局限性：该工艺装置作为完井尾管悬挂装置，后期起出困难，可能影响油气采收率；多级封隔器、滑套等留井工具内通径大小不一，即使压裂完成后用铣方式去掉压裂球座，与油套管内径相比，内通径相对变小，影响后期工艺措施的实施。

### （五）适用条件

水平井裸眼封隔器分段压裂技术由于不需要固井，对储层的伤害率相对较小，常用于潜山、火山岩等裂缝型储层中。辽河油田于2012年开始，先后在赵古潜山应用了两井次，压裂段数均达到10级，拉开了潜山储层体积压裂的序幕。但该技术存在众多先天不足，尤其是在水平井桥塞射孔联作分段压裂技术和连续油管拖动压裂技术发展之后，该项技术应用量相对较少，目前仅作为水平井压裂技术的一项储备。

## 参考文献

[1] 罗英俊，万仁溥．采油技术手册［M］．3版．北京：石油工业出版社，2005.
[2] 李宗田，苏建政，张汝生．现代页岩油气水平井压裂改造技术［M］．北京：中国石化出版社，2015.
[3] 赵振章，杜金虎．致密油气［M］．北京：石油工业出版社，2012.
[4] 吴奇．水平井体积压裂改造技术［M］．北京：石油工业出版社，2013.
[5] 吴奇，胥云，王腾飞，等．增产改造历年的重大变革：体积改造技术概论［J］．天然气工业，2011（31）：7-12.
[6] 吴奇，胥云，王晓泉，等．非常规油气藏体积改造技术—内涵、优化设计与实现［J］．石油勘探与开发，2012（39）：352-358.
[7] 吴奇，胥云，刘玉章，等．美国页岩气体积压裂改造技术现状及对我国的启示［J］．石油钻采工艺，2011（2）：1-7.
[8] 李小刚，苏洲，杨兆中，等．页岩气储层体积缝网压裂技术新进展［J］．石油天然气学报，2014（7）：154-159.
[9] 曾凡辉，郭建春，刘恒，等．北美页岩气高效压裂经验及对中国的启示［J］．西南石油大学学报（自然科学版），2013（6）：90-98.
[10] 郑新权，王欣，张福祥，等．国内石英砂支撑剂评价及砂源本地化研究进展与前景展望［J］．中国石油勘探，2021（26）：131-137.
[11] 李少明，王辉，邓晗，等．水平井分段压裂工艺技术综述［J］．中国石油和化工，2013（10）：56-59.
[12] 许冬进，尤艳荣，王生亮，等．致密油气藏水平井分段压裂技术现状和进展［J］．中外能源，2013（4）：36-41.

# 第七章　勘探评价实例

通过攻关研究，明确了非常规油气藏的形成条件和分布规律，特别是完成了页岩油资源规模的评价和分类（纹层型、页岩型、夹层型，根据集团公司页岩油推进会精神），建立完善了非常规油藏勘探评价配套技术（岩石岩心联测、烃源岩地化评价、储层测井评价、“七性”关系评价标准、地震“甜点”区预测、水平钻完井与体积压裂）在雷家、大民屯、曙光等地区开拓了勘探领域。

## 第一节　西部凹陷雷家地区沙四段页岩油

雷家地区油气勘探起步较早，已在沙四段发现了湖湾环境下形成的高升和杜家台碳酸盐岩油层，但由于对这类油藏缺乏认识，勘探开发效果未达预期。按照页岩油勘探理念，对雷家地区开展了新一轮的研究和部署，形成了较为系统的认识。雷家地区沙四段自下而上发育高升和杜家台油层，由于研究需要，把杜家台油层从上而下进一步划分为杜一、杜二、杜三 3 个油层组。

### 一、沉积环境

#### （一）古地貌特征

通过西部凹陷雷家地区构造详细解释，对古地貌进行恢复，编制了古地貌图，来研究古地貌对沉积的影响。受西斜坡古隆起、兴隆台—中央古隆起的夹持，雷家地区为一个湖湾相环境，内部受曙光潜山地形分割，形成曙光、盘山、陈家 3 个深浅不一的洼槽，在洼槽区沉积了包含碳酸盐岩的大量细粒沉积物，烃源岩与储层交互发育，形成源储共生的良好配置关系。

#### （二）湖盆水体性质

西部凹陷雷家地区沙四段样品 Ba（钡）含量在 518～799μg/g 之间，均值 658.5μg/g，与海相沉积碳酸盐岩有较大差别，说明沙四段碳酸盐岩应为湖相沉积产物。硼（B）含量在 157～165μg/g 之间，均值 162μg/g，远高于陆相淡水沉积的 B 含量。锶（Sr）含量主体在 521～830μg/g 之间，均值约为 675.5μg/g，较高的 B、Sr 含量反映了白云石形成时的水体盐度较高。Sr/Ba 在 0.65～1.67 之间，均值 1.23，仅一个样品 Sr/Ba 小于 1，整体上呈现出咸水特征。样品中钒 / 镍 + 钒［V/（Ni+V）］的含量比值在 0.49～0.93 之间，均值 0.72，表明该期水体为还原环境。利用雷 84 井、雷 88 井等的能谱测井资料，可知凹陷中心沙四段地层钍 / 铀（Th/U）值小于 4，印证了上述结论。钍 / 钾（Th/K）值总体低于 6，表明水动力较弱，为低能环境。

## （三）沉积相类型及分布

西部凹陷雷家地区沙四段主要发育 3 种沉积环境：分别是湖泊相，扇三角洲相、三角洲相次之。湖泊相可进一步划分为滨浅湖亚相及半深湖、深湖亚相。滨浅湖亚相又可进一步划分为砂质滩坝微相、粒屑滩微相、滩间微相及泥质浅湖微相；半深湖、深湖亚相可进一步划分为泥质湖底、泥云质湖底、云泥质湖底、泥灰质湖底、灰泥质湖底微相等。

高升时期，盆地隆凹相间的地貌特征依然较为明显，湖盆的分隔性较强，沉积物在平面上的不同区域有较大变化。沿西部缓坡带边缘，滨浅湖滩相沉积较为发育，其中以粒屑滩微相为主，砂质滩坝及滩间均有沉积。湖盆中央主要发育半深湖—深湖亚相泥云质湖底微相，向东受物源影响，碳酸盐岩相对欠发育，以灰泥质或云泥质湖底微相为主；至湖盆东部边缘，受台安—大洼断裂与中央凸起的控制，扇三角洲相较为发育（图 7-1-1）。在高升地区、曙光—兴隆台地区存在一些近北东向展布的水下低隆起，这些低隆起上的陆源物质十分少见，同时又位于湖盆浪基面之上，为颗粒碳酸盐岩的发育创造了十分有利的条件，形成了多个粒屑碳酸盐岩的发育带。

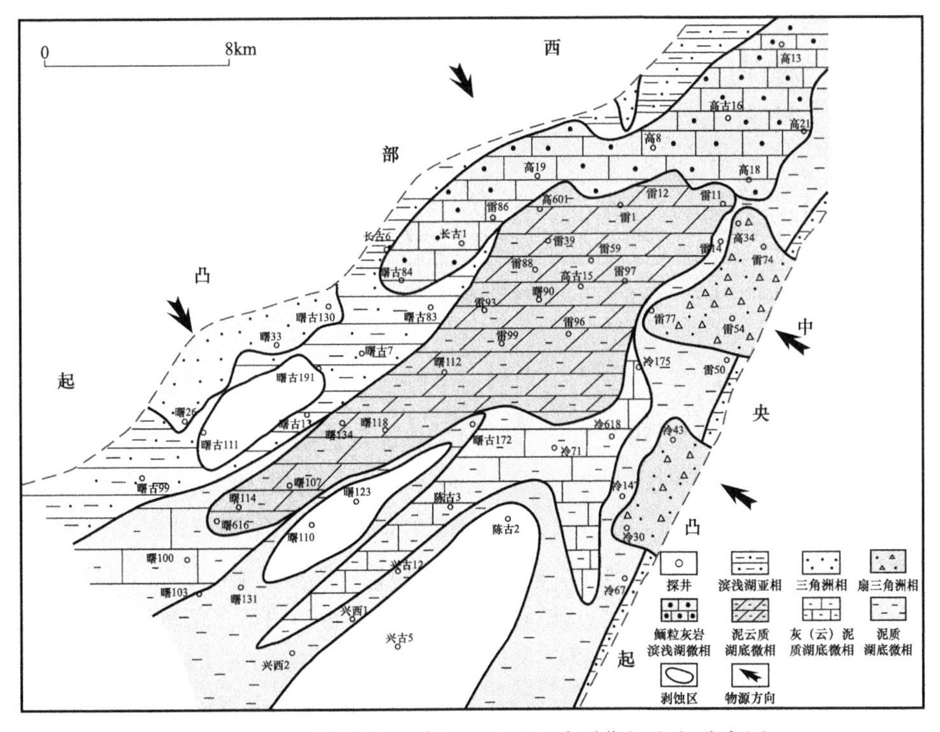


图 7-1-1 西部凹陷雷家地区沙四段高升期沉积相分布图

杜家台沉积时期，基本继承了高升时期的沉积格局（图 7-1-2），但陆源碎屑物质的供给程度高于高升时期，水上隆起的范围有所缩小，北部高升低隆起已全部浸没于水下，

并迅速演变为半深湖—深湖亚相。与高升层沉积时期相比，杜家台沉积时期隆凹相间的底形已经逐渐被填平，湖盆的分隔性已变得不太明显，西部缓坡带的滩相沉积基本消失，以半深湖亚相泥岩沉积为主，向凹陷中心依次过渡为半深湖—深湖亚相的泥灰质湖底微相、泥云质湖底微相；至东部陡坡带，以扇三角洲相沉积为主。

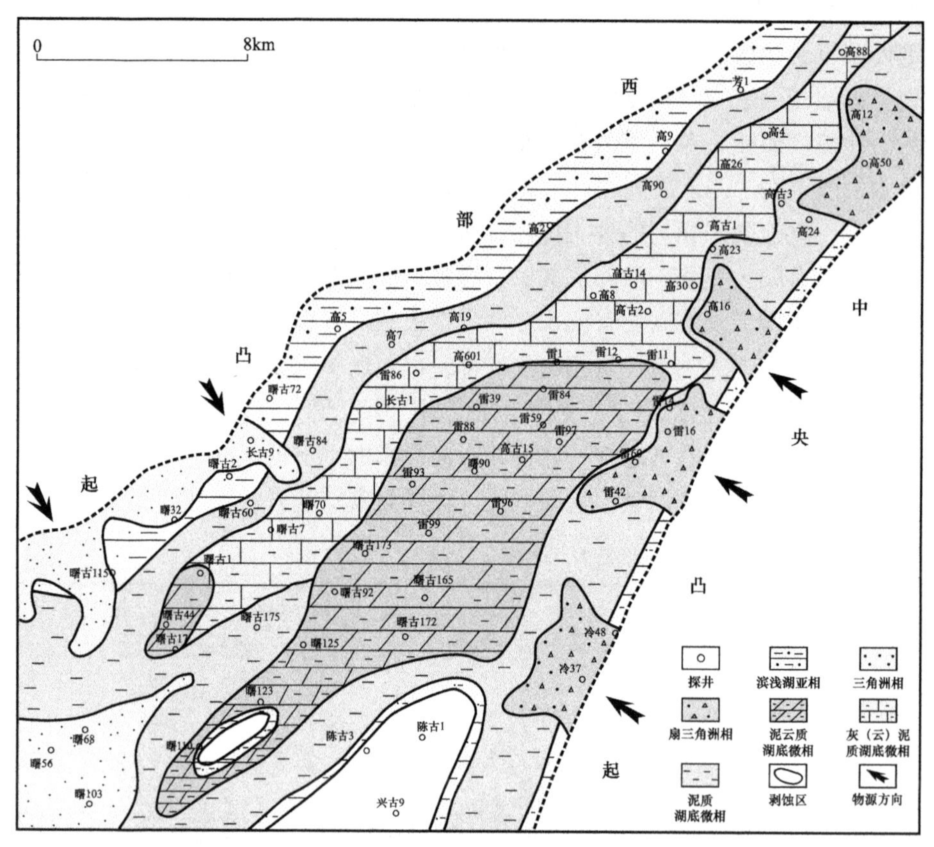

图 7-1-2　西部凹陷雷家地区沙四段杜家台期沉积相分布图

## 二、烃源岩特征

有机质含量在 3.23%～9.05% 之间，均值 4.89%，氯仿沥青“A”含量在 0.24%～1.24% 之间，均值 0.62%，生烃潜力在 12.2～47.18mg/g 之间，均值 30.78mg/g。一般泥岩有机质含量在 2.25%～3.84% 之间，均值 3.22%，氯仿沥青“A”含量在 0.21%～0.69% 之间，均值 0.50%，生烃潜力在 10.9～17.3mg/g 之间，均值 14.71mg/g。总之，TOC 普遍大于 2%，干酪根类型以 Ⅰ—$Ⅱ_1$ 型为主，腐泥组分含量平均为 76.3%，壳质组分平均为 3.8%，镜质组分含量平均为 19.7%，惰质组分平均为 3.5%。沙四段油页岩烃源岩主体处于低成熟—成熟演化阶段，分别以 $R_o$=0.3%、$R_o$=0.5%、$R_o$=1.3% 为下限，分为低成熟油页岩（$R_o$=0.3%～0.5%）和成熟油页岩（$R_o$=0.5%～1.3%）两类。低熟油页岩主要分布在杜家台—雷家—高升一带及牛心坨地区（图 7-1-3），面积 285km$^2$，平均厚度 90m；成熟油页岩主要分布在曙光—雷家—高升一带和牛心坨地区，总面积 245km$^2$，平均厚度 90m。

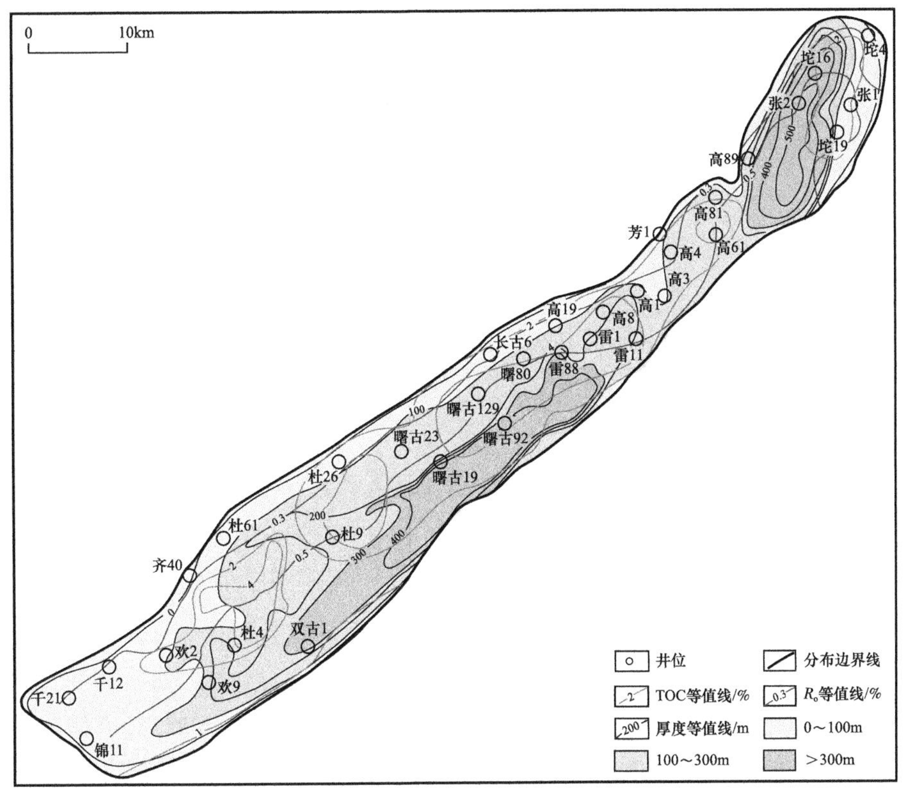


图 7-1-3 西部凹陷沙四段油页岩分布图

## 三、储层特征

### （一）岩性

根据岩心观察和分析测试资料，将沙四段目的层岩性划分为白云岩类、方沸石岩类、泥页岩类及过渡岩类。杜家台油层和高升油层在岩性和矿物组合上有所不同。根据白云石、方沸石和泥质比例，杜家台油层主要划分为含泥泥晶云岩、含泥方沸石质泥晶云岩、泥质含云方沸石岩和含云方沸石质泥岩 4 大类；根据白云石、生物碎屑和泥质比例，高升油层主要划分为泥晶粒屑云岩、含泥粒屑泥晶云岩、泥质泥晶云岩和云质页岩 4 大类。

### （二）储集空间及物性

结合储层各种实验测试资料，将储集空间划分为孔隙和裂缝两大类 7 种类型。根据岩心观察和薄片分析，雷家地区沙四段碳酸盐岩储层以孔隙—裂缝型和裂缝型为主，见少量裂缝 - 孔洞型储层。其中，杜家台油层含泥泥晶云岩和含泥方沸石质泥晶云岩发育收缩缝和溶孔，容易形成储层，泥质含云方沸石岩次之，含云方沸石质泥岩最差；高升油层泥晶粒屑云岩和含泥粒屑泥晶云岩发育粒间孔、裂缝、溶孔和晶间孔，容易形成储层，泥质泥晶云岩次之，云质页岩最差。岩心分析孔隙度一般为 2%～14%，平均 9.5%。岩心分析渗透率一般为 0.1～30mD，小于 1mD 的比例达到 34%（图 7-1-4）。在部分孔隙度较小的样品中存在一些渗透率值急剧增大的数值点，这是由于发育微裂缝增大孔隙连通性而提高渗透率的原因，表明这些样品受微裂缝的影响很大。

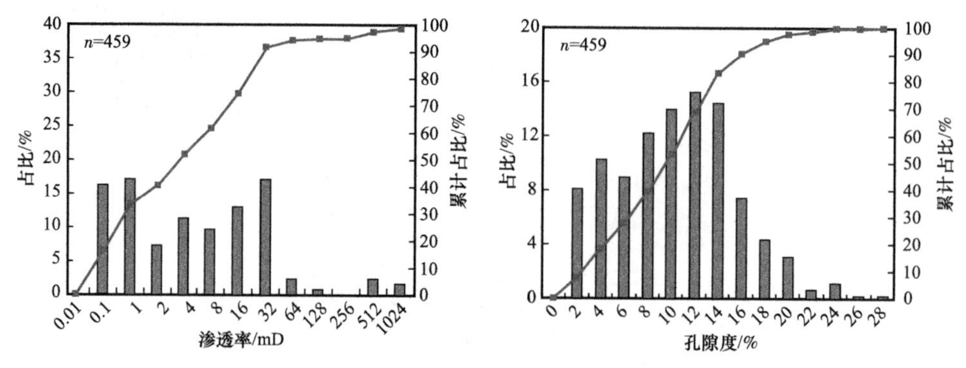


图 7-1-4　雷家地区沙四段碳酸盐岩储层孔隙度、渗透率分布频率图

根据物性分析的结果，将高升油层储层分为三类（表 7-1-1）：一类储层为泥晶粒屑云岩，储集性能最好，储集空间为粒间孔和溶孔，如高 25-21 井 1882.65m 铸体薄片中粒间溶孔、粒内溶孔发育，扫描电镜下溶孔发育，孔隙度为 15.8%，渗透率为 5mD；二类储层为泥质泥晶云岩，储集空间为裂缝和溶孔，如雷 36 井 2682.7m 铸体薄片中裂缝发育，电镜下微裂缝、溶孔发育，孔隙度为 10.3%，渗透率小于 1mD；三类储层为含碳酸盐岩泥页岩，如曙古 173 井 3048.8m 铸体薄片见层间裂缝，扫描电镜见晶间孔，孔隙度为 5.4%～6.2%，渗透率小于 1mD。

**表 7-1-1　雷家地区沙四段高升油层各类储层及物性特征**

| 储层岩石类型 | 储层岩心宏观照片 | 储集空间铸体图像（单偏光） | 储集空间镜下特征扫描电镜 | 孔隙度 / % | 渗透率 / mD |
|---|---|---|---|---|---|
| 泥晶粒屑云岩 | 高25-21井 1882.65m | 粒间溶孔 粒内溶孔 单偏光50× | 溶孔 溶解缝 | 15.8 | 5 |
| 泥质泥晶云岩 | 雷36井 2682.7m | 层间缝 张裂缝 单偏光50× | 微裂缝 溶孔 | 10.3 | <1 |
| 含碳酸盐岩泥页岩 | 曙古173井 3048.8m | 层间缝 | 晶间孔 溶孔 | 5.4～6.2 | <1 |

杜家台油层储层也分为三类（表 7–1–2），其中一类储层为含泥泥晶云岩，如雷 88 井 2570.83m 铸体薄片见到层间裂缝和溶蚀孔隙，扫描电镜下溶孔发育，孔隙度为 10.5%，渗透率小于 1mD；二类储层为含泥方沸石质泥晶云岩，如曙古 165 井 3008.17m 宏观岩心裂缝发育，铸体薄片见层间裂缝，电镜下晶间孔、溶孔发育，孔隙度在 4.8%～6.1% 之间，渗透率小于 1mD；三类储层为泥质含云方沸石岩、含云方沸石质泥岩。如雷 93 井 2676.22m 铸体薄片见到层间裂缝、张裂缝，扫描电镜见到残余溶孔，孔隙度在 3.5%～5.8% 之间，渗透率小于 1mD。

**表 7–1–2　雷家地区沙四段杜家台油层各类储层及物性特征**

| 储层岩石类型 | 储层岩心宏观照片 | 储集空间铸体图像（单偏光） | 储集空间镜下特征扫描电镜 | 孔隙度 / % | 渗透率 / mD |
|---|---|---|---|---|---|
| 含泥泥晶云岩 | 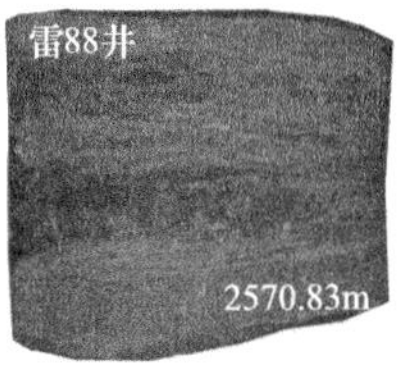 雷88井 2570.83m | 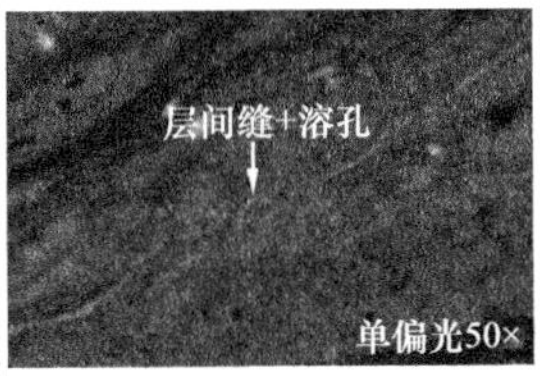 层间缝+溶孔 单偏光50× |  溶孔 溶解缝 | 10.5 | <1 |
| 含泥方沸石质泥晶云岩 |  曙古165井 3008.17m |  层间缝 单偏光50× | 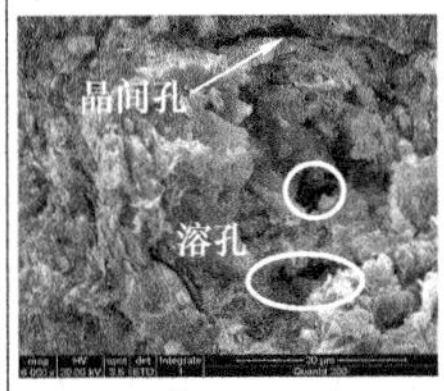 晶间孔 溶孔 | 4.8～6.1 | <1 |
| 含云泥岩 | 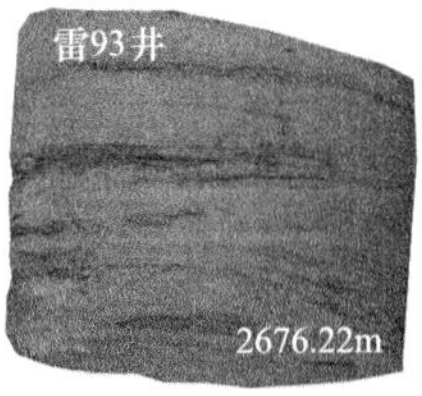 雷93井 2676.22m |  层间缝 张裂缝 单偏光50× | 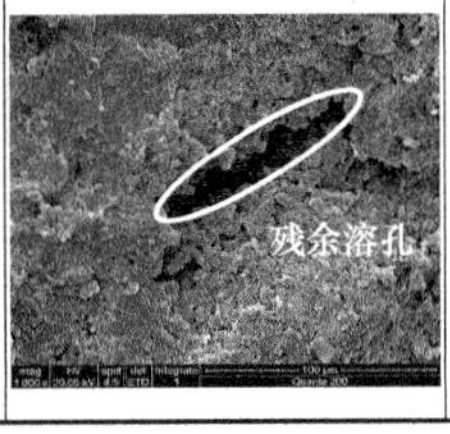 残余溶孔 | 3.5～5.8 | <1 |

## （三）脆性及地应力

页岩油的体积压裂设计中，岩石的脆性及地应力特征是重要的考虑因素。目前一般是利用高精度密度测井、电成像测井以及阵列声波资料，以岩石力学实验测量值刻度测井值，建立相关模型，计算页岩油储层段的脆性值及地应力大小和方位。在相同应力条件下，随泥质含量增大，岩石产生裂缝由易变难，脆性变小，如泥质含云方沸石岩的脆性指数大于泥质含方沸石云岩的脆性指数大于含方沸石云质泥岩的脆性指数大于灰质页岩的脆性指数。因此，脆性指数高值区往往与优势岩性分布区具有一致性。

雷家地区沙四段储层的岩石脆性指数在 35%～75% 之间，其中杜三段整体脆性相对较好，一般大于 50%，脆性指数在方沸石发育区相对较高，如雷 88 井杜三油层组为高脆性指数段，在该层段试油，即获得日产油 27m$^3$ 的较好效果。杜二油层组岩石脆性较差，这主要是泥质含量增加的缘故。高升段岩石脆性较杜三油层组略差，高脆性区分布较局限，雷96井脆性相对较高，压裂之后获日产油4t，跟脆性较好存在一定的关系。通过成像测井资料，可知该区最大水平主应力方向为北西—南东向，并计算得到最大最小水平主应力差值为5～10MPa。

## 四、油藏特征

### （一）含油性特征

沙四段多口井见油气显示，如高25-21井、高3-4-3井、雷86井、雷36井、雷84井、雷88井以及雷93井等，均在岩心中观察到了油气显示，并在薄片鉴定的过程中，于孔缝中发现了原油。根据岩性、物性及含油性联测结果，随着岩心中白云石含量增加、泥质含量降低，岩心分析孔隙度和渗透率升高，同时岩心的油气显示级别也逐渐升高。利用核磁测井资料，得到雷家地区沙四段储层的含油饱和度在30%～85%之间。雷家地区沙四段油层呈环带状分布，受白云岩厚度和分布范围影响，有白云岩存在就有油层，并且岩性越纯，含油性越好。在产能特征上，表现为随着白云石含量增大，产能变好。工业油流井段白云石含量大于40%，高产油流井段白云石含量大于50%。

### （二）成藏特征

雷家地区页岩油藏主力产油层是杜三油层组湖相碳酸盐岩储层，它与上部的杜二油层组及下伏的高升油层的泥质烃源岩呈夹层状分布。同时在杜三油层组和高升油层碳酸盐岩储层内部，泥质岩与碳酸盐岩也呈高频率的互层发育，储层紧邻的上部、下部、以及本层段高频互层的泥质岩，都可以对碳酸盐岩储层提供丰富的油气，属于典型的自生自储配置关系。油源对比结果也证实这种结论，杜三油层组原油的甾烷/萜烷质量色谱图与杜二油层组含灰页岩、高升油层的云质泥岩谱图整体表现相似。表明雷家沙四段油源来自临近的高升油层和杜二油层组优质烃源岩层，或者是储层内部互层的泥质烃源岩，与沙三段烃源岩无关。

雷家地区泥质云岩页岩油成藏具有显著的特点：在源储配置关系方面，属于典型的自生自储，泥质云岩位于灰质页岩或者油页岩之中；在运移通道方面，油气主要是靠自身的裂缝和溶孔沟通进入储集空间，或者与裂缝相关的微—纳米级孔隙和喉道进入储集空间。裂缝和溶蚀孔是密不可分的，溶孔多沿着裂缝走向分布，裂缝与溶孔的特殊微观匹配关系，既降低了页岩油充注的阻力，又提高了储层的含油饱和度；在充注动力方面，主要是靠优质烃源岩的异常压力，由于生烃膨胀作用产生了较高压差，可以突破储层微裂缝—微孔隙所受的毛细管阻力；在储集空间方面，泥质云岩储层裂缝和溶孔较为发育，脆性也相对较大，在构造作用力和有机酸的溶蚀作用下，能够形成局部“甜点”区。勘探开发实践证实，雷家地区沙四段具有连续型油藏的分布特征，整体含油，局部富集（图7-1-5），油层分布主要受白云岩厚度和分布范围影响，有白云岩存在就有油层，并且岩性越纯，含油性越好，油层厚薄变化与岩层厚薄变化基本一致。

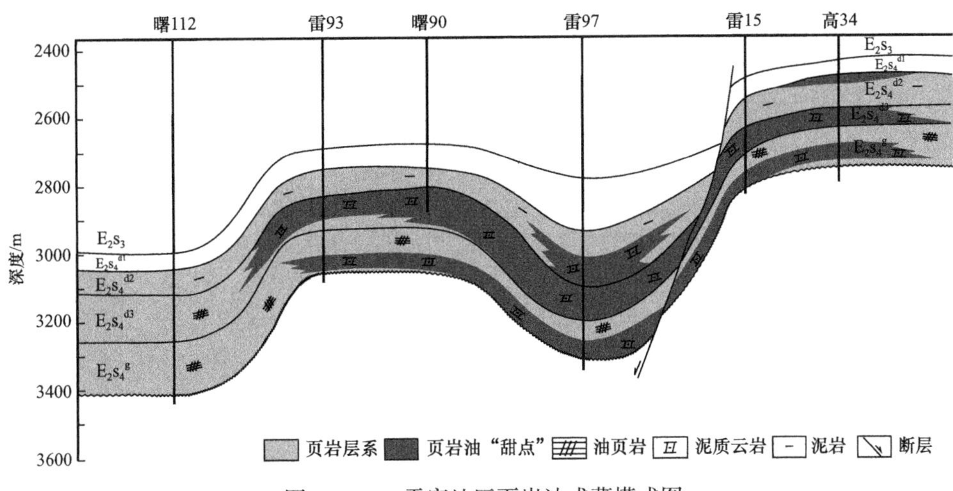


图 7-1-5　雷家地区页岩油成藏模式图

## （三）“甜点”预测

由于沉积条件、成岩作用和破裂作用的发育差异，使得在致密储层中因为优势岩性的存在，或建设性成岩作用改造了储层，或者局部天然裂缝的发育而使渗透率提高，改善了物性，形成油气“甜点”富集区。“甜点”的刻画需要测井和地震资料结合应用，提高预测的精度。在岩石岩心联测工作基础上，首先开展页岩油“七性”关系研究，识别“甜点”纵向分布位置，明确岩性是雷家地区页岩油分布的主控因素，即岩性控制物性，岩性、物性综合控制含油性，岩性、孔隙结构及孔喉控制产能。其次利用“两宽一高”地震资料，开展叠前反演，预测“甜点”平面分布范围，为目标评价提供部署建议。

采用岩心刻度测井建立储层岩性、物性、含油性、脆性、地应力各向异性测井评价方法及模型（图 7-1-6）。岩性识别上，优选敏感测井项目，建立岩心刻度测井的多矿物模型，确定出岩石矿物组分及其相对含量，将雷家地区白云岩储层岩性划分为白云岩、泥质岩和方沸石岩 3 大类；物性评价上，采用核磁共振测井和微电阻率成像测井对孔隙结构进行评价，建立准确的物性模型，计算平均值为孔隙度 10%；含油性评价上，利用压汞资料刻度核磁 $T_2$ 谱，构建伪毛细管压力曲线，实现含油性的纵向连续定量评价，目的层含油饱和度在 30%～85% 之间；脆性评价上，用三轴应力实验结果来标定阵列声波测井得到的杨氏模量、泊松比等弹性参数值，建立它们之间的拟合关系，实现参数转换，对脆性进行评价，结果为岩石脆性指数在 35%～75% 之间；地应力评价上，利用阵列声波测井资料提取快慢横波的方位、速度和幅度信息，从而确定地应力方位、大小以及纵横向各向异性等，结果显示雷家地区沙四段应力方向为北西—南东向，最大最小水平主应力差在 5～10MPa 之间。

通过岩石物理实验及精细测井解释，建立岩石物理模型，进行精确的速度预测，得到速度、密度等各种弹性参数，并优选敏感弹性参数，构建岩石物理量版。开展叠前反演，多参数弹性反演，预测岩性，最终优选杨氏模量作为云质岩预测的弹性参数[1]。杜

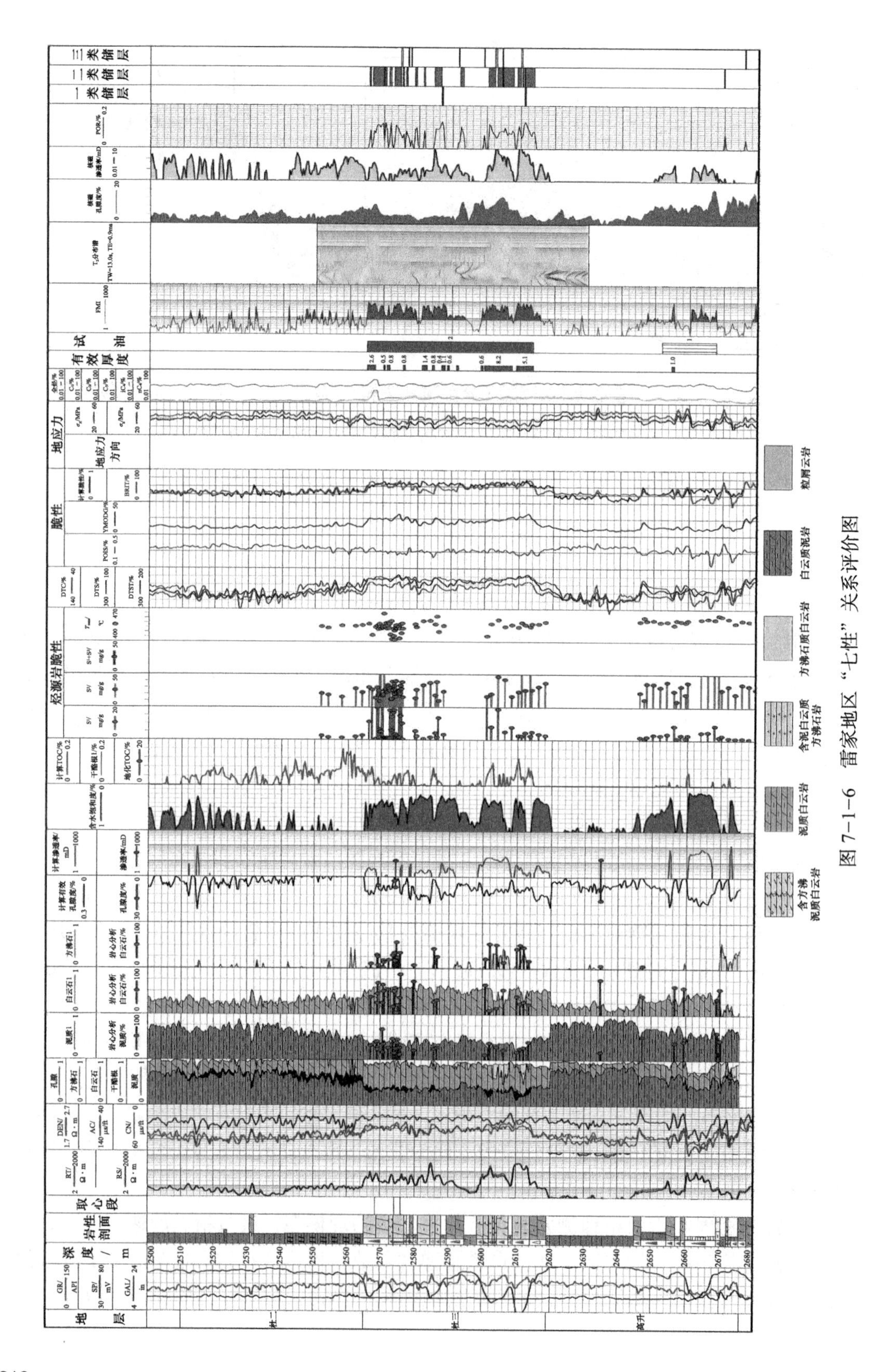


图 7-1-6 雷家地区“七性”关系评价图

三油层组云质岩主要分布于雷 93 井至高 34 井一线，最大厚度达 100m，储层最厚的区域在雷 97 井附近。勘探实践证实，“甜点”区工业油流井大多集中在储层厚度大于 20m 的区域（图 7-1-7）。白云石含量与横波阻抗相关系数达到 0.85，由横波预测结果得到白云石含量较高储层的分布，杜三油层组白云石含量高值区主要集中在雷 93、雷 88、雷 97、雷 3、雷 18 等井区。白云石含量与含油性密切相关，出油层段白云石含量大多在 40% 以上。物性和脆性受岩性控制，其高值区分布范围与白云石含量分布相类似，白云石含量越高，储层物性越好，脆性指数越高。杜三油层组孔隙度下限标准为 6%，脆性指数的下限值为 50%。各向异性反演结果显示，杜三油层组的裂缝密度高值主要分布在北东向和近东西向主干断裂附近。最终，雷家地区杜三油层组“甜点”区将由优势岩性厚度、白云石含量、孔隙度、脆性指数和裂缝分布叠合确定。

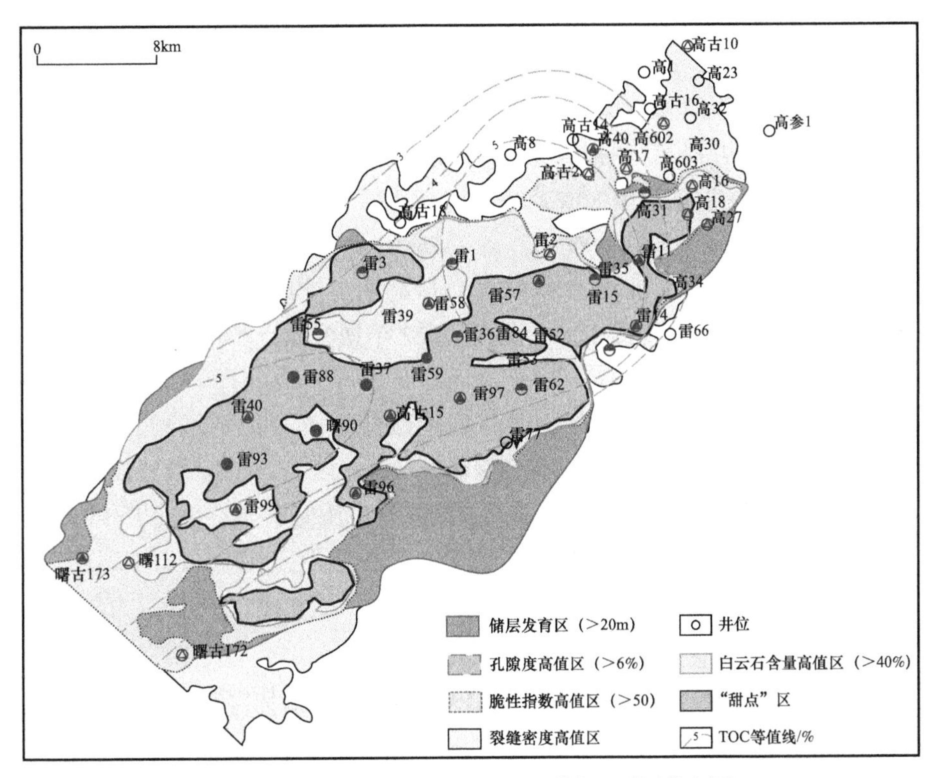


图 7-1-7　雷家地区杜三油组“甜点”预测分布图

## 五、勘探成效

早在 20 世纪 90 年代，该区块就已经在沙四段发现了碳酸盐岩油气藏，在杜家台油层探明石油地质储量 $1007\times10^4$t，在高升油层探明石油地质储量 $335\times10^4$t，局部投入开发，效果一般。2010 年在雷家地区周边部署钻探的高古 2、高古 10、高古 14 等井均在沙四段碳酸盐岩中获得了油气显示，2011 年完钻的高古 15 井在沙四段泥质白云岩中获得了工业油流。

2012 年针对沙四段湖相碳酸盐岩，在雷家地区进行了物探攻关，开展 $210km^2$ 的“两宽一高”地震资料采集，为页岩油“甜点”预测夯实了资料基础。其后，钻探雷 88 井、雷 93 井等在沙四段杜家台油层获得工业油流，雷 96 井、雷 99 井等在沙四段高升油层获得工业油流。

雷 88 井：试油井段 2565.0～2614.5m；49.5m/11 层；Hiway 压裂：累计挤入压裂液 711.6m$^3$，加砂 35m$^3$，压后 5mm 油嘴，日产油 27.1m$^3$。雷 96 井：试油井段 3541.4～3559.9m，14.9m/4 层。压前折算日产油 3.95t，压后日产液 18m$^3$，日产油 9.4t。雷 99 井：试油井段 3446.7～3477.6m，30.9m/13 层。压前地层测试，平均液面 2840.9m，日产油 0.03t，日产水 0.057m$^3$。压后日产油 21.6m$^3$。

2012—2018 年，雷家页岩油储层改造攻关取得了良好的效果，针对沙四段目的层共完成压裂井 18 口，获工业油气流井 15 口。水平井体积压裂可实现纵向穿层压裂，从而实现储层的有效动用，同时体积压裂规模大，可有效提高单井产能。压裂设计除了要考虑页岩自身物理化学特性之外，还需要考虑射孔密度、裂缝导流能力、裂缝密度及压裂液返排的综合影响。雷家页岩油主要采用速钻桥塞 Hiway 分级压裂技术，优选压裂液体系，按照“直井控面积，水平井提产”的方式投入开发。如雷 88—杜 H5 井，水平段长度 781m，油层钻遇长度 750m，油层钻遇率 80%，综合解释油层 291m/28 层，差油层 783.5m/39 层。采用水力泵入式快钻桥塞分段压裂技术，在 3276.0～4198.0m（共 922m）完成 12 段压裂改造，累计加砂 646m$^3$，注入液量 13882.2m$^3$，最高施工排量 10.0m$^3$/min。压后初期采用 2mm 油嘴排液，排液初期日产油 31.9t。截至 2022 年初，累计产液 23014.12t，累计产油 10489t。

2013 年雷家地区沙四段杜家台油层湖相碳酸盐岩页岩油新增预测石油地质储量 $5118\times10^4$t；2014 年升级控制石油地质储量 $4199\times10^4$t；2017 年雷家杜三段升级探明储量 7.3km$^2$，$681.32\times10^4$t。2017 年高升油层新增预测石油地质储量 $4711\times10^4$t。2019 年曙光—雷家高升段升级探明储量 4.29km$^2$，$386.33\times10^4$t。根据“十三五”辽河油田油气资源评价结果，雷家地区沙四段湖相碳酸盐岩页岩油资源量可达 $2.3\times10^8$t，勘探潜力较大。

## 第二节　大民屯凹陷页岩油勘探

以往勘探实践证实，大民屯凹陷沙四段具有页岩油勘探潜力。沈 224 井在沙四段下部的含碳酸盐岩油页岩层段进行试油，获日产油 6.08t 的工业油流，投产后累计产油 1968t（截至 2018 年底），表明大民屯凹陷沙四段含碳酸盐岩油页岩可以作为页岩油勘探的有利储层。其分布范围较广，面积约 220km$^2$，厚度在 100～220m 之间。为了进一步探索沙四段页岩油藏，2013 年部署实施系统取心井—沈 352 井，该井取心进尺 145.92m，心长 122.47m，揭示沙四段页岩油层段 200m。综合考虑岩性变化及声波时差和电阻率曲线的响应特征，将页岩油层段自上而下细分为Ⅰ组、Ⅱ组和Ⅲ组，Ⅰ组以油页岩为主，Ⅱ组以泥质云岩为主，Ⅲ组为云岩与油页岩互层[2]。

## 一、沉积环境

沉积环境对储层的岩性及物性特征起着决定作用，而 Sr/Ba（锶/钡）、Cu/Zn（铜/锌）等元素比值是反映油页岩沉积环境的优质指标。Sr/Ba 可作为古盐度判别的灵敏标志，Sr/Ba 大于 1 为咸水环境，Sr/Ba 小于 1 为微咸水或淡水环境；Cu/Zn 可作为氧化还原环境的指标，Cu/Zn 大于 0.2 为还原环境，小于 0.2 为氧化环境。沈 352 井沙四段油页岩的 Sr/Ba 和 Cu/Zn 比值（图 7-2-1），揭示了沙四段三个油层组均处于咸化还原环境，两个比值都是随着深度的增加而变大，反映出Ⅲ组的还原性最强，从而有利于有机质的沉积和保存。

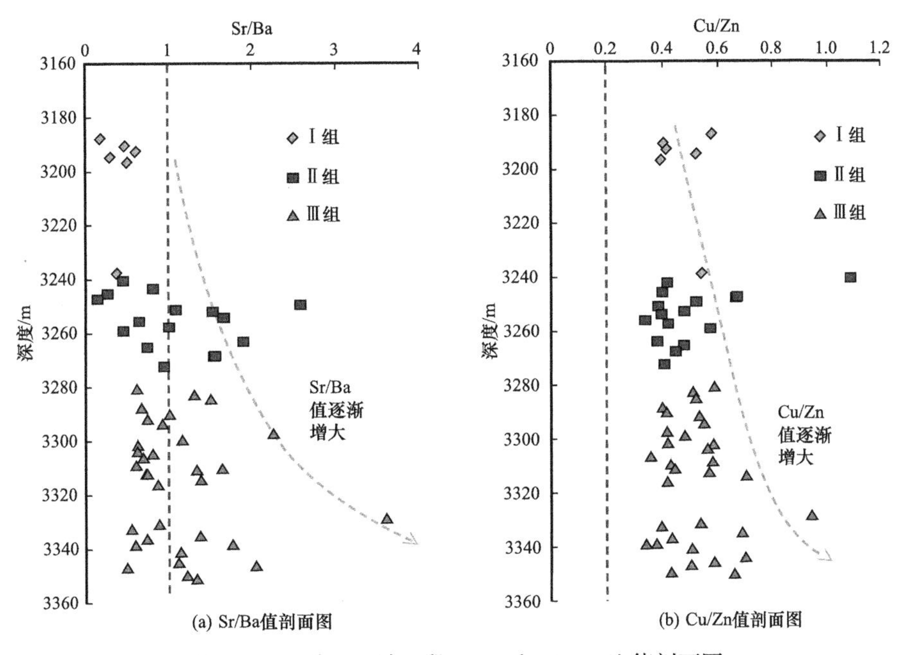


图 7-2-1　沈 352 沙四段 Sr/Ba 和 Cu/Zn 比值剖面图

大民屯凹陷沙四段沉积时期经历了滨浅湖—半深湖—深湖沉积演化过程，湖盆发育早期除荣胜堡、三台子、安福屯及胜东等洼陷处于深水沉积环境外，其他地区水体相对较浅，总体南高北低。湖盆边缘的南部和西北部缓坡带是主要的物源供给区，发育多个扇三角洲沉积砂体，东侧发育较小型的扇三角洲沉积砂体。凹陷大部分为浅湖相沉积，湖盆中心普遍发育一套含碳酸盐岩的油页岩沉积（图 7-2-2）。受古隆起地形和水体介质特征的双重控制，湖盆中心构造活动相对较弱，远离外部沉积水流的影响，水体比较闭塞安静，沉积环境相对稳定，随着蒸发作用增强，湖水盐度增加，还原性较强，形成相当数量的油页岩。另外，由于湖水分层和短期旋回的快速变化，通常形成油页岩、灰黑色泥岩、白云质泥灰岩、泥质白云岩等频繁互层沉积，油页岩中含有较多的碳酸盐岩。滨浅湖的边部水体动荡，不断有外界水流的注入，处于敞开、流动的沉积环境，油页岩不发育。油页岩沉积后水进速度加快，湖水变深，为最大湖盆范围时期。湖中心区域仍为稳定的沉降区，发育了以厚层、质纯、暗色泥岩为主的半深湖—深湖相沉积，即为沙四段上亚段上部的泥岩。

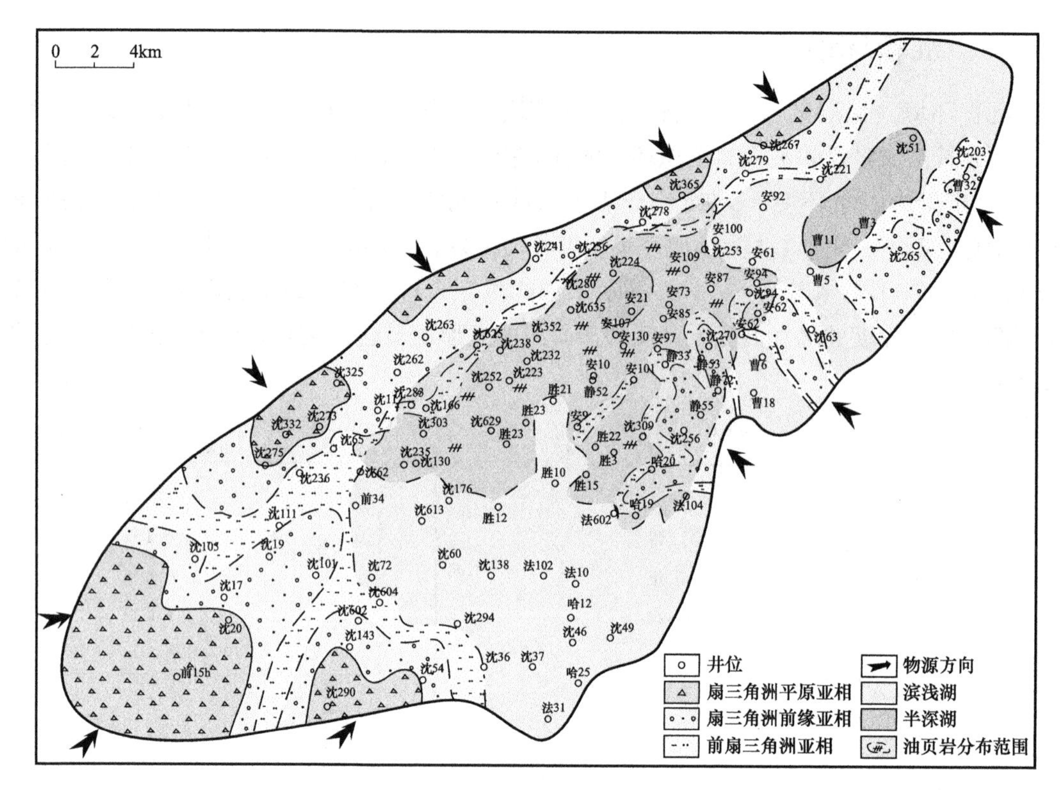


图 7-2-2　大民屯凹陷沙四早期沉积相平面图

## 二、油页岩特征

### （一）烃源岩分布

沙四段上亚段的烃源岩主要是油页岩，整体披覆在大民屯凹陷中央构造带之上，其形成与分布直接受中央构造带古隆起地形控制，西侧安福屯—静北地区和静安堡地区油页岩发育、分布稳定、连续性较好，面积可达 220km$^2$，沉积厚度在 100～220m 之间，最厚可达 240m。中部东胜堡地区具有明显的古地貌山特征，潜山高点长期出露在水面之上，因而隆起主体部位未接受沉积，其他地区油页岩沉积厚度较薄，厚度在 20～120m 之间（图 7-2-3）。

### （二）烃源岩地化特征

总体上，大民屯凹陷沙四段上亚段下部油页岩有机碳含量普遍大于 2.0%，最高可达 15%，干酪根类型以 Ⅰ—Ⅱ$_1$ 型为主；沙四段上亚段上部泥岩有机碳含量在 0.5%～2.5% 之间。干酪根类型有 Ⅰ 型、Ⅱ$_1$ 型和 Ⅱ$_2$ 型，Ⅰ 型干酪根占 47.1%，Ⅱ$_1$ 型干酪根占 11.6%，Ⅱ$_2$ 型占 41.3%。

对大民屯凹陷沙四段页岩油段三个油层组的有机质丰度进行统计，得到 Ⅰ、Ⅱ、Ⅲ组 TOC、氯仿沥青“A”、生烃势频率分布直方图（图 7-2-4）。Ⅰ 组的烃源岩有机质丰度绝

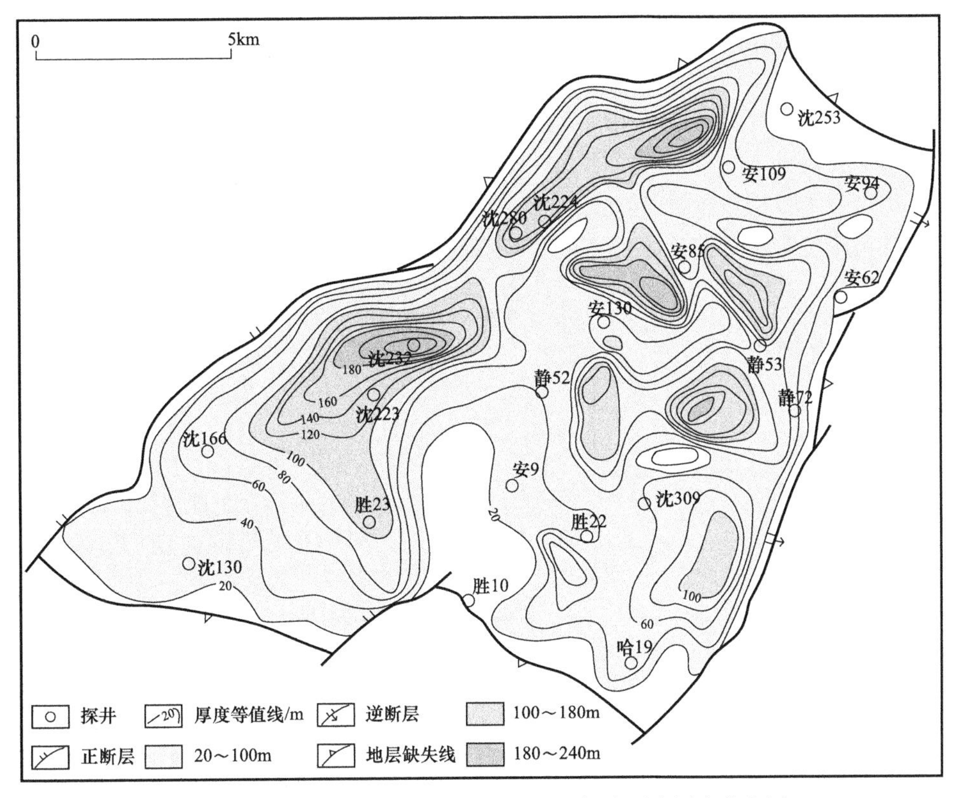


图 7-2-3 大民屯凹陷沙四段上亚段下部油页岩厚度分布图

大部分都达到了好烃源岩标准，TOC 大于 10% 的比例能达到近 30%，而Ⅱ组和Ⅲ组 TOC 在 10% 以上的很少。Ⅰ组的生烃势绝大部分都大于 20mg/g，分布在 30～60mg/g 之间最多；Ⅱ组主要分布在 2～10mg/g 之间，Ⅲ组主要分布在 10～30mg/g 之间。Ⅰ组氯仿沥青“A”分布范围较宽，0.2%～1% 之间分布较为集中，Ⅱ组采集样品实验点较少，Ⅲ组的氯仿沥青“A”主要分布在 0.05%～0.5% 之间，好烃源岩标准所占比例较高。

通过对三个油层组有机质类型进行精细评价，得到了各组的 $T_{max}$–HI 图（图 7-2-5）和有机质类型分布直方图（图 7-2-6），结果显示Ⅰ组、Ⅱ组、Ⅲ组三组的烃源岩有机质类型均以Ⅰ型和$Ⅱ_1$型为主，其中Ⅰ型有机质在三个层组中含量均超过 75%。

沙四段的烃源岩成熟度在 0.6%～1.0% 之间，处在成熟阶段，实测 $R_o$ 普遍小于 1%，主要受样品深度所限（<4000m）。大民屯凹陷烃源岩约在 2400m，最大热解温度（$T_{max}$）值为 435℃，$R_o$ 值为 0.5%。约在 3300m，$T_{max}$ 值为 445℃，达到生油高峰，$R_o$ 为 0.75%。随着烃源岩埋深加大，有机质成熟度不断增大。

为深入研究页岩油分布规律，完善页岩油评价技术，也为后续开展水平井部署，进行试采及试验性开发做准备。在大民屯凹陷部署了一口系统取心井，即沈 352 井（图 7-2-7），配套相应的测井系列和分析化验资料，对主要目的层实施全井段取心，进行系统岩心观察，分析页岩油宏观储层、含油气特征，建立大民屯凹陷页岩油“铁柱子”，同时通过岩心联测分析化验获取储层微观研究的分析资料。该井为页岩油地质评价提供了资料基础。

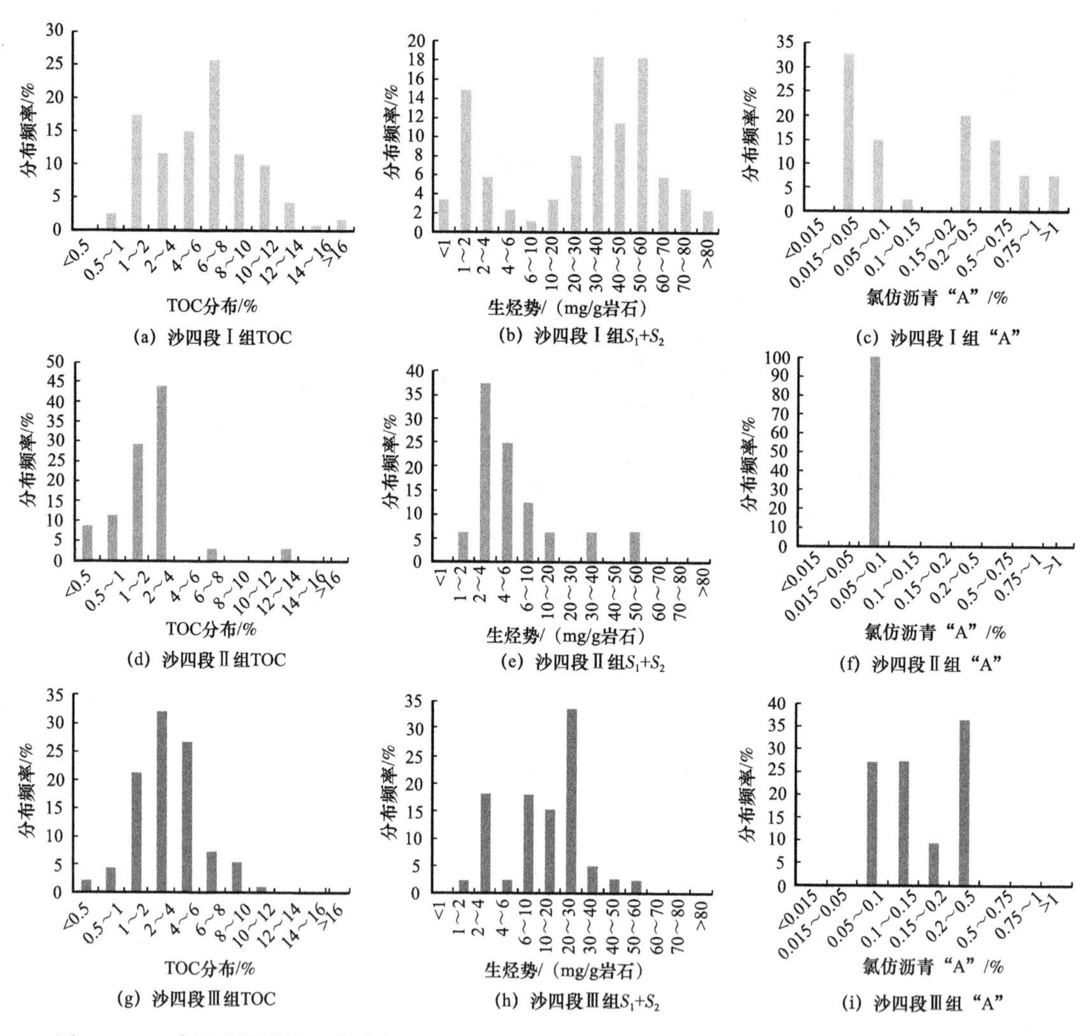


图 7-2-4 大民屯凹陷沙四段Ⅰ组、Ⅱ组、Ⅲ组 TOC、生烃势及氯仿沥青“A”分布频率直方图

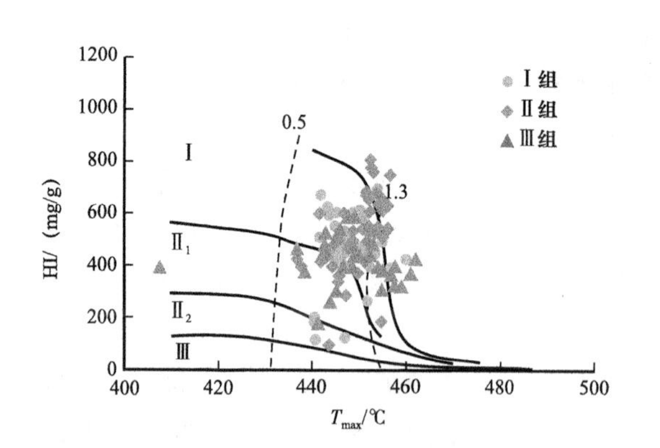


图 7-2-5 大民屯凹陷沙四段 HI—$T_{max}$ 图

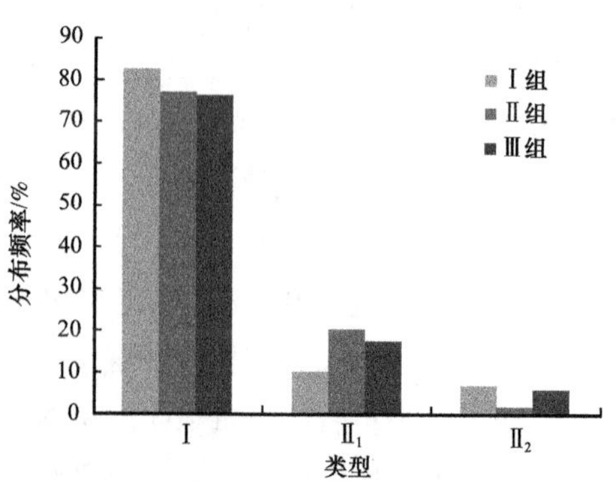


图 7-2-6 有机质类型分布频率直方图

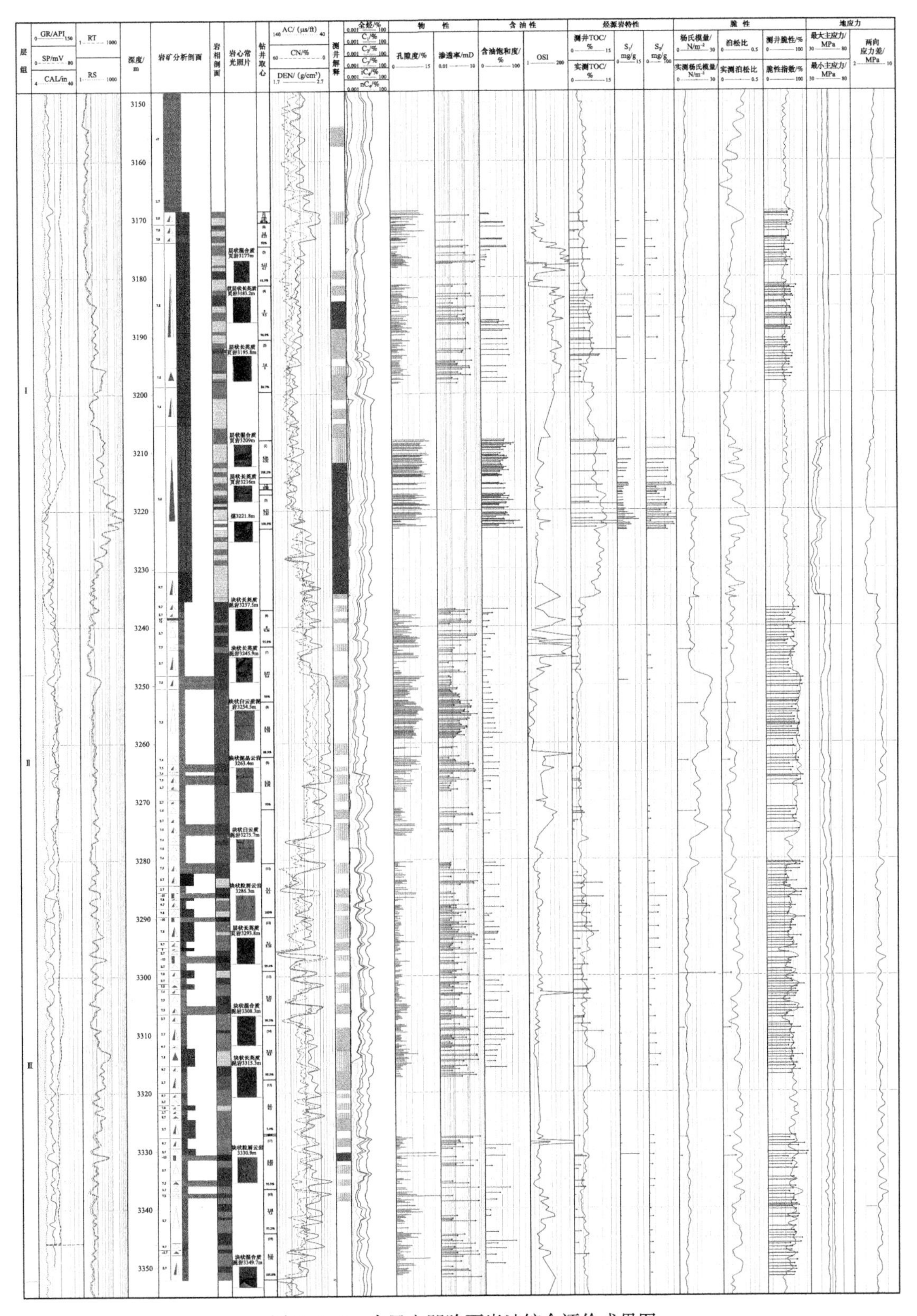

图 7-2-7 大民屯凹陷页岩油综合评价成果图

## 三、储层特征

### （一）储层岩性特征及分布

沈 352 井分析表明，大民屯沙四段页岩油储层发育有 5 类岩性，分别为泥质云岩、含碳酸盐岩油页岩、粉砂岩、粉砂质油页岩和油页岩，5 类岩性中都有储层分布。按层段统计，Ⅰ组岩性以含碳酸盐岩油页岩为主，粉砂质油页岩次之；Ⅱ组岩性以粉砂岩为主，泥质云岩次之；Ⅲ组岩性以油页岩和含碳酸盐岩油页岩为主，粉砂质油页岩、泥质云岩次之。三个油层组的地层分布范围相差不大，三个油层组均发育西部斜坡带和东侧陡坡带两个地层厚度高值区，其中Ⅰ组和Ⅲ组的地层厚度高值区分布面积接近，厚度主体分部为 20～100m；而Ⅱ组地层厚度中心主要分布在东侧地区，最厚可达 120m，而西侧最厚仅有 60m。

### （二）储集空间类型及物性特征

利用 CT 扫描、场发射扫描电镜、激光共聚焦、低温氮气吸附、氩离子剖光、铸体薄片等多种方法对沙四段页岩油储集空间进行了评价，目的层发育基质孔、有机孔、溶蚀孔、溶蚀缝、微裂缝等储集空间。图 7-2-8 展示了沙四段三个油层组典型的储层空间类型，Ⅰ组储层储集空

间以基质孔、微裂缝为主，局部发育碳酸盐岩等矿物的微溶孔；Ⅱ组也以基质孔、裂缝为主，见少量碳酸盐岩微溶孔；Ⅲ组储集空间以基质孔、裂缝、溶孔为主，局部发育有机孔、生物体腔孔等。含碳酸盐岩油页岩的比表面积较大，纳米级孔隙发育，孔径分布范围广，中值半径大、总孔隙体积大。沙四段上亚段下部含碳酸盐岩油页岩储层物性整体较差，孔隙度主要为 1.2%～11.2%，渗透率为 0.01～8.5mD。

### （三）脆性

据 10 口取心探井分析化验资料统计，沙四段油页岩三个层组的矿物整体上可以分为三类，黏土矿物、碳酸盐矿物和石英长石类。其中Ⅰ组，黏土矿物含量最高，含量为 7.9%～56.6%，整体高于 50%，石英、长石等脆性矿物含量最低，含量为 21.4%～40.2%，碳酸盐矿物含量为 3.5%～40.5%。

Ⅱ组主要岩性为泥质粉砂岩，黏土含量最低，平均含量为 16.9%，石英、长石及碳酸盐矿物含量最高，平均含量为 44% 和 39%；Ⅲ组油页岩段相对于Ⅰ组来说，不是纯粹的油页岩段，存在钙质夹层，岩性比较复杂，黏土矿物含量较低，含量为 24.9%～42.4%，石英、长石和碳酸盐矿物等含量较高，石英、长石和黄铁矿含量为 32.7%～60.4%，平均值为 51.7%，碳酸盐矿物含量为 10.5%～60.1%。总体上，Ⅰ组脆性矿物含量最低，储层条件最差，Ⅱ组和Ⅲ组脆性矿物含量高，储层条件好，沈 352 井脆性矿物含量也符合这一特征。

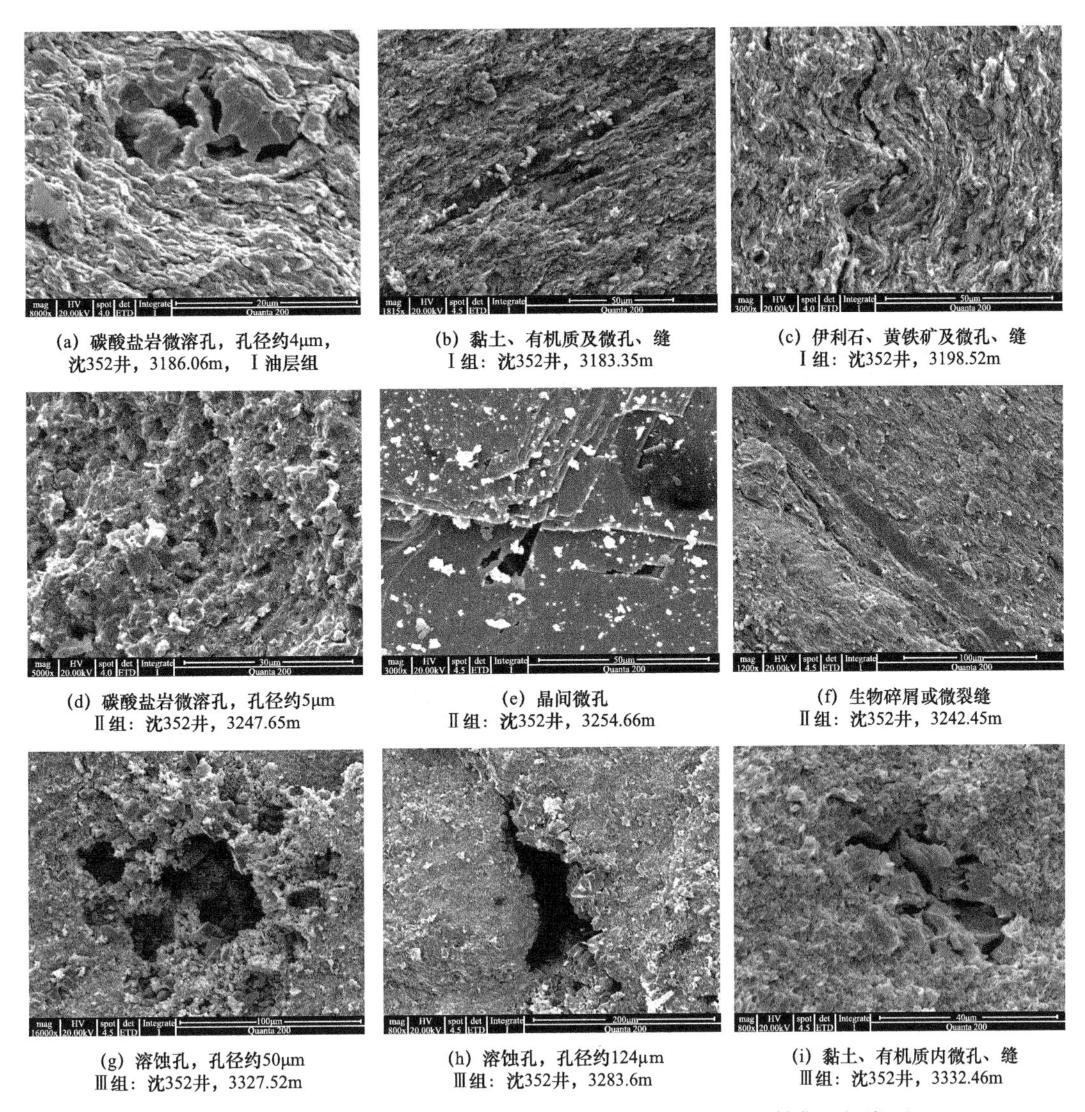

(a) 碳酸盐岩微溶孔，孔径约4μm，沈352井，3186.06m，Ⅰ油层组

(b) 黏土、有机质及微孔、缝 Ⅰ组：沈352井，3183.35m

(c) 伊利石、黄铁矿及微孔、缝 Ⅰ组：沈352井，3198.52m

(d) 碳酸盐岩微溶孔，孔径约5μm Ⅱ组：沈352井，3247.65m

(e) 晶间微孔 Ⅱ组：沈352井，3254.66m

(f) 生物碎屑或微裂缝 Ⅱ组：沈352井，3242.45m

(g) 溶蚀孔，孔径约50μm Ⅲ组：沈352井，3327.52m

(h) 溶蚀孔，孔径约124μm Ⅲ组：沈352井，3283.6m

(i) 黏土、有机质内微孔、缝 Ⅲ组：沈352井，3332.46m

图 7-2-8　大民屯凹陷沙四段Ⅰ组、Ⅱ组、Ⅲ组三组主要储集空间类型

## 四、含油性与成藏特征

石英、长石、方解石和白云石等脆性矿物含量较高，在外力作用下易形成天然裂缝和诱导裂缝，形成树状或网状结构缝，有利于油气的聚集。沈 352 井三套层段岩性组合差异很大，储集空间各有不同，导致含油性差异较大。Ⅰ组层段油页岩分布稳定，岩性主要是油页岩、碳酸盐质油页岩及粉砂质油页岩，普遍发育层理缝、构造缝和层间缝，有利于页岩油藏的形成。Ⅱ组储层岩性为泥质云岩、粉砂岩，矿物成分中脆性矿物含量高，白云石含量高达 44%，石英含量平均为 25%，发育高角度的裂缝。Ⅲ组储层包括泥质云岩、碳酸盐质油页岩，石英含量达 33%，方解石含量达 13%，有利于裂缝、溶蚀孔的形成，是页岩油主要发育段。

次生孔隙是大民屯凹陷沙四段页岩油富集的主要储集空间，主要是溶蚀孔和微裂缝。沙四段上亚段下部Ⅲ组的孔隙结构最好，次生孔隙最为发育。这与其沉积环境、演化程度和矿物组成等因素密不可分。富含有机质的泥页岩在埋藏过程中，有机质热降解生成大量的有机酸，可溶解碳酸盐矿物，是次生孔隙形成的主要机制。沙四段上亚段下部Ⅲ组的可溶性矿物比例高，如白云石、方解石和长石，这些不稳定矿物在有机酸的作用下，形成大量的次生孔隙，为页岩油的富集提供了有利储集空间。页岩油运聚的通道主要是裂缝和溶孔，裂缝和溶孔又是密不可分的，溶孔多沿着裂缝走向分布。裂缝与溶孔相互关联的微观匹配关系，可降低油气充注的阻力，是Ⅲ组高含油饱和度的主要因素。

大民屯凹陷页岩油藏具有宏观、微观源储一体页岩油成藏模式（图 7-2-9），Ⅰ和Ⅲ组为较厚优质烃源岩段，生成大量的油气，存储在孔隙—裂缝双重储集空间，形成源储一体页岩油藏。并且在有机质生烃形成的超压作用下，油气向Ⅱ组运移形成近源油气藏。

## 五、勘探成效

对于大民屯凹陷沙四段页岩油，以综合地质研究为核心，以页岩油优质储层成因及分布特征为研究重点，采用“三步走”的方式有序实施，逐步深化认识，降低风险，取得了一定勘探成效，并形成了相关勘探配套技术。首先是进行老井试油，了解主要目的层含油气及产能情况；其次是进行探井直井部署，通过关键井段取心，进行一系列化验分析，开展储层“七性关系”研究；最后是优选有利地区部署水平井，获得效益产能。

在“甜点”区内开展老井筛查，选取具有代表性油气显示井，进行测井岩性识别、脆性评价、有机碳含量的拟合，优选有利层段，进行系统试油，优选了 9 口老井进行试油，实施了 5 口井，其中安 95 和胜 14 两口老井压裂后获得工业油流。安 95 井在 2525.0～2569.0m 井段试油，地层测试，平均液面 2298.1m，折日产液 4.02t，压力系数 1.57；地层温度 87.25℃（2483.13m），本次测试累计回收油 0.778$m^3$。压裂后试采效果较差，截至 2017 年底，累计捞油 236.9t。

部署直井，实施沈 352 井，该井在 3334.0～3282.0m 井段试油，共 22.0m/7 层，平均液面 2427.5m，折日产液 0.5t；地层压力 37.37MPa，压力数 1.15；累计回收油 0.604$m^3$。压后放喷，日产油 2.11$m^3$。

为了落实产能，针对大民屯沙四段页岩油，部署实施 2 口水平井，即沈平 1、沈平 2 井，2 口井压后均获工业油流。沈平 1 井于 2015 年 1 月 20 日完钻，主要目的层为页岩油Ⅲ组，水平段长度 620m，分 10 段压裂，总液量 12175$m^3$，砂 742$m^3$，排量 9～12$m^3$/min。2mm 油嘴放喷，返排率 9.0%，见油，累计出压裂液 1257.5$m^3$，累计出油 2.07$m^3$。2016 年 1 月 14 日投产，初期日产液 42t，日产油 7.6t，截至 2016 年 4 月 24 日，日产液 3.3t，日产油 0.7t，累计产油 160t，累计产压裂液 856$m^3$。沈平 2 井于 2015 年 3 月 15 日完钻，主要目的层页岩油Ⅲ组，平段长度 605m，分 10 段压裂。累计挤入压裂液 10440$m^3$，加砂 575$m^3$。2017 年 6 月 25 日至 2017 年 7 月 27 日压裂放喷，返排率 4.5%，见油，累计出压裂液 1440.1$m^3$，出油 104.32$m^3$。2017 年 7 月 29 日投产，初期日产液 14.1t，日产油 8.8t，

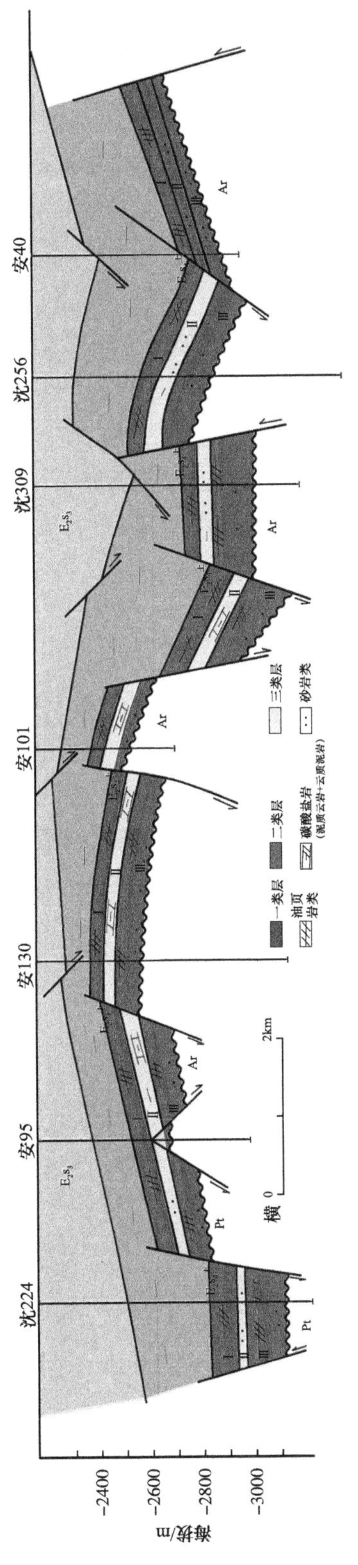


图 7-2-9　大民屯凹陷沙四段页岩油成藏模式图

目前间开日产油 0.7t，累计产油 1279t，累计产水 1953t。

2019 年通过叠前预测有利区，结合地质分析认为，沈 352 块 1 组油页岩具有较好的勘探价值，有望成为新的突破点，2019 年 2 月 25 日在股份公司风险勘探论证会上股份公司通过了风险探井沈页 1 井。探索这套纯页岩类型的页岩油。

沈页 1，完钻井深 5085m，钻遇水平段长度 1795m，综合解释一类层 1094.2m/29 层，二类层 587.5m/27 层，2020 年 5 月 24 日沈页 1 井共分 23 段压裂，累计泵入压裂液 50223$m^3$（滑溜水 28173$m^3$，瓜尔胶 22570$m^3$），累计加砂 2008$m^3$，暂堵剂 1428kg。压后 4mm 油嘴放喷，油压 3.8MPa，日产油 12t，日产气 1178$m^3$，日产压裂液 54.8t。2020 年 9 月 6 日开始抽油机试采，44mm 泵，泵深 2200.98m，冲程 4.9m，冲次 3.4 次 /min，日产液 12.4t，日产油 6.2t，日产气 274$m^3$，含水 50%，累计产油 2052.66t，累计产气 168673$m^3$，累计产液 9423.9t，下步继续试采（截至 2020 年 12 月 31 日）。

沈页 1 井取得的初步效果证实了该类型的资源能够实现出油关。为了加快储量发现探索效益动用方法，开发评价在邻近的沈 224 块，部署先导试验区，规划水平井 9 口，排距 300m、井距 200m，按照体积压裂蓄能开发方式，优先实施三口水平井的钻探，以加快推进页岩型页岩油资源的有效动用。

## 第三节　西部凹陷齐家—曙光夹层型页岩油勘探

西部凹陷西斜坡是辽河最富集的油气区带之一，沙四段又是其中最为富集的一个层段，早期在西斜坡以构造—岩性，岩性—构造为主要油气藏，上报探明储量 2.6265 × 108t。支持曙光油田常年保持在年产 200 × $10^4$t 以上。随着勘探目标逐渐由河道主体向前缘转变，同时部署在前缘储量外部分探井在沙四段薄层砂岩中见到良好油气显示，部分井试油获得一定产能（例如曙 134 井，压后日产 9.725t）。此类砂体和被烃源岩包裹，且勘探面积广大，是夹层型页岩油勘探的主要目标区。

### 一、概况

齐家—曙光地区位于西斜坡中北段，南起齐古潜山，北到曙 112，东到盘山洼陷中心，西到西斜坡沙四段地层尖灭线。

#### （一）沉积背景

从始新世早期—渐新世末期，西部凹陷先后经历了初陷—深陷—衰减—再陷四个发育期。因此，在垂向上从下到上形成了从水进序列开始到水退序列结束的三个构造—沉积旋回。

西斜坡的发育受构造运动控制，不同时期、不同强度的断裂活动造就了斜坡内部的沉积环境千差万别。本区古近系沙河街组发育两大沉积旋回：沙四—沙三旋回、沙二—沙一旋回。每个旋回均为水进开始、水退结束。各旋回顶底间存在着程度不一的沉积间断。沉积物源来自西部凸起，物源具有继承性发育的特点，且垂直于构造轴向。

沙四段沉积时期为盆地裂陷、沉降的初期，此前（中生代时期）的断裂活动的痕迹不可避免地延续至沙四期，发育了多条由中生代延续到沙四期的北东走向的西倾（西掉）断层，成为早第三纪辽河断陷盆地颇具特色的断裂系统。由于下伏地层年代较久远，成岩性较强，地层具刚性的特点，因而此期程中，构造运动形式呈明显的块断运动。在刚性的块断运动中，派生出一系列东倾（东掉）断裂。形成继承性断裂与新生断裂共生的局面。以新生断裂占优势。在西倾的继承性断裂和东倾的新生断裂的共存的条件下，区内呈现出垒堑相间、高低错落、凹凸不平的复杂地貌环境，使初期沉陷形成的浅水湖盆沉积具有充填性特征。杜家台油层属于沙四段上部地层，在高升油层沉积之后，水体不断扩大，普遍接受了一套湖相暗色泥岩沉积，在此基础之上发育了杜家台三角洲沉积。

扇三角洲是指从临近高地推进到稳定水（海、湖）中去的冲积扇。在时间上，它多发生于构造旋回的初期，此时断裂活动处于旺盛时期，使原始地貌得以改造，具有高低悬殊、起伏不平的特点；空间上一般发育于依山面水的凹陷边缘。在这种地质条件和沉积环境下，临近斜坡的西侧山地，是扇三角洲形成、发育的碎屑供给区，沿凹陷短轴方向就近向湖盆输送碎屑物，由山区向湖盆发育冲积扇—扇三角洲沉积体系。

本区扇三角洲相主要发育在古近系沙河街组，由于构造活动强烈而频繁，水上部分的冲积扇大都受到不同程度的剥蚀而残留很小，前扇三角洲与湖相泥岩基本一致，主要发育扇三角洲前缘亚相和前扇三角洲亚相。根据岩心观察、结合粒度、岩电组合特征分析，可进一步划分为水下分支流河道微相和河口坝、席状砂、河道间微相（图 7-3-1）。

### （二）夹层型页岩油成藏模式

西部凹陷齐家—曙光地区沙四段发育一套好生油岩，优质烃源岩分布范围广、厚度大，烃源岩（暗色泥岩）厚度最大 400m；干酪根类型以 Ⅰ—$Ⅱ_1$ 型为主，有机质丰度高，TOC 大于 2% 的占比 80%，TOC 大于 4% 的占比 45%；生油潜量 $S_1+S_2$ 普大于 30mg/g；热演化程度适中：$R_o$ 主体分布范围在 0.5%～1.1% 之间，目标区 $R_o$ 在 0.7% 左右，具备形成页岩油的良好资源条件。研究区发育受古地貌控制的大型斜坡扇三角洲砂体，早期在扇三角洲水下分支流河道、砂体累计厚度较大的主体部位上报 $2.6265\times10^8$t 探明石油地质储量，但是储量区外扇三角洲前缘还分布着大量薄层砂体，前缘砂体规模大，储量区外前缘砂体叠合面积达到 87.5km$^2$，资源潜力巨大。通过层序精细可划分为杜一段、杜二段、杜三段，其平均厚度分别为 9m、15m、8m，岩性以细砂岩和粉砂岩为主，孔隙以粒间孔隙为主，局部发育粒间溶孔，局部发育粒间溶孔，整体孔隙连通性中等—差，孔隙度一般为 5%～15%，渗透率小于 10mD，为低孔—低渗储层。该区优质烃源岩与薄砂层互层接触，具有较好的成藏条件，是页岩油勘探有利区，并且沙四段杜家台油层原油性质适中，原油密度为 0.86～0.96g/cm$^3$（20℃），50℃ 时黏度为 11.83～48.6mPa · s，地层压力系数为 1.01～1.35（图 7-3-2）。

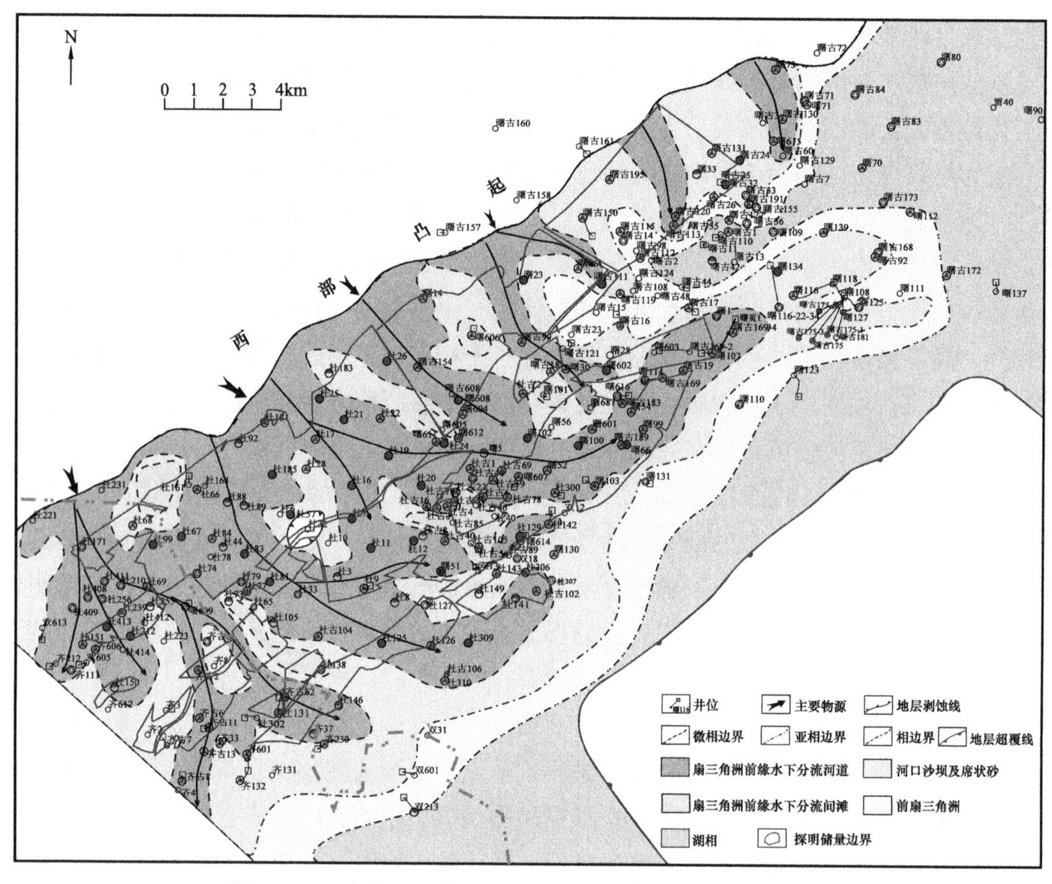


图 7-3-1　齐家—曙光地区沙四段沉积相图（油气分布图）

## 二、勘探工作进展及成效

2020 年初风险探井曙页 1 井通过股份公司风险论证得以实施，该井设计水平段长度 810m，目的层为沙四段上亚段杜家台油层Ⅱ组下部砂层组，将单层厚度 3～4m 的薄层砂组作为目的层，其中 A 靶点设计井深 3111m（垂深），预测砂层组顶界深度 3100m，底界深度 3135m，目的层厚度预计 35m，钻探层位距砂层组顶 11m；B 靶点设计井深 3125m（垂深），预测砂层组顶界深度 3110m，底界深度 3150m，目的层厚度预计 40m，钻探层位距砂层组顶 15m。曙页 1 井于 2020 年 10 月 28 日开钻，2021 年 3 月 8 日完钻，实钻水平段长度 783.49m，油气显示井段长度：400m，其中油斑长度 231m，油迹显示长度，厚度 97.5m，荧光显示长度 71.50m。油气显示井段钻遇率，51.1%。达到了地质目标顺利完钻。通过斯伦贝谢测井和录井综合评价，曙页 1 核磁平均有效孔隙度 10.4%，渗透率普遍小于 10mD 孔隙结构复杂，层内变化多，部分层段总孔大、毛细管束缚孔隙度占比较高，饱和度 55%，脆性指数 40%，地应力中值 6 MPa，综合解释一类层 173.7m/13 层，二类层 139.1m/18 层，三类层 29.8m/5 层，储层钻遇率 43.7%。曙页 1 井 13 段压裂，累计泵入压裂液 23845m$^3$，总加砂量 1750m$^3$，排量 16m$^3$/min，暂堵球总量 330 个，每米加砂量和液量为辽河近年来水平井改造之最。目前该井通过大修后正在排液阶段，有望获得工业油气流。

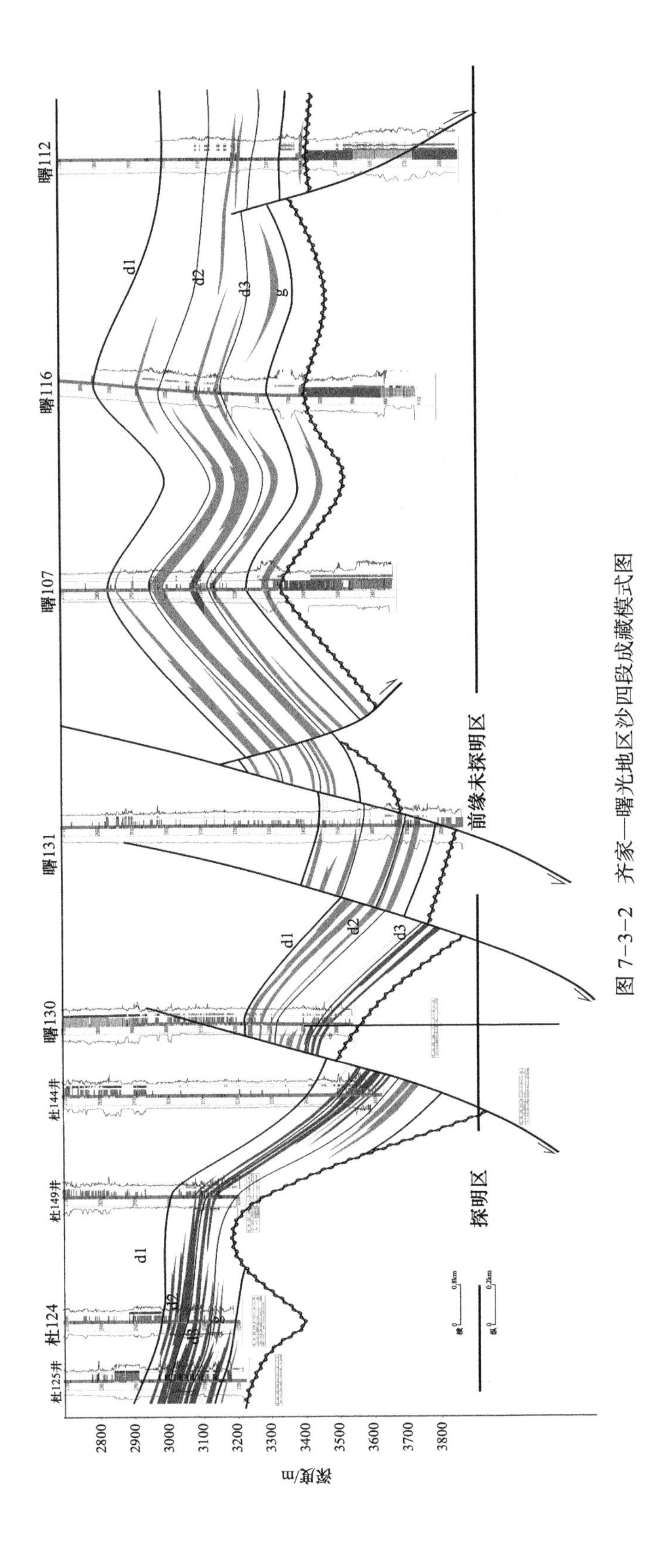


图 7-3-2 齐家—曙光地区沙四段成藏模式图

# 第四节　西部凹陷双台子地区致密砂岩气藏勘探

## 一、概况

### （一）工区位置

双台子构造带位于辽河坳陷西部凹陷中南段，南起双台子河口构造，北至兴隆台构造主体部位，东临清水洼陷，西临西斜坡的坡洼过渡带（图 7-4-1），为洼中之隆，面积约 300km$^2$。

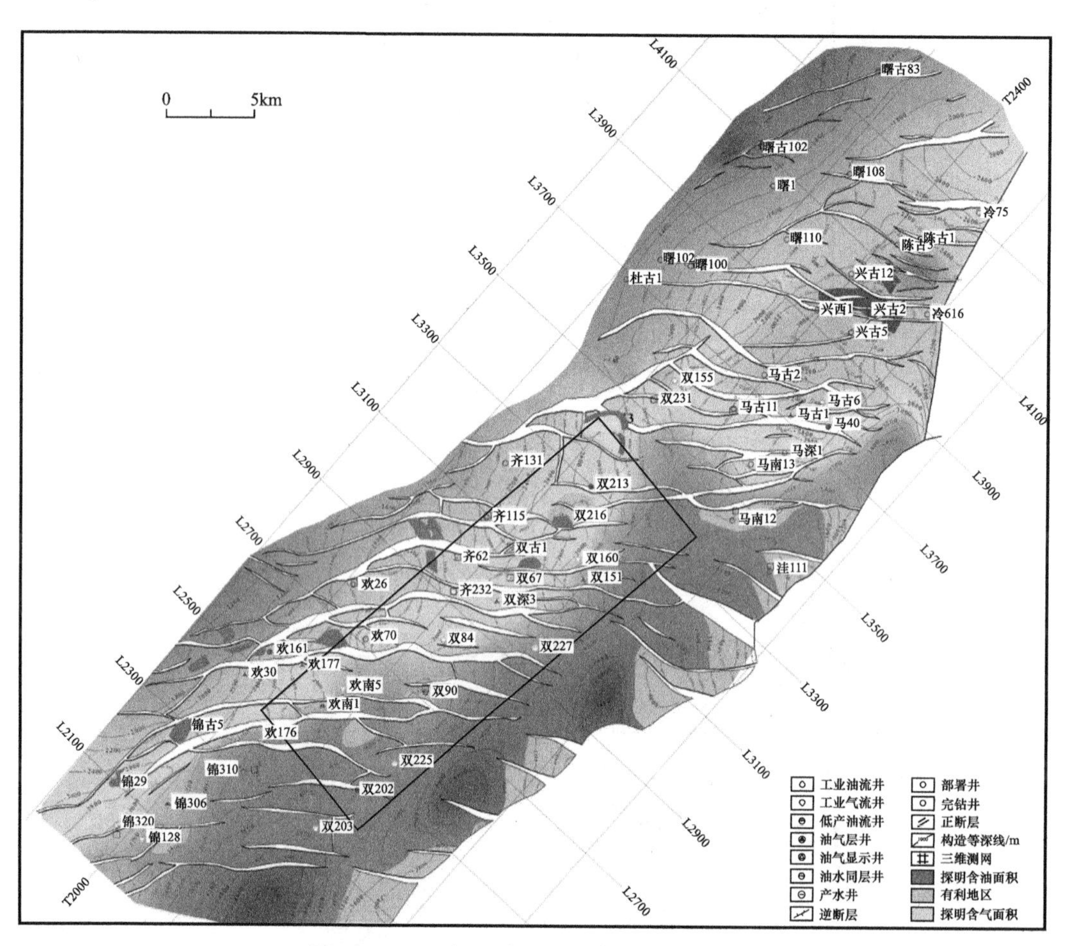


图 7-4-1　西部凹陷双台子地区工区位置图

### （二）致密砂岩气成藏模式

研究区主要发育沙三段和沙四段两套烃源岩，空间分布范围广、厚度大。沙四段烃源岩为高成熟天然气的主要来源，埋深大于 4800m 的沙三中、下段烃源岩为天然气的重要补充。同时，沙四段辫状河三角洲砂岩和沙三段湖底扇砂砾岩体是两类优势储集体，沙三段湖底扇砂砾岩体在区内分布广泛，单砂体厚度大，向洼陷区延伸远，纵向上为较厚的砂泥岩互层沉积，具有良好的储盖条件。

研究区古隆起长期发育，沉积相以扇三角洲相为主，并且处于烃源岩的排烃中心范围内，储层致密化发生在烃源岩生排烃高峰之前。成熟—高成熟烃源岩生成大规模天然气，满足自身吸附之后，向紧邻的致密砂岩充注，受储层孔喉半径等因素的制约，天然气运移不受浮力控制，而受生烃膨胀力与界面力两者差值控制。由于砂岩储层致密，气体与地层水无法进行自由的空间交换，天然气从下部整体向上对水进行排驱，形成致密砂岩气藏聚集（图 7–4–2）。

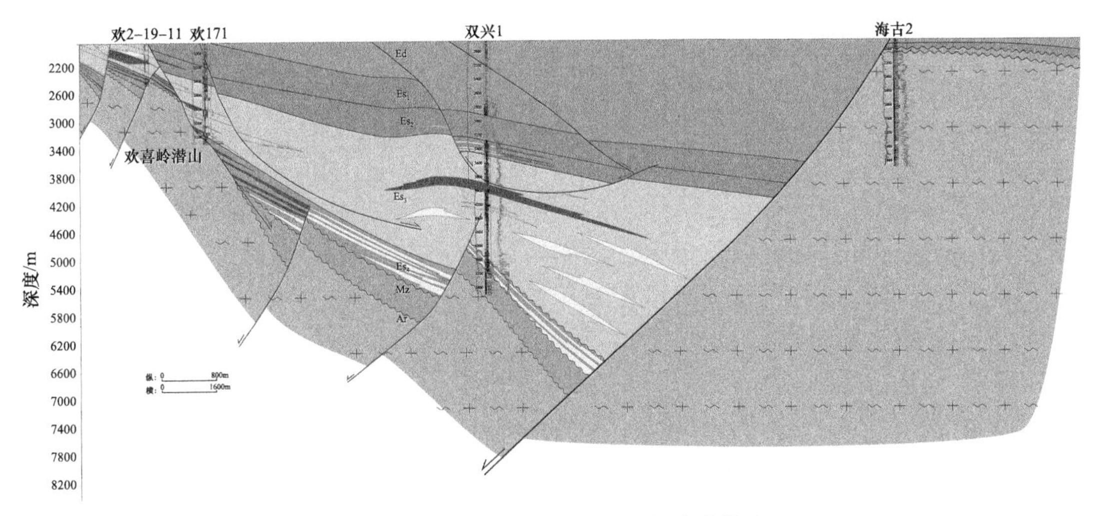


图 7–4–2 双台子地区致密砂岩气成藏模式图

在沙一沉积时期，有少量的油生成，此时储层部分致密；东营时期，随着埋深加大及成岩作用加强，储层继续致密，该阶段烃源岩达到生油门限，油大量生成；在馆陶时期，该层段储层全部致密，烃源岩达到生气门限，且前期生成的油裂解成气；此后气源继续供给气，气推动水向上移动，使得气水界面上移，形成现今的气水分布情况。

## 二、勘探工作进展及成效

针对工区沙三段和沙四段致密砂岩气藏，共落实有利勘探面积 207km$^2$，预测资源量 $1700\times10^8$m$^3$。2013 年在研究区部署的双兴 1 井 5028.7～5060.7m 获得日产 39873m$^3$ 的工业性气流，突破了辽河油田油气勘探深度的下限，发现了一个新的勘探领域，打开了天然气勘探的新局面。2020 部署风险探井马探 1 井，完钻井深 5877m，为辽河最深井，其在 5500m 以下仍然发现 56m/4 层差气层，目前该井正在试油中。

## 参考文献

［1］孙鹏远．多属性 AVO 分析及弹性参数反演方法研究［D］．长春：吉林大学，2004.

［2］陈振岩，陈永成，郭彦民，等．大民屯凹陷精细勘探实践与认识［M］．北京：石油工业出版社，2007.